Die Werte der Natur

Stefan M. Gergely · Franz Essl
Alice Vadrot · Erika M. Wagner
Heidi Wittmer
*Hrsg.*

# Die Werte der Natur

## Recht, Gerechtigkeit und der Preis der Zerstörung

Springer Spektrum

*Hrsg.*
Stefan M. Gergely
Autor und Unternehmer
Wien, Österreich

Erika M. Wagner
Institut für Umweltrecht
Johannes Kepler Universität Linz
Linz, Österreich

Franz Essl
Department für Botanik &
Biodiversitätsforschung, Universität Wien
Wien, Österreich

Heidi Wittmer
Department Umweltpolitik
Helmholtz Zentrum für Umweltforschung
Leipzig, Deutschland

Alice Vadrot
Institut für Politikwissenschaft
Universität Wien
Wien, Österreich

ISBN 978-3-662-74108-5 ISBN 978-3-662-74109-2 (eBook)
https://doi.org/10.1007/978-3-662-74109-2

Die Deutsche Nationalbibliothek verzeichnet diese Publikation in der Deutschen Nationalbibliografie; detaillierte bibliografische Daten sind im Internet über https://portal.dnb.de abrufbar.

Diese Publikation wurde finanziert aus Zuwendungen der Stefan M. Gergely Privatstiftung in Wien.

Die Privatstiftung hat keine Interessenkonflikte anzugeben, die für Auswahl, Inhalt und Gestaltung der Beiträge in diesem Tagungsband relevant sind.



Springer Spektrum ist ein Imprint der eingetragenen Gesellschaft Springer-Verlag GmbH, DE und ist ein Teil von Springer Nature.
Die Anschrift der Gesellschaft ist: Heidelberger Platz 3, 14197 Berlin, Germany

# Inhaltsverzeichnis

**Die ökonomische Bewertung der Natur**



**Rechtswissenschaftliche Perspektiven**



**Biodiversität, Klima und globale Gerechtigkeit**

# Über die Herausgeber

**Stefan M. Gergely** ist österreichischer Autor und Unternehmer. Er studierte organische Chemie an der Universität Wien und Violoncello im Konzertfach. Ab 1977 arbeitete er als Wissenschaftsjournalist und Sachbuchautor und wurde dafür mehrfach ausgezeichnet. Ab 1990 sanierte er als Eigentümer und Bauherr denkmalgeschützte Gebäude in Wien-Margareten, aus denen das heutige Schlossquadrat entstand. 2016 begann er, eine biologische Landwirtschaft in Niederösterreich zum Naturhotel Gut Guntrams auszubauen. Seit 2023 fördert er gemeinsam mit der Österreichischen Akademie der Wissenschaften Dissertationen, Preise und Tagungen zur Biodiversitätsforschung. Kontakt: stefan@gergely.at

**Franz Essl** ist österreichischer Ökologe und Biodiversitätsforscher an der Universität Wien, der im Jahr 2022 zum österreichischen Wissenschafter des Jahres gewählt wurde. Er studierte Biologie in Wien, promovierte 2002 über Neobiota in Österreich und sammelte Praxiserfahrung im Umweltdachverband sowie im Umweltbundesamt. Seine wissenschaftlichen Schwerpunkte konzentrieren sich auf biologische Invasionen, den globalen Artenverlust und den angewandten Naturschutz.

**Alice Vadrot** forscht als Professorin für Internationale Beziehungen mit Schwerpunkt Umweltpolitik am Institut für Politikwissenschaft der Universität Wien. Von 2018 bis 2024 hat sie das ERC-Projekt MARIPOLDATA zur Untersuchung von Wissen in globalen Meeresbiologie-Verhandlungen geleitet und leitet nun das ERC-Projekt TwinPolitics zu digitalen Ozeanzwillingen, sowie Biodiversity Austria – International, die nationale Schnittstelle zum Weltbiodiversitätsrat IPBES. Vadrot ist korrespondierendes Mitglied der ÖAW sowie Mitglied des Österreichischen Biodiversitätsrats. Ihre Schwerpunkte liegen in der globalen Biodiversitätspolitik, Meerespolitik und den Verflechtungen von Wissenschaft und Politik.

**Erika M. Wagner** forscht als Universitätsprofessorin im gesamten Umwelt- und Nachhaltigkeitsrecht. Sie leitet als Vorständin das Institut für Umweltrecht sowie die Abteilung für Umweltprivatrecht an der Johannes Kepler Universität Linz. Ihre Forschungsschwerpunkte umfassen das Klima- und Naturschutzrecht, erneuerbare Energien, das Naturkatastrophenrecht, die Aarhus-Konvention und den Tierschutz. Sie ist Trägerin zahlreicher Wissenschaftspreise und gibt die Fachzeitschriften „Recht der Umwelt" sowie „TiRuP" mit heraus.

**Heidi Wittmer** arbeitet als Umweltwissenschaftlerin und bekleidet die Position der stellvertretenden Leiterin des Departments Umweltpolitik am Helmholtz-Zentrum für Umweltforschung (UFZ) in Leipzig. Sie agiert primär an der Schnittstelle von Wissenschaft und Politik und partizipiert an großen internationalen Initiativen wie TEEB, EKLIPSE und BioValue. Ihre Forschungsschwerpunkte liegen in den Bereichen Biodiversität, Ökosystemleistungen und internationale Umweltgovernance.

# Vorwort

Heinz Faßmann(✉)
Präsident der Österreichischen Akademie der Wissenschaften, Wien, Österreich
praesident@oeaw.ac.at

Im 18. Jahrhundert erhielt die Natur erstmals einen festen Platz im Fächerkanon der Universität Wien und emanzipierte sich von der Philosophie. 1768 wird Nikolaus von Jacquin der erste Professor für Botanik und mit der Leitung des Botanischen Gartens betraut. In meinem Fach wird 1851 Friedrich Simony der erste Professor für Geographie, und er befasst sich mit den Gletschern, den Seen, dem Naturraum. Die Gesellschaft lässt er unbeachtet. Knapp davor wurde der erste Lehrstuhl für Zoologie geschaffen, etwas später Professuren für Geologie und Meteorologie. Der Naturbegriff spielte nun eine größere Rolle in der Forschung, aber er war ein sektoral eingeschränkter.

Heute sehen wir den Naturbegriff breiter, ökologischer und auch kontroverser, denn die Konflikte sind offensichtlich. Eine Sichtweise, die auf Separierung ausgelegt ist, die Natur auf die eine Seite stellt und die Bevölkerung auf die andere, ist nicht mehr haltbar. Eine wachsende Bevölkerung ist mit ihrem Ressourcenbedarf inniglich mit den Prozessen der Natur verwoben. Noch nie lebten so viele Menschen in Österreich, in Europa und in der Welt und noch nie hat es so einen Bedarf an Raum und Ressourcen gegeben wie heute. Gleichzeitig erkennen wir, dass der Naturraum zu schützen ist und dass wir der Natur in allen Planungsprozessen mit Umweltverträglichkeitsprüfungen eine Stimme geben müssen, die sie von sich aus nicht hat. Wir erkennen auch, dass ökologische Prozesse ganzheitlich zu betrachten sind und dass in einem funktionierenden Ökosystem jedes Lebewesen auf allen Maßstabsebenen eine Funktion hat. Die Diversität von Pflanzen und Tieren ist eine Voraussetzung für resiliente Ökosysteme und diese wiederum sind Garanten für fruchtbare Böden, ertragreiche Wälder, sauberes Wasser und eine in Summe gesunde Umwelt.

Unsere Umwelt funktioniert wie ein gut eingespieltes Team. Geht ein Teil dieses Teams verloren, gehen vitale Ökosysteme verloren. Das ist nicht im Interesse der Bevölkerung, wie auch die ausgeprägte Naturverbundenheit im jährlichen Wissenschaftsbarometer der Österreichischen Akademie der Wissenschaften (ÖAW) zeigt. Dabei wird die Bevölkerung in Österreich gefragt, worauf sie besonders stolz ist. An der Spitze stehen mit Abstand die schönen Landschaften, die Berge, die Seen und die Wälder. Kunst und Kultur, Sport, die Wissenschaft und Forschung und das politische System folgen auf den hinteren Plätzen.

Doch wie gehen wir mit dieser Grundlage unseres Lebens in Zeiten wie diesen um? Umweltpolitik ist seit den 1970er Jahren – die Veröffentlichung des Club of Rome über die Grenzen des Wachstums war ein Weckruf – ein festes Element der politischen Gestaltung geworden, aber ein Politikbereich unter vielen. Mit der Verabschiedung des „Green Deal" der Europäischen Kommission 2019 hat sich das ge-


S. M. Gergely et al. (Hrsg.): SymWeN 2026, *Die Werte der Natur,* S. 1–2, 2027,
https://doi.org/10.1007/978-3-662-74109-2_1

ändert. Klimapolitik wurde zur Causa prima, die alle anderen Politikbereiche überstrahlt, Klimaneutralität so früh wie möglich zum obersten Ziel. Seit dem Beschluss ist diese Politik aber unter Druck geraten. Die Bevölkerung trägt die vorgesehenen Maßnahmen nicht mehr uneingeschränkt mit, Bauern protestieren gegen strenge Umweltauflagen, und zugleich entsteht eine Debatte um Europas und Österreichs Wettbewerbsfähigkeit gegenüber Weltregionen mit weniger verbindlichen Regelwerken. Die Hoffnung, dass die Welt den ehrgeizigen Ambitionen der EU folgen wird, hat sich nicht erfüllt. Die EU nimmt daher manche Maßnahmen zurück oder schwächt sie ab und trägt damit zur politischen Verunsicherung bei.

Doch die zentrale Herausforderung bleibt: Wie lässt sich eine gesunde Umwelt mit resilienten Ökosystemen, reinem Wasser, sauberer Luft und funktionierender Biodiversität mit wachsenden Bevölkerungen vereinbaren, deren steigender Ressourcenbedarf, verstärkt durch hohen Pro-Kopf-Verbrauch, Raum und Ökosysteme belastet? Welchen Beitrag kann die Forschung dabei leisten?

Die von unserem Stifter Stefan M. Gergely mit großem Engagement initiierte Tagung „Die Werte der Natur. Recht, Gerechtigkeit und der Preis der Zerstörung“ brachte vom 18. bis zum 20. März 2026 in unserem Festsaal ausgewiesene Expert:innen renommierter Universitäten und Forschungseinrichtungen zusammen, die das Thema aus ökonomischer, politikwissenschaftlicher, rechtswissenschaftlicher und philosophischer Perspektive beleuchteten. Auch Vertreter:innen unserer „Kommission für Biodiversität in Österreich“ (BiodivA)[1] nahmen teil, die sich an der ÖAW der Bewusstmachung der Biodiversitätskrise in Bevölkerung und Politik, der Beratung von Politik sowie der Dokumentation der österreichischen Biodiversität widmet.

Ich danke allen Vortragenden sowie allen, die zum Gelingen dieser Tagung beigetragen haben, insbesondere Stefan M. Gergely, der nicht zuletzt auch mit großem Einsatz den vorliegenden Tagungsband ediert hat. Ich wünsche Ihnen eine anregende Lektüre.

[1] www.oeaw.ac.at/biodiva

# Brauchen wir einen neuen „Green Deal“ – und wenn ja, welchen?

## Öffentliche Podiumsdiskussion am 18. März 2026 im Festsaal der Österreichischen Akademie der Wissenschaften in Wien

Heinz Faßmann[1], Franz Fischler[2], Heidi Wittmer[3], und Christian Ultsch[4(✉)]

[1] Präsident der Österreichischen Akademie der Wissenschaften, Wien, Österreich
Praesident@oeaw.ac.at
[2] Österreichischer Bundesminister und EU-Kommissar für Landwirtschaft a. D., Absam, Österreich
[3] Helmholtz Zentrum für Umweltforschung – UFZ, Leipzig, Deutschland
heidi.wittmer@ufz.de
[4] Stv. Chefredakteur der Tageszeitung Die Presse der „Die Presse“ Verlags-Gesellschaft m.b.H., Wien, Österreich
christian.ultsch@diepresse.com

Begrüßung durch den Initiator der Tagung, Stefan M. Gergely:

Sehr geehrte Anwesende, liebe Gäste! Die Frage, die uns heute zusammenführt, ist einfach gestellt, aber schwierig zu beantworten. Brauchen wir einen neuen Green Deal? Und wenn ja, wie sollte ein neuer, ein anderer Deal gegebenenfalls aussehen?

Mit dieser Frage begrüße ich Sie herzlich zur Podiumsdiskussion im ehrwürdigen Festsaal der Österreichischen Akademie der Wissenschaften. Es freut mich sehr, dass Sie so zahlreich zu uns gekommen sind. Mein besonderer Gruß gilt dem Hausherrn, dem Präsidenten der Akademie, Universitätsprofessor Dr. Heinz Faßmann. Vielen Dank, Herr Präsident, dass wir hier zu Gast sein dürfen und dass Sie heute an der Diskussion teilnehmen – als habilitierter Wirtschaftsgeograph, ehemaliger Bundesminister für Bildung, Wissenschaft und Forschung und natürlich in Ihrer aktuellen Funktion als Präsident.

Ebenso herzlich begrüße ich Frau Dr. Heidi Wittmer. Frau Wittmer ist Wissenschaftlerin für Biodiversität und Ökosystemleistungen am Helmholtz-Zentrum für

Die nachfolgende Fassung basiert auf dem Transkript der Audioaufzeichnung der Podiumsdiskussion. Sie wurde den Teilnehmer:innen des Podiums zur Durchsicht und Freigabe übermittelt sowie durch den korrespondierenden Herausgeber des Tagungsbandes redaktionell überarbeitet..


S. M. Gergely et al. (Hrsg.): SymWeN 2026, *Die Werte der Natur,* S. 3–16, 2027,
https://doi.org/10.1007/978-3-662-74109-2_2

Umweltforschung, sie arbeitet in internationalen Gremien an der Schnittstelle zwischen Wissenschaft und Politik und setzt sich für einen transformativen Wandel in Wirtschaft und Gesellschaft ein. Vielen Dank, dass Sie aus Leipzig zu uns nach Wien gekommen sind.

Besonders freue ich mich, Herrn Dr. Franz Fischler willkommen zu heißen. Als österreichischer Landwirtschaftsminister und als EU-Kommissar für Landwirtschaft und ländliche Entwicklung und Fischerei hatte er in zentralen Bereichen unseres heutigen Themas eine prägende Rolle. Zudem war Fischler der Präsident des Europäischen Forums Alpbach. Vielen Dank, dass Sie heute hier sind, und ich hoffe auf Ihre gewohnt klare Position.

Vielleicht fragen Sie sich, warum ich Sie heute hier begrüßen darf. Das ist ganz einfach. Ich bin für Idee und Konzept dieser Tagung verantwortlich, unterstütze sie und organisiere die Veranstaltung gemeinsam mit der Österreichischen Akademie der Wissenschaften und einem großartigen Team von Mitarbeiterinnen und Mitarbeitern der Akademie, denen ich an dieser Stelle für die ausgezeichnete Zusammenarbeit ein herzliches Dankeschön sagen möchte.

Ich hoffe sehr, dass wir mit dieser Diskussion heute Abend sowie mit der Tagung morgen und übermorgen den Diskurs in der Öffentlichkeit und den persönlichen Einsatz jedes Einzelnen für die Bewältigung einer Herausforderung stärken, die für uns und für kommende Generationen von existenzieller Bedeutung sein wird: Wie können bald 11 Mrd. Menschen mit und von der Natur leben, ohne sie übermäßig zu nutzen oder sie gar zu zerstören?

Als Moderator des heutigen Abends begrüße ich mit Freude Herrn Christian Ultsch. Er ist stellvertretender Chefredakteur der österreichischen Tageszeitung Die Presse und Leiter ihres Ressorts für Außenpolitik. Besten Dank, dass Sie sich heute Zeit nehmen. Gerade während heftiger internationaler Konflikte ist Ihnen zurzeit nicht eben langweilig, nehme ich an.

Diese aktuellen wirtschaftlichen Krisen und kriegerischen Auseinandersetzungen deuten darauf hin, dass wir uns in einer Phase tiefgreifender globaler Umbrüche befinden. Ob es sich dabei um einen einzigen großen Umbruch oder um mehrere Krisen handelt, lässt sich durchaus diskutieren. Meines Erachtens spricht vieles dafür, dass wir es mit mehreren tiefgreifenden Veränderungen zu tun haben, die jedoch über gemeinsame Ursachen miteinander verbunden sind: So lösen der ungezügelte Raubbau an Rohstoffen der Natur und die ungleiche Verteilung von knapper werdenden Ressourcen harte Verteilungskämpfe aus, die sich je nach Region unterschiedlich äußern. Es ist zu befürchten, dass sich diese Konflikte künftig weiter verschärfen werden, wenn nicht gegengesteuert wird.

Umso wichtiger ist es daher, dass wir der Natur als Grundlage unseres Lebens unsere volle Aufmerksamkeit widmen. Jeder von uns trägt Verantwortung für die natürlichen Ressourcen der Erde – zu Lande wie zu Wasser, wenngleich diese Verantwortung auf individueller, wirtschaftlicher und staatlicher Ebene unterschiedlich ausgeprägt ist: denn mit zunehmender Verfügungsmacht steigt zwangsläufig auch das Maß an Verantwortung. Aber gefordert ist dem Grunde nach jeder.

In diesem Sinne wünsche ich uns allen einen spannenden und anregenden Austausch heute Abend.

**Christian Ultsch**

Guten Abend. Vielen herzlichen Dank für die einleitenden Worte, Herr Gergely. Das stimmt tatsächlich: Über zu wenig Arbeit kann ich mich im Moment als außenpolitischer Journalist nicht beklagen. Umso mehr freue ich mich, heute hier zu sein. Es ist mir wirklich eine Ehre, in diesem schönen Ambiente moderieren zu dürfen.

Wir sprechen heute über den Green Deal, den EU-Kommissionspräsidentin Ursula von der Leyen im Dezember 2019 vorgestellt hat. Rückblickend fühlt sich das wie eine völlig andere Zeit an: vor dem Iran-Krieg, vor dem Ukraine-Krieg und auch vor der Corona-Pandemie – also beinahe ein anderes Zeitalter. Ich habe den Eindruck, dass dieses Thema im politischen wie auch im medialen Diskurs etwas in den Hintergrund gerückt ist.

Umso wichtiger ist es, dass wir heute darüber sprechen. Als Ursula von der Leyen den Green Deal präsentierte, geschah das mit großem Enthusiasmus, sie verglich die Herausforderung sogar mit der Mondlandung. Diese Begeisterung ist inzwischen etwas abgeflaut, und der Green Deal wurde in mancher Hinsicht zurechtgestutzt. Am zentralen Ziel hält man zwar fest – Europa soll bis 2050 der erste klimaneutrale Kontinent werden –, ebenso an der Reduktion der $CO_2$-Emissionen. Doch an vielen Stellschrauben wurde inzwischen gedreht: etwa beim Lieferkettengesetz oder auch beim Emissionshandel, der zunehmend infrage gestellt wird.

Die politische Lage ist heute eine andere als 2019. Damals war die grüne Bewegung sehr stark, erzielte gute Wahlergebnisse und war auch durch Proteste auf der Straße präsent – man denke an Fridays for Future. Die Stimmung war eine völlig andere.

Herr Fischler, Sie sind nach wie vor bestens in Brüssel vernetzt. Könnten Sie uns bitte in das Jahr 2019 zurückführen und aus Ihrer Perspektive schildern, wie dieser sogenannte Green Deal eigentlich zustande gekommen ist?

**Franz Fischler**

Vielen Dank, und auch von meiner Seite ein herzliches Dankeschön für die Einladung.

Wenn wir uns in das Jahr 2019 zurückversetzen, dann war die Bildung der neuen Kommission damals alles andere als einfach. Das lag vor allem daran, dass bei der Europawahl erstmals das sogenannte Spitzenkandidatenmodell angewendet wurde. Dieses beruhte jedoch lediglich auf einer Absprache zwischen den Fraktionsvorsitzenden im Europäischen Parlament. Laut den europäischen Verträgen liegt das Vorschlagsrecht für den Kommissionspräsidenten aber bei den Staats- und Regierungschefs.

Es kam also zu intensiven Debatten darüber, wer dieses Amt übernehmen sollte. Beim Gipfel herrschte lange Ratlosigkeit – bis der französische Staatspräsident Emmanuel Macron plötzlich Ursula von der Leyen ins Spiel brachte und vorschlug, sie zur Kommissionspräsidentin zu machen. Allerdings – und er wäre kein Franzose gewesen, hätte er das nicht gleich verknüpft – verband er diesen Vorschlag mit der Forderung, die damalige Direktorin des Internationalen Währungsfonds, Christine Lagarde, zur Präsidentin der Europäischen Zentralbank zu machen.

Das war zunächst ein Deal unter den Regierungschefs. Doch damit ist man noch nicht Kommissionspräsidentin – er bedeutet lediglich, dass dem Parlament eine Kandidatin vorgeschlagen wird. Die endgültige Entscheidung liegt bei den Abgeordneten.

Da alles auf sehr wackeligen Beinen stand, kam es im Europäischen Parlament zu heftigen Debatten. Einige Fraktionen sprachen sogar von Wählerbetrug: Vor der Wahl habe man versprochen, dass die stärkste Fraktion das Vorschlagsrecht erhält – und danach gelte das plötzlich nicht mehr.

Im Europäischen Parlament gibt es traditionell eine informelle Zusammenarbeit zwischen Konservativen, Sozialdemokraten und Liberalen. Gemeinsam verfügten sie über eine komfortable Mehrheit. Doch ohne die Sozialdemokraten wäre es damals äußerst knapp geworden.

Das brachte deren Fraktionschef Frans Timmermans, den Kandidaten der europäischen Sozialdemokraten für das Amt des EU-Kommissionspräsidenten, in eine starke Position. Er war schon lange ein Verfechter einer nachhaltigeren Wirtschaft. Seine Fraktion stimmte Ursula von der Leyen schließlich unter der Bedingung zu, dass ein Green Deal umgesetzt wird – eine Idee, die maßgeblich auf Timmermans zurückgeht.

Inhaltlich stand der Green Deal allerdings von Beginn an nicht unter einem besonders guten Stern. Die Kommission trat am 1. Dezember 2019 ihr Amt an, und bereits zehn Tage später wurde der Green Deal beschlossen. Es wäre schon ein Wunder gewesen, wenn ein derart umfassendes Projekt in so kurzer Zeit vollständig ausgearbeitet worden wäre.

**Christian Ultsch**
Wo sehen Sie denn die inhaltlichen Schwächen des Deals?

**Franz Fischler**
Ich möchte zuerst von seinen Stärken sprechen. Das Anliegen ist zu hundert Prozent berechtigt und nach wie vor dringend – unabhängig davon, ob es geopolitische Krisen oder Pandemien gibt. Die Natur wartet nicht. Umso tragischer ist es, dass die Ziele des Green Deal derzeit auf europäischer Ebene keine Priorität mehr haben.

**Christian Ultsch**
Woran liegt das Ihrer Meinung nach?

**Franz Fischler**
Das liegt daran, dass kurzfristige Probleme oft Vorrang haben. Aktuell stehen etwa der Aufbau einer Verteidigungsunion und wirtschaftliche Fragen im Mittelpunkt. Europa verliert an Gewicht gegenüber Akteuren wie China. Entsprechend setzen die meisten Fraktionen andere Prioritäten – mit Ausnahme vielleicht der Grünen.

2019 war der Green Deal das zentrale Projekt der Kommission. Heute ist er nur noch ein Unterpunkt und längst keine oberste Priorität mehr. Zudem ist Frans Timmermans nicht mehr Teil der Kommission, was ebenfalls zu einer Verschiebung der Prioritäten geführt hat.

**Christian Ultsch**
Frau Dr. Wittmer, Sie beschäftigen sich seit Jahren mit Umweltpolitik und Biodiversität. Wo sehen Sie die wichtigsten Errungenschaften des Green Deal? War er für Sie ein Meilenstein?

**Heidi Wittmer**
Ich fand besonders beeindruckend, dass erstmals die gesamte Problematik – Klimawandel, Biodiversitätsverlust und die umfassende Umgestaltung des Planeten durch

den Menschen – ganzheitlich betrachtet wurde. Dabei wurden auch wirtschaftliche Aspekte wie Lieferketten, Berichtspflichten und Taxonomie einbezogen. In dieser Form gab es das zuvor, meines Wissens, nicht.

Ziel war es, dass Europa diese Herausforderungen integriert angeht – und gleichzeitig als Vorbild dient, um global neue Wege aufzuzeigen. Der Green Deal knüpfte dabei auch an bestehende Impulse an, etwa an das Pariser Klimaabkommen.

Er wurde nach meiner Kenntnis in rund hundert Tagen erarbeitet – was zwar auch noch kurz ist, aber dennoch bemerkenswert. Fachleute aus unterschiedlichen Bereichen arbeiteten eng zusammen, um die Maßnahmen aufeinander abzustimmen – von der Landwirtschaft bis zum Konsum.

**Christian Ultsch**
Aber hat sich diese Idee einer europäischen Rolle als Vorreiter bewährt? Oder war sie vielleicht zu idealistisch gedacht?

**Heidi Wittmer**
Sie war sicher idealistisch geprägt. Gleichzeitig war sie auch eine Reaktion auf den Druck der jungen Generation. Kein Politiker kann es sich leisten, die Forderungen der Jugend komplett zu ignorieren.

**Christian Ultsch**
Es gab allerdings auch rasch Kritik aus der Wirtschaft – etwa am Lieferkettengesetz und am bürokratischen Aufwand. War das absehbar?

**Heidi Wittmer**
Klagen bei neuen Anforderungen gibt es fast immer. Außerdem war vieles am Anfang noch sehr grob skizziert – in so kurzer Zeit lässt sich kein detailliertes Regelwerk entwickeln. Verbesserungen sind daher möglich und notwendig. Dennoch halte ich den integrierten Ansatz für richtig und weiterhin unverzichtbar.

**Christian Ultsch**
Herr Präsident Faßmann, Sie haben selbst politische Erfahrung. Wie erklären Sie sich, dass es der Politik oft schwerfällt, mehrere große Themen gleichzeitig im Fokus zu behalten?

**Heinz Faßmann**
Politik muss immer Prioritäten setzen, sonst verliert sie sich in einer Unmenge an Problembereichen. Ich verstehe, dass die Kommission 2019 Klimapolitik zu einem prioritären Politikbereich erklärt hat. Bei der Europawahl 2019 gewannen grüne Parteien sehr deutlich, die globale Jugendbewegung rückte das Thema in die gesellschaftliche Mitte und es leuchtet ein, dass das massive Freisetzen fossilen Kohlenstoffs klimatische Auswirkungen haben muss.

Auch ich bin zeitgeistig geprägt. Ich bin Miteigentümer einer Windkraftanlage im niederösterreichischen Tattendorf, wir haben PV-Module auf dem Dach unseres Hauses, wir sind Mitglieder in einer regionalen Energiegemeinschaft und ich fahre ein Hybridauto.

Der Green Deal ist nicht nur ein politisches Dokument: Wir sind alle in einem gewissen Sinne auch Teil des Green Deals. Nicht als Unterzeichner der Dokumente, aber als willensbildendes Elektorat im Hintergrund.

**Christian Ultsch**
Aber hat dieser Wille inzwischen abgenommen?

**Heinz Faßmann**
Mittlerweile ja, weil sich die prioritären Problembereiche verschoben haben und weil manche Versprechungen nicht so leicht einlösbar sind. Die Energiepreise sinken, wenn wir die Erneuerbaren ausbauen, war eines der Versprechen, die Energiepreise sind aber gestiegen, wenn auch aus anderen Gründen, aber das zählt im vereinfachten politischen Diskurs nicht.

Ich möchte aber etwas Anderes ansprechen: Ich hätte einen Green Deal anders konzipiert, nämlich ohne exakte Zielwerte, noch dazu mit erheblichen Strafzahlungen bei Nichterreichung. Meine politische Erfahrung hat mich gelehrt: exakte Zielwerte sind politisch immer undankbar: Gibt man realistische, erreichbare Zielwerte an, heißt es sofort, das sei mutlos. Setzt man hingegen sehr ambitionierte Zielwerte – unabhängig davon, ob sie erreichbar sind oder nicht –, bekommt man zwar kurzfristig Applaus, die Nachfolger haben aber erhebliche Probleme.

Ich habe als Bildungsminister immer vermieden, exakte Zielwerte zu nennen. „Wie groß wird, Herr Minister, der Anteil der Schülerinnen und Schüler sein, die am Ende der Schulpflicht sinnerfassend lesen und schreiben können?", war eine oftmals gehörte Frage. Keine Antwort meinerseits, aus den oben genannten Gründen.

**Christian Ultsch**
Sie hätten also zum Beispiel das Jahr 2050 nicht als Ziel genannt?

**Heinz Faßmann**
Lassen Sie mich die Frage folgendermaßen beantworten: Auf Karl Popper geht das planerische Konzept des „perspektivischen Inkrementalismus" zurück. Das bedeutet: die Politik braucht eine klare Perspektive – beispielsweise Klimaneutralität bis Mitte des Jahrhunderts – aber der Weg dorthin muss schrittweise, inkrementell und politisch flexibel gestaltet sein. Wer heute vorgibt, den politischen Fahrplan bis 2050 exakt vorhersagen zu können – mit all den externen Einflüssen und technologischen Entwicklungen –, wird mit großer Wahrscheinlichkeit scheitern. Das ist der Kern der Kritik von Popper am Historizismus, einem seiner klügsten Werke und genau darin liegt für mich ein grundlegender Fehler. Jeder Klimafahrplan mit exakten jährlichen Zielwerten und Strafzahlungen ist zum Scheitern verurteilt.

**Heidi Wittmer**
Gleichzeitig hat sich aber gezeigt, dass Umweltziele mit konkret benannten Zielwerten eine deutlich höhere Erfolgschance haben als solche, die offen formuliert bleiben.

**Heinz Faßmann**
Ob diese Chancen tatsächlich höher sind, bezweifle ich sehr. Aus Sicht der Politikgestaltung ist es jedenfalls sehr undankbar, sich so festzulegen, denn Zukunft ist für lange Zeiträume nur schwer vorhersehbar.

Ich möchte ein anderes Beispiel nennen, auch mit Zielwerten, aber einer vernünftigen politischen Ausgestaltung: die Maastricht-Kriterien. Auch das sind numerische Vorgaben, allerdings ohne automatische Strafzahlungen und mit politischen

Spielräumen. Staaten müssen erklären, warum sie etwa beim Budgetdefizit zeitweise über den drei Prozent liegen und wie sie zu den Zielwerten wieder zurückkommen. Auch wenn keine Strafzahlungen drohen, haben diese Kriterien eine klare Lenkungswirkung. Österreich befindet sich derzeit in einem Defizitverfahren, und wir haben akzeptiert, dass deutliche Maßnahmen notwendig sind, um die Maastricht-Kriterien zu erreichen.

**Christian Ultsch**
Es gibt allerdings bei den Maastricht-Kriterien durchaus genaue Vorgaben. Nur haben sich ausgerechnet die beiden wichtigsten Länder – Deutschland und Frankreich – von Anfang an nicht daran gehalten. Das war wohl kein besonders motivierendes Signal für die anderen.

Ich finde Ihren Gedanken interessant, dass es politisch vielleicht nicht klug ist, ein fixes Zieldatum zu nennen. Gleichzeitig könnte man argumentieren, dass 2050 weit genug entfernt ist, um als Orientierung zu dienen. Beim Verbot von Verbrennungsmotoren dagegen war das Zieldatum vielen offenbar schon zu nah – und nach Protesten aus der Autoindustrie wurde dann rasch zurückgerudert. Wie sehen Sie das?

**Franz Fischler**
Wenn man rückblickend darauf schaut, dann war die wirtschaftspolitische Diskussion damals stark von der Forderung nach quantitativen Zielen geprägt. Da können sich die Wirtschaftspolitiker nicht aus der Verantwortung stehlen: Sie haben genau das eingefordert – Planbarkeit.

**Heidi Wittmer**
Und Planungssicherheit.

**Franz Fischler**
Genau: „Wir wollen planen können, wir wollen wissen, woran wir sind." Das war die zentrale Forderung. Die Politik ist darauf teilweise hereingefallen, indem sie Lösungen geliefert hat, die sie in dieser Form gar nicht leisten konnte.

Wenn man sich heute ansieht, wie sich die Rahmenbedingungen des Green Deal entwickelt haben, dann haben sie nicht einmal fünf Jahre gehalten. Das liegt nicht nur an Protesten. Der Green Deal basiert zum Beispiel auf der Annahme eines regelbasierten internationalen Handels. Wenn man sich die aktuelle Situation anschaut, ist davon wenig übrig – stattdessen sehen wir viel Willkür.

Hinzu kommt, dass auch die konkrete Ausgestaltung einzelner Maßnahmen oft handwerkliche Schwächen aufweist. Ein Beispiel: Frans Timmermans forderte eine Reduktion der Pflanzenschutzmittel um 50% bis zum Jahr 2030, um die Biodiversität zu stärken. Dabei wurde aber nicht zwischen unterschiedlichen Wirkstoffen differenziert *(Anm. d. Hrsg.: die Reduktion sollte auch für vergleichsweise „harmlose" Mittel gelten)*. Das führte dazu, dass ausgerechnet Biobauern, die besonders umweltbewusst arbeiten, am stärksten davon betroffen gewesen wären.

Dieses Beispiel zeigt, dass manche Vorschläge nicht ausreichend durchdacht waren. In Brüssel hört man heute oft, dass Gesetzesinitiativen zunehmend direkt in den Kabinetten der Kommissare entstehen – mit wenig fachlicher Durchdringung.

Interessant ist auch: Diese 50-Prozent-Reduktion war ursprünglich gar nicht Teil des Vorschlags. Sie wurde erst in der Kommissionssitzung selbst eingebracht. Der damalige Agrarkommissar hat dem auch noch zugestimmt – und erst später wurde klar, welche Konsequenzen das hat.

Aber es bringt wenig, nur zurückzublicken. Entscheidend ist die Frage: Wie geht es weiter? Das Grundanliegen bleibt richtig und dringend. Vielleicht wäre es sogar klug, einen neuen Begriff zu wählen, um sich von früheren Fehlern zu lösen. Und vor allem müssen wir uns darauf konzentrieren, an welchen zentralen Stellschrauben wir drehen müssen, um tatsächlich Fortschritte zu erzielen.

**Christian Ultsch**
Ich würde jetzt gerne auf den wirtschaftlichen Aspekt näher eingehen. Mir ist aufgefallen, dass sich der Diskurs deutlich verändert hat: Vor einigen Jahren lag der Fokus stärker auf den Chancen einer grünen Transformation – technologisch und wirtschaftlich. Heute höre ich: Wir können uns das nicht leisten, sonst verlieren wir Unternehmen und geraten ins Hintertreffen gegenüber anderen Wirtschaftsmächten. Stichwort Deindustrialisierung. Wie sehen Sie diese Verschiebung?

**Heidi Wittmer**
Ich glaube, wir können uns vor allem eines nicht leisten: einfach weiterzumachen wie bisher. Der globale $CO_2$-Ausstoß steigt weiterhin, auch wenn Europa Fortschritte gemacht hat. Insgesamt betrachten wir das Problem noch nicht umfassend genug.

Das löst natürlich nicht die konkreten Herausforderungen einzelner Unternehmen, etwa in energieintensiven Branchen wie der Stahlproduktion. Aber wenn wir Konzepte wie die Kreislaufwirtschaft ernst nehmen – und ich bin überzeugt, dass das der richtige Weg ist –, dann eröffnen sich auch neue wirtschaftliche Chancen. Genau darauf sollten wir unseren Fokus richten, gemeinsam mit den Unternehmen.

**Christian Ultsch**
Aber wollen Sie das den Unternehmern sozusagen vorschreiben?

**Heidi Wittmer**
Es gibt zahlreiche Unternehmen, die solche Wege bereits gegangen sind und gehen. Viele von ihnen beklagen allerdings, dass die Wettbewerbsbedingungen für sie nicht fair sind. Sie sind Vorreiter, haben bereits investiert und emittieren weniger. Aber der Emissionshandel hat die Zertifikate, also die Erlaubnis $CO_2$ zu emittieren, entsprechend des vergangenen Verbrauchs verteilt, was so viel heißt wie, wer viel verbraucht hat, der bekommt das Recht, weiter viel zu verbrauchen und wer eingespart hat, darf auch in Zukunft weniger verbrauchen.

Es gibt noch weitere Stellschrauben, bei denen die Politik die Pioniere in der Wirtschaft eher ausbremst als unterstützt. Genau darüber sollte stärker nachgedacht werden, wenn die Wirtschaft wirklich eingebunden werden soll.

**Christian Ultsch**
Wird vielleicht auch zu wenig darüber gesprochen, dass es langfristig teurer wird, wenn Klimaschutz heute unterlassen wird?

**Heidi Wittmer**
Darüber wird sicherlich zu wenig gesprochen. Das Problem ist: Die Kosten werden nicht von Einzelnen getragen, sondern vom Kollektiv. Natürlich betrifft es uns am Ende alle, aber bisher hat man sich irgendwie durchgewurschtelt.

Dass dieses „Weiter so“ nicht zukunftsfähig ist, liegt auf der Hand. In Deutschland etwa waren wir bei der Solarindustrie einmal führend – und haben diese Position dann politisch aufgegeben. Die Produktion ist nach China abgewandert. Solche Entwicklungen betreffen also nicht nur die fossile Wirtschaft.

Wir brauchen ein stärkeres kollektives Verständnis davon, was ein lebenswertes Leben ausmacht und welche Ziele wir verfolgen wollen. Derzeit dominiert ein Konsummodell, das immer ressourcenintensiver wird. Die entscheidende Frage ist: Bleibt das so – oder entwickeln wir neue Modelle? Die meisten Menschen halten nichtmaterielle Werte wie gute Beziehungen, Vertrauen, Gemeinschaft, für wichtig und erstrebenswert, aber was wir tun können, um das im Alltag umzusetzen, erfordert einen Wandel, der so umfassend ist, dass viele Menschen sich das nicht gut vorstellen können.

**Heinz Faßmann**
Ein kollektives Bewusstsein ist durchaus vorhanden – und es ist gewachsen. Die Sensibilität für Umweltfragen hat zugenommen, alle Parteien wurden in einem gewissen Sinn grüner. Es ist einsichtig, dass das dauerhafte Verbrennen fossiler Ressourcen und ein übermäßiger Verbrauch nicht nachhaltig sind. Deshalb sind Kreislaufwirtschaft, die Transformation der Energiesysteme und nachhaltige industrielle Produktionsweisen wichtig.

Mein Punkt sind eher handwerkliche Mängel bei der Ausarbeitung von Gesetzen und den darin enthaltenen Sanktionen: Wenn Zwischenziele – etwa für 2030 – nicht erreicht werden, sollte man politisch darüber diskutieren können, woran das liegt. Muss man dann sofort Strafzahlungen in Milliardenhöhe verhängen? Wenn beispielsweise zu wenige Elektroautos gekauft werden und die Autoindustrie deshalb Strafzahlungen leisten muss – ist das begründbar? Liegt es nicht auch an den Konsumenten, die nicht genug Elektroautos kaufen? Mag sein, dass die Industrie nicht die richtigen Produkte anbietet, aber es führt auch zur Schwächung der europäischen Autoindustrie, wenn das nur sie betrifft.

Ich wiederhole meinen Punkt mit dem „perspektivischen Inkrementalismus“: Die Richtung ist klar und wird verstanden, das zeigt sich auch in empirischen Daten. Aber bei der Umsetzung braucht es mehr politische Flexibilität. Abweichungen vom Pfad müssen politisch verhandelbar bleiben.

**Franz Fischler**
Wenn man fragt: „Können wir uns das leisten?“, tappt man eigentlich in eine Falle. Die eigentliche Frage ist: Was kostet es, wenn wir nichts tun?

Die Wissenschaft kann das berechnen. Wenn wir so weitermachen wie bisher, steuern wir auf etwa 3,5° Erderwärmung zu. Die Folgen für Europa lassen sich abschätzen – und bewerten. Dann stellt sich die Frage: Ist es nicht sinnvoller und letztlich günstiger, jetzt gegenzusteuern, um die ansonsten vorprogrammierten Folgen zu verhindern?

**Heidi Wittmer**
Diese Analysen gibt es längst – etwa im Stern-Report, des ehemaligen Chefökonomen der Weltbank Nicholas Stern aus dem Jahr 2006.

Die Wissenschaft hat da sehr klar gesprochen, und anfangs hat die Politik das auch aufgenommen.

Das Problem ist: Wir wissen vieles, handeln aber nicht entsprechend. Veränderungen sind für den Einzelnen schwierig. Zudem gab es auch massiven Widerstand – etwa in der Automobilindustrie, die lange gezögert hat, auf Elektromobilität umzusteigen.

Es gibt zahlreiche Akteure, die diesen Wandel bremsen – darunter auch sehr einflussreiche wirtschaftliche Interessen. Die entscheidende Frage ist, wie sich ein wachsendes gesellschaftliches Bewusstsein politisch so umsetzen lässt, dass es sich auch gegen diese Interessen behaupten kann.

**Christian Ultsch**
Herr Präsident Faßmann, sind die Sorgen der Wirtschaft – etwa vor Abwanderung oder Wettbewerbsverlust – aus Ihrer Sicht berechtigt?

**Heinz Faßmann**
Ob sie berechtigt sind, ist eine Frage der Bewertung. Faktisch erleben wir einen tiefgreifenden Transformationsprozess. Die Automobilindustrie etwa befindet sich mitten darin, Abwanderung und Wettbewerbsverluste sind empirisch beobachtbar, aber es gibt kein Zurück.

**Heidi Wittmer**
Allerdings hat es sehr lange gedauert, bis dieser Prozess in Gang gekommen ist.

**Heinz Faßmann**
Das stimmt. Aber es betrifft nicht nur einzelne Unternehmen oder Länder. Auch Konsumenten spielen eine Rolle: Sie warten auf bezahlbare und attraktive Angebote.

**Franz Fischler**
Und die kommen jetzt zunehmend aus China.

**Heinz Faßmann**
Ja, leider. Das ist ein Teil der Transformationskosten. Dennoch bin ich nicht grundsätzlich pessimistisch. Gerade die deutsche Industrie ist innovativ. Entscheidend ist letztlich: Wer trägt die Kosten dieser Transformation?

**Heidi Wittmer**
Am Ende wir alle – unabhängig davon, ob wir aktiv transformieren oder nicht.

**Christian Ultsch**
Herr Fischler, Sie haben zuvor gesagt, dass wir nach vorne schauen sollten. Wie könnte es konkret weitergehen?

**Franz Fischler**
Eine Möglichkeit wäre, große Themen in konkrete Projekte zu übersetzen – Projekte, die greifbar sind und positive Effekte zeigen.

Ein Beispiel aus der Landwirtschaft: Humusaufbau. Böden sind eine der größten $CO_2$-Senken. Dennoch wird dieses Thema kaum öffentlich diskutiert. Dabei liegt der Humusgehalt in vielen Böden heute deutlich unter dem natürlichen Niveau.

Wenn man gezielt den Humusaufbau fördert, bindet man $CO_2$ im Boden. Solche Ansätze könnten etwa in den Emissionshandel integriert werden.

Ein zweites Beispiel betrifft die Biodiversität im Grünland. Bekanntermaßen hat man die Kontingentierung bei der Milchproduktion auslaufen lassen. Die Folge davon war, dass die Bauern keine Grenze mehr gehabt haben, welche Milchmengen sie an ihre Molkereien abliefern.

Infolgedessen ist es zu einem Intensivierungsschub gekommen: Man hat aufgehört, nur mehr zwei bis dreimal zu mähen im Jahr, sondern mittlerweile mäht man 5 bis 6 Mal, was dazu führt, dass es keine blühende Wiese mehr gibt, weil vorzeitig gemäht wird und die Samen fürs nächste Jahr nicht ausreifen können.

Darüber hinaus haben wir eine höhere Viehdichte, um Milch produzieren zu können, und daher entstehen wesentlich mehr Gülle und Abfälle. Die bringen die Bauern dann wieder auf die Felder zurück. Dadurch verändern sich die Wiesen einseitig, weil der Stickstoff nur die Gräser unterstützt und nicht die Kräuter, die auf einer ungedüngten Wiese normalerweise wachsen. Und so entwickelt sich ein Circulus vitiosus mit enormen Schäden, die mittlerweile messbar sind.

Vergleichbare Schäden bei Insekten hat nicht einmal die Wissenschaft erkannt, sondern es waren private Insektensammler-Vereine, die ganz einfach hergegangen sind und das, was innerhalb einer Zeiteinheit in ihre Fallen eingegangen ist, gewogen haben. Und da hat sich herausgestellt, dass diese Mengen von Insekten in den letzten 20 Jahren um die Hälfte zurückgegangen sind.

Sie sehen das auch beim Autofahren: Früher waren wesentlich mehr Flecken im Sommer auf den Windschutzscheiben, als das heute der Fall ist. Was das aber für die Vogelwelt bedeutet, was das für die Bestäubungsverhältnisse bedeutet, was das für die Stabilität unserer Biotope bedeutet und, und, und … Ja, das ist enorm. Und trotzdem schaut man zu.

**Christian Ultsch**
Frau Dr. Wittmer, zum Abschluss nochmals: Brauchen wir einen neuen Green Deal?

**Heidi Wittmer**
Ich denke, wir brauchen ihn – aber ich sehe derzeit nicht, wie ein solches Projekt politisch zustande kommen soll.

Viele Menschen sind überfordert und verlieren Vertrauen in Politik und Wissenschaft. Bevor wir große Programme aufsetzen, müssen wir an der Basis ansetzen: Vertrauen stärken, Lösungen sichtbar machen und positive Zukunftsbilder entwickeln.

**Christian Ultsch**
Herr Präsident Faßmann, gibt es auch für Sie zu wenig Zuversicht?

**Heinz Faßmann**
Es gibt wahrscheinlich zu wenige Role Models, zu wenige Projekte, die in die Richtung gehen, um genau diesen Zukunftsoptimismus, der eingefordert worden ist, auch praktisch zu zeigen. Also in diese Richtung können wir mehr tun.

**Christian Ultsch**
Und was halten Sie von Fischlers Idee, das in einzelne Projekte aufzuteilen und damit sehr konkret zu werden?

**Heinz Faßmann**
Aber es müssten Projekte sein, die auch eine gute Sichtbarkeit haben, sonst wirken sie nicht als Role Models für die Gesellschaft, damit sie bei der Erreichung von Klimazielen wieder Optimismus bewirken. Man muss zeigen, dass es geht, um damit auch den politischen Rändern das Wasser abgraben zu können.

**Franz Fischler**
Aber da kommt eine Frage dazu und das ist in meinen Augen die schwierigste Frage, um die sich auch die Politik herumdrückt. Ich darf da Jean-Claude Juncker zitieren, der gesagt hat: im Großen und Ganzen wissen wir, was notwendig ist. Aber was wir nicht wissen, ist, wenn wir das machen, wie wir dann die nächsten Wahlen gewinnen.

**Christian Ultsch**
Das ist das Problem der Politiker, alle 4 oder 5 Jahre.

**Franz Fischler**
Wenn Sie sich den letzten Demokratiebericht anschauen, kommt noch dazu, dass die Zahl der liberalen Demokratien von Jahr zu Jahr zurückgeht, in Europa und weltweit. Und die Autokratien werden mehr und mehr, desgleichen die Anhängerschaft von Aussagen, dass ein vernünftiger Diktator eigentlich das richtige Governance-Modell wäre. Sehr gefährlich sind solche Aussagen.

**Christian Ultsch**
Den vernünftigen Diktator, den sieht man bis jetzt auch weltweit nicht wirklich.

**Franz Fischler**
Diktatoren schon.

**Christian Ultsch**
Zum Schluss noch eine außenpolitische Frage: Könnte eine steigende Ölpreisentwicklung – etwa durch aktuelle Konflikte wie im Iran – nicht auch eine Chance sein, die Vorteile der Dekarbonisierung stärker zu betonen?

**Franz Fischler**
Es wäre nicht das erste Mal, dass eine solche Gelegenheit ungenutzt bleibt.

**Heinz Faßmann**
Vielleicht sollten Sie, Herr Ultsch, diese Idee bei Ihren nächsten Interviews direkt an Regierungsmitglieder herantragen. Empfehlen Sie, nicht über den Benzinpreis zu klagen, sondern den hohen Benzinpreis als Chance zu betrachten. Es würde mich interessieren, welche Antwort Sie dazu erhalten.

**Christian Ultsch**
Und was glauben Sie, dass ich darauf höre?

**Heinz Faßmann**
Sie kriegen jedenfalls ein Lächeln. Vielleicht aber auch nicht viel mehr.

**Christian Ultsch**
Dabei denke ich schon, dass solche Preisschocks Anreize setzen können, stärker auf erneuerbare Energien umzusteigen.

**Heidi Wittmer**
Da stimme ich zu. Langfristig werden erneuerbare Energien ohnehin kostengünstiger sein. Das Problem ist nur, dass der Verbrauch immer weiter steigt und wir da immer hinterherhecheln müssen, egal wo.

Mit dem Bauen, da kann man viel machen. Da sind nicht nur die Materialien, aber auch die Wohnflächen pro Kopf, die in der Bundesrepublik weiter zunehmen. Wenn das immer so weitergeht, dann kommen wir nicht hinterher – weder mit regenerativen Stoffen noch mit Holz noch mit sonst was. Wir müssen stattdessen in andere Bau- und Wohnkonzepte investieren.

Das führt mich zur wichtigen Frage, wie wir leben, dass beispielsweise nicht so und so viele Witwen oder Singles in Riesenwohnungen leben, wo sie sich gar nicht mehr wohlfühlen. Aber Alternativen sind teurer – oder womöglich gar nicht verfügbar.

Es gibt zwar Pilotprojekte. Die Frage ist nur, wie kriegt man diese Pilotideen dann in die Masse? Da braucht es wohl doch wieder irgendwelche Arten von Sanktionen. Denn solange es eine Wirtschaft gibt, die auf Kosten der Umwelt und auf Kosten der Arbeitsbedingungen produziert, kann eine andere Wirtschaft, die eben auf die Umwelt und die Arbeitsbedingungen Rücksicht nimmt, nicht konkurrieren. Die ist dann oftmals chancenlos.

**Christian Ultsch**
Aber welche Art von Sanktionen schweben Ihnen da vor?

**Heidi Wittmer**
Aus ökonomischer Sicht formuliert: Alle Kosten, die durch irgendeine wirtschaftliche Aktivität generiert werden, sollten im Preis ihrer Produkte enthalten sein. Das ist im Moment aber bei weitem nicht der Fall. Sondern jede Menge Kosten werden externalisiert.

**Christian Ultsch**
Da fände ich interessant, wenn man dann wirklich diese Kostenwahrheit herstellt, gibt es jemand, der das zumindest „Daumen mal Pi“ schätzen kann?

**Heidi Wittmer**
Da werden wir bei der Tagung morgen und übermorgen noch einiges dazu hören. Ich sage nicht, dass es einfach ist. Aber die Schwierigkeiten solcher Schätzungen sind gering, verglichen damit, wenn wir immer weiter mehr Ressourcen einsetzen, um die gleichen Bedürfnisse zu befriedigen. So kriegen wir das Problem bestimmt nicht gelöst.

**Heinz Faßmann**
Ich stimme Ihnen ja zu. Wir haben heute eine Wohnfläche pro Kopf, die bei etwa 40 $m^2$ liegt. Das ist viel. Nur was ist der Lösungsvorschlag? Wenn Sie jetzt der viel-

leicht 70-jährigen Witwe, die in einem viel zu großen Haus wohnt, sagen: „So, liebe Frau, Sie müssen jetzt ausziehen, weil Sie viel zu viel Wohnfläche haben." Dann kenne ich die politischen Folgen. Das geht sich nicht aus, das können Sie niemandem zumuten.

Das war auch der Fehler des früheren deutschen Klimaschutzministers Robert Habeck mit dem Heizungsgesetz, der gesagt hat: „Ihr müsst das tun". Politik darf nicht als Oberlehrer auftreten. Wenn Politik als Oberlehrer und nicht als Überzeuger auftritt – das ist ein großer Unterschied – dann wird sie bei der nächsten Wahl nicht mehr gewählt. Fischler hat darauf bereits hingewiesen.

**Heidi Wittmer**
Ja, zum Abschluss möchte ich noch auf die vorhin von mir zitierte Witwe zurückkommen. Eine gute Lösung erlebe ich gerade selber: Wir, 13 Parteien, haben ein Mehrgenerationenhaus gebaut. Meine Nachbarin, 84-jährig, die vorher allein in dem Drei-Etagen-Haus gelebt hat, lebt jetzt in einer Zweizimmerwohnung, umgeben von Nachbarn aus anderen Generationen, die nach ihr schauen, und die sie mit selbstgebackenem Kuchen verwöhnt. Sie sagt: „Dieser Wechsel war die beste Entscheidung meines Lebens".

# Philosophische Perspektiven

# Ist der Mensch noch Teil der Natur – und was, wenn nicht?

Konrad Paul Liessmann(✉)
Institut für Philosophie, Universität Wien, Wien, Österreich
konrad.liessmann@univie.ac.at

**Zusammenfassung.** Der vorliegende Beitrag thematisiert die grundlegende Ambivalenz im Verhältnis von Mensch und Natur. Natur erscheint dabei als vieldeutiger Begriff: Sie ist zugleich Lebensgrundlage, Gegenbild zur Zivilisation und Projektionsfläche menschlicher Sehnsüchte. Historisch schwankt das Selbstverständnis des Menschen zwischen Einbindung in die Natur und dem Anspruch, sich von ihr zu emanzipieren. Im Zeitalter des Anthropozäns wird diese Spannung besonders sichtbar: Der Mensch greift massiv in natürliche Systeme ein, zerstört Lebensräume und verändert das Klima, wodurch auch seine eigenen Existenzbedingungen bedroht werden. Gleichzeitig zeigen wissenschaftliche Erkenntnisse die Nähe zwischen Mensch und Tier und relativieren traditionelle Abgrenzungen. Philosophisch bleibt das Verhältnis umstritten: Während einige Positionen die Sonderstellung des Menschen betonen, heben andere die Kontinuität zwischen Mensch und Tier hervor und fordern ethische Konsequenzen im Umgang mit anderen Lebewesen. Pointiert wird ausgeführt, dass der Mensch zwar Teil der Natur ist, sich jedoch zugleich durch seine Fähigkeit zur Reflexion, Gestaltung und Künstlichkeit von ihr distanziert. Natur ist daher kein fixer Maßstab, sondern ein kulturell geprägtes Konzept. Ob sie als Ressource oder als eigenständiger Wert verstanden wird, hängt von menschlichen Entscheidungen ab.

**Schlüsselwörter:** Anthropozän · Eigenrecht der Natur · Kunst und Natur · Mensch-Tier-Differenz · Natur als Wert · Natur und Technik · Naturbegriff · Natürliche Lebensweise

## 1 Natur – ein ambivalenter Begriff

Natur: Es gibt wenige Begriffe, die ein so weites und widersprüchliches Assoziationsfeld eröffnen wie dieses kleine, harmlos klingende Wort. Natur als Voraussetzung und Raum unseres Lebens kann ebenso damit gemeint sein wie die Summe der Gewalten, denen gegenüber sich der Mensch behaupten muss; Natur kann als ein Ideal gedacht werden, zu dem der Mensch zurückkehren möchte, oder als ein Verhängnis, aus dem er sich befreien sollte. »Natürlich« kann ein positives Attribut für Lebensmittel und Lebensweisen sein, und es kann als Ausdruck einer zivilisations- und technikfeindlichen Ideologie gewertet werden. Der Titel meines Beitrags insinuiert, dass der Mensch zumindest einmal Teil der Natur war, diese Partizipation aber nun zur Disposition steht, mit womöglich ungeahnten Folgen. Um diese Fragen zu umkreisen –


S. M. Gergely et al. (Hrsg.): SymWeN 2026, *Die Werte der Natur,* S. 18–27, 2027,
https://doi.org/10.1007/978-3-662-74109-2_3

von bündigen Antworten darf wohl nicht gesprochen werden -, lohnt es, sich darüber zu verständigen, in welchem Sinn in unseren Zusammenhängen von Natur gesprochen werden kann [1].

Wie man es dreht und wendet: Das Verhältnis des Menschen zur Natur, zur äußeren, ihn umgebenden ebenso wie zu seiner inneren, ist uneindeutig, ambivalent, gespalten und mitunter höchst belastet. Die Geschichte der Menschen ist auch gekennzeichnet von der stets von neuem auftauchenden Frage, ob denn die Natur für uns ein Vorbild, eine Leitlinie sein kann, oder ob es nicht in unserer Bestimmung liegt, Natur zu überwinden, hinter uns zu lassen und durch künstliche Stoffe und Gebilde aller Art zu ersetzen.

Menschen – das liegt im Erbe ihrer Evolution – können gar nicht anders, als Natur zu bearbeiten und zu verändern. Im schlimmsten Fall wird Natur dabei ausgebeutet und zerstört, im besten Fall gehegt und gepflegt. Heute ist viel vom *Anthropozän* die Rede: Die Spuren, die der Mensch in der Natur hinterlässt, sind unübersehbar, und viele dieser Spuren schädigen die Natur: Tier- und Pflanzenarten verschwinden in einem atemberaubenden Ausmaß, Megacities bringen ursprüngliche natürliche Formationen zum Verschwinden, die Biosphäre wird durch die Industrialisierung verändert, das Klima wandelt sich – und all das bedroht auch die Lebensgrundlagen des Menschen. Es gibt aber keine Rückkehr zur Wildnis, zur ungestalteten Natur. Es gibt nur die unterschiedlichen Formen der Vernutzung, Zerstörung und Kultivierung der Natur.

Lange galt die Natur dabei durchaus als ein Vorbild, dem nachzueifern es sich lohnte. Künstler wurden dafür bewundert, dass sie *nach der Natur* arbeiten konnten. Etwas naturgetreu abzubilden, war Ausweis einer besonderen ästhetischen Qualität. Täuschend ähnlich hielten die niederländischen Stillleben halbgeschälte Früchte und aufgeschlitzte Fische im Bild fest. Spätestens seit der Romantik wurde die Natur dann selbst zu einer Quelle der Erfahrung des Schönen und Erhabenen. In der Phase der frühen Industrialisierung fühlte sich der Mensch zunehmend der Natur entfremdet und begann, diese zu verklären. Nun wurden die Alpen zu einem Sehnsuchtsort, die Zivilisationsflucht mit all ihren touristischen Begleiterscheinungen setzte ein, ländliche Idyllen wurden beschworen, und in der Musik zirpten die Vögel, grollte der Donner und hüpfte die launische Forelle. Zu erreichen war diese Naturnähe aber nur mit avancierter Technik und höchster Kunst.

*Nach* der Natur zu arbeiten, bedeutete stets, ausgesprochen oder unausgesprochen, diese zu überbieten. „Schön ist, Mutter Natur, deiner Erfindung Pracht / Auf die Fluren verstreut, schöner ein froh Gesicht, / Das den großen Gedanken / Deiner Schöpfung noch *einmal* denkt“ [2]. Die ersten Verse von Friedrich Gottlieb Klopstocks berühmter Ode *Der Zürchersee* (1750) markieren in eindringlichen, unüberbietbaren Worten ein Naturverhältnis, das in der einzigartigen Fähigkeit des Menschen, Natur zu denken, zu gestalten, nachzuahmen, zu wiederholen, den eigentlichen Reiz sieht. Natur wird zu einem Medium, in dem sich die Empfindungen des Menschen spiegeln, Natur wird zum Symbol für unsere Sehnsüchte und Ängste, Hoffnungen und Enttäuschungen. Die Beschwörungen der Natur dokumentieren nicht nur unsere Verbundenheit mit dieser, sondern auch und vor allem, dass wir über die Natur hinaus sind. Der Natur gegenüber lebt und denkt und fühlt der Mensch in einem *Danach:*

Natur ist das, was wir hinter uns gelassen haben. Die Natur ist ein großes, fremdes Gegenüber, an dem wir nicht oder nicht mehr partizipieren.

In einem bemerkenswerten Vortrag erinnerte sich der Philosoph Kurt Flasch, schon als Kind über folgende Erfahrung ins Grübeln gekommen zu sein: Im Gymnasium nämlich stammte er überwiegend vom Affen ab, in der Kirche ging seine Seele direkt aus der Hand des Schöpfers hervor. Das Überraschende daran – Zweiteres hat dem späteren Meisterdenker besser gefallen: „Ich wollte lieber ein Ebenbild der Gottheit sein als Abkömmling der Tierwelt" [3]. Diese Erinnerung markiert tatsächlich eine der entscheidenden Fragestellungen im Verhältnis von Tier und Mensch. Sie skizziert, im Gewand einer kleinen Kindheitsgeschichte, die alte Debatte, wie fern oder wie nah der Mensch dem Tier steht, ob sich der Mensch als etwas ganz anderes gegenüber dem gesamten Tierreich positionieren kann oder ob er, Produkt der Evolution, „nur" ein Tier unter Tieren ist. Die Vorliebe des jungen Kurt Flasch für die Idee, weniger Tier, denn Ebenbild der Gottheit zu sein, mag uns heute fremd anmuten. Nur noch Kreationisten würden diese Position ernsthaft vertreten, ansonsten wird uns immer klarer, wie nah wir dem Tier sind, oder, anders formuliert, wie nah das Tier uns ist.

## 2 Der Mensch – ein Tier unter Tieren?

Der Mensch, so lautet das neue Credo, ist selbst nur Teil der Natur, ein Tier unter Tieren. Die einst so klare Grenze zwischen Mensch und Tier ist durchlässiger geworden, die Ergebnisse der Wissenschaften, die sich mit dieser Grenze beschäftigen, sorgen laufend für Überraschungen. Primatenforscher, Ethologen, Kognitionswissenschaftler und Biologen erkennen bei Menschenaffen, aber auch bei Vögeln, Ratten oder Delphinen Fähigkeiten, die früher ausschließlich dem Menschen zugeschrieben wurden: komplexe kognitive Leistungen, Werkzeuggebrauch, Einfühlungsvermögen, die Herausbildung von Traditionen, kulturelle Praktiken. Die Nähe zum Tier erfüllt uns kaum noch mit Unbehagen, und der Wunsch, kein Tier zu sein, sich von diesem, so wie noch der junge Kurt Flasch, abzugrenzen, gilt mittlerweile als höchst anstößig. Wer diesen Wunsch äußert, erweist sich als Speziesist, als Vertreter eines Rassismus der biologischen Arten. Aber, so könnte man mit Hegel fragen: Ist ein Tier, das weiß, dass es ein Tier ist, überhaupt noch ein Tier? [4].

Die Verschränkung von Mensch und Tier hat eine lange, wechselvolle, vielfältige und zutiefst widerspruchsvolle Geschichte, und ob Tiere Menschen oder Menschen Tiere sind, ist dabei alles andere als klar gewesen. Seit sich der Mensch selbst dem Tierreich entronnen wähnt, gestaltet er sein Verhältnis zum Tier in höchst unterschiedlicher Art und Weise. Das Tier bleibt, auch im Zeitalter der technischen Naturbeherrschung, das Bedrohliche, das Raubtier, der Feind des Menschen, der nicht gezähmt, nicht einmal richtig gebändigt werden kann, der, zeigt es sich in Menschennähe, Angst und Schrecken verbreitet und deshalb gejagt, besiegt, getötet, ausgerottet werden muss. Das Tier, als gezähmtes, dem Menschen anverwandeltes Wesen, ist aber auch dessen ständiger Begleiter geworden, als Haustier ein Mitbewohner, ein Freund mitunter, aber ein Objekt des Vergnügens, Ausdruck und Projektionsfläche von Sehnsüchten und Sentimentalitäten: Fast alle Kosenamen, die sich Menschen zuflüstern, sind die Namen von Tieren. Das Tier war, seit der Mensch sich aufmachte, es planmäßig zu kontrollieren und zu züchten, das erste Vehikel seiner Mobilität, durch Jahrtausende hindurch formte das Pferd nicht nur die Bewegungen und das Militär des Menschen, der Reiter, der nur als eine Symbiose von Mensch und Tier zu denken ist, wurde zum Träger von Lebensweisen und Kulturen, und erst die Erfindung der Motoren degradierte im 20. Jahrhundert das Pferd zu einem Freizeitvergnügen. Das Tier war aber immer auch Nahrung für den Menschen, die nomadisierenden Jägerhorden der Frühzeit durchstreiften auf der Suche nach tierischer Beute die Wälder und Savannen, und die Kunst der Viehzucht gab dem Menschen die Möglichkeit, Rinder, Schweine, Schafe und Hühner in einer mannigfachen Art zu nutzen, für Nahrung und Kleidung vor allem, und ihn von der unberechenbaren, wilden Natur dadurch tendenziell unabhängig zu machen. Die Urform des Reichtums, die heute nur noch als abstrakter Geldwert erscheint, war die sich vermehrende Rinderherde.

Das Tier war aber immer auch Sinnbild dessen, was der Mensch nicht war und vielleicht doch sein wollte. Wer hat dem Menschen den erst im 20. Jahrhundert realisierten Jahrtausende alten Traum vom Fliegen eingepflanzt, wenn nicht der Anblick der Vögel? Sind nicht alle Fabeln gleichermaßen Ausdruck einer genauen Kenntnis tierischer Verhaltensweisen und menschlicher Tugenden und Laster, die in ihrer tierischen Gestalt deutlicher zutage treten können? Und sind nicht die Lebensformen mancher Tiere, ob nun richtig oder falsch gedeutet, dem Menschen wie ein Schlüssel zu seinen eigenen Verhaltensweisen geworden – vom einsamen Wolf über die emsigen Ameisen bis zum Staat der Bienen? Und war und ist das Tier nicht auch Projektionsfläche jener Imaginationen von Natur, die sich der Mensch als Sehnsuchtsort immer wieder entwirft? Keine Idylle ohne Tiere, kein Naturschutz ohne den Anspruch, in der unbeschreiblichen Vielzahl der Arten auch einen ästhetischen Wert zu sehen. Dann aber ist da auch noch das Tier als peripheres Nebenbei, das existiert, nur hin und wieder bemerkt, ohne wirklichen Bezugspunkt zum Leben der Menschen, aber mitunter höchst lästig und störend: Fliegen, Wespen, Zecken, Insekten. Und in all dem der Mensch: selbst auch ein Tier oder doch jene Art, die das Tier und mit ihm paradigmatisch die Natur in und außer ihr bändigt und beherrscht?

Wie nah oder fern stehen wir dem Tier und damit der Natur tatsächlich? Und was bedeutet dies für unser Selbstverständnis und für unser Verhalten den Tieren gegenüber? Die Geschichte der Philosophie, sofern sie immer auch eine Geschichte der Selbstdeutungen des Menschen war, ist immer auch eine Geschichte des Nachdenkens über das Tier gewesen. Dieses war und ist die Folie, vor der der Mensch sich und seine Natur in den Blick bekommen will, das Verhältnis zum Tier entscheidet darüber, welche Stellung der Mensch selbst in der Welt beansprucht und welche Positionen er dabei anderen Lebewesen zuweisen möchte. Seit der Antike lassen sich dabei zwei grundsätzliche Konzeptionen verfolgen, die bis in die Moderne in mannigfachen Variationen immer wieder diskutiert wurden. Einmal die auf Aristoteles und die Stoa zurückgehende Theorie, dass der Mensch kraft seiner Vernünftigkeit und der damit verbundenen Rationalitäts- und Freiheitspotentiale sich von allen anderen Tieren fundamental unterscheide, da diese auf die Welt der unmittelbaren Wahrnehmungen und Empfindungen eingeschränkt seien. Und zum anderen die von den Pythagoreern und den Skeptikern dagegen vorgebrachte Überlegung, dass zahlreiche tierische Aktivitäten so komplex und raffiniert seien, dass sie nur mit der Annahme einer tierischen

Rationalität erklärbar seien, was den Unterschied zwischen Mensch und Tier auf eine im besten Fall graduelle Differenz reduziere. Argos, der alte Hund des Odysseus, der als einziger seinen Herren nach 20jähriger Abwesenheit „erkennt", war dafür das klassische Beispiel.

In der Neuzeit wurden diese und ähnliche Argumente auf beiden Seiten geschärft, paradigmatisch dafür mögen die gleichermaßen berühmten wie berüchtigten Thesen von René Descartes und Michel de Montaigne stehen. Während Descartes das Tier ausschließlich als Körper, als *res extensa,* verstehen wollte, dem er weder geistige Funktionen noch eine wirkliche Leidens- und Empfindungsfähigkeit zuerkannte, geißelte Montaigne den Hochmut des Menschen, der sich ohne gute Gründe in einer anderen Welt als die Tiere wähnte. An zahlreichen Beispielen, die sich weniger einer genauen Beobachtung der Tiere als vielmehr der literarischen Überlieferung verdanken, demonstriert Montaigne die prinzipielle Gleichartigkeit von Mensch und Tier, ja, in manchen Belangen kann das Tier dem Menschen sogar als Vorbild entgegengehalten werden. Während bei Descartes die systematische Frage im Vordergrund steht, ob und inwiefern das Denken, die *res cogitans,* ausschließlich dem Menschen zukomme und damit das Tier einem ganz anderen Gegenstandsbereich angehöre, dominiert bei Montaigne ein moralisches Programm, das in der Ähnlichkeit zwischen Tier und Mensch ein entscheidendes Argument sieht, die Hybris des Menschen zu zügeln. Es gibt nichts, was der Mensch für seine Besonderheit hält, das nicht eine Entsprechung im Tierreich hätte. Nicht nur logisches Denken, auch religiöse Gefühle schreibt Montaigne den Tieren zu, und dass der Mensch sich dem Tier überlegen dünkt, erscheint ihm eher als Ausdruck der Unfähigkeit des Menschen, das Tier in seiner Eigenart und Souveränität richtig zu erfassen: „Wenn ich mit meiner Katze spiele – wer weiß, ob ich nicht mehr ihr zum Zeitvertreib diene als sie mir?" [5]. Die „Gleichrangigkeit" zwischen Mensch und Tier [6] dient auch schon Montaigne dazu, den Menschen darauf hinzuweisen, dass er nicht nur kein Recht hat, sich einen Sonderstatus zuzuschreiben, sondern dass es dafür auch keine guten Gründe gibt.

Diese Debatte wiederholte sich auch in der moderneren Philosophie, man denke etwa an Immanuel Kant und Arthur Schopenhauer. Wie kaum ein anderer Philosoph beharrte Immanuel Kant darauf, dass der Mensch sich durch seine Vernunft als Person definiert, die sich selbst den Zweck seines Daseins setzt und deshalb durch Rang und Würde grundlegend vom „vernunftlosen Tier" unterscheide, mit dem man „nach Belieben schalten und walten" kann [7]. Wohl sprach sich auch Kant gegen Tierquälerei aus, allerdings weniger aus Sorge um das Wohlergehen der Tiere, als vielmehr aus Sorge um die Sittlichkeit des Menschen, die durch Grausamkeit den Tieren gegenüber zu verrohen drohe. Ganz anders der Kantianer Schopenhauer. Der Misanthrop, der mit seinen Hunden einen innigeren Umgang pflegte als mit seinen Zeitgenossen, sah im Tier ein empfindendes und leidensfähiges Wesen, von dem sich der Mensch durch seinen Intellekt nur graduell unterscheide, weshalb das Tier auch das Recht auf eine Behandlung verdiene, die anerkennt, dass das Tier so wie der Mensch einen Anspruch auf „Dasein, Wohlsein, Leben und Fortpflanzung" habe [8]. Schopenhauers Mitleidsethik, die prinzipiell in der Fähigkeit des Menschen, das Leid der anderen zur Motivation seines Handelns zu machen, die Grundlagen der Moral sah, konnte deshalb das leidensfähige Tier in diese Moral miteinbeziehen.

Die Nähe des Menschen zum Tier unterstrich auch der Schopenhauerianer Friedrich Nietzsche, wenn auch mit ganz anderen Akzenten. Der umstrittene Philosoph, dessen geistiger Zusammenbruch sich ankündigte, als er in Turin ein gequältes Pferd mitleidig umarmte, sah den Menschen selbst als Tier, wenn auch als das „nichtfestgestellte“ Tier, das der Welt gegenüber durch eine Offenheit und Freiheit gekennzeichnet ist, die anderen Tieren, die an ihre Instinktprogramme gebunden sind, fehlt [9]. Diese Offenheit und Freiheit war bei Nietzsche aber durchaus negativ gedacht: als Indiz einer krankhaften Entwicklung. Im 20. Jahrhundert wird nur Günther Anders an diese „Pathologie der Freiheit“ als Kennzeichen des Menschen anknüpfen. Und es war übrigens auch Anders, der lange vor den aktuellen Speziesismus-Debatten in Rückblick auf seine frühe Anthropologie erkannt hatte, dass die „Idee, die Einzelspezies ‚Mensch‘ als gleichberechtigtes Pendant den abertausenden und voneinander grenzenlos verschiedenen Tiergattungen und -arten gegenüberzustellen und diese abertausende so zu behandeln, als verkörperten sie einen einzigen Typenblock tierischen Daseins, einfach anthropozentrischer Größenwahn (ist)“ [10]. Friedrich Nietzsche mag schon einen ähnlichen Verdacht gehegt haben. In seinem Größenwahn erscheint der Mensch nicht nur dem Tier gegenüber als defizitär, das Tier weiß womöglich auch darum: „Ich fürchte, die Thiere betrachten den Menschen als ein Wesen Ihresgleichen, das in höchst gefährlicher Weise den gesunden Thierverstand verloren hat, – als das wahnwitzige Thier, als das lachende Thier, als das weinende Thier, als das unglückseige Thier“ [11].

Natürlich: Auch das ist ein Anthropomorphismus aus dem Geiste der Kulturkritik. Aber ist es nur dies? Und ist der Anthropomorphismus, der lange dazu diente, alle Konzeptionen, die dem Tier Fähigkeiten, Empfindungen und Verhaltensweisen zuschrieben, die wir auch vom Menschen kennen, nicht auf dem besten Wege, durch die moderne Biologie rehabilitiert zu werden? Hat Nietzsche nicht *avant la lettre* die Konsequenz aus der These gezogen, dass das Tier nicht nur Objekt für uns, sondern auch ein Subjekt ist, dem wir Objekt – und dies nicht nur im Sinne einer Beute – werden können? Aber, so könnte man fragen, definiert sich das Verhältnis von Mensch und Tier letztlich nicht überhaupt durch die Praxis? Ist es, wie immer man theoretisch darüber denken mag, nicht der Mensch, der durch sein Handeln dem Tier gegenüber seine Sonderstellung behauptet? Die Zähmung der Tiere, ihre Transformation zu vom Menschen abhängigen Haustieren, ihre industrielle Produktion und Vernutzung, und nicht zuletzt ihre Ausrottung auch dort, wo die Tiere weder eine Gefahr noch eine Bedrohung für den Menschen darstellen, sondern nur der Trophäen- und Jagdlust des Menschen geopfert werden: drückt all das nicht eine Souveränität und Macht des Menschen gegenüber dem Tier aus, die es auch kategorial degradiert? Schon Montaigne hat dieses Argument mit dem Hinweis zu entkräften gesucht, dass eine praktisch ausgeübte Herrschaft kein Grund dafür ist, dem Unterworfenen einen anderen Seinsstatus zuzuschreiben – denn schließlich würden Menschen auch Menschen unterwerfen, ohne dass diese aufhörten, Menschen zu sein. Und schon lange vor den Tierethik- und Tierrechtsdiskussionen der Gegenwart haben Horkheimer und Adorno festgehalten, dass ein Verhalten, das die alltägliche Gewalt, die gegenüber Tieren ausgeübt wird, einfach wegblendet, an die Ahnungslosigkeit erinnert, mit der Menschen in totalitären Systemen ihre Augen vor Schandtaten verschließen.

## 3 Das Anthropozän und die Ästhetik der Natur

Tatsächlich gibt es, selbst wenn man grundlegende Differenzen akzeptiert, wenige Gründe, den Menschen gegenüber anderen Erscheinungsformen der Natur zu privilegieren. Allerdings muss diese Naturhaftigkeit des Menschen gerade heute so stark betont werden, weil der Mensch sich daran macht, Natur im großen Stil umzugestalten. Der Begriff des Anthropozäns erklärt ja den Menschen zur ersten Art, der es – in durchaus zweifelhafter Weise – gelingt, auf dieser Erde irreversible Spuren zu hinterlassen und damit ein geologisches Zeitalter zu prägen. Wären diese Spuren nur Resultate von Naturereignissen, wäre alles nicht so dramatisch. Doch es gilt für alle Umweltaktivisten, dass ohne den Menschen die Erde anders aussähe und das Klima menschenfreundlicher wäre. Der Mensch ist ein Verhängnis für die Natur, kein Teil von ihr.

Umgestalten heißt sehr oft: vernichten. Wir können Natur nur mehr als verschwindende Größe festhalten. Naturerfahrung im Industriezeitalter kann nicht anders gedacht werden denn als eine Erfahrung des Verschwindens. Tier- und Pflanzenarten, Wälder und Wiesen, der bestirnte Himmel, Schneefelder und Gletscher, ganze Landstriche und Formationen, Korallenriffe und Küsten, Flüsse und Seen, ja selbst die Jahreszeiten: Alles verschwindet. Möglich, dass wir uns daran so sehr gewöhnt haben, dass die – übrigens bewusst und planmäßig – organisierte Rückkehr der Natur z. B. in Form von Bären, Luchsen oder Wölfen uns mit Schrecken und Ratlosigkeit erfüllt.

Unser Verhältnis zur Natur ist ambivalent. *Nach der Natur leben* markiert nicht nur eine Werbeschiene für Bio-Produkte, sondern ist Ausdruck eines authentischen Bedürfnisses nach einer Wiedergewinnung von Natur angesichts der Folgen unserer technologischen Zivilisation. Die Geister scheiden sich jedoch an der Frage, ob diese Fokussierung auf die Natur von den Überlebensperspektiven des Menschen geleitet sein darf, oder ob der Natur, der Tier- und Pflanzenwelt, ein Eigenwert zugeschrieben werden muss, der mit den Interessen der Menschen kollidieren kann. Mehr Lebensraum für bedrohte Tierarten bedeutet weniger Lebensraum für die expansionsgewohnte Menschheit.

Dass, um das Klima zu schützen, Naturräume durch Staudämme, Windparks und Solarpaneele großflächig umgestaltet und durch radioaktiven Abfall für Jahrtausende belastet werden müssen, wird über kurz oder lang zu veritablen Konflikten zwischen Klima- und Naturschützern führen. Grünen Strom aus Wasserkraft zu propagieren und gleichzeitig Flüsse zu Rechtssubjekten zu erklären, in deren Integrität, das heißt Verlauf, nicht eingegriffen werden darf, stellt einen unauflöslichen Widerspruch dar.

Die Verklärung naturnaher Lebensformen und die großzügige Verleihung von Rechten an ausgewählte Erscheinungsformen der Natur darf nicht darüber hinwegtäuschen, dass Menschsein von Anbeginn bedeutete, *nach der Natur* im Sinn eines post- und transnaturalen Zustands zu leben. „Künstlichkeit ist die Natur des Menschen und sein Wesen ist Unbeständigkeit“ [12]. Dieser großartige Satz des Philosophen Günther Anders bringt das Dilemma des Menschen auf den Punkt. So sehr wir auf der einen Seite die Natur romantisch illuminieren, so sehr fasziniert uns auf der anderen Seite jede Form von Künstlichkeit, von Stahlkonstruktionen bis zu Raumkapseln, von humanoiden Robotern bis zur Künstlichen Intelligenz, von der die einen hoffen und die anderen fürchten, dass sie den Menschen als Gattung ablösen wird.

Die in Zeiten der Klimaveränderung und Umweltzerstörung spürbar gewordene Hinwendung zur Natur korrespondiert so auf paradoxe Art mit dem Willen, am Menschen selbst nichts mehr der Natur zu überlassen. Weder die biologischen Gegebenheiten des Menschen wie Geschlecht, Hautfarbe, Körperbau noch seine Fähigkeiten wollen wir der Natur, das heißt dem Zufall verdanken. Dass am Sein des Menschen nichts natürlich sei, dass wir Wirklichkeit schlechthin als soziale Konstruktion auffassen sollten, ist ein Gedanke, in den wir geradezu verliebt sind. Naturwissenschaft begreifen wir deshalb nicht mehr als kontemplatives theoretisches Unternehmen, das die Zusammenhänge und Erscheinungsformen der Natur erkennen will, sondern als ein Verfahren, das einen technologischen Imperativ in sich trägt: Erkennen, um zu verändern. Wissenschaft und Technik sind nahezu synonym geworden, Wissenschaft fällt für uns mit ihrer effizienten Anwendung zusammen: Sie soll uns von den Zumutungen der Natur befreien.

Dies gilt auch für die „weichen" Wissenschaften, die mit Steuerungs-, Kontroll- und Verbesserungsverfahren für alle Belange des sozialen Zusammenlebens aufwarten müssen. Die empirische Sozial- und Bildungsforschung wird mit dem Zweck betrieben, politische Entscheidungen durch eine fachliche Expertise zu stützen. In diesen Disziplinen gilt die Berufung auf Natur als höchst prekär. Wer etwa von „natürlichen" Begabungen oder „natürlichen" Formen des Zusammenlebens, gar der Sexualität spricht, macht sich sofort einer reaktionären Geisteshaltung verdächtig. Und dies nicht ganz zu Unrecht, denn für den Menschen gibt es keine natürlichen Maßstäbe, an denen er sich zu orientieren hätte. Immanuel Kants Beschreibung des künstlerischen Genies als eines „Günstlings der Natur" [13] kann mit keiner Zustimmung mehr rechnen. Wir gehen davon aus, dass es keine natürlichen Formen der Ungleichheit gibt, die nicht durch soziale, medizinische, technische oder politische Interventionen ausgeglichen werden könnten. Was an uns Natur ist, steht jederzeit zur Disposition. Je mehr wir uns besorgt der Natur um uns zuwenden, desto weniger wollen wir an uns selbst mit dieser zu tun haben.

Um es pointiert zu formulieren: Für den Menschen ist Natur nichts Natürliches. Wie wir Natur denken und gestalten, ist uns nicht vorgegeben. Ob wir Natur nur als Ressource für unsere maßlosen Bedürfnisse oder als ein Gegenüber sehen, das wir in seinem Eigenwert akzeptieren und in seiner Schönheit bewundern können, liegt einzig und allein an uns. Wie wichtig dafür die moderne Wissenschaft ist, steht außer Streit. Aber erst die Kunst klärt uns darüber auf, dass in der Natur eine Idee von Unmittelbarkeit liegt, die nur, um noch einmal Klopstock zu zitieren, ein „froh Gesicht" mit- und nachempfinden kann. Die Kunst stand von Anbeginn in einem besonders produktiven Spannungsverhältnis zur Natur. Schon Aristoteles sah in der Fähigkeit zur Nachahmung und in der Bereitschaft, diese lustvoll zu genießen, eine Wurzel unserer Kreativität. Die Wiederholung der Natur durch die Kunst ermöglicht uns eine besondere Erfahrung: Freude am gelungenen Spiel, gepaart mit Erkenntnis. Dies setzt jedoch eine Distanz voraus, die ein unmittelbares Eingefügtsein in die Natur nicht erlaubt. Zuviel Wirklichkeit tut der Kunst nicht gut. Wenn Gustav Mahler für den Kopfsatz seiner Ersten Symphonie die Anweisung „Wie ein Naturlaut" gibt, dann ist eben nicht gemeint, dass in dieser Musik das Rauschen der Wälder oder das Zwitschern von Vögeln imitiert und zu Gehör gebracht werden sollen, sondern die Musik, Resultat höchster menschlicher Kunstanstrengung, soll so selbstverständlich und stimmig erklingen, als wäre sie Natur. Dieser Gedanke findet sich bei Immanuel Kant und wird später von Theodor W. Adorno wiederholt: Das Kunstvolle an der Kunst besteht darin, die Tatsache, dass sie unter schwierigen Bedingungen von Menschen hergestellt werden muss, vergessen zu lassen.

Und noch in einem anderen, entscheidenden Punkt setzt sich Kunst in eine radikale Differenz zur Natur. „Kein Fühlender", so formulierte es Theodor W. Adorno in seiner *Ästhetischen Theorie,* „der nicht vom Laut einer Amsel nach dem Regen gerührt würde. Dennoch lauert im Gesang der Vögel das Schreckliche, weil er kein Gesang ist, sondern dem Bann gehorcht, der sie befängt" [14]. Der Vogel kann nicht anders. Es ist seine Natur. Genau dies unterscheidet seinen Gesang von der Kunst. Diese ist Resultat von Freiheit, ist nicht nur Unmittelbarkeit, Reflex oder Instinkt, sondern durchdrungen von Geist, gebrochen von Reflexion. Das Naturschöne bleibt eine Erfahrung, die der ästhetischen Bildung bedarf, und dies umso mehr, als es selbst zunehmend zu einem Produkt der Kultur- und Ferienindustrie geworden ist. Aber eine unverstellte Erfahrung des Naturschönen wäre auch eine Voraussetzung, um das Konzept der Biodiversität, um die Vielfalt der Arten in einer Weise zu verstehen, die sie nicht auf eine anthropozentrische Funktionalität reduziert, sondern souverän genug ist, sie in ihrer Eigenart akzeptieren zu können.

**Offenlegung von Interessenkonflikten** Der Autor hat keine Interessenkonflikte anzugeben, die für den Inhalt dieses Artikels relevant sind.

## Literatur


1. Der vorliegende Vortragstext beruht auf Vorarbeiten des Autors, die in Teilen an verschiedenen Stellen publiziert worden sind. Vgl. dazu insbesondere Konrad Paul Liessmann: Tiere. Der Mensch und seine Natur. In: Konrad Paul Liessmann (Hg.): Tiere. Der Mensch und seine Natur. Wien: Zsolnay 2013, S. 11–22 sowie Konrad Paul Liessmann: Nach der Natur. In: Konrad Paul Liessmann: Lauter Lügen. Wien: Zsolnay 2023, S. 197–208
2. Friedrich Gottlieb Klopstock: Werke, ausgewählt von Karl-Heinz Jahn, Berlin und Weimar 1983, S. 31
3. Kurt Flasch: Dankesrede zur Verleihung des „Tractatus". In: Konrad Paul Liessmann (Hg.): Der Staat. Wieviel Herrschaft braucht der Mensch? Wien: Zsolnay 2011, S. 246
4. Der Mensch ist Tier, doch selbst in seinen tierischen Funktionen bleibt er nicht als in einem Ansich stehen wie das Tier, sondern wird ihrer bewußt, erkennt sie und erhebt sie, wie z. B. den Prozeß der Verdauung, zu selbstbewußter Wissenschaft. Dadurch löst der Mensch die Schranke seiner ansichseienden Unmittelbarkeit auf, so daß er deshalb gerade, weil er *weiß*, daß er Tier ist, aufhört, Tier zu sein, und sich das Wissen seiner als Geist gibt. (G.W.F. Hegel: Vorlesungen über die Ästhetik I, Werke Bd. 13, Frankfurt/Main 1970, S. 112)
5. Michel de Montaigne: Essais. Erste moderne Gesamtübersetzung von Hans Stilett. Frankfurt/Main 1998, S. 224
6. Montaigne, Essais, S. 239
7. Immanuel Kant: Anthropologie in pragmatischer Hinsicht. In: Immanuel Kant, Werkausgabe, Bd. 12, hg. von Wilhelm Weischedel, Frankfurt/Main 1980, S. 407
8. Arthur Schopenhauer: Die Welt als Wille und Vorstellung II. Sämtliche Werke, Bd. 2, hg. von Wolfgang Frhr. von Löhneysen, Frankfurt/Main 1986, S. 262 f.

9. Friedrich Nietzsche: Nachgelassene Fragmente 1884–1885. Sämtliche Werke. Kritische Studienausgabe (KSA), hg. von G. Colli und M. Montinari, Bd. 11, München 1988, S. 125
10. Günter Anders: Die Antiquiertheit des Menschen I, München 1956, S. 327
11. Friedrich Nietzsche: Die fröhliche Wissenschaft, KSA 5, S. 188
12. Günther Anders: Die Weltfremdheit des Menschen. Schriften zur philosophischen Anthropologie. München 2018, S. 48
13. Immanuel Kant: Kritik der Urteilskraft. In: Immanuel Kant, Werkausgabe, Bd. 10, hg. von Wilhelm Weischedel, Frankfurt/Main 1975, S. 255
14. Theodor W. Adorno: Ästhetische Theorie. GS 7, S. 105

**Konrad Paul Liessmann** ist österreichischer Philosoph, Essayist, Kulturpublizist und emeritierter Professor für Philosophie an der Universität Wien. Er prägt seit Jahrzehnten die Bildungs- und Kulturdebatten im deutschsprachigen Raum und leitet wissenschaftlich das Philosophicum Lech. Zu seinen bekanntesten Schwerpunkten gehören Arbeiten zur Ästhetik, Kulturphilosophie sowie seine fundierte Bildungskritik, insbesondere in der „Theorie der Unbildung".

# Verlust und Schutz von Biodiversität: Ethische Perspektiven

Andreas Hetzel(✉)
Institut für Philosophie, Universität Hildesheim, Hildesheim, Deutschland
hetzela@uni-hildesheim.de

**Zusammenfassung.** Die Biodiversitätskrise lässt sich auf eine Übernutzung unserer natürlichen Umwelt zurückführen, die wiederum als Folge ressourcenintensiver Lebensstile interpretiert werden kann. Die durch immer höhere Aussterberaten ausgelösten Veränderungen sind irreversibel. Sie gefährden nicht nur die Lebensbedingungen zukünftiger menschlicher Generationen, sondern auch die Stabilität ökosystemarer Prozesse, die Integrität evolutionärer Linien sowie die langfristigen Gedeihensbedingungen aller komplexeren Lebensformen insgesamt. Vor diesem Hintergrund setzt sich der Beitrag mit den normativen Grundlagen des Biodiversitätsschutzes auseinander. Ausgangspunkt ist eine Kritik an anthropozentrischen Umweltethiken, die den Schutz biologischer Vielfalt primär über instrumentelle Werte oder menschliche Interessen, etwa an Ökosystemdienstleistungen, begründen. Demgegenüber wird eine ökozentrische Position entwickelt, die Biodiversität einen intrinsischen Wert zuschreibt. Diese Position wird anhand aristotelischer umweltethischer Argumente entfaltet, insbesondere im Anschluss an Konzepte der Entelechie und der Selbstrealisierung des Lebendigen. Eingebettet wird diese ökozentrische Position in eine Ethik der Achtung, die nicht nur nach einem Wissen um Rechtfertigungsbedingungen von Normen des Biodiversitätsschutzes strebt, sondern die Vielfalt des Lebens gerade deshalb als zu achtende Wirklichkeit begreift, weil sie den Horizont menschlichen Wissens überschreitet. Eine solche Ethik verbindet sich mit einer Haltung der Selbstbeschränkung, der Responsivität und der Anerkennung nichtmenschlicher Eigenwertigkeiten.

**Schlüsselwörter:** Achtung · Biodiversitätskrise · Biodiversitätsschutz · Entelechie · Intrinsischer Wert · Ökozentrische Umweltethik

Durch die Übernutzung und Zerstörung von Ökosystemen verringern wir die biologische Vielfalt auf unserem Planeten in einem Ausmaß, das ohne Vorbild ist. Auch wenn sich die genaue Zahl kaum ermitteln lässt, gehen die meisten Expert:innen davon aus, dass die aktuellen Aussterberaten um den Faktor 1000 bis 10.000 über der natürlichen background extinction rate liegen dürften [1]. Die in Gang gesetzten Veränderungen sind beispiellos und unumkehrbar. Mit jedem Aussterbeereignis wird nicht nur eine einzelne Lebensgeschichte unterbrochen. Da alle evolutionären Geschichten

Der Beitrag fasst Überlegungen zusammen, die ich ausführlicher in meinem Buch *Vielfalt achten. Eine Ethik der Biodiversität* (Bielefeld 2024) entwickelt habe.


S. M. Gergely et al. (Hrsg.): SymWeN 2026, *Die Werte der Natur*, S. 28–39, 2027,
https://doi.org/10.1007/978-3-662-74109-2_4

miteinander verflochten sind, berührt das Verschwinden einer Art die (Über-)Lebensperspektiven vieler anderer Arten. Ökosysteme, die als Verschränkungen der Interaktionen von Individuen unterschiedlicher Arten verstanden werden können, verlieren mit jeder Entwicklungslinie, die unterbrochen wird, etwas von ihrer Fähigkeit, Schwankungen ihrer Umweltbedingungen zu kompensieren. Das Aussterben setzt Prozesse der Entropie, des Einbüßens von Komplexität, in Gang, die mit unabsehbaren Risiken einhergehen. Unsere Welt wird täglich ärmer. Mit jeder Tier- und Pflanzenart verliert sie an Schönheit und Tiefe, wird um Erfahrungs- und Beziehungsmöglichkeiten beraubt. Mit der Vielfalt an genetischen Informationen, evolutionären Potenzialen und Ökosystemtypen, die der Erfüllung kurzfristiger, häufig trivialer Bedürfnisse privilegierter Gruppen oder Individuen geopfert werden, beschneiden wir die Lebensgrundlagen zukünftiger menschlicher Generationen. Der Biodiversitätsverlust hat aber nicht nur eine menschheitsgeschichtliche, sondern auch eine evolutions- und erdgeschichtliche Dimension.

Als Reaktion auf die globale Biodiversitätskrise hat die Mehrheit der in den Vereinten Nationen organisierten Staaten bereits 1992 eine Convention on Biological Diversity ratifiziert, deren Ziel darin bestand, die Vielfalt des Lebens auf der Erde für zukünftige Generationen, aber auch um ihrer selbst willen, zu schützen. Die in dieser Erklärung formulierten Ziele wurden bis heute bei weitem verfehlt. In einem erneuten Anlauf haben die Vereinten Nationen dann die Jahre von 2011 bis 2020 zur UN-Dekade der biologischen Vielfalt erklärt [2]. Nach dem Ende dieser Dekade müssen wir erneut resigniert feststellen, dass die Aussterberaten nicht gesunken sind, sondern sich weiterhin beschleunigen. Der am 6. Mai 2019 veröffentlichte Bericht der Intergovernmental Science-Policy Platform on Biodiversity and Ecosystem Services (IPBES) der Vereinten Nationen konstatiert, dass mindestens eine Million Arten akut vom Aussterben bedroht sind. Die Vereinten Nationen merken dazu an: „Biologische Vielfalt – die Vielfalt innerhalb von Arten, zwischen Arten und von Ökosystemen – nimmt schneller ab als je zuvor in der Geschichte der Menschheit“ [3]. Robert Watson, der Leiter der IPBES, fasst die Ergebnisse des Berichts mit folgenden Worten zusammen: „Die Gesundheit der Ökosysteme, von denen wir und alle anderen Arten abhängen, verschlechtert sich schneller denn je. Wir zerstören die Grundlagen unserer Wirtschaft, unserer Ernährungssicherheit, unserer Gesundheit und unserer Lebensqualität weltweit“ [4]. Mit dem Unterbrechen evolutionärer Linien und koevolutionärer Netzwerke greifen wir in einem nie zuvor gekannten Ausmaß in ökologische Zusammenhänge ein. Wir gefährden damit nicht nur die Bedingungen für ein gelingendes menschliches Leben in der Zukunft, sondern letztlich die Zukünfte mehrzelliger Organismen insgesamt, also die Zukunft des Lebens, wie wir es kennen.

Die Biodiversitätskrise verlangt nach entschiedenen politischen und gesellschaftlichen Reaktionen, darüber hinaus aber auch nach ethischen Antworten, die die politischen und gesellschaftlichen Reaktionen erst motivieren und in individuellen Verhaltensänderungen sowie geteilten Lebensformen verankern könnten. Die akademische Ethik hat die Sixth Extinction, das durch menschliche Eingriffe verursachte Massenaussterben von Arten, in den beiden zurückliegenden Jahrzehnten als Problem wahrgenommen und seine Dringlichkeit anerkannt. Aus der Diagnose einer Extinction Crisis oder Biodiversity Crisis ist allerdings selten die Notwendigkeit abgeleitet worden, eine spezielle Ethik der Biodiversität auszuarbeiten. In der akademischen

Diskussion besteht stattdessen ein weitgehender Konsens, demzufolge etablierte ethische Begründungsmodelle (wie etwa deontologische Prinzipienethiken, Varianten des Utilitarismus oder des Capability Approach) ausreichen, um den normativen Aspekten der Krise Rechnung zu tragen. Eine umweltethische Antwort auf die Biodiversitätskrise verlange keine neuen und speziellen Begründungsstrategien und keine metaethischen Verständigungsprozesse.

## 1 Grenzen des Anthropozentrismus

Der häufig ausgesprochene Hinweis darauf, dass wir uns in der Umweltethik auf etablierte ethische Begründungsmodelle verlassen können, geht meist mit einer Vorentscheidung für anthropozentristische Begründungsansätze einher. So begreift Sahotra Sarkar, eine/r der wenigen Autor:innen, die den ethischen Aspekten der Biodiversitätskrise eine eigene Monografie gewidmet haben, jeden möglichen Wert der Vielfalt des Lebens als Ergebnis einer „Übertragung": Werte, die wir immer nur in genuin ethischen Kontexten (und das heißt: in Kontexten zwischenmenschlicher Interaktionen) gewonnen haben können, vermögen wir nachträglich auch auf nichtmenschliche Aspekte von Biodiversität zu übertragen [5]. Diese „Übertragung" hat einen metaphorischen Charakter: So wenig, wie eine Wiese im wörtlichen Sinne lachen kann, kann die Artengemeinschaft eines subtropischen Waldes an sich wertvoll sein. In ähnlicher Weise kennzeichnet Dirk Lanzerath Biodiversität als „Wert zweiter Ordnung" [6], der von höherrangigen Werten wie Gerechtigkeit, Gesundheit, Schönheit etc. abhängig bleibe, von Werten also, die nur in Bezug auf menschliche Interessen bestehen. Gegenüber der Vielfalt nichtmenschlicher Lebensformen hätten wir nur indirekte Pflichten, da wir diese Vielfalt ausschließlich dann für schützenswert erachten könnten, wenn sie für ein gerechtes, gesundes oder ästhetisch befriedigendes menschliches Leben relevant sei. Direkte Pflichten hätten wir dagegen immer nur gegenüber menschlichen Individuen (oder Tier-Individuen, sofern sie bestimmte moralisch signifikante Fähigkeiten mit uns Menschen teilen). Sarkar und Lanzerath beziehen damit eine explizit anthropozentrische umweltethische Position.

Eine Ethik der Biodiversität bzw. des Biodiversitätsschutzes kann sich mit diesem Anthropozentrismus nicht abfinden. Wenn wir in der Umweltethik und -politik menschliche Interessen an einzelnen Aspekten der Biodiversität als einzige Bezugsgröße gelten lassen, dann gelten Arten und Ökosysteme nur solang als schützenswert, wie menschliche Bedürfnisse angegeben werden können, die durch sie befriedigt werden. Sobald die menschlichen Bedürfnisse, die etwa durch Ökosystemdienstleistungen erfüllt werden, auch technisch befriedigt werden können oder, was noch gravierender ist, sobald politische Entscheidungsträger:innen an die Möglichkeit einer Substitution der Natur durch Technik glauben, verlieren Arten und Ökosysteme in einem rein anthropozentrischen Referenzrahmen jede Schutzwürdigkeit. Insofern werde ich mich in diesem Beitrag, der der Verteidigung einer ökozentrischen Position gewidmet ist, zu einer in den aktuellen umweltethischen Debatten breit diskutierten Frage positionieren: der Frage, inwieweit wir Ökosystemen und evolutionären Linien einen intrinsischen Wert zusprechen können oder nicht. Anthropozentrische Ansätze argumentieren gegen diese Möglichkeit, ökozentrische Ansätze gestehen diese Möglichkeit zu.

Ich werde im Folgenden dafür plädieren, dass die Ausformulierung einer dezidierten Ethik der Biodiversität nicht nur möglich, sondern auch dringend nötig ist, und zwar insbesondere deshalb, weil die meisten etablierten ethischen Begründungsmodelle mit anthropozentrischen Vorentscheidungen einhergehen. Mit den Konzepten des intrinsischen Wertes von Biodiversität sowie der Achtung des Lebens in der Vielfalt seiner Erscheinungsformen stelle ich zwei komplementäre normative Orientierungspunkte einer Ethik der Biodiversität jenseits des Anthropozentrismus vor.

## 2 Die Bedeutung intrinsischer Werte für eine Ethik der Biodiversität

Anthropozentrische Positionen der Umweltethik gehen davon aus, dass Werte das Ergebnis von Wertgebungsprozessen sein müssen. Wenn ein Ökosystem oder eine evolutionäre Linie einen Anspruch auf einen Wert erheben könne, dann nur, weil ein Mensch der entsprechenden Entität diesen Wert zuvor verliehen habe. Werte gelten in diesem Zusammenhang als bloße Konventionen, ihre Geltung beziehen sie immer nur in Relation zu anderen Werten bzw. anderen Akten der Wertgebung. Plädoyers für einen intrinsischen Wert der Biodiversität als ganzer oder einzelner ihrer Aspekte berufen sich demgegenüber meist, implizit oder explizit, auf eine aristotelische Naturauffassung. Für Aristoteles definiert sich alles, was ist, weniger durch Eigenschaften, die wir ihm zuschreiben können, als durch das Ziel (telos), auf das hin es jeweils strebt, in dem es seine Erfüllung findet bzw. seine Lebensmöglichkeiten erst voll entfalten kann. Aristoteles spricht hier von einer Entelechie (entelecheia) [7], dem Ziel einer Sache, das in dieser Sache selbst angelegt ist und sie in ihrer jeweiligen Besonderheit konstituiert. In prägnanter Weise erfahrbar wird diese Entelechie im Bereich des Lebens und der Lebewesen, die für Aristoteles insofern auch in einem eigentlicheren Sinne existieren als unbelebte Gegenstände. „Die Lebewesen", also die Pflanzen, Tiere und Menschen, „sind", wie Aristoteles bemerkt, „am meisten Substanzen" [8], weil sie nur von anderen Lebewesen gezeugt werden können und weil sie jeweils in ihrer gesamten Form und in ihren gesamten Möglichkeiten zu agieren von ihren Gelingensbedingungen her bestimmt sind. Allem Leben ist das Ziel eines gelingenden Lebens als Seele (psyche) eingeschrieben.

Die umweltethische Relevanz des Aristotelismus wird bereits von Hans Jonas herausgestellt, dessen 1979 veröffentlichtes Hauptwerk Das Prinzip Verantwortung die gesamte „Lebensfülle der Erde" [9] vor allem mit dem Argument zu schützen sucht, dass auch die Natur von uns zu respektierende Zwecke verfolge [10]. In eine vergleichbare Richtung weisen Arbeiten von Holmes Rolston, Friedo Ricken, Robert Spaemann, Paul W. Taylor und Arne Næss. Als oberste Maxime der von ihm ausgearbeiteten Deep-Ecology-Position formuliert Næss: „Das Wohlergehen und Gedeihen menschlicher und nicht-menschlicher Lebewesen auf der Erde hat einen Wert an sich (Synonyme: intrinsischer Wert, inhärenter Wert)" [11]. Bemerkenswert an dieser Formulierung ist, dass Næss den menschlichen und nichtmenschlichen Lebensformen einen intrinsischen Wert nicht als Entitäten zuspricht, sondern als Potenzialen eines gelingenden, der Fülle seiner Möglichkeiten entsprechenden Lebens. Er geht von einer „Verwirklichung inhärenter Möglichkeiten" als Ausdruck einer „Selbst-Realisierung" [12] aus, die Lebewesen erst zu Lebewesen mache. Die Fülle ihrer Möglichkeiten können Lebewesen wiederum nur in Beziehungen erreichen, etwa in ihrem Verflochtensein mit anderen Lebensformen. „Der Reichtum und die Vielfalt der Lebensformen tragen" dazu bei, dass einzelne Lebewesen ihren Möglichkeiten entsprechen können, und sind insofern „auch Werte an sich" [13]. Über einen intrinsischen Wert zu verfügen, bedeutet für Næss weiter, dass ein Wert unabhängig von einem wertgebenden Subjekt besteht. Diesen Wert sprechen wir Lebewesen nicht von außen zu oder ab, sondern können ihn nur realisieren, wenn wir mit ihnen bewusst interagieren bzw. uns der Verflochtenheit unserer eigenen Leben mit den Leben anderer praktisch vergewissern: „Tiere und Pflanzen haben Interessen im Sinne von Möglichkeiten zur Verwirklichung der ihnen innewohnenden Potenziale, die wir nur durch die Interaktion mit diesen Wesen studieren können" [14]. Inhärente Potenzialitäten, Næss spricht hier oft auch einfach von Freude, lassen sich nicht von außen beobachten, sie zeigen sich nur aus einer empraktischen Perspektive, aus der Innenperspektive einer geteilten Praxis.

Anthropozentrische Kritiker:innen wenden gegenüber Positionen, die von intrinsischen Werten in der Natur ausgehen, ein, dass sie „Handlungszwecke von autonomen Wesen und funktionale Zwecke teleonomisch organisierter Lebewesen" [15] in unzulässiger Weise vermischen. Sie werfen ihnen vor, Lebewesen fälschlich Interessen zuzuschreiben. Ein Interesse binde sich gegenüber funktionalen Zwecken daran, dass es sprachlich explizit gemacht werden könne, es gehe also mit einem geteilten Wissen um das Vorliegen des Interesses einher, ein Wissen, das wir in Bezug auf nichtmenschliche Lebensformen nicht reklamieren können. Martin Gorke kritisiert diesen Einwand mit dem Hinweis, dass wir uns weit genug in jedes beliebige Lebewesen hineinversetzen können, um zu sehen, dass es ihm „um etwas geht" [16]. Darin ist impliziert, dass das „Sein und Werden" eines Lebewesens „zur Verwirklichung kommen oder aber Beeinträchtigung erfahren" [17] kann. Gorke macht das an einem Insekt deutlich, das dem Beobachtenden klar signalisiert, was gerade gewollt ist, etwa einer Gefahr zu entkommen, eine Nahrungsquelle zu erreichen, oder, etwa im Falle von staatenbildenden Insekten, die Nachkommen zu versorgen. „Es gibt in der Tat gute Gründe dafür", so auch Ludwig Siep, „daß die Semantik des Wortes ‚gut' nicht auf die Bedeutung ‚wünschenswert oder förderlich für Menschen' reduzierbar ist" [18]. Mehr oder weniger gut gehen kann es auch Pflanzen und Tieren, dies bemerken zu können, bedarf keiner exzeptionellen kognitiven Fähigkeiten.

Dass es Pflanzen und Tieren sowohl auf der Ebene von Organismen wie auf der von Arten „um etwas geht", dass es ihnen mehr oder weniger gut gehen kann, drückt sich vor allem auch darin aus, dass sie vulnerabel sind. Der französische Philosoph Frédéric Worms, der seinen eigenen Ansatz als neovitalistisch charakterisiert, weist in diesem Zusammenhang auf einen Doppelsinn des Wortes „vital" hin. Als vital bezeichnen wir einerseits einfach das Lebendige, andererseits aber auch etwas, „ohne das das Leben eines Lebewesens in Beziehung zur Umwelt und zu anderen Lebewesen nicht länger weitergehen kann" [19]. Zu den „objektiven Bedingungen" des

„Fortbestandes“ eines Lebewesens in seiner „Einzigartigkeit“ [20] rechnet Worms vor allem die „Beziehungen [...] zwischen Lebewesen und Umwelt“, aber „auch zwischen den Lebewesen“ unterschiedlicher „Arten und Gattungen“ wie „innerhalb ein und derselben Art“ [21]. Dass Leben auf anderes Leben angewiesen ist, gehört zu seinem Begriff und macht es konstitutiv bio-divers. Auch dem Leben insgesamt „geht es um etwas“: um ein Leben mit anderem Leben.

Unter Nutzung von aristotelischen Argumenten plädiert heute vor allem der amerikanische Umweltethiker Holmes Rolston in differenzierter Weise dafür, dass sich eine nicht-anthropozentrische Umweltethik auf ein Konzept intrinsischer Werte berufen kann. Rolston knüpft an die Entelechie-Lehre an und zeigt, dass Werte bereits auf der Ebene der Tendenz von Organismen auftauchen, bestimmte Zustände gegenüber anderen zu bevorzugen. So strebt eine Pflanze in ihrem Wachstum auf das Licht der Sonne zu und richtet ihre Wurzeln auf Feuchtigkeit aus. Organismen existieren immer in Umwelten, die ihnen mehr oder weniger förderlich sein können. Zugleich versuchen sie, ihre Umwelten daraufhin zu organisieren, dass sie dem Leben förderlich sind. Die biotische Natur unterscheidet sich darin von der abiotischen Natur, dass sie einem Prinzip der Syntropie folgt: „Organismen sondern Unordnung aus. Das Leben ist ein lokaler Gegenstrom zum Strom der Entropie, ein energetischer Ritt bergauf in einer Welt, die sich thermodynamisch gesehen insgesamt bergab bewegt“ [22]. Organismen streben zu Wachstum, Entfaltung und Vermehrung. Was ihr Bestreben befördert, im Falle des Baumes etwa Licht, Wasser, $CO_2$ und Stickstoff, ist unabhängig von menschlichen Beobachter:innen. Für eine Buche ist ein gut erreichbarer Grundwasserspiegel, die Möglichkeit, mit Pilzen eine Symbiose einzugehen und ihre Blüten von Insekten bestäuben zu lassen, wertvoll. Für die Buche ist es ebenso wertvoll, nicht von saurem Regen beeinträchtigt zu werden, keinem Waldbrand zum Opfer zu fallen und nicht schon lange vor dem Erreichen ihres höchsten möglichen Lebensalters gefällt zu werden. Natur, so ließe sich mit Rolston zusammenfassen, ist nicht nur wertvoll, sondern „value-able“ [23], also in der Lage, selbst Zustände zu bewerten. Der französische Wissenschaftsphilosoph Georges Canguilhem spricht in einer vergleichbaren Weise von einer intrinsischen Eigenschaft alles Lebendigen, die darin besteht, Normen zu setzen, denen zufolge bestimmte Zustände angestrebt und andere vermieden werden. Auf diese Weise schafft das Lebewesen über Akte positiver oder negativer Wertungen das Milieu, von dem es zugleich konstituiert wird: „Die Beziehung zwischen dem Lebendigen und dem Milieu stellt sich als Auseinandersetzung dar, in die das Lebendige seine eigenen Normen zur Bewertung von Situationen einbringt, indem es das Milieu sowohl dominiert als auch sich ihm anpasst“ [24].

Anthropozentriker:innen könnten an dieser Stelle fragen, ob nicht die Feststellung, dass die Buche von Beobachter:innen unabhängige Werte kenne, selbst beobachter:innenabhängig sei, ob die These, Organismen oder ihre Assoziationsformen hätten einen von uns unabhängigen Wert, selbst noch einmal auf den Menschen als denjenigen verweise, der diese These formuliert. Behält am Ende also doch Kant recht, der behauptet, dass nur Menschen in Begriffen von Zwecken denken können, dass jede Unterstellung einer Zweckmäßigkeit der organischen Natur eine Projektion sei, dass also letztlich „ohne den Menschen die ganze Schöpfung eine bloße Wüste, umsonst und ohne Endzweck sein würde“ [25]? Rolston entkräftet Kants Diagnose, dass die Erde ohne uns Menschen wüst und leer sei, mit einem Hinweis auf die Ehrfurcht, die wir gegenüber alten Bäumen empfinden. Einige Individuen des Mammutbaums (Sequoia sempervirens) sind älter als 2000 Jahre, sie lebten also lange Zeit, bevor sich Nationalpark-Besucher:innen an ihnen erfreuen konnten. Zu der Ehrfurcht, mit denen wir ihnen heute begegnen, gehört ein Wissen um ihre Geschichte, die, wenn vielleicht nicht über die Menschheitsgeschichte, so doch über die neuere amerikanische Besiedlungsgeschichte weit hinausreicht. Rolston spricht einen intrinsischen Wert nicht nur einzelnen Baum-Individuen zu, sondern explizit auch Arten und evolutionären Linien. So verweist er darauf, dass sich das Streben eines individuellen Baumes nach gedeihlichen Zuständen objektiv in seiner DNA niedergeschlagen habe. Die biologische Art des Mammutbaums, Sequoia sempervirens, existiert seit vielen Millionen Jahren, also über einen Zeitraum, in dem eine Vielzahl von einzelnen Baumindividuen zu „verteidigen" versucht haben, was ihrem eigenen Gedeihen wie dem ihrer Nachkommen und ökologischen Nachbarn förderlich war [26].

An einem Sinn dafür, dass es auch Pflanzen und Tieren, Arten und Ökosystemen mehr oder weniger gut gehen kann, machen wir, so bemerkt Rolston weiter, häufig implizit die Tugendhaftigkeit einer Person fest. Ihre Tugendhaftigkeit hängt davon ab, ob und wieweit sie in der Lage ist, „das Leben eines wild lebenden Tieres als das zu respektieren, was es an sich ist, eine andere und doch verwandte Form des Lebens. Um wirklich tugendhaft zu sein, muss man die Werte in der Natur um ihrer selbst willen respektieren können, und das ist unweigerlich mit dem menschlichen Wohlbefinden verknüpft" [27]. Zum gelingenden menschlichen Leben gehört ein Wissen um die Tatsache, dass da etwas ist, was uns vorausgeht, trägt, und zugleich unabhängig von uns existiert, was einen Wert an sich hat. Rolston spricht an der gleichen Stelle auch von einem Vermögen zur „Wertschätzung des Andersseins" [28], ein Vermögen, das das Leben erst zu einem menschlichen Leben macht. „Der wilde Andere wird nicht erst dann wertvoll, wenn aus ihm etwas für mich Nützliches entsteht. Er ist wertvoll für das, was er ist, ob ich zugegen bin oder nicht, und wenn ich diesen Wert erkenne, hat das wertvolle Auswirkungen auf mich" [29].

Rolstons Beharren auf der Möglichkeit intrinsischer Werte lässt sich mit einer allgemeineren werttheoretischen Überlegung stützen. Dazu sollten wir uns genauer anschauen, was ein Wert ist bzw. was ein Akt der Wertung impliziert. Gehen Werte, wie wir das seit Friedrich Nietzsche und Georg Simmel gelernt haben, wirklich darin auf, das Resultat von Praktiken einer Wertgebung zu sein? Wenn ich einer Person oder einer Sache einen Wert zugestehe oder zuspreche, setze ich, so würde ich gegen konventionalistische Werttheorien behaupten, gerade voraus, dass dieser Wert nicht nur besteht, weil er ein Wert für mich, sondern weil er ein Wert an sich ist. Zu einem nicht nur ökonomischen, sondern ethischen Wert wird etwas erst durch das, was Rolston „Wertschätzung des Andersseins" [30] nennt. Ich würde in diesem Sinne vorschlagen, einen „Wert für mich" als bloße Nützlichkeit zu definieren, die strikt zu unterscheiden wäre von einem „Wert an sich", den ich allem zugestehe, was ich als unabhängig von mir erlebe, was, wie die physis der griechischen Antike, aus sich selbst heraus ist, weder von mir gemacht noch auf mich hin, von dem ich mich aber zugleich als abhängig und getragen erfahre. Physis ist nicht einfach nur „da draußen", das ganz Andere, sie ist auch die Natur, die ich selbst bin, ich stehe zu ihr in einem Verhältnis der Differenz und der Kontinuität. Nur das, was von mir zumindest in manchen Hinsichten unabhängig ist, kann ich dabei im ethischen Sinne als

Wert betrachten. Wir könnten auch sagen, dass einer ethischen Beziehung eine andere Art von Intentionalität zukommt als einer Erkenntnis- oder Nützlichkeitsbeziehung. Einen Wert im ethischen Sinne gewinnt etwas für mich immer dann, wenn ich seine Andersheit, Unabhängigkeit und Gegebenheit zu akzeptieren lerne, wenn ich es, mit Kant, nicht zu einem Mittel mache, sondern als unverfügbar begreife. Das Konzept des Werts nähert sich damit dem der Würde an. Einen intrinsischen Wert spreche ich insofern nicht zu, sondern umgekehrt, ich fühle mich von dem, was einen solchen Wert hat, selbst angesprochen, adressiert, in eine Verantwortung genommen. Ich bin vor allem, so würde das Emmanuel Lévinas formulieren, das Subjekt dieser Verantwortung; ich werde von dem, was einen intrinsischen Wert hat, dazu verpflichtet, es vor jeder Instrumentalisierung und Kommodifizierung zu schützen.

## 3 Von intrinsischen Werten zu einer Ethik der Achtung

Achten können wir uns wechselseitig als Menschen, etwa für unsere Vernunftfähigkeit oder für andere allgemein akzeptierte Fähigkeiten, Leistungen und Eigenschaften. Achten können wir in besonderem Maße aber auch und gerade etwas, das sich nicht auf Fähigkeiten, Leistungen und Eigenschaften abbilden lässt, das sich mit unseren Erwartungen nicht deckt, das den Bereich menschlicher Perspektiven überschreitet. In diesem Sinne können wir etwa den Sternenhimmel oder die Weite des Ozeans achten, aber auch das Alter eines Baumes, die Schönheit einer Orchidee oder die Reinheit eines Kristalls. Und warum sollten wir nicht auch die Feinheiten in der Abstimmung des Stoffwechsels zwischen Bäumen und Pilzen achten können, den Reichtum an Farn-Pflanzen in einem subtropischen Regenwald, die Symbiosen von Borkenkäfern und Pilzen, das Wanderverhalten des Monarch-Falters oder das Brutpflege-Verhalten von Albatrossen?

Verhältnisse der Achtung sind immer Verhältnisse einer gleichzeitigen Nähe und Distanz. Achtung hat eine aktive, zuwendende Dimension, aber auch eine sich zurücknehmende, geschehen-lassende, sie geht mit einem Moment von Selbstbescheidung und vielleicht sogar Demut einher. Zu achten bedeutet einzugestehen, dass ich nicht zuerst komme, dass das, was ich achte, sich niemals in meinen Erwartungen und Zuschreibungen erschöpft, sondern einen intrinsischen Wert hat. Insofern sind Achtung und intrinsische Werte komplementäre ethische Konzepte.

Achtung ist, um eine Formulierung aufzugreifen, mit der Aristoteles den Vorzug der Gerechtigkeit vor allen anderen Tugenden begründet, pros heteron, „in Bezug auf den Anderen" [31]. Im Affekt der Achtung schreibt sich meinem Selbstbezug ein vorgängiges Ausgerichtetsein auf Andere ein. Als Affekt steht Achtung für ein mir Widerfahrendes, nicht von mir Gemachtes. Was ich achte, ist in irgendeinem Sinne aus sich selbst heraus, unabhängig von mir, nicht für mich und auf mich hin. Was ich achte, hat keinen ökonomischen Preis und widersetzt sich allen Versuchen seiner Einhegung als Sachbesitz. Bereits Kant klärt den spezifischen Eigensinn der Achtung über eine Unterscheidung von Preis und Würde: „Im Reiche der Zwecke hat alles entweder einen Preis oder eine Würde. Was einen Preis hat, an dessen Stelle kann auch etwas anderes, als Äquivalent, gesetzt werden; was dagegen über allen Preis erhaben ist, das hat eine Würde“ [32]. Diese „Würde“, das also, was unsere Achtung gebietet, charakterisiert Kant weiter als „einen innern Wert“ [33], der dem entspricht, was wir im vorigen Abschnitt als „intrinsischen Wert“ kennengelernt hatten. Was eine Würde hat und damit achtenswert ist, sollte weder zu einem Mittel gemacht, noch wie auch immer quantifiziert werden. Was uns in seiner Würde erscheint, wird damit einzigartig und unvertretbar. Es ist das an einem Lebewesen, was es verhindert, es als Exemplar zu betrachten, als im Prinzip austauschbar und verzichtbar.

Achtung begreife ich weniger als ein Wissen (etwa um Geltungs- und Rechtfertigungsbedingungen normativer Prinzipien) denn als einen Affekt. Wie jeder Affekt ist auch die Achtung ein Potenzial für mögliche Handlungen, im Falle der Achtung vor allem für akzeptierende, sorgende und unterstützende Handlungen. Achtung bedeutet, das eigene Interesse gegenüber dem, was ich achte, nicht voranzustellen, sie bedeutet zunächst, hinzuschauen und hinzuhören, aufmerksam zu sein für den Moment, in dem es mir möglich sein wird, jemanden oder etwas in seinen Lebensmöglichkeiten zu fördern, ihm oder ihr zu erlauben, dem zu entsprechen, auf was hin er, sie oder es tendiert. Dass Achtung zunächst ein Affekt ist, bedeutet auch, dass sie mir eher widerfährt, sich von allein einstellt, als dass ich sie bewusst herstellen könnte. Die Notwendigkeit der Achtung lässt sich nicht logisch demonstrieren, ich achte nicht deshalb, weil es die Unabweisbarkeit eines Arguments von mir fordert. Ethische Ansprüche treten leise an mich heran, sie sprechen Einladungen aus, aber sie zwingen mich nicht. Sie bezwingen mich allenfalls gerade, weil sie nicht zwingend sind, weil sie einer anderen Ordnung angehören als Beweise, letzte Gründe und Pflichten. Für die Quellen der Moral gilt, dass sie selbst Achtung gebietend sind, dass sie sich nicht erschöpfen lassen, da wir uns nicht auf ihren Ursprung zurückbeugen, sie in ihrem Wesen nicht kognitiv erfassen können.

Aus der Sicht einer sich als wissenschaftlich verstehenden philosophischen Ethik ist das nur schwer zu akzeptieren. Insbesondere die Ethiken der Neuzeit gehen, wie die neuzeitlichen Erkenntnistheorien, mit einem Begründungs- und Gewissheitsanspruch einher, sie möchten unser Handeln auf ein erstes Prinzip, ein unerschütterliches normatives Fundament stellen. Um die konstitutive Schwäche ethischer Forderungen zu kompensieren, hat sich die neuzeitliche Ethik einerseits auf das erkenntnistheoretische, erstmals von Bacon formulierte Prinzip verum et factum convertuntur bezogen: Wahr ist das, was wir, wie etwa die Grundaxiome der Geometrie, deshalb als wahr erkennen können, weil wir es selbst hervorgebracht haben. Auf diesem Prinzip beruhen indirekt alle konventionalistischen Ethiken, für die die Geltung ethischer Ansprüche immer auf die Geltung von Prinzipien zurückgeführt werden kann, die wir uns selbst (vor-)gegeben haben. Andererseits versuchen die entsprechenden ethischen Ansätze, der Schwäche ethischer Ansprüche mit der Unterstellung einer Geltungsübertragung zu entgehen. Ein ethisches Gebot sollte so unabweisbar sein wie ein logischer Schluss, darum hat es sich auch in die Form eines logischen Schlusses zu kleiden. Als Prototyp für dieses Vorgehen gilt der Kategorische Imperativ bei Kant, die Aufforderung, nur solche Handlungen auszuführen, deren Handlungsregel wir widerspruchsfrei verallgemeinern können. So fordert der Kategorische Imperativ von uns, nicht aus strategischen Gründen zu lügen, da ja selbst die Lügnerin oder der Lügner, um erfolgreich lügen zu können, eine Welt voraussetzen muss, in der nicht immer alle lügen. Der Kategorische Imperativ gilt, weil wir uns in logische Widersprüche verwickeln, wenn wir ihm nicht folgen. Logische Evidenz allein reicht nicht aus, um uns zu moralischem Handeln zu motivieren. Der moralisch gute Wille, um den es Kant zu tun ist, muss also durch mehr getragen werden als durch die rationale Einsicht, dass Widersprüche zu vermeiden sind.

Die akademische Ethik ist, im Gefolge einer bestimmten Tradition der Deutung Kants, von einem Ideal der Notwendigkeit besessen, von der Vorstellung, dass wir, wenn wir die Geltungsbedingungen von Geboten angeben können, ihnen dann auch im Handeln folgen müssen. Eine Ethik der Achtung bricht mit diesem Intellektualismus. Ich kann nicht argumentativ deduzieren, warum ich die Natur achten soll. Der Grund, aus dem heraus ich sie achten sollte, liegt in ihr selbst, in ihrer Komplexität und Unverfügbarkeit, in ihrer Schönheit und Verletzlichkeit, in ihrem Streben nach Fülle und Integrität. In die Achtung der Biodiversität können und müssen wir uns einüben, wir können sie aber niemandem als logisch notwendig demonstrieren. In diesem Sinne verstehe ich Achtung eher als Ergebnis eines Bildungsprozesses, einer Kultur des Umgangs mit Andersheit, auch und gerade mit den vielfältigen Andersheiten jenseits des menschlichen Randes, und weniger als Ergebnis einer Einsicht, zu der ich auf einem strikt argumentativen Weg gekommen sein muss. Das bedeutet in letzter Konsequenz, dass die Ebene der Begründung einer Ethik der Achtung keine andere Ebene sein kann als die der konkreten Erfahrung des zu Achtenden. Zum wesentlichen Grund der Achtung des Lebens in seiner Vielfalt wird damit dieses Leben selbst.

**Offenlegung von Interessenkonflikten** Der Autor hat keine Interessenkonflikte anzugeben, die für den Inhalt dieses Artikels relevant sind.

## Literatur


1. Vgl. IPBES: Global assessment report on biodiversity and ecosystem services of the Intergovernemental Science-Policy Platform on Biodiversity and Ecosystem Services. Brondizio, E.S., Settele, J., Díaz, S. *et al.* (eds.). Bonn (2019), https://www.ipbes.net/global-assessment. Zugegriffen am 24.04.2026.
2. Vgl. UN: Resolution adopted by the General Assembly. 65/161. Convention on Biological Diversity, https://www.cbd.int/undb/goals/undb-unresolution.pdf (2010). Zugegriffen am 24.04.2026.
3. IPBES: Global assessment report on biodiversity and ecosystem services of the Intergovernemental Science-Policy Platform on Biodiversity and Ecosystem Services. Brondizio, E.S., Settele, J., Díaz, S. *et al.* (eds.). Bonn (2019), https://www.ipbes.net/global-assessment. Zugegriffen am 24.04.2026, p. XIV.
4. IPBES: Nature's Dangerous Decline. 'Unprecedented' Species Extinction Rates 'Accelerating', IPBES secretariat, https://www.unep.org/news-and-stories/press-release/natures-dangerous-decline-unprecedented-species-extinction-rates (2019) p. 1. Zugegriffen am 24.04.2026.
5. Vgl. Sarkar, S.: Biodiversity and environmental philosophy. Cambridge University Press, Cambridge (2005), p. 81.

6. Lanzerath, D.: Der Wert der Biodiversität. Ethische Aspekte. In: Lanzerath, D. *et al.* (eds.), Biodiversität. Ethik in den Biowissenschaften – Sachstandsberichte des DRZE, Bd. 5. Freiburg (2008), pp. 147–206, p. 147.
7. Aristoteles: Metaphysik. Griechisch – Deutsch, übers. v. Hermann Bonitz. Meiner, Hamburg (1989), IX, 8.
8. Aristoteles: Metaphysik. Griechisch – Deutsch, übers. v. Hermann Bonitz. Meiner, Hamburg (1989), VII 8, 1034b2.
9. Jonas, H.: Das Prinzip Verantwortung. Suhrkamp, Frankfurt a. M. (1984), p. 245.
10. Jonas, H.: Das Prinzip Verantwortung, Suhrkamp, Frankfurt a. M. (1984), p. 142.
11. Næss, A.: There is No Point of No Return. Penguin, London (2021), p. 2.
12. Næss, A.: There is No Point of No Return. Penguin, London (2021), p. 30.
13. Næss, A.: There is No Point of No Return. Penguin, London (2021), p. 2.
14. Næss, A.: There is No Point of No Return. Penguin, London (2021), p. 31.
15. Lanzerath, D.: Der Wert der Biodiversität. Ethische Aspekte. In: Lanzerath, D. *et al.* (eds.), Biodiversität. Ethik in den Biowissenschaften – Sachstandsberichte des DRZE, Bd. 5, Freiburg (2008), p 188.
16. Gorke, M.: Eigenwert der Natur. Ethische Begründungen und Konsequenzen. Hirzel, Stuttgart (2010), p. 103.
17. Gorke, M.: Eigenwert der Natur. Ethische Begründungen und Konsequenzen. Hirzel, Stuttgart (2010), p. 103.
18. Siep, L.: Konkrete Ethik. Grundlagen der Natur- und Kulturethik. Suhrkamp, Frankfurt a. M. (2004), p. 54.
19. Worms, F.: Über Leben, übers. v. Danilo Scholz u. Victoria Weidemann. Merve, Berlin. (2013), p. 22.
20. Worms, F.: Über Leben, übers. v. Danilo Scholz u. Victoria Weidemann. Merve, Berlin. (2013), p. 23.
21. Worms, F.: Über Leben, übers. v. Danilo Scholz u. Victoria Weidemann. Merve, Berlin. (2013), p. 24.
22. Rolston, H.: A new environmental ethics. The next millennium for life on earth. Taylor & Francis, London/New York (2012), p. 116.
23. Rolston, H.: Value in Nature and the Nature of Value. In: Attfield, R., Belsey, A. (eds.): Philosophy and the Natural Environment. Royal Institute of Philosophy Supplement 36. Cambridge University Press, Cambridge (1994), pp. 13–30, p. 16.
24. Canguilhem, G.: Knowledge of Life, ed. by Paola Marrati and Todd Meyers, trans. by Stefanos Geroulanos and Daniela Ginsburg. Fordham University Press, New York (2008), p. 133.
25. Kant, I.: Kritik der Urteilskraft. In: Kant, I.: Werkausgabe, Bd. IX, ed. Wilhelm Weischedel. Suhrkamp, Frankfurt a. M., p. 403/B 410.
26. Rolston, H.: A new environmental ethics. The next millennium for life on earth. Taylor & Francis, London/New York (2012), p. 117.
27. Rolston, H.: A new environmental ethics. The next millennium for life on earth. Taylor & Francis, London/New York (2012), p. 115.
28. Rolston, H.: A new environmental ethics. The next millennium for life on earth. Taylor & Francis, London/New York (2012), p. 115.
29. Rolston, H.: A new environmental ethics. The next millennium for life on earth. Taylor & Francis, London/New York (2012), p. 115/116.
30. Rolston, H.: A new environmental ethics. The next millennium for life on earth. Taylor & Francis, London/New York (2012), p. 115.
31. Vgl. Aristoteles: Nikomachische Ethik, übers. u. hg. v. Gernot Krapinger. Reclam, Stuttgart (2017), V, 3 1129b.

32. Kant, I.: Grundlegung zur Metaphysik der Sitten. In: Kant, I.: Werkausgabe, Bd. VII, ed. Wilhelm Weischedel. Suhrkamp, Frankfurt a. M., pp. 7–102, p. 68/BA 77.
33. Kant, I.: Grundlegung zur Metaphysik der Sitten. In: Kant, I.: Werkausgabe, Bd. VII, ed. Wilhelm Weischedel. Suhrkamp, Frankfurt a. M., pp. 7–102, p. 68/BA 77.

**Andreas Hetzel** lehrt seit 2015 als Professor für Sozialphilosophie an der Universität Hildesheim. Er studierte Philosophie, Germanistik, Publizistik und Soziologie in Münster und Frankfurt, promovierte 1999 an der TU Darmstadt und habilitierte sich dort im Jahr 2009. Vor seinem Ruf nach Hildesheim war er an verschiedenen philosophischen Instituten im gesamten deutschsprachigen Raum tätig und forscht schwerpunktmäßig zu Sozial- und Kulturphilosophie.

# Die Bewertung pflanzlichen Lebens – eine philosophische Perspektive

Angela Kallhoff(✉)
Fakultät für Philosophie und Bildungswissenschaften, Universität Wien, Wien, Österreich
angela.kallhoff@univie.ac.at

**Zusammenfassung.** Das pflanzliche Leben erfährt neuerlich viel Aufmerksamkeit in der philosophischen und ethischen Forschung. Neben einer Interpretation der Fähigkeiten von Pflanzen mit Konzepten wie „Intelligenz", „Strategie" und „Personalität" wird erforscht, ob ethische Konzepte wie „Würde" und „Rechte" auf Pflanzen Anwendung finden können und sollen. Nach einer Skizze dieser Diskussionen wird dafür argumentiert, unsere Interaktionen mit Pflanzen dahingehend zu befragen, welche Werthaltungen in ihnen zum Ausdruck kommen können. Konkret werden Agrar- und Kultivierungstechniken, Erfahrungen der Naturbegegnung und Narrative über pflanzliche Widerstandskraft mit Rücksicht auf mögliche Wertbindungen erörtert. Abschließend wird dafür argumentiert, pflanzliches Leben in seiner Komplexität und Vielfalt zu respektieren. Auch der Diskurs über den Schutz der vegetativen Natur sollte um die in diesem Beitrag skizzierten Dimensionen wertvoller Erfahrungen mit Pflanzen erweitert werden.

**Schlüsselwörter:** Pflanzenethik · Würde der Pflanze · Naturästhetik · Kultivierung · Greentopia

## 1 Einleitung

Die Bedeutung pflanzlichen Lebens für einen gesunden Planeten und für den Menschen geht über die Erfüllung von Grundbedürfnissen hinaus und rückt stärker ins Bewusstsein. Hinzu kommt die Forschung an Pflanzen, die erkennen lässt, dass sie über Fähigkeiten verfügen, die bisher vornehmlich dem Tier zugeschrieben wurden. Pflanzen können gedeihen und kommunizieren, sie können einander schützen, eventuell können sie sogar kooperieren [6]. Zur Erörterung pflanzlichen Lebens kann auch die Philosophie einen Beitrag leisten, indem sie diskutiert, wie Fähigkeiten von Pflanzen genau interpretiert werden können und ob die verwendeten Begriffe adäquat sind. Sie fragt auch, welchen Wert Pflanzen für uns Menschen haben können und ob es einen unabhängig von menschlichen Interessen gegebenen Wert der Pflanze gibt. Es wird ferner erörtert, ob Pflanzen zurecht als „intelligent" eingestuft werden [6], ob sie gar eine Würde haben [3, 24] und schließlich, ob sie auch Rechte haben sollten [21, 28]. Darüber hinaus steht zur Diskussion, ob es fair ist, Pflanzen in einer Fabrik


S. M. Gergely et al. (Hrsg.): SymWeN 2026, *Die Werte der Natur,* S. 40–47, 2027,
https://doi.org/10.1007/978-3-662-74109-2_5

zu züchten, sie genetisch zu unseren Vorteilen zu manipulieren oder gar als lebendes Material zu nutzen [15].

In diesem Beitrag werden wir uns auf einige wenige Aspekte der neuen Pflanzenethik beschränken müssen. Zunächst wird die Diskussion über die Fähigkeiten und den Wert der Pflanze skizziert, um dann die These zu erhärten, dass es keinesfalls belanglos ist, wie wir mit Pflanzen umgehen. Vielmehr kommen in Züchtungspraktiken und in unserer Interpretation pflanzlichen Lebens sowohl unsere Wertvorstellungen als auch die Hoffnung auf Heilung angesichts einer ökologisch sehr gefährdeten Welt wieder zum Ausdruck. Wir können pflanzliches Leben durch Züchtung beherrschen wollen, wir können die vegetative Natur aber auch als Ort der Selbstwerdung genießen. Und wir können die Überlebensfähigkeiten der Vegetation gar als Ermutigung in einer ökologisch zerbrechlichen Welt erleben. Wird die „Bewertung pflanzlichen Lebens“ diskutiert, gilt es, die Vielfalt dieser Perspektiven zu berücksichtigen.

Der Beitrag zum Wert pflanzlichen Lebens gliedert sich in vier Abschnitte. Im ersten Abschnitt wird die philosophische Erörterung der Fähigkeiten von Pflanzen nachgezeichnet. Der zweite Abschnitt widmet sich der Frage nach der „Würde“ der Pflanze. Im dritten Abschnitt wird gezeigt, wie sehr die Kultivierungsformen von Pflanzen, die Begegnung mit der Natur sowie die Hoffnungen in der ökologischen Krise von Wertvorstellungen geprägt sind. Der vierte Abschnitt bietet einen Ausblick auf Aspekte der heute als eine Subdisziplin der Naturethik etablierten Pflanzenethik.

## 2 Interpretation der Fähigkeiten von Pflanzen

In der Erörterung der Fähigkeiten von Pflanzen dienen höhere Landpflanzen als Beispiel dafür, welche komplexen Fähigkeiten Pflanzen besitzen. Insbesondere können sie auf Umweltfaktoren so reagieren, dass sie ihr jeweiliges biochemisches Umfeld bestmöglich zur Verwirklichung ihrer charakteristischen Lebensprozesse – Wachsen, die typische Form verwirklichen, Blühen und Fortpflanzung – nutzen. Pflanzen haben nicht nur die Fähigkeit, arttypisch zu gedeihen; sie verfolgen ihr Gedeihen auch aktiv [15, 18].

Jenseits dieser Erkenntnis wird in der Philosophie kontrovers diskutiert, welche Konzepte die selbst gesteuerten Lebensprozesse erfassen können. Es gilt als belegt, dass Pflanzen über eine Form von Intelligenz verfügen – vorausgesetzt, man versteht darunter die Fähigkeit, Lebensprozesse gezielt und strategisch im Sinne des eigenen Wohlergehens sowie mitunter auch des Fortbestands ihrer eigenen Lebensgemeinschaft zu regulieren [6]. Fraglich ist jedoch, ob diese Intelligenz so weit geht, dass Kooperationsformen entstehen, die sogar den Kooperationen menschlicher Zusammenarbeit überlegen erscheinen [22]. Ebenso umstritten ist die These, dass Pflanzen einen Subjekt-Charakter haben, der mit demjenigen personaler Eigenschaften menschlichen Lebens vergleichbar ist [10]. Besser geeignet sind Theorien, welche die unterscheidenden Merkmale der Pflanze, so des Aufgehens und des Vergehens, als einer mit der Umwelt verschmelzenden Lebensform bestimmen [23]. Es lässt sich ferner überzeugend die Annahme einer „Pflanzenseele“ vertreten. Hans Werner Ingensiep konnte zeigen, dass die Frage, ob Pflanzen eine Seele haben, Philosophen und Philosophinnen aller Zeiten bewegt hat und es eine Fülle unterschiedlicher Interpretationen gibt [13].

Bei allen Deutungsansätzen ist darauf zu achten, die Fähigkeiten von Pflanzen angemessen einzuordnen, ohne ihnen menschliche Eigenschaften zuzuschreiben. Ein solcher „Anthropomorphismus" dient nur der Angleichung von Pflanzen an das Leben der Menschen.

## 3 Eine Würde der Pflanze?

Zur Bestimmung des Werts pflanzlichen Lebens wird häufig das Konzept der „Würde" herangezogen. Diese Diskussion hat einen juristischen Hintergrund: Seit der Novellierung des Naturschutzartikels im Jahr 2006 fordert die Schweizer Verfassung einen „Schutz der Würde der Kreatur" (https://www.fedlex.admin.ch/eli/cc/1999/404/de#art_120). Und da Pflanzen ein wichtiger Bestandteil des Reichs der natürlichen Kreaturen sind, hat die Eidgenössische Ethikkommission für die Biotechnologie im Ausserhumanbereich (EKAH) gemeinsam mit Experten und Expertinnen, auch aus der Ethik und den Rechtswissenschaften, untersucht, ob Pflanzen eine Würde zuerkannt werden kann.[1] Diskutiert wurde intensiv, ob Pflanzen einen Eigenwert haben, ob man Pflanzen schaden und genetisch verändern darf und was die Pflanzenwürde ausmacht.

Die entscheidende Frage in dieser Diskussion ist nicht, ob wir das Konzept der Würde sinnvoll auf Pflanzen anwenden können. Dies kann als gesichert gelten [1, 24]. Gefragt werden muss vielmehr, ob ein inflationärer Gebrauch des Konzepts der Würde dessen Gehalt eventuell verändert und wir bessere Möglichkeiten haben, die Wertschätzung pflanzlichen Lebens auszudrücken. Besser geeignet erscheint die Verwendung des Konzepts eines „Wohles" der Pflanze. Unter der Annahme eines nötigen Respekts vor der Fähigkeit eines jeden Lebewesens, sein eigenes Wohl zu verfolgen, verdient diese Anstrengung auch Respekt [29], sodass beispielsweise auch eine „Waldethik" begründet werden kann [2]. Jedoch müssen auch in diesem Kontext der Fragehorizont und damit auch der Bezugsrahmen für die Bewertung stets reflektiert werden.

## 4 Werte in der Interaktion mit Pflanzen

In jüngster Zeit hat sich die Diskussion über die Ausdeutung und den Wert pflanzlichen Lebens auch wegen der Schwierigkeiten einer bloßen Zuschreibung von Werthaftigkeit verändert. Im Zentrum der Aufmerksamkeit stehen nun Ansätze, in denen

[1] Nachzulesen ist diese Erörterung im Gutachten der Ethikkommission im Ausserhumanbereich der Schweiz, ECNH: The dignity of living beings with regard to plants. Moral consideration of plants for their own sake, 2008. https://www.ekah.admin.ch/inhalte/ekah-dateien/dokumentation/publikationen/e-Broschure-Wurde-Pflanze-2008.pdf.

die Interaktionen von Menschen mit Pflanzen thematisiert werden. Nicht die Pflanzen, sondern der praktische Umgang des Menschen mit Pflanzen wird hinsichtlich seines Wertes erörtert. Eine Ethik des Gärtnerns kann z. B. erklären, welche Tugenden diese Praktiken verlangen, um nicht nur erfolgreich, sondern auch mit einer „guten Haltung" zu gärtnern. Gefordert sind Respekt vor dem Leben genauso wie Ausdauer und Zuversicht [11, 16, 26]. Darin, wie wir Pflanzen kultivieren und sie als eine eigenständige und auch fremde Lebensform adressieren, zeigen sich auch die Wert- und Unwert-Bindungen unserer Zivilisation im Umgang mit dem Lebendigen. Drei sehr unterschiedliche Möglichkeiten sollen nun skizziert werden.

## 4.1 Werthaltungen in der Kultivierung von Pflanzen

In der Art und Weise, wie Pflanzen kultiviert werden, zeigt sich nicht nur die jeweilige technische Fertigkeit einer Zivilisation. Vielmehr verbinden sich, wie Paul Thompson eindrücklich darlegen konnte [31], mit der Entscheidung für die eine oder andere Agrartechnik ein jeweils spezifisches sozio-technologisches Bild („socio-technological imaginary") der Zukunft und damit auch eine Wertbindung.

Paul Thompson unterscheidet als vier Typen der Wertbindung ein Ideal des Farmers, wie es in den ursprünglich familienbetriebenen Farmen gelebt und weitergegeben wird, ein ganzheitlich-ökologisches Ideal, das im Zuge des ökologischen Landbaus Raum gewinnt, eine Mentalität der technischen Lösungsmöglichkeit („tech fix mentality") und damit auch einen Glauben an die Gentechnologie, und schließlich eine utilitaristische Haltung, die Gewinnmaximierung in der Landwirtschaft als vorrangiges Ziel definiert [30]. Im Kontext ethischer Überlegungen zur Kultivierung von Pflanzen geht es mithin nicht allein um die Frage, ob in einer Kultivierungspraxis dem Wert der Pflanze überhaupt Rechnung getragen wird. Vielmehr wird erörtert, welche umfassenderen Wertbindungen in Form von wertgebundenen Zukunftsvorstellungen leitend sind. Eine Reflexion dieser sozio-technologischen Zukunftsbilder hilft, die Agrar-Praktiken mit Rücksicht auf die in ihnen enthaltenen Wertbindungen zu reflektieren und auch gegenüber einer nicht hinterfragten Fortschrittslogik zu verteidigen. Diese Reflexion wird umso dringlicher, je mehr Technologien – einschließlich der Künstlichen Intelligenz – das Handwerk der Bauern und die Agrarwirtschaft bestimmen.

## 4.2 Erfahrung heilsamer Andersheit

Der Pflanzenwelt begegnen wir nicht nur im Bereich der Kultivierung von Pflanzen für die Nahrungsmittelproduktion, so wichtig dieser auch ist. Es sei daran erinnert, dass Menschen auf die biologischen Produkte pflanzlichen Lebens nicht verzichten können; sie synthetisieren Stoffe, welche Menschen benötigen, ohne dass wir sie selbst herstellen könnten. Pflanzen begegnen Menschen vielmehr auch in der nicht zum unmittelbaren Nutzen kultivierten oder gar „wilden" Natur.

Nach Martin Seel [27] ist es gerade die Begegnung mit Formen nicht selbst erschaffenen gelungenen Lebens, die uns eine unverzichtbare Erfahrung guten Lebens ermöglicht. Gernot Böhme belegt die Erfahrung des Naturschönen mit dem Konzept der „Atmosphäre“ [4]. Es ist die besondere Dichte der Wahrnehmung der Vielfalt und des Schönen, die jene Atmosphäre schafft – eine verdichtete Erlebnisform des Menschen in der Natur, die ihn eintauchen lässt in etwas Befreiendes. So kann die Begegnung mit dem Naturschönen und insbesondere mit der Andersheit pflanzlichen Lebens Neues erfahren lassen.

Sehr grundlegend ist schon die Erfahrung einer symmetrischen und aufsprießenden Lebensform, die sich von unserer eigenen Morphologie und der des Tieres unterscheidet [25]. Die symmetrische Formgebung bei Pflanzen und die damit einhergehende besondere Form der Schönheit hat seit jeher fasziniert. Pflanzen machen uns aber nicht nur mit anderen Möglichkeiten guten Lebens bekannt; sie bieten aufgrund der großen Bandbreite von Formen, Farben und Ausdrucksformen auch eine Möglichkeit, sich überhaupt mit der Vielfalt des Lebendigen auseinanderzusetzen und zu lernen, diese Vielfalt zu achten [12].

Noch einen Schritt weiter geht Angelika Krebs, die in ihrem jüngsten Entwurf einer Naturästhetik [19] zeigen kann, dass wir der Begegnung mit einer von uns unterschiedenen, nicht-menschlichen Natur einzigartige Erfahrungen über uns als Auch-Naturwesen verdanken. „Gäbe es keine schönen Landschaften mehr, verlören wir nicht nur Orte, in denen wir Entspannung finden, die uns aus unserem Alltagstress, aus unserer zweckrational ausgerichteten und durchgetakteten Welt herausführen und eine andere Perspektive gewinnen lassen können. Es ändert sich vielmehr durch diesen ja schon weit fortgeschrittenen Landschaftsverlust auch unser Verhältnis zur Welt und zu uns selbst, zu dem, was an uns Natur ist.“ [19, S. 111]

Die Naturbetrachtung ist nicht nur nicht zweckgebunden, sondern lädt zum Verweilen ein, eröffnet Erfahrungen einer anderen, zyklischen und langsamen Zeit, und bietet spirituelle Erfahrungen [19, S. 147–150]. In Religionen kann die Natur auch als heilig gelten [19, S. 151–154]. In einer Erörterung des Wertes pflanzlichen Lebens dürfen wir auch daran erinnern.

### 4.3 Hoffnung in der ökologischen Krise

Die Klimaveränderungen und die vielfältigen ökologischen Krisen unserer Zeit bedrängen und schädigen auch das pflanzliche Leben. Gleichwohl scheinen einige Pflanzen sehr viel resistenter gegen Umweltstress als Mensch und Tier; sie erobern als erste zerstörte Regionen zurück. Pflanzen werden als Überlebenskünstlerinnen beschrieben, wenn ökologische Katastrophen sonst wenig Anlass zu Hoffnung geben – so beispielsweise von Aleksandra Brylska [5], die sich nicht allein mit der Vegetation nach dem Tschernobyl-Reaktorunglück im Jahr 1986 befasst, sondern damit, wie Pflanzengeschichten in der Verarbeitung ökologischer Katastrophen eine besondere Bedeutung bekommen. In schwer kontaminierten Gebieten ist das pflanzliche Leben darauf vorbereitet, das Überleben zu meistern, es gedeiht sogar „trotz aller Widrigkeiten“ [5, S. 111]. Am Beispiel des Super-GAUs von 1986 kann dies nachgezeichnet werden. Aufgrund der nuklearen Kontamination verhielt sich ein Wald sehr ungewöhnlich, als er an den Folgen litt. Tatsächlich konnten die Bäume aufgrund des Verlusts von Mikroorganismen nicht einfach absterben und verrotten, sondern färbten sich zunächst rot und schienen dann einen „gefrorenen Tod“ zu erleiden. Erst dann machten sie Platz für neues Leben [5, S. 110]. Diese besondere Weise des Überlebens und Überwucherns erzählten sich die Nachbar:innen der kontaminierten Zonen, was dabei half, sich mit dem Trauma der nuklearen Katastrophe auseinanderzusetzen. Das „vegetale Erzählen" verdeutlicht, dass sogar Sperrzonen keine verlorenen Orte sind, sondern Orte, an denen die Natur auf ungewöhnliche Weise Überlebensmechanismen entwickelt – auch indem neuem Leben Platz gegeben wird.

Die Untersuchung von Pflanzengeschichten steht somit in einem größeren Kontext. Die grüne Welt der Pflanzen, die Möglichkeiten des Lebens mit Pflanzen und die Freude über die Entwicklung dieser Wesen helfen, die Fähigkeit zur Imagination einer heileren Welt zu stimulieren und auch über alternative, naturfreundliche Lebensformen nachzudenken [7, 32]. Insbesondere für die Bewältigung der Klimakrise wird für einen „grünen Utopismus" eingetreten [9, 14]. Der Sinn dieses neuen, grünen Utopismus (Greentopia) ist nicht die Flucht in eine andere Welt, sondern der Versuch, mit Mitteln utopischen Erzählens radikalere Alternativen zu denken, als uns bisher eingefallen sind [20]. Dieser Ansatz fußt nicht auf illusorischen Ideen angesichts einer zunehmend zerstörten Natur, sondern arbeitet mit der Unterscheidung von unabänderlichen Pfaden und der dennoch bleibenden Möglichkeit von „realistischen Utopien" [33], die als Zukunftsbilder dienen können.

## 5 Ausblick

Den in diesem Beitrag angestellten Überlegungen zum Wert pflanzlichen Lebens liegt eine ganz wichtige Einsicht zugrunde: Gerade weil Pflanzen eine radikal von Mensch und Tier unterschiedene Lebensform darstellen, können wir im Umgang und Erleben von Pflanzen einzigartige Werterfahrungen machen. Diese Erfahrungen sind vielfältig und können nicht auf einen vermeintlichen Wert einer jeden Pflanze reduziert werden. In der Pflanzenethik geht es zwar auch um die Frage, ob Pflanzen unabhängig von menschlichem Genuss und Verwertungsinteressen einen Wert haben. Die Annahme eines Eigenwerts der Pflanze und des pflanzlichen Lebens begründet z. B. auch Schutzüberlegungen mit Rücksicht auf hochtechnologische Züchtungspraktiken und moderne Haltungsformen von Pflanzen [8, 17].

Genauso wichtig ist es aber, in den Beziehungen zu Pflanzen, in Interaktionen mit ihnen und auch in ihrer Pflege und Kultivierung Werthaltungen zutage zu fördern. Erst dann können sich Gesellschaften auch dazu verhalten, welche Kultivierungsformen sie wählen möchten und wo Grenzen nicht des Machbaren, sondern des ethisch Vertretbaren liegen.

Dieser Beitrag möchte nicht zuletzt auch dazu ermutigen, sich an die Natur in ihrer Schönheit, in ihrer Besonderheit, ja sogar in ihrer Heiligkeit zu erinnern. Dies ist unumgänglich und fördert eine Haltung der Demut und Dankbarkeit gegenüber einer einzigartigen und vielfältigen Natur, die wir zwar mit leichter Hand zerstören, aber nur schwer wiedergewinnen können.

**Offenlegung von Interessenkonflikten** Die Autorin hat keine Interessenkonflikte anzugeben, die für den Inhalt dieses Artikels relevant sind.

## Literatur


1. Arz de Falco, A., & Müller, D. (2001). Wert und Würde von „niederen“ Tieren und Pflanzen. Ethische Überlegungen zum Verfassungsprinzip „Würde der Kreatur“. Univ.-Verl.
2. Attfield, R. (2018). Forest ethics. In A. Kallhoff, M. Di Paola, & M. Schörgenhumer (Hrsg.), Plant ethics: Concepts and applications (S. 121–130). Routledge, Taylor & Francis Group.
3. Baranzke, H. (2007). Eine spezifische Würde von Tieren und Pflanzen? Begriff – Rezeptionen – Intentionen – Herausforderungen. In S. Odparlik & P. Kunzmann (Hrsg.), Eine Würde für alle Lebewesen? (S. 35–55). Utz.
4. Böhme, G. (1989). Für eine ökologische Naturästhetik (1. Aufl). Suhrkamp.
5. Brylska, A. (2024). In Conversation with Radioactive Plants: Reflecting on the Future of Contaminated Environments. In A. Kallhoff & E. Liedauer (Hrsg.), Greentopia: Utopian Thought in the Anthropocene (Bd. 36, S. 105–120). Springer International Publishing. https://doi.org/10.1007/978-3-031-56802-2.
6. Calvo, P. (with Lawrence, N.) (2022). Planta Sapiens: Unmasking plant intelligence. The Bridge Street Press.
7. Claeys, G. (2022). Utopianism for a dying planet: Life after consumerism. Princeton University Press.
8. Di Paola, M. (2024). Green and Smart Visions of Urban Futures. In A. Kallhoff & E. Liedauer (Hrsg.), Greentopia: Utopian Thought in the Anthropocene (S. 207–226). Springer International Publishing. https://doi.org/10.1007/978-3-031-56802-2.
9. Garforth, L. (2024). Green Utopianism: Facing the Climate Crisis, Inhabiting the Anthropocene. In A. Kallhoff & E. Liedauer (Hrsg.), Greentopia: Utopian Thought in the Anthropocene (S. 17–34). Springer International Publishing. https://doi.org/10.1007/978-3-031-56802-2.
10. Hall, M. (2011). Plants as Persons: A Philosophical Botany. St Univ of New York.
11. Hall, M., & O'Brien, D. (2010). Escaping Eden. Plant Ethics in a Gardener's World. In Gardening – Philosophy for Everyone. Cultivating Wisdom (S. 38–47). Wiley.
12. Hetzel, A. (2024). Vielfalt achten: Eine Ethik der Biodiversität. Transcript.
13. Ingensiep, H. W. (2001). Geschichte der Pflanzenseele. Philosophische und biologische Entwürfe von der Antike bis zur Gegenwart. Alfred Kröner Verlag.
14. Kallhoff, A. & Liedauer, E. (Hrsg) (2024). Greentopia: Utopian Thought in the Anthropocene (The International Library of Environmental, Agricultural and Food Ethics, Vol. 36). Springer Nature.
15. Kallhoff, A., Di Paola, M., & Schörgenhumer, M. (Hrsg.) (2018). Plant ethics: Concepts and applications. Routledge.
16. Kallhoff, A. & Schörgenhumer, M. (2017). The Virtues of Gardening: A Relational Account of Environmental Virtues. Environmental Ethics, 39/2, 193–210.
17. Kallhoff, A. (2009). Das Terminatorgen aus pflanzenethischer Perspektive. Journal für Verbraucherschutz und Lebensmittelsicherheit, Bd. 4, Heft 3+4, 361–366.
18. Kallhoff, A. (2002). Prinzipien der Pflanzemethik. Die Bewertung pflanzlichen Lebens in Biologie und Philosophie. Campus Verlag.
19. Krebs, A. (with Schuster, S., Fischer, A., & Müller, J.). (2021). Das Weltbild der Igel: Naturethik einmal anders. Schwabe Verlag. https://doi.org/10.24894/978-3-7965-4415-6.
20. Levitas, R. (2013). Utopia as method: The imaginary reconstruction of society. Palgrave Macmillan.
21. Mancuso, S. (2021). The nation of plants (G. Conti, Übers.). Profile Books.
22. Mancuso, S., & Viola, A. (2015). Brilliant Green. The Surprising History and Science of Plant Intelligence. Foreword by Michael Pollan. Island Press.

23. Marder, M. (2013). Plant-Thinking: A Philosophy of Vegetal Life. Columbia University Press.
24. Odparlik, S. (2010). Die Würde der Pflanze: Ein Sinnvolles Ethisches Prinzip im Kontext der Grünen Gentechnik? Verlag Karl Alber.
25. Pouteau, S. (2014). Beyond "Second Animals": Making Sense of Plant Ethics. Journal of Agricultural and Environmental Ethics, 27(1), 1–25. https://doi.org/10.1007/s10806-013-9439-x.
26. Ray, M. T. (2010). Cultivating the Soul. The Ethics of Gardening. In D. O'Brien (Hrsg.), Gardening – Philosophy for Everyone. Cultivating Wisdom (S. 26–38). Wiley-Blackwell.
27. Seel, M. (2009). Eine Ästhetik der Natur (3. Aufl.). Suhrkamp.
28. Stone, C. D. (2010). Should trees have standing? Law, morality, and the environment (Third edition). Oxford University Press.
29. Taylor, P. (1986). Respect for Nature: A Theory of Environmental Ethics. Princeton University Press.
30. Thompson, P.B., (2018). Four sociotechnical imaginaries for future food systems. In: S. Springer & H. Grimm (Hrsg.), Professionals in Food Chains. (S. 187–191). Presented at the 14th Congress of the European Society for Agricultural and Food Ethics, Wageningen Academic Publishers.
31. Thompson, P. B. (2017). The spirit of the soil: Agriculture and environmental ethics (Second edition). Routledge, Taylor & Francis Group.
32. Weston, A. (2012). Mobilizing the green imagination: An exuberant manifesto. New Society Publishers.
33. Wright, E. O. (2010). Envisioning Real Utopias. Verso.

**Angela Kallhoff** leitet als Professorin den Lehrstuhl für Ethik mit dem Schwerpunkt angewandte Ethik an der Universität Wien. Zuvor war sie an den Universitäten Köln und Münster sowie an der University of Chicago wissenschaftlich aktiv. Am Zentrum für Umweltforschung in Münster erarbeitete sie theoretische Grundlagen der Pflanzenethik sowie des ethischen Naturalismus und führt diese Pflanzenforschung aktuell im Projekt „New Directions of Plant Ethics" fort.

# Biodiversität aus politikwissenschaftlicher Sicht

# Wem gehört das Meer und wie erhält man seine Biodiversität?

Alice Vadrot(✉)
Institut für Politikwissenschaft, Universität Wien, Wien, Österreich
alice.vadrot@univie.ac.at

**Zusammenfassung.** Der Text analysiert das im Januar 2026 in Kraft getretene UN-Hochseeschutzabkommen (BBNJ-Abkommen) aus politikwissenschaftlicher Perspektive. Ausgangspunkt ist die zunehmende Bedrohung der marinen Biodiversität durch Klimawandel, Versauerung der Ozeane und wirtschaftliche Ausbeutung – darunter die rasante Patentierung mariner Lebewesen durch Pharmaunternehmen. Das bestehende internationale Seerecht bot bislang keinen ausreichenden Schutzrahmen für die Hohe See, die 70 % des Ozeans ausmacht. Auf Basis einer kollaborativen Event-Ethnographie, die den gesamten Verhandlungsprozess von 2018 bis 2023 dokumentierte, untersucht die Autorin, wie Wissenschaft in die Verhandlungen eingeflossen ist. Dabei zeigen sich drei zentrale Befunde: erstens die strategische Nutzung wissenschaftlicher Konzepte wie ökologische Konnektivität und Ökosystemansatz; zweitens ein sogenanntes „Expert Authority Shopping", bei dem Akteure gezielt zwischen Expertenorganisationen wählen; drittens ausgeprägte Nord-Süd-Konflikte um Datenzugang, Technologietransfer und das Prinzip des gemeinsamen Erbes der Menschheit. Abschließend plädiert die Autorin für eine kritische Begleitung des laufenden Institutionalisierungsprozesses, den Aufbau unabhängiger wissenschaftlicher Beratungsgremien sowie eine Stärkung des Multilateralismus in der Umweltdiplomatie.

**Schlüsselwörter:** Biodiversität · BBNJ-Abkommen · Datendiplomatie · Ökosystemansatz · Expert Authority Shopping · Gemeinsames Erbe der Menschheit · Hohe See · Meeresschutz · Multilateralismus · Nord-Süd-Konflikt

Die Frage, wem das Meer gehört und wie wir seine Biodiversität erhalten können, ist aktueller denn je. Dies ist zum einen auf die zunehmenden ökonomischen, wissenschaftlichen und politischen Interessen an unseren Ozeanen und seinen lebenden und nicht-lebenden Ressourcen zurückzuführen. Zum anderen befinden wir uns inmitten einer Neuordnung der Meerespolitik: Neue multilaterale Abkommen entstehen, zugleich wächst der Druck auf die Diplomatie infolge von unilateraler Machtpolitik und territorialen Konflikten. Vor diesem Hintergrund stellt sich die Frage, wie der Schutz der marinen biologischen Vielfalt – also des Lebens in den Ozeanen – stärker in den Fokus gerückt und in ein verbindliches Regelwerk überführt werden kann. Aus der Perspektive einer Politikwissenschaftlerin ergibt sich daraus ein eigenständiger Untersuchungsgegenstand,


S. M. Gergely et al. (Hrsg.): SymWeN 2026, *Die Werte der Natur*, S. 49–60, 2027,
https://doi.org/10.1007/978-3-662-74109-2_6

insbesondere wenn diese Fragen eine politische Dimension erhalten und Akteure mit divergierenden Interessen, Wertvorstellungen und politischen Strategien die zukünftige Ordnung der Meere und des Meeresschutzes verhandeln – in einer Epoche, in der die rechtsbasierte internationale Ordnung sowie der Multilateralismus zunehmend unter erheblichen Druck geraten.

Dieser Befund zeigt sich ebenfalls in der internationalen Umweltdiplomatie, wie das Scheitern von Umweltverhandlungen, die Polarisierung von Interessen und die Verschiebung von Machtverhältnissen belegen, die zu einer Blockade in vielen Umweltverhandlungen führen [1]. Letztere wirkt sich auch auf die Rolle der Wissenschaft in der Aushandlung und Umsetzung internationaler Umweltabkommen aus. Zwar steigt die Anzahl von Wissenschaftlerinnen und Wissenschaftlern, die sich aktiv an der Umweltdiplomatie beteiligen, jedoch sinkt der Einfluss wissenschaftlicher Fakten und Argumente. Forschung wird als voreingenommen wahrgenommen, wenn sie der Verhandlungsposition bestimmter Regierungen zuträglich ist oder ihr widerspricht, und wird so zum Verhandlungs- und Streitobjekt zwischen Staaten.

Im Folgenden wird untersucht, welche konkreten Konsequenzen sich aus diesem Sachverhalt ergeben. Die Stärkung multilateraler Umweltdiplomatie setzt voraus, dass Wissenschaft und Wissenschaftsdiplomatie mehr Gewicht bekommen. Die vorliegende Untersuchung analysiert diese Thematik anhand des am 17. Januar 2026 in Kraft getretenen UN-Abkommens zum Schutz der marinen Biodiversität in internationalen Gewässern [2] und der Rolle von Wissenschaft in der Aushandlung des Abkommens.

## 1 Das Meer als Besitzfrage – von der Freiheit der Hohen See zur rasanten Patentierung von marinem Leben

Das internationale Seerecht berücksichtigte die marine Biodiversität sowie deren Erhalt und nachhaltige Nutzung über lange Zeit hinweg nur unzureichend [3]. Dadurch trat die Notwendigkeit eines neuen Abkommens klar zutage. Gemäß dem internationalen Seerecht erfolgt eine Unterteilung der Weltmeere in unterschiedliche Zonen, deren Abgrenzung sich an der jeweiligen Küstenlinie orientiert. Mit wachsender Entfernung schwächen sich die Hoheitsrechte des Küstenstaates ab und reichen von voller Souveränität in den inneren territorialen Gewässern bis zu funktionalen Rechten in den sogenannten ausschließlichen Wirtschaftszonen. Die als „Hohe See“ bezeichneten internationalen Gewässer, auf die sich das Abkommen bezieht, liegen außerhalb der ausschließlichen Wirtschaftszone und unterstehen keinem einzelnen Staat. Gemäß dem geltenden Recht besteht in diesem Seegebiet die Freiheit der Schifffahrt, der Fischerei sowie der Forschung, also der Freiheit der Hohen See. Die Freiheit der Hohen See gewährleistet zudem die Freiheit der Grundlagenforschung, die neue Erkenntnisse über die marine Biodiversität zutage fördert und folglich neue Datengrundlagen generiert, um das Leben im Ozean zu verstehen und dessen Schutz zu gewährleisten (Abb. 1).

Expeditionen in den südlichen Ozean geben Einblick in die rasante Erforschung der marinen Biodiversität. Sie fördern kontinuierlich neue wissenschaftliche Beschreibungen von Arten zutage, die bislang unbekannt waren. Zu den bemerkenswerten

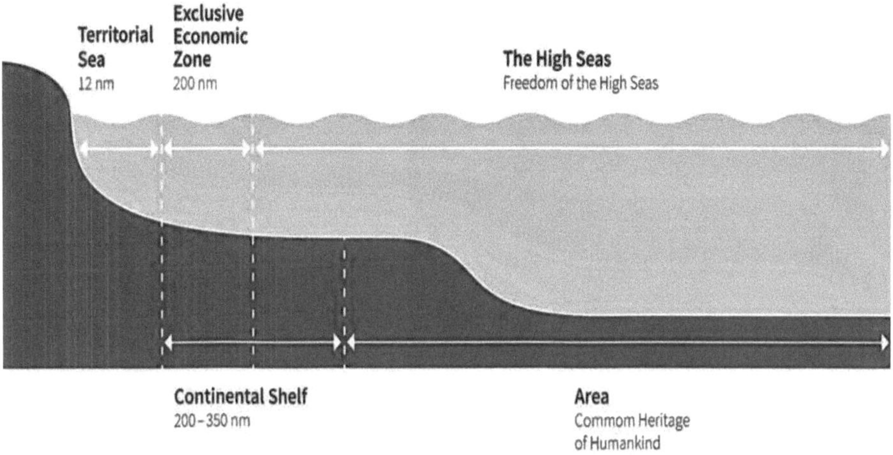


**Abb. 1.** Verschiedene Meereszonen nach UNCLOS. (Quelle: Vadrot, et al. 2022) [4].

Spezies dieses Ökosystems zählen gepanzerte und schillernde Schuppenwürmer, eine bisher unbekannte Seesternart, neu entdeckte Krebstiere, seltene Gastropoden und Muscheln, die an vulkanischen und hydrothermalen Quellen leben und sich an die Dunkelheit, die Kälte, die Hitze, extreme Temperaturen und den Druck angepasst haben (Abb. 2). Durch den Einsatz fortschrittlicher Technologien – von präziser Meeresbodenkartierung bis hin zu hochauflösenden Aufnahmen ferngesteuerter Unterwasserfahrzeuge – ist die Erforschung dieser Ökosysteme heute möglich. Ein bedeutender Anteil der Objekte wurde bislang noch nicht in hoher Auflösung kartiert und ist daher der menschlichen Kenntnis entzogen. Die wissenschaftliche Untersuchung dieser Objekte ermöglicht sowohl die Datenerhebung als auch die fundierte Begründung von Meeresschutzmaßnahmen.

Der „State of the Ocean Report" aus dem Jahr 2024, der von der Zwischenstaatlichen Ozeanographischen Kommission (IOC, engl. Intergovernmental Oceanographic Commission) der UNESCO veröffentlicht wurde, dokumentiert einen beschleunigten Verlust der marinen Biodiversität, der durch Klimawandel, Sauerstoffverlust und Versauerung der Ozeane bedingt ist [5]. Die Ozeane stellen den größten Kohlenstoffspeicher der Erde dar und speichern etwa 50-mal mehr Kohlendioxid als die Atmosphäre. Gemäß den Ausführungen dieses Reports ist die Säurekonzentration im Ozean seit Beginn der Industrialisierung um 30 % angestiegen. Prognosen zufolge könnte der Anstieg bis zum Jahr 2100 rund 170 % betragen. Nichtsdestotrotz steht bislang nur ein geringer Teil der marinen Biodiversität unter Schutz. Die gegenwärtige Datenlage verdeutlicht, dass Meeresschutzgebiete bislang lediglich 7 bis 8,2 % der Ozeane erfassen und damit nur einen marginalen Schutzumfang gewährleisten.

Gemäß dem neuen Globalen Biodiversitätsrahmen (Global Biodiversity Framework) des Übereinkommens über die biologische Vielfalt (Convention on Biological Diversity, CBD) von 2022 wird das Ziel verfolgt, bis zum Jahr 2030 30 % der Weltmeere unter Schutz zu stellen. Doch wie können wir das erreichen? Wie kann dieser Prozess in einem Raum ausgestaltet werden, in dem kein Staat Souveränität besitzt

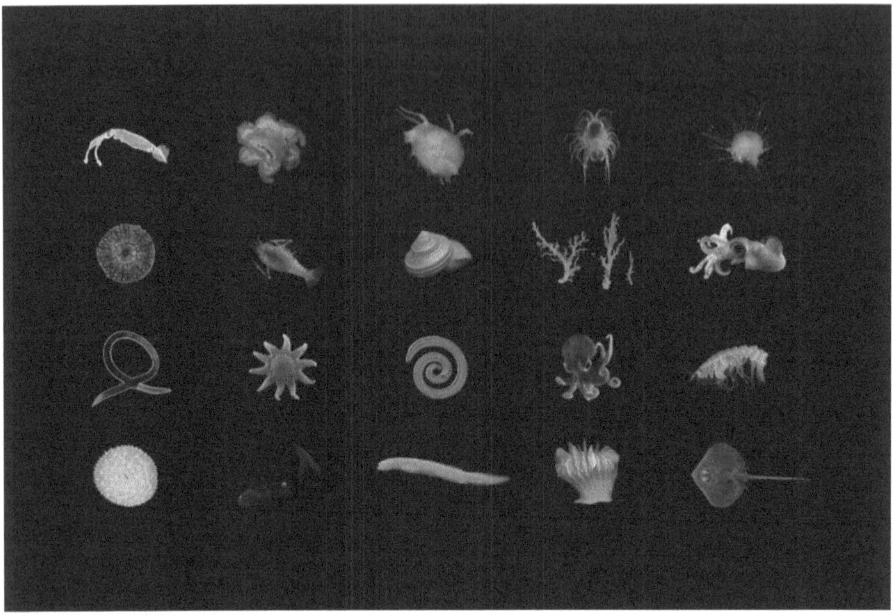

**Abb. 2.** Lebewesen in der Tiefsee (https://oceancensus.org/discovery-spotlight/)

und über den sich die internationale Gemeinschaft und das Seerecht bisher nicht einigen konnten? Inzwischen existiert das BBNJ-Abkommen, es steht für "Biodiversity Beyond National Jurisdiction" und bezeichnet das internationale Übereinkommen zum Schutz und zur nachhaltigen Nutzung der marinen biologischen Vielfalt in Gebieten außerhalb nationaler Hoheitsgewalt. Es trat am 17. Januar 2026 in Kraft, nachdem die erforderliche Zahl an Ratifikationen erreicht worden war.

Aber inwieweit die Umsetzung dieses Abkommens gelingt, ist derzeit offen. Denn wir beobachten inzwischen auch eine rasante Privatisierung von marinen genetischen Ressourcen und deren digitale Gensequenzen, die vor allem für die Pharmaindustrie, Kosmetikindustrie und Chemieindustrie von großer Bedeutung sind.

Eine Studie des Fachjournals Science, verfasst von einer Forschungsgruppe des Stockholm Resilience Centers, hat die Patentierungen auf marine Lebewesen aus der Hochsee erfasst und geht davon aus, dass 47 % dieser Patente auf das deutsche Unternehmen BASF, 37 % auf andere Unternehmen und nur ein sehr geringer Teil auf Universitäten entfallen [6].

Zahlreiche Studien der vergangenen Jahre haben versucht, diesen Zusammenhang zwischen der Grundlagenforschung in der Tiefsee einerseits und der Patentierung von Lebewesen andererseits sowie die globalen Zusammenhänge zu verstehen [7]. Der vorliegende Sachverhalt ist als ein komplexer Prozess zu betrachten, der neben dem Verlust der Artenvielfalt auch die Einhaltung eines Abkommens voraussetzt, um eine globale Gerechtigkeit herzustellen, die insbesondere von Ländern des globalen Südens gefordert wird. Zur Eindämmung der oben erwähnten, von wirtschaftlichen Interessen getriebenen Privatisierung ist die Schaffung eines rechtlich bindenden Instruments erforderlich.

## 2 Das Hochseeschutzabkommen BBNJ als Meilenstein des Umweltschutzes

Das zuvor erwähnte UN-Hochseeschutzabkommen oder „BBNJ-Agreement" (engl. Agreement under the United Nations Convention on the Law of the Sea on the Conservation and Sustainable Use of Marine Biological Diversity of Areas beyond National Jurisdiction) stellt ein rechtlich bindendes Instrument dar, das im Januar 2026 in Kraft getreten ist [8]. Das vorliegende Abkommen fokussiert sich auf die Biodiversität in der Hohen See, welche einen signifikanten Anteil von 70 % des Ozeans, etwa 60 % der Meeresoberfläche und 94 % des Ozeanvolumens ausmacht.

Erste Verhandlungen zwischen Staaten im Kontext der Vereinten Nationen über die Möglichkeit eines neuen rechtlich bindenden Abkommens zur Festlegung von Regeln für den Erhalt und die Nutzung von mariner Biodiversität in Gebieten außerhalb nationaler Hoheitsgewässer haben bereits 2006 begonnen. Es ging zunächst darum, welche Aspekte dieses Abkommen umfassen soll. Es fanden zahlreiche vorbereitende Sitzungen statt, bis schließlich ein Mandat durch die Generalversammlung der Vereinten Nationen erteilt wurde, um die Verhandlungen auf zwischenstaatlicher Ebene in New York 2018 mit einer ersten zwischenstaatlichen Konferenz im Hauptquartier der Vereinten Nationen zu beginnen. 2023 haben Staaten nach mehrjährigen Verhandlungen das Abkommen verabschiedet.

Derzeit haben 145 Staaten das Abkommen unterzeichnet, während 86 Staaten es darüber hinaus bereits ratifiziert haben, darunter auch Österreich. Das Hochseeschutzabkommen ist im Januar 2026 in Kraft getreten. Die erste Conference of Parties (CoP) wird im Januar 2027 stattfinden [9]. Was sind die Ziele dieses Abkommens und warum spielt die Biodiversität dabei eine so zentrale Rolle? Zu den Zielen zählen die Einrichtung von Meeresschutzgebieten, die sich durch effektive Schutzmaßnahmen auszeichnen, verbindliche Umweltverträglichkeitsprüfungen für menschliche Aktivitäten, die einen wesentlichen Einfluss auf die Meeresumwelt der Hohen See haben, Regeln zum Umgang mit genetischen Ressourcen, maritimer Fauna und Flora der Hohen See sowie der Kapazitätsaufbau und Technologietransfer.

Die Notwendigkeit des Kapazitätsaufbaus sowie des Technologietransfers resultiert aus der ungleichen Verteilung wissenschaftlichen Wissens, Technologien und Dateninfrastrukturen zur Erforschung und Nutzung mariner Biodiversität. In einer Vielzahl von Ländern des globalen Südens wird daher ein Transfer von Kapazitäten durch Staaten des globalen Nordens gefordert. Des Weiteren fehlen in einer Vielzahl von des globalen Südens adäquate Dateninfrastrukturen für das Monitoring der marinen Biodiversität. Dies hat zur Folge, dass eine gleichberechtigte Partizipation aller Akteure an der wissenschaftlichen Diskussion nicht gewährleistet ist. Der Transfer von Wissen und Technologien ist daher als Grundlage für die Beteiligung benachteiligter und vulnerabler Akteure an der Umsetzung des Abkommens zu betrachten. Dies ist auch als Beitrag zum Ausgleich des historisch gewachsenen strategischen Vorteils der Industrienationen zu verstehen.

Die vier unterschiedlichen Blöcke des Abkommens werden als „Package Deal" bezeichnet. Es waren insbesondere die Länder des globalen Nordens, die die Verankerung von Meeresschutzgebieten und Umweltverträglichkeitsprüfungen als Teil des Abkommens anstrebten. Darüber hinaus sollten auch Regeln im Umgang mit genetischen Ressourcen sowie Kapazitätstransfers festgeschrieben werden. Im Rahmen der Verhandlungen wurden insbesondere der Kapazitätsaufbau und der Technologietransfer als entscheidende Verhandlungspunkte identifiziert.

## 3 Das BBNJ-Abkommen als Forschungsobjekt der Politikwissenschaft

Aus theoretischer Perspektive können die zwischenstaatlichen Verhandlungen um das BBNJ-Abkommen als „Global Environmental Agreement Making“ [10] konzeptualisiert werden. Die Prämisse dieses Ansatzes ist die Annahme, dass Verhandlungen als Abbild und Aushandlung globaler Ordnungen sowie sozialer, politischer und wirtschaftlicher Beziehungen zu betrachten sind. Des Weiteren wird die Hypothese aufgestellt, dass sich im Verhandlungsraum Machtverhältnisse manifestieren, die einer empirischen Untersuchung unterzogen werden können, um die Entstehung eines bestimmten Konsenses zu verstehen, aber auch von Konflikten, Abhängigkeiten oder disruptiven Elementen [11]. Die Analyse der sozialen Beziehungen zwischen staatlichen und nichtstaatlichen Akteuren im Verhandlungsraum hat das Potenzial, die Akzeptanz für neue Lösungen und innovative Konzepte für den Meeresschutz zu messen und zu erforschen, inwiefern ein transformativer Wandel überhaupt möglich ist.

Das Forschungsteam umfasste sechs Mitglieder, die regelmäßig an den Sitzungen teilnahmen und systematisch Feldnotizen führten. Wir untersuchen also „power-in-place“ und nutzen hierzu die kollaborative Event-Ethnographie [12]. Teilnehmende Beobachtungen und systematische Feldnotizen [13] ermöglichten meiner Forschungsgruppe die Entwicklung einer Datenbank, welche den gesamten Verhandlungsprozess von 2018 bis 2023 abdeckt [14].

Die Daten wurden anschließend in eine Datenbank eingespeist, was für ethnografische Daten eine eher unübliche Vorgehensweise darstellt. Auf Grundlage der vorliegenden Daten war es möglich, die BBNJ-Verhandlungen zu kartieren. Was bedeutet das? Es besteht die Möglichkeit, die Anzahl der Statements zu ermitteln, die von den jeweiligen Akteuren zu den betreffenden Themen abgegeben wurden. Diese Erkenntnis befähigt uns dazu, eine approximative Einschätzung der Verteilung der Interessen vorzunehmen. Abb. 3 zeigt, dass vor allem die Europäische Union sehr aktiv an den Verhandlungen beteiligt war. Die in gelb und orange markierten Staaten haben sich aktiv in den Prozess eingebracht, während sich die violett und pink markierten Staaten weniger stark beteiligt haben. Wir sehen auch Unterschiede. Während beispielsweise Brasilien sich sehr stark in der Frage der genetischen Ressourcen engagiert hat, haben sich andere Akteure auf andere Aspekte, zum Beispiel des Meeresschutzes konzentriert (Abb. 4).

Auf Grundlage dieser Daten war es unser Anliegen zu verstehen, welche Rolle das Wissen und die Wissenschaft im BBNJ-Verhandlungsprozess gespielt haben. Und was wir auf der einen Seite sehen, sind sogenannte „Pathways of Scientific Input“ [15]. Das heißt, es gab während der Verhandlungen formalisierte, aber auch nicht

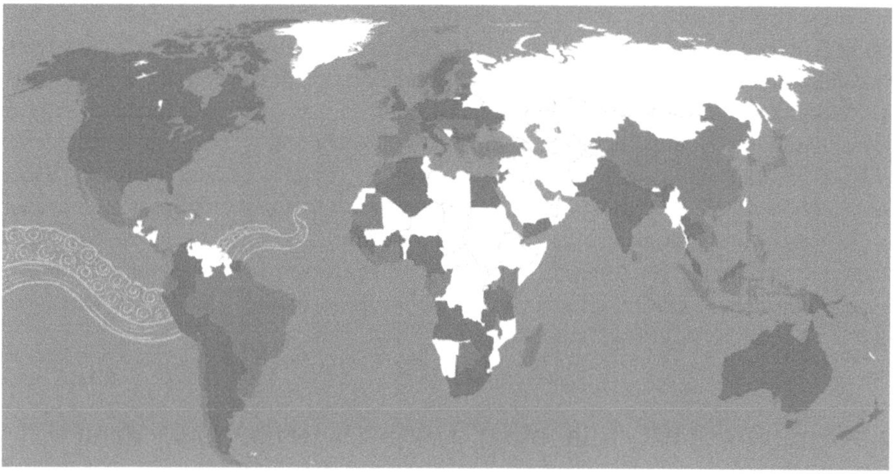

**Abb. 3.** Übersicht der Länder, die das Hochseeabkommen unterzeichnet (orange) oder ratifiziert (grün) haben (https://highseasalliance.org/treaty-ratification/)

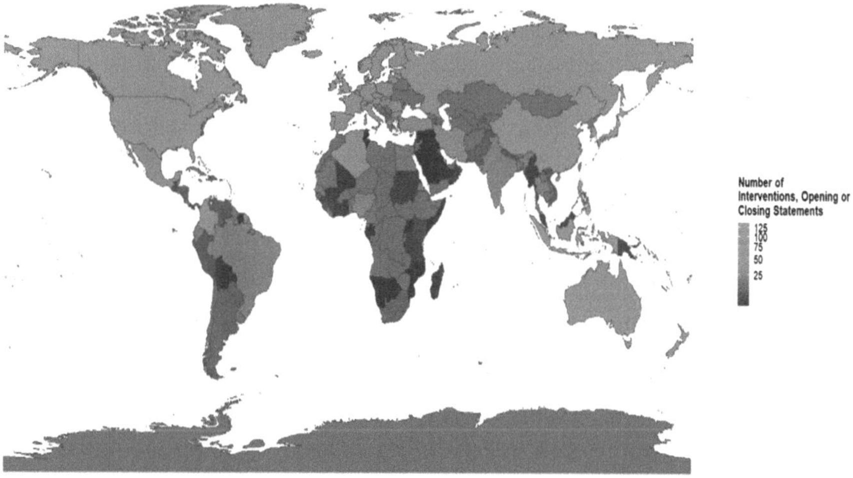


**Abb. 4.** Aktivitäten der an den BBNJ-Verhandlungen beteiligen Staaten auf Grundlage der Anzahl von Redebeiträgen (Quelle: Vadrot et al., 2024).

formalisierte Praktiken der Einbeziehung von Wissenschaft, die maßgeblich dazu geführt haben, dass die Qualität dieses Abkommens eine sehr hohe ist. Viele Fragen wurden im Detail ausdiskutiert und benannt. Daraus sollte jedoch nicht geschlossen werden, dass das Abkommen ausreichend progressiv ist; der Austausch hat immerhin zu diesem Effekt beigetragen.

Wir sehen auch eine strategische Nutzung wissenschaftlicher Konzepte [16]. Das bedeutet, dass Konzepte wie die ökologische Konnektivität oder der Ökosystemansatz zu zentralen Säulen des Verhandlungstextes geworden sind. Beide Ansätze ermöglichen es, den Ozean als zusammenhängendes Ganzes zu denken – unabhängig von den rechtlichen Abgrenzungen der maritimen Zonen im Rahmen des UN-Seerechtsübereinkommens. Dadurch werden holistische Formen der Governance begünstigt, die stärker auf ökologische Zusammenhänge ausgerichtet sind. Wir haben aber auch beobachten können, dass diese nur dann unterstützt wurden, wenn sie an nationale Interessen anschlussfähig waren. So beobachteten wir eine Nord-Süd-Dynamik, haben aber auch gesehen, dass bestimmte Konzepte, wie der Ökosystemansatz und auch das Konzept von ökologischer Konnektivität, transformative Macht haben. Sie waren wichtige Instrumente für Akteure, die ein stärkeres, progressiveres Schutzabkommen eingefordert haben. Zusätzlich konnten wir beobachten, dass es zu einem sogenannten „Expert Authority Shopping" kam.

## 4 Expert Authority Shopping: Welche Expertise darf's denn sein?

Dieses Verhalten zeigt sich, wenn internationale Organisationen als Expertengremien wahrgenommen werden, Akteure jedoch strategisch zwischen verschiedenen Organisationen auswählen. Dabei spielt die Autorität dieser Organisationen eine zentrale Rolle – etwa der Ernährungs- und Landwirtschaftsorganisation der Vereinten Nationen (FAO), die über umfangreiche Fischereidaten verfügt und dadurch besondere Expertise einbringt.

Gleichzeitig ist diese Autorität nicht statisch, sondern relational und wandelbar. Organisationen müssen ihre Expertise im Prozess kontinuierlich unter Beweis stellen, um als relevante Akteure im internationalen Meeresschutz anerkannt zu werden [17].

Ein letzter Punkt sind epistemische Selektivitäten. Diese wurden besonders deutlich bei der Frage, wie ein wissenschaftliches Beratungsgremium für das BBNJ-Abkommen gestaltet werden soll und wer darin vertreten ist: Was müssen Personen, die in einem Beratungsgremium sitzen, an Expertise mitbringen?

Reicht wissenschaftliche Expertise allein aus, oder braucht es zusätzlich Vertreterinnen lokaler und indigener Gemeinschaften mit anderem, erfahrungsbasiertem Wissen? Die Frage nach verschiedenen Wissensformen und der Auswahl von Expertinnen und Experten hat sich weiter zur Frage der Datenauswahl entwickelt. Das ist in den BBNJ-Verhandlungen zentral, denn für die Entwicklung, Kartierung und Überwachung von Meeresschutzgebieten sowie für Umweltverträglichkeitsprüfungen braucht es eine solide Datengrundlage. Anhand unserer Datenbank haben wir uns deshalb angesehen, in welchem Kontext Daten thematisiert wurden, welche Interessen mit diesen verbunden waren und mussten feststellen, dass es sehr unterschiedliche Datenrationalitäten gibt.

Was Akteure unter Daten verstehen, umfasst nicht nur Fragen nach der Funktionalität und Effizienz von Datenbanken, sondern auch strategische Bedeutungen, globale Gerechtigkeit und die mit Daten verbundenen Profitinteressen [18]. In der Paneldiskussion gestern haben wir gehört, dass der Green New Deal auch daran gescheitert sei, dass diese Datenfrage nicht adressiert wurde. Es wird über

Daten diskutiert, aber eigentlich gibt es sehr unterschiedliche Verständnisse und Interessen, die sich so vermengen, dass eine wirklich zielgerichtete Diskussion, die notwendig wäre, um Dateninfrastrukturen zu schaffen, oft fehlgeleitet wird.

Eine grundlegende Tendenz, die sich im Zuge der unterschiedlichen Verhandlungsstränge und -themen der BBNJ-Verhandlungen gezeigt hat, war ein inhärenter Nord-Süd-Konflikt, bei dem es vor allem um die ungleich verteilten technisch-wissenschaftlichen Kapazitäten zur Inwertsetzung der unterschiedlichen Aspekte mariner Biodiversität und um Forderungen nach Verteilungsgerechtigkeit und der Anerkennung unterschiedlicher Wissensformen und der verfügbaren bzw. verwendeten Daten ging [19].

Das bringt mich zur Frage: Wem gehört das Meer? Diese zentrale Frage vermengt sich immer mit all diesen Fragen, besonders auch mit der Frage nach der Rolle der Wissenschaft und der Daten. Und insofern möchte ich hier auf einen Konflikt verweisen, den wir auch beobachten konnten in den Verhandlungen, der tatsächlich bis zum Ende eine Rolle gespielt hat, nämlich der Frage, ob das sogenannte „Common Heritage of Humankind“-Prinzip, das gemeinsame Erbe der Menschheit, als Prinzip im Text verankert werden soll oder nicht. Sie erinnern sich an das Seerecht, das ich kurz erwähnt hatte, welches nicht nur die Ozeane in unterschiedliche Teile einteilt, sondern auch unterschiedliche Rechtsprinzipien für diese verschiedenen Gebiete und Ressourcen vorsieht.

So liegt insbesondere der Tiefseeboden, im Englischen oft „the Area“ genannt, außerhalb nationalstaatlicher Souveränität. Die mineralischen Ressourcen in diesem Gebiet sind gemeinsames Erbe der Menschheit und entsprechend haben viele Staaten des globalen Südens gefordert, dass auch die marine Biodiversität, also die lebenden Ressourcen, als gemeinsames Erbe der Menschheit verankert werden muss. Unsere Daten zeigen: Das Prinzip fand vor allem Unterstützung im globalen Süden, während die wenigen Gegner global-nördliche, ozeanforschende Staaten mit hohen technisch-wissenschaftlichen Kapazitäten waren.

Es geht natürlich auch um die Frage: „Wie können wir die Grundlagenforschung absichern?“ Essenziell war mir in dieser Studie vor allem zu zeigen, dass diese kleinteiligen Fragestellungen, die im Verhandlungsraum oft durch ritualisiertes Handeln und sehr technische Sprache verschleiert werden, letztlich um ein zentrales philosophisches Thema kreisen: Wem gehört das Meer?

## 5 Wie bauen wir eine neue Struktur auf?

Das bringt mich jetzt zur zweiten Frage: Unter welchen Bedingungen kann das BBNJ-Abkommen zum Erhalt der marinen Biodiversität beitragen? Einerseits müssen wir diesen Institutionalisierungsprozess, der jetzt stattfindet, kritisch begleiten und mitgestalten. Es wird jetzt entschieden: Wie bauen wir das wissenschaftlich-technische Beratungsgremium auf, wie die Conference of Parties? Wo wird das Sekretariat sein? Das ist eine Chance, diesen Institutionalisierungsprozess zu nutzen, um Leitlinien für den Ausbau von Monitoring zu entwickeln, um menschliche Aktivitäten im Ozean überhaupt kontrollieren zu können. Aber auch der Aufbau eines unabhängigen, multidisziplinären, wissenschaftlichen Beratungsgremiums, einer einheitlichen Dateninfrastruktur, dem sogenannten

„Clearing House Mechanism“ und die sektorenübergreifende Kooperation sind enorm wichtig. Das Abkommen kann nur dann mit Leben gefüllt sein, wenn es auch mit anderen Abkommen und Organisationen, die den Tiefseebergbau, die Fischerei, die Schifffahrt regulieren, interagiert. Es braucht auch neue Ansätze der Wissenschafts- und Datendiplomatie, die diese unterschiedlichen Organisationen hier miteinander verschränken.

## 6 Ein gemeinsames Erbe der Menschheit – Ausblick in eine unsichere Zukunft

Das gemeinsame Erbe der Menschheit steht als Leitprinzip im Text, sollte aber aus meiner Sicht in allen Aspekten der Umsetzung verankert sein, damit auch Generationengerechtigkeit und die Rechte der Natur einen festen Platz haben. Als letzten Punkt möchte ich noch die Reform und die Stärkung des Multilateralismus ansprechen. Das inkludiert Umweltverhandlungen, aber auch die sogenannten „Assessment Bodies“, die den Weltbiodiversitätsrat, den Weltklimarat, aber auch nationale Schnittstellen zwischen Wissenschaft und Politik, die Teil dieses Stärkungsprozesses sind. Das ist besonders jetzt wichtig. Die Umweltdiplomatie hat viele Dinge zutage gefördert, die wir nutzen können, etwa das Transformative Change Assessment [20] des Weltbiodiversitätsrates aus dem Dezember 2024 und das heißt nicht nur über die direkten Treiber des Artenverlusts zu sprechen, etwa Landnutzung, Klimawandel, direkte Ausbeutung der Natur, Verschmutzung und invasive Arten, sondern auch über die indirekten, wie Demografie, soziokulturelle Faktoren, Ökonomie und Technologieentwicklung. Auch unsere Institutionen, Governance-Prozesse und multilateralen Abkommen stehen im Zentrum der Krise und müssen entsprechend kritisch überprüft und reformiert werden. Ich habe zu Beginn erwähnt, dass es für mich als Politikwissenschaftlerin interessant wird, wenn die Frage, wem das Meer gehört und wie seine Biodiversität geschützt werden kann, politisch wird; also wenn Akteure mit unterschiedlichen Interessen, Wertvorstellungen und Strategien um die zukünftige Ordnung der Meere und des Meeresschutzes ringen.

All diese Entwicklungen verweisen auf die zentrale Frage nach dem Wert der Natur, die im Mittelpunkt dieser Tagung steht und aktueller denn je erscheint. Ich freue mich daher sehr auf die Publikation der interdisziplinären Beiträge in einem Tagungsband und hoffe, dass dieser einen zukunftsweisenden Austausch befördert.

**Offenlegung von Interessenkonflikten** Die Autorin hat keine Interessenkonflikte anzugeben, die für den Inhalt dieses Artikels relevant sind.

## Literatur

1. Good COPs, bad COPs: science struggles in a year of environmental summits, Nature 636, 521–522 (2024), doi:https://doi.org/10.1038/d41586-024-04113-7
2. BBNJ Agreement | Agreement on Marine Biological Diversity of Areas beyond National Jurisdiction

3. Harrison, James, *Saving the Oceans Through Law: The International Legal Framework for the Protection of the Marine Environment* (2017; online edn, Oxford Law Pro), https://doi.org/10.1093/law/9780198707325.001.0001
4. Vadrot, A. B. M., Langlet, A., & Tessnow-von Wysocki, I. (2022). Who owns marine biodiversity? Contesting the world order through the 'common heritage of humankind' principle. Environmental Politics, 31(2), 226–250. https://doi.org/10.1080/09644016.2021.1911442
5. IOC-UNESCO. 2024. *State of the Ocean Report.* Paris, IOC-UNESCO. (IOC Technical Series, 190). https://doi.org/10.25607/4wbg-d349
6. Robert Blasiak et al. 2018, Corporate control and global governance of marine genetic resources. Science Advances, 4, DOI:https://doi.org/10.1126/sciadv.aar5237
7. Dunshirn, P., Zhivkoplias, E. Conducting marine genetic research for whom? Mapping knowledge flows from science to patents. *npj Ocean Sustain* 3, 50 (2024). https://doi.org/10.1038/s44183-024-00088-0
8. Mossop, Joanna, and David Freestone (eds), The Agreement on Marine Biodiversity of Areas Beyond National Jurisdiction: Commentary and Analysis (2025; online edn, Oxford Law Pro), https://doi.org/10.1093/law/9780198918578.001.000
9. https://highseasalliance.org/treaty-ratification/
10. Hughes, H., & Vadrot, A. (Eds.). (2023). Conducting Research on Global Environmental Agreement-Making. Cambridge: Cambridge University Press.
11. Kate O'Neill, Peter M. Haas; Being There: International Negotiations as Study Sites in Global Environmental Politics. Global Environmental Politics 2019; 19 (2): 4–13. doi:https://doi.org/10.1162/glep_a_00505
12. Marion Suiseeya KR, Zanotti L. Ethnography: From Method to Methodology at Plural Sites of Agreement-Making. In: Hughes H, Vadrot ABM, eds. Conducting Research on Global Environmental Agreement-Making. Cambridge University Press; 2023:186–209.
13. Vadrot, A. B. M., Dunshirn, P., Langlet, A., Fellinger, S. J., Ruiz-Rodríguez, S. C., & Wysocki, I. T. (2025). Writing negotiations: Collaborative field note-taking during global environmental meetings. Qualitative Research, 0(0).
14. Vadrot, Alice B.M., Langlet, Arne, Dunshirn, Paul, Fellinger, Simon, Ruiz-Rodríguez, Silvia, Tessnow-von Wysocki, Ina (2024). Zooming In on Agreement-Making: Tracing the BBNJ Negotiations with the MARIPOLDATAbase. Global Environmental Politics, 24(4), 152–178
15. Tessnow-von Wysocki, I., Vadrot, A.B.M. (2024). Pathways of scientific input into intergovernmental negotiations: a new agreement on marine biodiversity. Int Environ Agreements.
16. Tessnow-von Wysocki, Ina and Vadrot, Alice B.M. (2022). Governing a Divided Ocean: The Transformative Power of Ecological Connectivity in the BBNJ negotiations. *Politics and Governance* 10(3)
17. Langlet, Arne and Vadrot, Alice B.M. (2024). Expert Authority Politics in the Marine Biodiversity Complex. Global Environmental Politics, 1–24.
18. Lyu, Wenwen, Langlet-Uranüs, Arne & Vadrot, Alice B.M. (2026). From data rationales to data infrastructure: Implications for the BBNJ clearing-house mechanism. Marine Policy, 188, https://doi.org/10.1016/j.marpol.2026.107079
19. Vadrot, Alice B.M. (2020). Multilateralism as a 'site' of struggle over environmental knowledge: the North-South divide. *Critical Policy Studies* 14(2): 233–245
20. (IPBES, 2024). Thematic Assessment Report on the Underlying Causes of Biodiversity Loss and the Determinants of Transformative Change and Options for Achieving the 2050 Vision for Biodiversity of the Intergovernmental Science-Policy Platform on Biodiversity and Ecosystem Services (Transformative Change Assessment). O'Brien, K., Garibaldi, L., and Agrawal, A. (eds.). IPBES secretariat, Bonn, Germany. https://doi.org/10.5281/zenodo.11382215

**Alice Vadrot** forscht als Professorin für Internationale Beziehungen mit Schwerpunkt Umweltpolitik am Institut für Politikwissenschaft der Universität Wien. Von 2018 bis 2024 hat sie das ERC-Projekt MARIPOLDATA zur Untersuchung von Wissen in globalen Meeresbiologie-Verhandlungen geleitet und leitet nun das ERC-Projekt TwinPolitics zu digitalen Ozeanzwillingen, sowie Biodiversity Austria – International, die nationale Schnittstelle zum Weltbiodiversitätsrat IPBES. Vadrot ist korrespondierendes Mitglied der ÖAW sowie Mitglied des Österreichischen Biodiversitätsrats. Ihre Schwerpunkte liegen in der globalen Biodiversitätspolitik, Meerespolitik und den Verflechtungen von Wissenschaft und Politik.

# Unzureichende Green New Deals: Imperiale Lebensweise und die Attraktivität der Externalisierung von Umweltkosten

Ulrich Brand(✉) und Valerie Lenikus
Institut für Politikwissenschaft, Universität Wien, Wien, Österreich
{ulrich.brand,valerie.lenikus}@univie.ac.at

**Zusammenfassung.** Der Verlust der biologischen Vielfalt steht zwar im Schatten der öffentlichen Aufmerksamkeit für den Klimawandel, entsprechend wird auch der Klimapolitik ein größerer Stellenwert eingeräumt als den Politiken zum Erhalt und zur nachhaltigen Nutzung der biologischen Vielfalt. Wir argumentieren in einem ersten Schritt und mit Fokus auf den Europäischen Green Deal, dass sich diese Asymmetrie zwar in den staatlichen und internationalen Politiken spiegelt. Gleichwohl gibt es intensive Diskussionen sowie weitreichende Strategien und Politiken. Daran anschließend zeigen wir entlang von drei Aspekten, dass diese Politiken an Grenzen stoßen. Dafür skizzieren wir ein kritisches Verständnis von Nachhaltigkeit, das „Natur" und „Umwelt" nicht als der Gesellschaft Gegenüberstehendes oder Äußerliches begreift. Weiters wird die Ausblendung einer tief verankerten imperialen Produktions- und Lebensweise in den dominanten Diskursen, Strategien und Politiken zum Schutz und zur nachhaltigen Nutzung der biologischen Vielfalt kritisiert. Und drittens zeigen wir anhand unserer Forschungen zum „Agrarextraktivismus" die damit verbundenen Implikationen für die Zerstörung der biologischen Vielfalt. Ein kurzer Ausblick auf die Konturen einer „solidarischen Lebensweise" rundet den Beitrag ab.

**Schlüsselwörter:** Agrarextraktivismus · Biodiversitätspolitik · European Green Deal · gesellschaftliche Naturverhältnisse · imperiale Lebensweise

Seit Beginn der 1990er Jahre wird von der Klimaerwärmung und ihren negativen Folgen gewarnt, zu welchen zentral der dramatische Verlust an Biodiversität gehört. Nach der Veröffentlichung des ersten Sachstandsberichts des Weltklimarates IPCC 1990, wurde auf der UNO-Konferenz zu Umwelt und Entwicklung in Rio de Janeiro 1992 neben dem Rahmenabkommen zu Klimawandel die Konvention über die biologische Vielfalt (CBD) völkerrechtlich verbindlich unterzeichnet, die 1993 in Kraft trat [9]. Die seither jährlich tagenden Klimakonferenzen erzeugen regelmäßig große mediale Aufmerksamkeit. Seit 1994 gibt es zumindest alle zwei Jahre Zusammenkünfte im Rahmen der Konvention über die biologische Vielfalt [10].


S. M. Gergely et al. (Hrsg.): SymWeN 2026, *Die Werte der Natur,* S. 61–75, 2027,
https://doi.org/10.1007/978-3-662-74109-2_7

Dennoch wächst die Skepsis gegenüber ihrer Wirksamkeit. Denn trotz Aktionsplänen, Finanzierungsinitiativen und freiwilliger Selbstverpflichtungen stiegen die Treibhausgasemissionen in den letzten 35 Jahren stark an und auch der Verlust von Arten und Ökosystemen schreitet weltweit voran. Die wachstumsorientierte sowie die politische Logik, wonach marktwirtschaftliche Instrumente, Anreize für „grüne" Investitionen sowie Unternehmen und Konsument:innen zu einer inkrementellen ökologischen Modernisierung innerhalb bestehender Wirtschaftsstrukturen und Machtverhältnisse beitragen würden, stößt sichtbar an Grenzen. Diese Strategien wurden von machtkritischen Akteur:innen von Beginn an kritisiert, beispielsweise Kompensationsansätze oder die Monetarisierung von Natur.

Im vierten Sachstandsbericht des Weltklimarates im Jahr 2007 wurden die katastrophalen Entwicklungen der menschengemachten Klimaveränderungen aufgezeigt. Jedoch bewiesen praktisch alle politischen Maßnahmen im Gefolge der Weltwirtschaftskrise seit 2008, dass und in welchem Ausmaß grundlegende wirtschaftspolitische Kurswechsel an verfestigten Interessenskonstellationen scheitern. So endete die Klimakonferenz in Kopenhagen 2009 ergebnislos, weil sich die Industrienationen auf keine ambitionierten Ziele einigen konnten.

Angesichts dieser enttäuschenden Entwicklungen wurde argumentiert: Statt einer eher inkrementellen *Transition*, so die zunehmende fachwissenschaftliche und -politische Diagnose, bedürfe es einer umfassenden *Transformation* [3]. Der Begriff war nicht umsonst semantisch an das Werk „The Great Transformation" von Karl Polanyi von 1944 angelehnt, in dem er den Übergang Großbritanniens im 18. und 19. Jahrhundert hin zum Industriekapitalismus und die damit verbundenen Dynamiken und Verwerfungen analysierte.[1]

Für die deutschsprachige Debatte war insbesondere der Bericht „Welt im Wandel. Gesellschaftsvertrag für eine Große Transformation" des Wissenschaftlichen Beirates der Bundesregierung „Globale Umweltveränderungen" wichtig [44]. Dennoch blieben – trotz radikaler Problemdiagnosen – die meisten politischen Vorschläge im Rahmen der Transformationsdebatte doch recht zahm. Es sollten zwar die Energie- und Ressourcenbasis von Wirtschaft und Gesellschaft verändert werden, aber nicht die damit verbundenen Kräfteverhältnisse, dominanten Institutionen in Politik und Wirtschaft und auch nicht die Orientierung am Wirtschaftswachstum, das künftig lediglich „grün" sein soll [35].

Ein Beispiel dafür ist der Europäische Green Deal (EGD), den die Europäische Kommission im Dezember 2019 präsentierte. Im Kern ging es darum, die $CO_2$-Emissionen in der EU bis 2030 um 55 % im Vergleich zu 1990 zu reduzieren. Dafür muss, so die Selbstbeschreibung, nichts Geringeres geschehen, als die EU „zu transformieren". Der EGD sei eine Antwort auf die entscheidende Aufgabe unserer Zeit, nämlich „die Bewältigung klima- und umweltbedingter Herausforderungen". Es handle sich „um eine Wachstumsstrategie, mit der die EU zu einer fairen und

[1] Andreas Novy und Nora Dornis (2026) argumentieren, dass Polanyi in seinem Hauptwerk die mittelfristigen strukturellen Veränderungen des 19. Jahrhunderts als „Transformation" bezeichnete. Mit dem titelgebenden Begriff der „Großen Transformation" meinte er die disruptiven Veränderungen der 1930er Jahre hin zum Faschismus.

wohlhabenden Gesellschaft mit einer modernen, ressourceneffizienten und wettbewerbsfähigen Wirtschaft werden soll, in der im Jahr 2050 keine Netto-Treibhausgasemissionen mehr freigesetzt werden und das Wirtschaftswachstum von der Ressourcennutzung abgekoppelt ist“ [12, Überblick und Einschätzung bei 18].

Dafür soll es zum einen massive öffentliche Investitionen geben, zum anderen sollen die Bemühungen intensiviert werden, „privates Kapital in Klima- und Umweltmaßnahmen zu lenken und gleichzeitig die Abhängigkeit von nicht nachhaltigen Praktiken zu vermeiden“ [12]. Zentral seien der Aufbau einer Kreislaufwirtschaft, ein Umbau der Industrie, der Ausbau erneuerbarer Energien, nachhaltiges Bauen, die nachhaltige Gestaltung von Mobilität, Landwirtschaft und Ernährungssystemen sowie der Erhalt der biologischen Vielfalt und eine schadstofffreie Umwelt. Ein „gerechter Übergang“ solle „niemanden zurücklassen“. Dazu werden Ziele wie soziale Inklusion und der Schutz schwächerer Bevölkerungsteile formuliert.

Die EU-Biodiversitätsstrategie 2030 bildet einen zentralen Bestandteil des European Green Deals. Diese kommuniziert einerseits „the age of extinction“, den Verlust der Natur und „tipping points“, andererseits die Bedeutung des Biodiversitätsverlusts für Unternehmen und was die EU bereits dagegen macht [11]. Die wichtigsten Eckpunkte der Strategie sind ein Netzwerk von Schutzgebieten in der EU, ein EU-Plan zur Wiederherstellung der Natur inklusive der Verringerung von Pestiziden, der Pflanzung von Bäumen, städtischer Begrünung und Verringerung der negativen Auswirkungen der Gewinnung von Rohstoffen, der „Ermöglichung eines tief greifenden Wandels“ sowie einer ehrgeizigen globalen Biodiversitätsagenda [13]. Im Zuge dieses tiefgreifenden Wandels ist von einem „gesamtgesellschaftlichen Ansatz zum Schutz der biologischen Vielfalt“ die Rede, wobei die Rolle von Unternehmen („nachhaltige Corporate-Governance“), die Mobilisierung privater und öffentlicher Mittel, die Messung des Werts der Natur, z. B. des ökologischen Fußabdrucks, und die Rolle von Bildung und einer langfristigen strategischen Forschungsagenda genannt sind [13].

Der grundlegende Tenor des EGD ist trotz der dramatischen Klimakrise optimistisch. Die EU-Kommission geht davon aus, dass die Bearbeitung der Krise zum einen neue Geschäftsfelder und »grüne« Wachstumsmöglichkeiten erschließen und zum anderen die moralische Überlegenheit der EU beweisen kann. Europa als »erster klimaneutraler Kontinent« – das ist ein häufig verwendeter Slogan.

Das hat auch Implikationen für den Schutz und die nachhaltige Nutzung der biologischen Vielfalt. Der letzte Bericht des Weltbiodiversitätsrats von 2019 formuliert deutlich den Einfluss von Landnutzungsänderungen und der Ausbeutung der Natur auf die weltweit schwindende Biodiversität. Weitreichende und ambitionierte Ziele seien die einzige Antwort auf diese katastrophalen Dynamiken für Natur und Mensch, der Bericht spricht von fundamentalen, systemweiten Veränderungen, die über ökonomische, technologische, soziale und politische Faktoren hinaus im Sinne einer gesellschaftlichen Transformation gehen [21]. Auch die Europäische Kommission bringt Klimawandel und die aktuelle Produktions- und Konsumweise mit dem Verlust von Biodiversität zusammen. So stehen auf der Umwelt-Website der Europäischen Kommission folgende Gründe für die Treiber des Verlusts von Biodiversität: “The main reason behind the climate and ecological crisis is an unsustainable pattern of production and consumption, the cumulative effect of an economic model where we design, manufacture, use, and then throw away, rather than reducing, reusing or recycling.

Demand for new resources is driving deforestation, changing patterns of land use, and destroying natural habitats everywhere. Extracting and processing materials, fuels and food is the reason for 90 % of biodiversity loss and half of all greenhouse gas emissions" [11]. Obwohl hier zentrale gesellschaftliche und ökologische Probleme in der Wirtschaftsweise und ihrem Verhältnis zur Natur angedeutet werden, adressiert sie der Europäische Green Deal kaum.

Im Folgenden wollen wir entlang von drei Aspekten die Grenzen des Europäischen Green Deals beleuchten und damit auch seine ambivalente Wirkung im Hinblick auf den Schutz und die nachhaltige Nutzung der biologischen Vielfalt. Wir skizzieren ein kritisches Verständnis von Nachhaltigkeit, das „Natur" und „Umwelt" nicht als der Gesellschaft Gegenüberstehendes oder Äußerliches begreift. Weiters wird die Ausblendung einer tief verankerten imperialen Produktions- und Lebensweise in den dominanten Diskursen, Strategien und Politiken zum Schutz und zur nachhaltigen Nutzung der biologischen Vielfalt kritisiert. Und drittens zeigen wir anhand unserer Forschungen zum „Agrarextraktivismus" die damit verbundenen Implikationen für die Zerstörung der biologischen Vielfalt.[2]

## 1 Politische Ökologie und ein kritisches Verständnis von Nachhaltigkeit

Wir versuchen, diese Gegenüberstellung von Natur und Gesellschaft mit dem Begriff der gesellschaftlichen Naturverhältnisse zu fassen, indem wir genauer fragen: Wie strukturiert Gesellschaft auf einer symbolischen, aber auch auf einer materiellen, biophysischen Ebene ihren Metabolismus, also ihren Austausch mit Natur. Es ist ein anderer Zugang. Er suggeriert nicht diese Dichotomisierung: Hier ist die Natur und da ist Gesellschaft. Sondern wie konkret eignet sich Gesellschaft Natur an, inklusive natürlich der ästhetischen, diskursiven Dimension.

Der Begriff der gesellschaftlichen Naturverhältnisse [16, 17, 22, 23] ist von zentraler Bedeutung, indem er die Natur im Verhältnis zur Gesellschaft betrachtet und umgekehrt Gesellschaft in Abhängigkeit von Natur begreift. Natur existiert zwar vor menschlich-gesellschaftlicher Aneignung und Formung und folgt ihrer Eigengesetzlichkeit, wird jedoch auch durch ökonomische Aktivitäten herrschaftsförmig produziert. Das umfasst die physisch-materielle Komponente sowie eine diskursiv-symbolische Komponente, also wie durch unterschiedliche Deutungszuschreibungen der Natur eine bestimmte gesellschaftliche Bedeutung zukommt. Die physisch-materielle Produktion und Formung von Natur verweist darauf, dass Menschen sich die Natur bis zu einem gewissen Grad aneignen müssen, um zu existieren, und dass die Natur daher auf physisch-materielle Weise transformiert und produziert wird. Dieser Aspekt bezieht sich darauf, wie die Versorgung von Menschen und Gesellschaften in Bereichen wie Ernährung, Wohnen und Mobilität organisiert ist [4]. Ausgedehnte

2 Stefan M. Gergely danken wir für die Rückmeldung auf eine erste Version des Textes, Lea Feichtinger für Unterstützung beim Editieren des Textes.

Wälder, wie beispielsweise Mangrovenwälder, können von gesellschaftlichen Gruppen über Jahrhunderte hinweg genutzt und dadurch verändert werden. Die diskursiv-symbolische Produktion deutet darauf hin, dass der Natur aufgrund ihrer Bedeutung für die Gesellschaft eine bestimmte Interpretation zugewiesen wird. Diese Interpretation verändert sich mit Produktionsmustern, technologischen Entwicklungen und sozialen Machtverhältnissen [23], z. B. welchem Rohstoff die Bedeutung einer wichtigen Ressource zukommt wie etwa Erdöl, Lithium oder Soja. In einem dialektischen Verständnis werden Mensch und Natur gegenseitig verändert [39].

Dieses Verständnis vom Verhältnis zwischen Gesellschaften und Natur, das vor allem in der deutschsprachigen Debatte auf Kritischer Theorie beruht [17], bildet auch eine konzeptionelle Grundlage im Forschungsfeld der Politischen Ökologie. Die Politische Ökologie verortet die ökologische Krise im Gegensatz zu *nicht*-politischen Ansätzen der Ökologie innerhalb ungleicher Dynamiken von Macht, Kapital und Staat und zeigt auf, wie vermeintlich hoffnungsvolle „Lösungen" für die Krise oft genau jene Dynamiken reproduzieren, die sie überhaupt erst hervorbringen. So können beispielsweise Strategien für grünes Wachstum, Märkte für Ökosystemdienstleistungen und naturbasierte Lösungen zwar bestimmte Schäden abmildern, doch oft verlängern sie unter einer neuen Legitimierungsstrategie die Prozesse der Ausbeutung und Enteignung [36].

Wie Paul Robbins in seiner kritischen Einführung in die Politische Ökologie sowie das umfassende Handbuch von Gottschlich et al. [15] betonen, ist die ökologische Krise zutiefst politisch: Sie betrifft die Umverteilung von Risiken, Rechten und Einnahmen über räumliche Ebenen hinweg und verschärft dabei oft Nord-Süd-Ungleichheiten und koloniale Strukturen. Darüber hinaus befasst sich die Politische Ökologie als Forschungsfeld mit Widerstand und alternativen Denkansätzen wie Gemeingütern, indigenen Territorialitäten und Agrarökologie und hinterfragt dabei die vorherrschenden kapitalistischen Beziehungen zwischen Gesellschaft und Natur [34, 38, 40]. Die Debatten in der Politischen Ökologie sind vielfältig und entwickeln sich ständig weiter, da das Klimaproblem nicht mehr ohne Bezugnahme auf Gerechtigkeits- und Verteilungsfragen diskutiert werden kann und in Zeiten von Krieg und Wirtschaftskrise die (oft eng miteinander verknüpften) Themen Sicherheit und Wettbewerbsfähigkeit zunehmend in den Vordergrund gerückt sind. Gleichzeitig wird jedoch die Dringlichkeit politisch-ökologischer Fragen angesichts der immer gravierenderen Folgen der Klimakrise wie etwa des starken Rückgangs der Biodiversität und der Gegenreaktionen auf Klimapolitik und -bewegungen deutlicher denn je.

Vor diesem Hintergrund rückt ein kritisches Nachhaltigkeitsverständnis den Begriff der Nachhaltigkeit als konflikthaften, auf Machtverhältnissen beruhenden Regulierungsrahmen in den Blick, in dem Interessen und Zugänge verhandelt und umkämpft sind. Dabei stehen weniger Fragen der Effizienzsteigerung, Technologieverbesserung oder Investitionsmöglichkeiten für Unternehmen im Vordergrund, sondern die Aushandlung dessen, was, wie, von wem und für wen produziert, geschützt und zerstört wird. Nachhaltig bedeutet in diesem Zusammenhang nicht jedes wirtschaftliche Wachstum mit „grünen" Versprechen und Legitimationen, sondern konkrete Praktiken, die etwa Rohstoffextraktion begrenzen, Fragen rund um Zugang zu und Verteilung von Land und Ressourcen in den Mittelpunkt stellen, Verantwortung entlang globaler Lieferketten verorten und Wissens- und Mitbestimmungsrechte derjenigen stärken, die von Auswirkungen des Klimawandels, Verlust der Biodiversität und Naturverschmutzung und -zerstörung direkt betroffen sind. Damit verschiebt sich die Politikgestaltung und internationale Verhandlung in Fragen des Klimawandels, des dramatischen Biodiversitätsverlusts und des Verständnisses von Nachhaltigkeit von der Orientierung an der Output-Seite (insbesondere der Fokus auf $CO_2$-Emissionen in der Dekarbonisierungsstrategie) [7] und Kompensationslogiken hin zu De-Kommodifizierung von Natur, kollektiven Nutzungsrechten sowie Suffizienz, Care- und Reproduktionsarbeit.

Eine solche Perspektive rückt Natur und „Umwelt" sowie Fragen der Nachhaltigkeit in den Mittelpunkt gesellschaftlicher Verhältnisse, sie widerspricht der Depolitisierung von Nachhaltigkeit und Konflikten und lenkt den Blick auf Kriterien einer möglichen solidarischen im Gegensatz zu einer imperialen Produktions- und Lebensweise (siehe folgendes Kapitel). Beispielsweise würden die oben genannten Perspektiven hinterfragen, ob konkrete Nachhaltigkeitsmaßnahmen Zerstörungsdynamiken und Abhängigkeiten von Extraktivismus tatsächlich reduzieren, ob die Verfügung über Ökosysteme und Territorien demokratisiert wird oder ob Risiken und Nutzen gerechter in Bezug auf Nord-Süd-, Geschlechter-, Generationen- und gesellschaftliche Naturverhältnisse verteilt werden. Nachhaltigkeit regt damit zum Hinterfragen des Wachstumsparadigmas an und stellt Fragen der Gerechtigkeit und Demokratisierung in den Mittelpunkt anstelle eines bloßen grünen Anstriches von fortbestehenden Strukturen.

## 2 Zur Ambivalenz der imperialen Lebensweise

Als imperiale Lebensweise werden Produktions- und Konsummuster bezeichnet, die den tendenziell unbegrenzten Zugriff auf Natur und Arbeitskraft in einem globalen Maßstab voraussetzen [5, 20]. Die Organisation von Produktion und Konsum in Teilen der Welt (globaler Norden) beziehungsweise durch dominante gesellschaftliche Gruppen (Wohlhabende), so unsere Annahme, beeinträchtigt die Naturverhältnisse anderer Gruppen und anderer Teile der Welt oder zerstört gar deren Lebensgrundlagen.

Ein Ausgangspunkt unserer Überlegungen war die in sozial-ökologischer Hinsicht paradoxe Konstellation der 2010er-Jahre: Einerseits wurde die ökologische Krise damals stark politisiert, und im Pariser Klimaabkommen von 2015 sowie in den UN-Zielen für nachhaltige Entwicklung, die im selben Jahr verabschiedet wurden, fand diese Politisierung einen prominenten Ausdruck. Andererseits wurden wesentliche Maßnahmen gegen die Wirtschafts- und Finanzkrise nach 2008 im Sinne eines bestenfalls leicht modifizierten „Weiter so" formuliert, was den Interessen der dominanten gesellschaftlichen Kräfte folgte. Die Umweltzerstörung schritt in den 2010er-Jahren trotz aller Politisierung weiter voran, indem sich jene Produktions- und Konsummuster vertieften und verallgemeinerten, die den Problemkern der ökologischen Krise bildeten: Die Autos wurden größer, schwerer und mehr, der Flugverkehr stieg an, und der Verzehr von Fleisch und anderen Lebensmitteln, die unter einem hohen Ressourceneinsatz und oft miserablen Arbeitsbedingungen sowie unter Inkaufnahme von großem Tierleid hergestellt wurden, nahm zu. Das galt im lokalen ebenso wie im globalen Maßstab, wobei die dynamische wirtschaftliche Entwicklung von Ländern wie China und Indien eine zentrale Rolle spielte.

Mit dem Konzept der imperialen Lebensweise wollen wir ein Angebot machen, die widersprüchliche Gleichzeitigkeit einer Infragestellung der krisengenerierenden Prozesse und ihrer Verstetigung, Ausbreitung oder gar Intensivierung hegemonietheoretisch zu begreifen. Dabei spielt der Begriff des „Alltagsverstands“ von Antonio Gramsci eine zentrale Rolle. Gramsci zufolge nehmen die Menschen die Welt und die gesellschaftlichen Verhältnisse, in denen sie leben, nicht auf eine kohärente und reflektierte Art und Weise wahr. Es sind vielmehr nicht weiter hinterfragte, durchaus widersprüchliche Traditionsbestände, die ihren Blick auf die Welt und die Gesellschaft prägen und den Alltagsverstand konstituieren. Der Alltagsverstand ist also ein Deutungsrahmen, den Menschen benötigen, um sich in den Verhältnissen zu orientieren und zu bewegen (siehe unten). Die Widersprüchlichkeit des Alltagsverstands, die Ahnung und Erfahrung, dass nicht alles in Ordnung ist, stellt zugleich ein politisches Terrain von Auseinandersetzungen dar. Dabei kann auch ein kritisches Denken und Handeln bei einzelnen, wie auch in kollektiver Form, entstehen. In diesem Fall wird Hegemonie, die Zustimmung zu den bestehenden Verhältnissen, angegriffen. Dazu bedarf es – neben oft wenig sichtbaren gesellschaftlichen Verschiebungen – auch krisenhafter Momente und bewussten Handelns.

Das ist das Anliegen, das wir mit dem Konzept der imperialen Lebensweise verfolgen. Es verbindet Alltagsverhältnisse mit übergreifenden kapitalistischen gesellschaftlichen und internationalen Strukturen und Imperativen wie der Kapitalakkumulation und des Wirtschaftswachstums. Das Konzept verdeutlicht ferner, dass die imperiale politische und ökonomische Weltordnung auch deshalb funktioniert, weil die ihr innewohnende Gewalt in unzähligen Akten des Produzierens und Konsumierens zum Verschwinden gebracht und gleichsam normalisiert wird: Man sieht den Autos nicht an, unter welchen Bedingungen die Ressourcen extrahiert wurden, aus denen sie hergestellt worden sind. In den Autohäusern sowie in der Werbung werden ganz andere Assoziationen hervorgerufen. Es geht beim Auto um Kraft, Schnelligkeit, Männlichkeit und Freiheit beziehungsweise um Sicherheit und Schutz vor Bedrohungen, das heißt um zahlreiche Versprechen und positiv konnotierte Eigenschaften von Produkten, deren sozial-ökologisch destruktive Voraussetzungen systematisch verdunkelt werden.

Die imperiale Lebensweise ist ebenso ein Ermöglichungs- wie ein Zwangsverhältnis, in das Menschen qua ihrer Zugehörigkeit zu einer kapitalistischen Gesellschaft hineinsozialisiert werden. Sie ist für viele attraktiv und erstrebenswert. Gleichzeitig kann man sich ihr aber auch nicht einfach entziehen. Der Begriff der imperialen Lebensweise ist eine gesellschaftliche Strukturkategorie. Er soll die existenziellen und gegenseitigen Abhängigkeiten verdeutlichen, die tief in den ökonomischen, politischen und kulturellen Verhältnissen verankert sind und zu sehr ungleichen Lebenschancen führen: Die Zwänge, die eigene Arbeitskraft gegen Lohn zu verkaufen – oft in der Produktion sozial-ökologisch problematischer Waren – sowie autozentrierte Mobilität und ein agrarindustrielles Ernährungssystem lassen vielen kaum eine Alternative zur Partizipation an der imperialen Lebensweise.

Deren Kern besteht deshalb nicht aus individuellen Konsumentscheidungen, die prinzipiell auch anders getroffen werden könnten, sofern die Konsument:innen nur ausreichend über die sozial-ökologischen Folgen aufgeklärt würden. Vielmehr sind Konsumentscheidungen – wie Matt Huber [19 S. 348, eigene Übers.] es formulierte – in den meisten Fällen „*notwendige* Praktiken der sozialen Reproduktion, mit denen sich erst der Lebensunterhalt in einer kapitalistischen Wirtschaft bestreiten lässt (wohnt man auf dem Land, muss man zum Beispiel Benzin verbrauchen, um zur Arbeit zum kommen)“. Ferner wird die imperiale Lebensweise durch die unzähligen strategischen Entscheidungen und Handlungen herrschender Akteure stabilisiert und immer wieder dynamisch verändert. Und schließlich sind es gesellschaftliche Diskurse, Narrative und mitunter tief verankerte Selbstverständlichkeiten wie etwa Vorstellungen von gutem Leben oder kaum hinterfragtem und als notwendig erachtetem Wirtschaftswachstum, welche integraler Bestandteil der imperialen Lebensweise sind. Auch diese werden durch Werbung, Marketing und politische Öffentlichkeit reproduziert.

Die imperiale Lebensweise resultiert somit einerseits daraus, dass sich sozial-ökologisch destruktive Produktions- und Konsummuster gesellschaftlich verallgemeinern. Im globalen Norden geschah dies in der zweiten Hälfte des 20. Jahrhunderts, insbesondere in der fordistischen Phase des Kapitalismus: Innergesellschaftliche Wohlstandsunterschiede wurden auf Kosten von Menschen und Natur im globalen Süden sowie der – meist unentgeltlichen und weiblichen – Reproduktionsarbeit im globalen Norden tendenziell *nivelliert.* Andererseits ruht die imperiale Lebensweise auf einer klassen- und geschlechtsspezifischen *Hierarchisierung* (siehe unten). Die Wohlstandssteigerungen im globalen Norden sind das Ergebnis eines von der Arbeiter:innenbewegung hart erkämpften, seit den 1970er-Jahren wieder erodierenden Kompromisses, ihnen liegt also immer schon ein Herrschaftsverhältnis zugrunde, das sie zugleich bearbeitbar macht. Die prinzipielle Zustimmung der Arbeiter:innenklasse zu ihrer subalternen Position in der kapitalistischen Gesellschaft wird erkauft mit ihrer begrenzten Teilhabe an dem Reichtum, den diese Gesellschaft hervorbringt, oder zumindest mit einem Teilhabeversprechen, wobei sich mit der Art und Weise der Teilhabe, dem Familienernährer-Modell, und damit die geschlechtsspezifische Arbeitsteilung verfestigt.

Das erklärt die relative Stabilität und Normalität der imperialen Lebensweise, die die kapitalistischen Zentren auch in den sozialen Krisen seit 2008 und in Zeiten einer sich verschärfenden Klimakrise kennzeichnen. Voraussetzung dafür ist freilich die Möglichkeit, die enormen sozial-ökologischen Kosten der vorherrschenden Produktions- und Lebensweise in Raum und Zeit zu externalisieren und für die Nutznießer:innen unsichtbar zu machen. Tatsächlich kann das „Wir“ des globalen Nordens, das in sich selbst entlang vielfältiger Gegensätze gespalten ist, seine sozial-ökologischen Existenzbedingungen nur so lange ignorieren, wie die Kosten der imperialen Lebensweise von räumlich und zeitlich Anderen getragen werden. Dies wird jedoch umso schwieriger, je mehr die ökologische Krise auch im globalen Norden nicht länger nur über wissenschaftliche Beschreibungen, sondern zunehmend auch als katastrophisches Alltagsphänomen erfahrbar wird. Dann ist eine Reaktion erforderlich, Zeitenwenden werden ausgerufen, Anstrengungen zur Verteidigung oder auch ökologischen Modernisierung einer bedrohten Normalität werden verstärkt.

Die sozial-ökologischen Kosten, die die imperiale Lebensweise verursacht, sind enorm. Sichtbar werden sie dann, wenn sich Katastrophen ereignen: in Form von brennenden Ölplattformen, havarierten Öltankern, eingestürzten Textilfabriken oder geborstenen Dämmen von Rückhaltebecken, die den schwermetallhaltigen Schlamm des Eisenerzbergbaus eigentlich daran hindern sollen, die Ortschaften und Ökosysteme der näheren und ferneren Umgebung unter sich zu begraben. Solche Ereignisse wirken, vor allem wenn sie sich andernorts zutragen, meist nicht lange nach. Sie irritieren die ökonomischen Prozesse und Alltagsroutinen, denen sie geschuldet sind, allenfalls kurzfristig, um dann recht bald in der Erinnerung zu verblassen und schließlich vergessen zu werden. Dazu kommt, dass Katastrophen allenfalls eine Ahnung von der weit weniger spektakulären alltäglichen Gewalt vermitteln, die die vorherrschenden Produktions- und Konsummuster dort verursachen, wo ihre Voraussetzungen geschaffen werden. Rob Nixon [30, S. 3] hat dies als „slow violence" bezeichnet. Es ist die „Gewalt der zeitverzögerten Wirkungen", wie sie etwa die giftigen Hinterlassenschaften des Vietnam-Kriegs noch Jahrzehnte nach dessen Ende zeitigen, wie sie durch die in der zweiten Hälfte des 20. Jahrhunderts beschleunigte Extraktion und Verbrennung von fossilen Ressourcen hervorgebracht werden oder wie sie sich toxisch in den Körpern der Arbeiter:innen ausbreiten, die unter Einsatz von gefährlichen Herbiziden auf Plantagen schuften, nachdem sie zuvor gewaltsam von ihrem Land vertrieben wurden [25].

## 3 Agrarextraktivismus als Ursache für den Verlust der biologischen Vielfalt

Während die Europäische Kommission den wichtigen Aspekt der Bedrohung der Ernährungssicherheit und Auswirkungen auf die Landwirtschaft durch Klimawandel und den Verlust von Biodiversität stark macht [11], möchten wir umgekehrt auf die intensivste und umweltschädlichste Entwicklungsform der Landwirtschaft als Treiber des Biodiversitätsverlusts aufmerksam machen, nämlich das Modell des Agrarextraktivismus.

Das vorherrschende Modell der landwirtschaftlichen Entwicklung und der Nahrungsmittelsysteme basieren auf Annahmen, die angesichts einer wachsenden Weltbevölkerung den Schwerpunkt auf Produktivität legen [27]. Zentrale Themen wie das Verschwinden der Biodiversität durch Monokulturen und die (Über-)Nutzung von Agrarchemikalien, biophysikalische Grenzen und Fragen des Zugangs und der Verteilung von Land werden nicht angemessen behandelt, was sich in der steigenden Zahl von Konflikten, Migration, Hunger und extremer Naturzerstörung zeigt [8, 14]. Das Konzept und der Forschungsgegenstand des Agrarextraktivismus hat daher in den letzten Jahren zunehmend Beachtung gefunden – insbesondere in Bezug auf Sojamonokulturen in Bolivien, Argentinien und Brasilien [27, 33]. Das Konzept beschreibt die Produktion von Lebensmitteln (insbesondere Agrargütern) in großen Mengen für den Export, mit wenig oder keiner Verarbeitung vor Ort. Weitere Merkmale sind eine konzentrierte Wertschöpfung, die agrarindustrielle Mechanisierung, die Kontrolle über Landflächen und – über die Produktion – durch Agrar- und Lebensmittelkonzerne (auch indirekt über Pachtverträge mit Kleinbäuer:innen), die extreme Naturzerstörung durch den übermäßigen Gebrauch von Agrarchemikalien in den

Monokulturen und Entwaldung für den Anbau [26] sowie die Verschlechterung von Arbeitsmöglichkeiten und -bedingungen in der Anbauregion durch die wirtschaftliche Dominanz des Agrarextraktivismus [1]. Aus einer Perspektive der Politischen Ökologie ist u. a. die Verwandlung von Lebensmitteln in Exportwaren, die Kontrolle über Land sowie die Zerstörung der materiellen Grundlage der Lebensmittelproduktion durch die Verschmutzung und Zerstörung von Böden, Wasser und Biodiversität [31, 46]. Agrarextraktivismus geht außerdem mit Prozessen der Entdemokratisierung und der zunehmenden Gewalt – speziell gegenüber Frauen und indigenen Bevölkerungsgruppen, die als Hüter:innen von Natur und Biodiversität gelten – einher [28, 29].

Nicht-nachhaltige Nutzung im Agrarextraktivismus zeigt sich in kurzzyklischen Monokulturen mit hohem Einsatz von Dünger und Pestiziden, die Böden degradieren, Wasserressourcen erschöpfen und verschmutzen und den natürlichen Kreislauf von Insekten und anderen Arten unterbrechen. Durch die stetige Flächenausweitung, die erforderlich wird, wenn die Böden mit der Zeit keine Nährstoffe mehr beinhalten, werden Lebensräume von Pflanzen und Tieren großflächig zerstört und unterbrochen, sodass sich Populationen oftmals nicht mehr regenerieren können. Zudem externalisieren globale Lieferketten die ökologischen Kosten: Entwaldung und Übernutzung wird in „neue" Regionen verschoben, die niemals unbewohnt und ungenutzt sind, während lokale Gemeinschaften den Verlust von Ernährungssouveränität und Ökosystemleistungen tragen müssen [24].

Extraktivismus im Lebensmittelbereich wie für Kohlenwasserstoffe oder Metalle macht keinen Halt vor besonders biodiversen und seltenen Lebensräumen der Erde, insbesondere jenen im Globalen Süden. Das zeigt der zunehmende Bergbau im Biodiversitätshotspot des Nebelwalds in Ecuador oder in Kolumbien für Metalle, die u. a. für die Energiewende in Europa, den USA und China in größerem Ausmaß benötigt werden und mit Interessen von entsprechenden Industrien und Handelsverträge einhergehen [32, 42]. Ähnliches gilt für die fortschreitende Erdölförderung in Amazonasgebieten in Peru und Ecuador und die Abholzung von Amazonas-Regenwald in Brasilien und Amazonas-Trockenwald in Bolivien für die Sojaproduktion, um vor allem den steigenden Fleischkonsum zu ermöglichen [2, 43]. Beispielsweise verlor Bolivien mehrere Millionen Hektar Wald, insbesondere in Schutzgebieten, indigen bewirtschafteten Gebieten und Gebieten mit hoher Biodiversität, was mit Waldbränden zur Schaffung neuer Anbauflächen für zunehmende Agrarexporte in Zusammenhang gebracht wird [43].

Ein Einblick in Dynamiken des Agrarextraktivismus vor dem Hintergrund der Politischen Ökologie macht deutlich, dass wir den Verlust von Artenvielfalt nicht allein als spezifisches Problem der Landwirtschaft behandelt können, sondern als Ausdruck umkämpfter gesellschaftlicher Naturverhältnisse. So greifen etwa Regulierungen einzelner Lieferketten zu kurz, wenn sie Eigentumsfragen, Mitbestimmung, koloniale Strukturen und Finanzflüsse unangetastet lassen. Die CBD und das Kunming-Montreal Global Biodiversity Framework liefern zwar wichtige Bezugspunkte, z. B. zur Stärkung indigener Rechte oder Beendigung schädlicher Subventionen, doch ihre Wirksamkeit wird durch die weiter steigende Rohstoffausbeutung und damit einhergehende Entwicklungsmodelle von Ländern des Globalen Südens, Kompensations- und Offsetting-Logiken ohne Berücksichtigung von Macht- und Herrschaftsverhältnissen verhindert. Transformativ kann Biodiversitätspolitik nur dann sein, wenn herrschende Produktions- und Lebensweisen infrage gestellt und partizipativ umgestaltet werden.

# 4 Aspekte einer solidarischen Lebensweise

Es geht bei den anstehenden, notwendigen und weitreichenden sozial-ökologischen Transformationen um eine bis dato nicht vorstellbare Eingriffstiefe in existierende Strukturen, Handlungsmuster und Vorstellungswelten dessen, was eigentlich ein gutes und auskömmliches Leben bedeutet, das im Prinzip nicht auf Kosten anderer und der Natur gelebt wird und gewollt ist, aber auch unter den entsprechenden Rahmenbedingungen gelebt werden kann. Ein solcher Umbauprozess geht notwendig über eine ökologische Modernisierung des Kapitalismus hinaus, muss neben der Energie- und Ressourcenbasis auch die imperiale Produktions- und Lebensweise sowie die damit verbundenen (welt-)gesellschaftlichen Macht- und Herrschaftsverhältnisse thematisieren und zu verändern versuchen.

Die Argumente und Anliegen der inzwischen breit aufgefächerten Postwachstums-Debatte und die damit einhergehenden Erfahrungen liefern hierfür wichtige Anregungen. Zudem macht die relative Unvereinbarkeit mit den (Zukunfts-)Vorstellungen der herrschenden politischen und wirtschaftlichen Akteur:innen den Postwachstumsbegriff sehr interessant. Das unterscheidet den Postwachstumsbegriff von solchen wie Nachhaltigkeit oder Grüne Ökonomie.

Nicht die Fixierung auf Wachstum, Produktivität und Effizienz stehen im Zentrum, sondern Prinzipien wie Konsistenz und Suffizienz. Konsistenz bedeutet eine anzustrebende Vereinbarkeit der gesellschaftlichen Techniksysteme mit natürlichen Reproduktionskreisläufen. In Anlehnung an Ivan Illich wird in der Postwachstums-Debatte der Begriff der „konvivialen Technik" verwendet. Ein gutes Zusammenleben bedarf einer demokratischen Technikentwicklung: „Es geht um die Frage, welche Technik eingesetzt wird, wofür, und wie viel davon – und wer das entscheidet" [37, S. 194].

Eine Suffizienz-Perspektive bedeutet nicht nur, sich individuell und kollektiv zu fragen, „was genug ist", sondern insbesondere die bestehenden gesellschaftlichen Bedingungen zu politisieren, warum eine Gesellschaft nie genug haben kann. Daraus leitet sich ein Verständnis von Suffizienz ab, wonach trotz Material- und Energieeinsparungen den vielen auch in wohlhabenden Gesellschaften prekär lebenden Menschen auskömmliche individuelle wie kollektive Mittel zum Leben zur Verfügung stehen. Doch es geht eben auch darum, Gesellschaften so zu organisieren, dass viele Menschen nicht immer mehr haben müssen [45]. Entsprechend sollten post-kapitalistische Vorstellungen aus den Erfordernissen eines tiefgreifenden sozial-ökologischen Umbaus und aus den bereits heute bestehenden Erfahrungen heraus gefördert und gesellschaftlich verankert werden, am Ende auch politisch, betrieblich etc. Das ist ein Hauptanliegen der Postwachstums-Perspektive.

Neben der „Dekarbonisierung der industriellen Wertschöpfung" [41], d. h. einer nicht mehr auf fossilen Energieträgern basierenden Wirtschaft, geht es aus einer Postwachstums-Perspektive zusätzlich um einen notwendigen Rückbau industrieller Versorgungssysteme, insbesondere in den hochindustrialisierten Ländern. Bei der industriellen Landwirtschaft mit ihren enormen energetischen Inputs und ökologischen Folgeerscheinungen mag das unmittelbar einleuchten. Doch zur Disposition stehen eben auch die Kernsektoren industrieller Wertschöpfung in Ländern wie Deutschland, der Schweiz oder Österreich. Die damit einhergehenden, insbesondere beschäftigungspolitischen Dilemmata, sind Ausgangspunkt sozial-ökologischer Arbeitspolitik. Umbau und Rückbau sollten demokratisch und unter Einbezug der Beschäftigten erfolgen. Hier treffen sich Postwachstums-Perspektiven mit den in den Gewerkschaften vertretenen Perspektiven der Wirtschaftsdemokratie und den damit verbundenen Eingriffen in gesellschaftliche Macht- und wirtschaftliche Eigentumsverhältnisse [41].

Und auch für unsere nordwestlichen Gesellschaften gilt: Formen der kollektiven Selbstbegrenzung können nicht auf Einsicht reduziert werden (das wäre naiv), sondern es bedarf der harten, in Konflikten durchgesetzten Regeln – angefangen beim Luxuskonsum der Reichen, doch dann viel umfassender, weil ja viele von der imperialen Lebensweise profitieren. Die Kämpfe um Selbstbestimmung und ein besseres Leben dürfen nicht zu einer Ausweitung der fossilen Energiebasis und zur Zerstörung der Lebensgrundlagen führen.

In der Sprache der Politischen Ökologie geht es um eine ganz andere, wirtschaftlich und ökologisch nachhaltige und sozial gerechte Organisierung gesellschaftlicher Versorgungsfelder wie Mobilität, Wohnen, Ernährung und Kleidung. Das hat, wenn wir an internationale Lieferketten denken, hochgradig globale Implikationen. Solche und andere Alternativen bezeichnen Markus Wissen und ich als „solidarische Lebensweise" [5, 6].

**Offenlegung von Interessenkonflikten** Der Autor hat keine Interessenkonflikte anzugeben, die für den Inhalt dieses Artikels relevant sind.

## Literatur


1. Alonso-Fradejas, A.: Anything but a story foretold: multiple politics of resistance to the agrarian extractivist project in Guatemala. The Journal of Peasant Studies. 42(3–4), 489–515 (2015). https://doi.org/10.1080/03066150.2015.1013468.
2. Andreucci, D., Kallis, G.: Governmentality, Development and the Violence of Natural Resource Extraction in Peru. Ecological Economics. 134, 95–103 (2017). https://doi.org/10.1016/j.ecolecon.2017.01.003.
3. Brand, U.: "Transformation" as a New Critical Orthodoxy: The Strategic Use of the Term "Transformation" Does Not Prevent Multiple Crises. GAIA – Ecological Perspectives for Science and Society. 25(1), 23–27 (2016). https://doi.org/10.14512/gaia.25.1.7.
4. Brand, U., Görg, C.: Gesellschaftliche Naturverhältnisse. In: Gottschlich, D., Hackfort, S., Schmitt, T., von Winterfeld, U. (eds.) Handbuch Politische Ökologie: Theorien, Konflikte, Begriffe, Methoden. S. 37–50. transcript Verlag, Bielefeld (2022). https://doi.org/10.14361/9783839456279.
5. Brand, U., Wissen, M.: Imperiale Lebensweise: zur Ausbeutung von Mensch und Natur im globalen Kapitalismus. oekom, München (2017).

6. Brand, U., Wissen, M.: Kapitalismus am Limit. Öko-imperiale Spannungen, umkämpfte Krisenpolitik und solidarische Perspektiven. oekom, München (2024).
7. Brunnengräber, A.: Die Vereinten Nationen in der Post-Governance-Ära. Internationale Umweltpolitik, neue Welt(un)ordnung und multiple Krisen. In: Brand, K.-W. (ed.) Die sozial-ökologische Transformation der Welt: Ein Handbuch. S. 299–320. Campus Verlag, Weinheim (2017).
8. Castro-Vargas, S., Hernández Rodríguez, C., Navas, G., Castañón Ballivián, E., Xu, Y., & Marini, D. A.: Pesticides and food sovereignty: (dis)connections and challenges for agrarian movements. The Journal of Peasant Studies. 1–31 (2025). https://doi.org/10.1080/03066150.2025.2549340.
9. Convention on Biological Diversity. History of the Convention. https://www.cbd.int/history, Zugegriffen am: 27. April 2026.
10. Convention on Biological Diversity. Conference of the Parties (COP). https://www.cbd.int/cop, Zugegriffen am: 27. April 2026.
11. European Commission. Nature Needs You And We Need Nature Too. https://ec.europa.eu/environment/stories/nature-needs-you/#section-Home-6SY9HAY1uZ, Zugegriffen am: 27. April 2026.
12. European Commission. Communication from the Commission to European Parliament, the Council, the European Social and Economic Committee and the Committee of the Regions. The European Green Deal. Brussels (2019). https://eur-lex.europa.eu/resource.html?uri=cellar:b828d165-1c22-11ea-8c1f-01aa75ed71a1.0002.02/DOC_1&format=PDF, Zugegriffen am: 27. April 2026.
13. Europäische Kommission. EU-Biodiversitätsstrategie für 2030. Mehr Raum für die Natur in unserem Leben (2020). https://eur-lex.europa.eu/resource.html?uri=cellar:a3c806a6-9ab3-11ea-9d2d-01aa75ed71a1.0002.02/DOC_1&format=PDF, Zugegriffen am: 27. April 2026.
14. Food and Agriculture Organization to the United Nations. The State of the World's Land and Water Resources for Food and Agriculture: Systems at Breaking Point (2021). https://www.fao.org/land-water/solaw2021/en/, Zugegriffen am: 27. April 2026.
15. Gottschlich, D., Hackfort, S., Schmitt, T., von Winterfeld, U.: Handbuch Politische Ökologie: Theorien, Konflikte, Begriffe, Methoden. transcript Verlag, Bielefeld (2022). https://doi.org/10.14361/9783839456279.
16. Görg, C.: Gesellschaftliche Naturverhältnisse. Westfälisches Dampfboot, Münster (1999)
17. Görg, C.: Regulation der Naturverhältnisse: zu einer kritischen Regulation der ökologischen Krise. Westfälisches Dampfboot, Münster (2003).
18. Haas, T., Syrovatka, F., Jürgens, I.: The European Green Deal and the limits of ecological modernisation. Culture, Practice & Europeanization. 7(2), 247–261 (2022). https://doi.org/10.5771/2566-7742-2022-2-247.
19. Huber, M.: Reinvigorating Class in Political Ecology: Nitrogen Capital and the Means of Degradation. Geoforum. 85, 345–352 (2017). https://doi.org/10.1016/j.geoforum.2017.01.010.
20. I.L.A. Kollektiv: Auf Kosten Anderer? Wie die imperiale Lebensweise ein gutes Leben für alle verhindert. oekom, München (2017).
21. IPBES: Summary for policymakers of the global assessment report on biodiversity and ecosystem services of the Intergovernmental Science-Policy Platform on Biodiversity and Ecosystem Services. IPBES secretariat, Bonn (2019).
22. Jahn, T., Wehling, P.: Gesellschaftliche Naturverhältnisse – Konturen eines theoretischen Konzepts. In: Brand, K.-W. (ed.) Soziologie und Natur. S. 75–93. VS Verlag für Sozialwissenschaften, Wiesbaden (1998). https://doi.org/10.1007/978-3-663-11442-0_4.

23. Köhler, B., Wissen, M. Gesellschaftliche Naturverhältnisse: ein kritischer theoretischer Zugang zur ökologischen Krise. In: Lösch, B., Thimmel, A. (eds.) Kritische politische Bildung. Ein Handbuch. S. 217–227. Wochenschau Verlag, Schwalbach (2010).
24. Lenikus, V.: Tides of Extraction: Conflicts and Power Relations in Ecuador's Shrimp Sector. transcript, (2026) [to be published].
25. Lenikus, V., Torres Heredia, M.: Defending Livelihoods: Reflections on Environmental and Social Movements and Examples of Social-Ecological Conflicts in Colombia and Ecuador from a Materialist Perspective. Journal für Entwicklungspolitik. 40 (1/2), 107–128 (2024). https://doi.org/10.20446/JEP-2414-3197-40-1-107.
26. McKay, B.M.: Agrarian Extractivism in Bolivia. World Development. 97, 199–211 (2017). https://doi.org/10.1016/j.worlddev.2017.04.007.
27. McKay, B.M., Alonso-Frandejas, A., Ezquerro-Cañete, A. (eds.): Agrarian extractivism in Latin America. Routledge, New York, NY (2021). https://doi.org/10.4324/9780367822958.
28. Navas, G.: 'If there's no evidence, there's no victim': undone science and political organisation in marginalising women as victims of DBCP in Nicaragua. The Journal of Peasant Studies. 50(4), 1569–1592 (2023).https://doi.org/10.1080/03066150.2021.2024517.
29. Nitah, S.: Indigenous peoples proven to sustain biodiversity and address climate change: Now it's time to recognize and support this leadership. One Earth. 4(7), 907–909 (2021). https://doi.org/10.1016/j.oneear.2021.06.015.
30. Nixon, R.: Slow Violence and the Environmentalism of the Poor. Harvard University Press (2011). https://doi.org/10.2307/j.ctt2jbsgw.
31. Ojeda, D.: Social reproduction, dispossession, and the gendered workings of agrarian extractivism in Colombia. In: McKay, B.M. et al. (eds.) Agrarian Extractivism in Latin America. S. 85–98. Routledge, New York NY (2021). https://doi.org/10.4324/9780367822958-5.
32. Peck, M.R., Desselas, M., Bonilla-Bedoya, S., Redín, G., Durango-Cordero, J.: The conflict between Rights of Nature and mining in Ecuador: Implications of the Los Cedros Cloud Forest case for biodiversity conservation. People and Nature. 6 (3), 1096–1115 (2024). https://doi.org/10.1002/pan3.10615.
33. Petras, J.F., Veltmeyer, H. (eds.): Extractive imperialism in the Americas: capitalism's new frontier. Studies in Critical Social Sciences. Brill, Leiden Boston (2014).
34. Porto-Gonçalves, C.W., Leff, E.: Political Ecology in Latin America: The Social Re-Appropriation of Nature, the Reinvention of Territories and the Construction of an Environmental Rationality. Desenvolvimento e Meio Ambiente (2015).
35. Rilling, R.: Wenn die Hütte brennt… „Energiewende", green new deal und grüner Sozialismus. Forum Wissenschaft, 4, 14–18 (2011).
36. Robbins, P.: Political ecology: a critical introduction. Wiley, NJ Chichester (2020).
37. Schmelzer, M., Vetter, A.: Degrowth/Postwachstum zur Einführung. Junius, Hamburg (2023).
38. Singh, N.M.: Becoming a commoner: The commons as sites for affective socio-nature encounters and Co-Becomings. Ephemera: Theory and Politics in Organisation 17 (4), 751–776 (2017).
39. Swyngedouw, E.: Scaled Geographies: Nature, Place, and the Politics of Scale. In: McMaster, R.B., Sheppard, E. (eds.). Introduction: Scale and Geographic Inquiry. S. 129–153. Wiley-Blackwell, Oxford (2004).
40. Ulloa, A.: Environment and development: Reflections from Latin America. In: Perreault, T., Bridge, G., McCarthy, J. (eds.) The Routledge Handbook of Political Ecology. S. 320–331. Routledge, New York NY (2015).
41. Urban, H.-J.: Gute Arbeit in der Transformation: über eingreifende Politik im digitalisierten Kapitalismus. VSA: Verlag, Hamburg (2019).

42. Valois-Cuesta, H., Martínez-Ruiz, C.: Vulnerabilidad de los bosques naturales en el Chocó biogeográfico colombiano: actividad minera y conservación de la biodiversidad. Bosque (Valdivia). 37(2), 295–305 (2016). https://doi.org/10.4067/S0717-92002016000200008.
43. Vos, V.A., Peralta-Rivero, C., Gallegos, S.C., Czaplicki-Cabezas, S.: Biodiversidad en Bolivia: Impactos e implicaciones de la apuesta por el agronegocio. Mundos Rurales, 15(1), 25–48 (2020). https://cipca.org.bo/docs/publications/es/228_mundos-rurales-15-web.pdf#page=25, Zugegriffen am: 27. April 2026.
44. Wissenschaftlicher Beirat der Bundesregierung Globale Umweltveränderungen (ed.): Welt im Wandel: Gesellschaftsvertrag für eine Große Transformation: [Hauptgutachten]. Wiss. Beirat der Bundesregierung Globale Umweltveränderungen (WBGU), Berlin (2011).
45. von Winterfeld, U.: Von der Freiheit auf einem begrenzten Planeten, FactorY-Magazin, 1/2020, 59–62 (2020). https://www.factory-magazin.de/, Zugegriffen am: 1.8.2021.
46. Ye, J. et al.: The incursions of extractivism: moving from dispersed places to global capitalism. The Journal of Peasant Studies. 47(1), 155–183 (2020). https://doi.org/10.1080/03066150.2018.1559834.

**Ulrich Brand** ist deutscher Politikwissenschaftler und seit 2007 Professor für Internationale Politik an der Universität Wien. Er promovierte und habilitierte an der Universität Kassel. Seine Forschungsschwerpunkte liegen in den Bereichen Globalisierung, internationale Umwelt- und Ressourcenpolitik sowie sozial-ökologische Transformation. Bekannt ist er für sein Konzept der „imperialen Lebensweise", mit dem er globale Herrschafts- und Krisenverhältnisse analysiert.

# Neue Finanzierungsinstrumente für die Erhaltung der biologischen Vielfalt

Julian Rode[1(✉)] und Michael König-Sykorova[2,3]
[1] Helmholtz-Centre for Environmental Research (UFZ), Leipzig, Deutschland
julian.rode@ufz.de
[2] Frankfurt School of Management and Finance, Frankfurt am Main, Deutschland
M.Koenig@fs.de
[3] Technische Universität Ilmenau, Ilmenau, Deutschland

**Zusammenfassung.** Neue marktnahe Finanzierungsinstrumente, die den Biodiversitätsschutz insbesondere für private Kapitalgeber attraktiver machen sollen, werden vielfach als Antwort auf das anhaltende Finanzierungsdefizit im Naturschutz präsentiert. Der Beitrag untersucht eine Reihe von Instrumenten, die in den vergangenen Jahrzehnten eingeführt wurden: Naturschutzfonds (Conservation Trust Funds), Zahlungen für Ökosystemleistungen (Payments for Ecosystem Services, inkl. REDD+), Tausch von Schulden gegen Naturschutz (Debt-for-Nature Swaps), Grüne Anleihen (Green Bonds), Naturschutz-Wirkungsanleihen (Conservation Impact Bonds) sowie freiwillige Biodiversitätszertifikate (Voluntary Biodiversity Credits). Verglichen werden ihre grundlegende Funktionsweise, ihre Diskursintensität im Zeitraum von 1990 bis 2025 sowie die mobilisierten Finanzvolumina. Insgesamt zeigt sich, dass diese Instrumente durchaus relevante Beiträge geleistet und in einzelnen Bereichen zusätzliche Mittel, neue Akteurskonstellationen und innovative Finanzierungslogiken hervorgebracht haben. Die hohen Erwartungen an eine breite Mobilisierung privater Finanzierung konnten sie bislang jedoch nur begrenzt erfüllen. Vor allem verändern sie nicht grundlegend die strukturellen Fehlanreize, die den fortgesetzten Verlust biologischer Vielfalt begünstigen. Entscheidend bleibt, dass die anhaltende Naturzerstörung wesentlich durch derzeitige wirtschaftliche Aktivitäten sowie die zugrunde liegenden globalen Finanzströme verursacht wird. Vor diesem Hintergrund sind neue Finanzierungsinstrumente weder ein Ersatz für öffentliche Finanzierung noch für die Reform biodiversitätsschädlicher Subventionen, regulatorische Eingriffe und weitergehende Elemente einer sozial-ökologischen Transformation.

**Schlüsselwörter:** Biodiversität · Finanzierung · Instrumente

---

Vortragender war Julian Rode


S. M. Gergely et al. (Hrsg.): SymWeN 2026, *Die Werte der Natur,* S. 76–93, 2027,
https://doi.org/10.1007/978-3-662-74109-2_8

## 1 Finanzierungsbedarf für die Erhaltung der biologischen Vielfalt

Die internationale Staatengemeinschaft hat sich im Kunming-Montreal Global Biodiversity Framework (GBF) 2022 auf ehrgeizige Ziele zum Erhalt bzw. der Wiederherstellung der Natur bis zum Jahr 2030 geeinigt [1], wie beispielsweise den Schutz von 30 % der Landfläche. Nachdem frühere Ziele[1] nur teilweise erreicht wurden, wird auch das Erreichen der GBF-Ziele von vielen Faktoren abhängen und weitreichende Maßnahmen erfordern. Für das Erreichen wird viel zusätzliches Geld benötigt. Im GBF selbst wird der Finanzierungsbedarf auf 200 Mrd. US$ pro Jahr beziffert (Target 19), wobei frühere Studien in Bezug auf die globalen Biodiversitätsziele sogar deutlich höheren Finanzierungsbedarf berechnet haben. So ermittelten Deutz et al [2] eine jährliche Finanzierungslücke von um die 711 Mrd. US$, UNEP [3] bis 2050 einen zusätzlichen Finanzierungsbedarf von über 571 Mrd. US$ pro Jahr.

Zwar stiegen die jährlichen Ausgaben für den Erhalt der biologischen Vielfalt in der Vergangenheit stetig an (siehe Abb. 1). Allein die öffentlichen Ausgaben kamen im Jahr 2023 nach den Berechnungen von UNEP [3] mit 197 Mrd. US$ schon erstaunlich nah an die vom GBF ausgerufene Marke von 200 Mrd. US$ heran. Dabei ist aber zu berücksichtigen, dass die Berechnungen auf unterschiedlichen methodischen Grundlagen beruhen und der GBF-Finanzierungsbedarf als politisch ausgehandelte Kompromissgröße zu interpretieren ist, die den tatsächlichen Bedarf nicht notwendigerweise korrekt abbildet.

Es besteht in Wissenschaft und Politik kein Zweifel daran, dass mehr Geld benötigt wird. Im Jahr 2023 standen von UNEP [3] geschätzten öffentlichen Ausgaben von 197 Mrd. US$ lediglich 23,4 Mrd. US$ private Ausgaben gegenüber, womit die öffentlichen Ausgaben 89 % ausmachten.[2] Angesichts der angespannten Haushaltslage in vielen Staaten wird schon seit vielen Jahren der Ruf nach zusätzlicher Finanzierung aus privaten Mitteln laut. Klassischerweise sind private Spenden und Philanthropie von Stiftungen und Unternehmen eine willkommene zusätzliche Finanzquelle gewesen, die jedoch in ihrem Gesamtumfang recht klein ist. So beliefen sich beispielsweise für 2023 die Großspenden durch Stiftungen auf 270 Mio. US$ [3]. Zudem sinkt das Aufkommen an diesen privaten Mitteln seit 2021 und steht 2023 auf dem Niveau von vor der globalen COVID-19 Pandemie, also von 2019. Um größere Finanzvolumina zu generieren, müssten Unternehmen und private Finanzinstitutionen

---

1 Die 2010 in Nagoya vereinbarten Aichi-Biodiversitätsziele für den Zeitraum 2011–2020 wurden bis zur Frist vollständig verfehlt: Kein einziges der 20 Ziele wurde in seiner Gesamtheit erreicht; lediglich bei sechs von 20 Zielen konnten Teilelemente als erfüllt gewertet werden [30]. Der anhaltende Rückgang der Biodiversität gefährdet damit auch die Erreichung der Sustainable Development Goals und untergräbt klimapolitische Maßnahmen – ein Befund, der die im vorliegenden Beitrag analysierte Finanzierungslücke als strukturelles, nicht nur quantitatives Problem ausweist.

2 Die Autoren weisen ausdrücklich darauf hin, dass die vorliegenden Schätzungen für private Finanzvolumina auf den verfügbaren Daten beruhen und keinen Anspruch auf Vollständigkeit erheben.

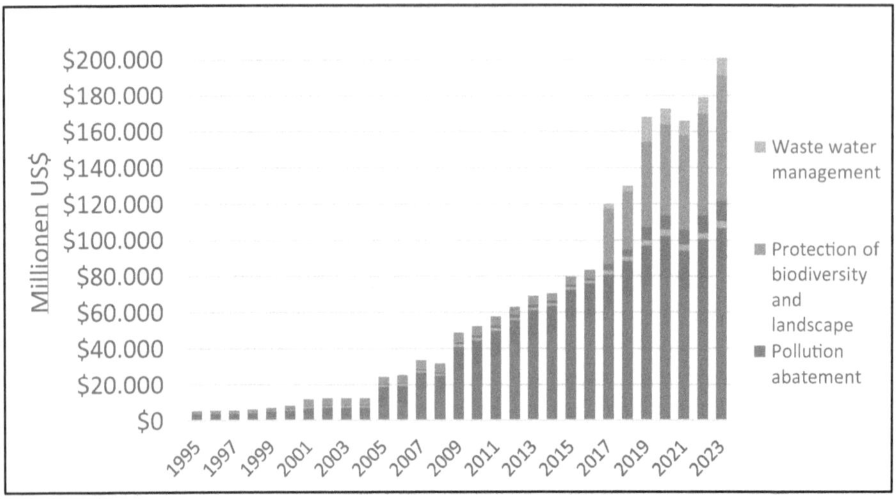


**Abb. 1.** Globale öffentliche Finanzierung für den Naturschutz. Daten für China ab 2005, für USA ab 2017, was den Sprung in Protection of Biodiversity and landscape erklärt. (Quelle: Basierend auf den Zahlen von UNEP [3], die für die Ermittlung der Finanzvolumina in 2023 angewendet wurden).

zusätzlich zur Philanthropie den Schutz der Biodiversität als wirtschaftlich sinnvolle Investitionsoption bewerten. Neue Finanzierungsinstrumente setzen an dieser Stelle an und sind die großen Hoffnungsträger, um zusätzliche Finanzierung aus dem Privatsektor zu mobilisieren. Die folgenden Zitate dokumentieren die hohen Erwartungen aus Politik, Wirtschaft, und Wissenschaft:

> *"This year we hope to see a trillion raised in green bonds alone, rising to US$5 trillion by 2025."* [4]
>
> *"More than US$100 billion of debt in developing countries could be freed up to spend on restoring nature and adapting to climate change."* [5]
>
> *"Global demand for voluntary biodiversity credits could reach US$ 2 billion in 2030 and US$ 69 billion by 2050."* [6]

In der wissenschaftlichen Debatte wird den Hoffnungen auf umfangreiche private Naturschutzfinanzierung mit deutlich mehr Skepsis begegnet, teils aus ideologischer bzw. kapitalismuskritischer Sicht [7], teils in Bezug auf die tatsächlichen Finanzierungspotenziale [8, 9]. Um einzuschätzen, inwiefern neue Finanzierungsinstrumente dazu beitragen können, die erhebliche Lücke zwischen Finanzierungsbedarf und derzeitigen Zahlungen zu schließen, werden in Folge eine Reihe neuer Finanzierungsinstrumente und ihre Funktionsweise vorgestellt. Zudem wird ein Versuch unternommen, ihre bisherigen Erfolge in Bezug auf zusätzliche Naturschutzfinanzierung zu bemessen. Abschließend sollen die Bemühungen um zusätzliche Finanzierung noch im breiteren Kontext gesamtgesellschaftlicher Transformation betrachtet werden.

# 2 Neue Finanzierungsinstrumente: Funktionsweise und Relevanz

In diesem Abschnitt stellen wir die aus unserer Sicht wichtigsten „neuen“ Finanzierungsinstrumente für den Naturschutz vor. Wir betrachten hierbei nicht nur diejenigen Instrumente, die derzeit neu eingeführt werden, sondern auch Instrumente, die in den vergangenen drei Jahrzehnten als neu galten und zu unterschiedlichen Zeitpunkten mit großen Hoffnungen für zusätzliche Naturschutzfinanzierung verbunden waren. Das gemeinsame Merkmal dieser Instrumente, das zugleich eine definitorische Abgrenzung begründet, ist Folgendes:

> *Neue Finanzierungsinstrumente sind marktnahe Finanzierungsmechanismen, die Biodiversitätsschutz besonders für private Kapitalgeber attraktiv machen sollen (bzgl. Rendite und Risiko). Oft sind es hybride Instrumente mit Beteiligung privater und staatlicher Akteure bzw. Entwicklungsbanken.*

Man kann diese neuen Instrumente auch in Abgrenzung zur herkömmlichen Finanzierung durch öffentliche Mittel im In- und Ausland (also inklusive internationaler Kooperation) und private Spenden sehen. Folgende Instrumente sollen betrachtet werden:

1. Naturschutzfonds (Conservation Trust Funds, CTF)
2. Zahlungen für Ökosystemleistungen (Payments for Ecosystem Services, PES, inkl. REDD+)
3. Tausch von Schulden gegen Naturschutz (Debt-for-Nature Swaps)
4. Grüne Anleihen (Green Bonds)
5. Naturschutz-Wirkungsanleihen (Conservation Impact Bonds)
6. Freiwillige Biodiversitätszertifikate (Voluntary Biodiversity Credits, VBC)

Diese Liste könnte durch weitere Instrumente ergänzt werden, wie beispielsweise „Biodiversity Offsets“, „Biodiversity Equity Funds“ oder Kohlenstoffzertifikate mit Biodiversitätsbezug. Die Auswahl der o. g. 6 Instrumente beruht auf der bisherigen Aufmerksamkeit in der internationalen Debatte (Diskursintensität) und der Datenverfügbarkeit.

## 2.1 Analytischer Ansatz

**Funktionsweise des Instruments** Insgesamt weisen die Finanzierungsinstrumente sehr unterschiedliche Konstruktionen auf, teilweise sogar auch innerhalb eines Instruments. Dieser Teil der Analyse dient zum besseren Verständnis und der funktionellen Abgrenzung zwischen den Instrumenten. Beispielsweise wird der Begriff einer „Anleihe (Bond)“ in unterschiedlichen Instrumenten in etwas unterschiedlicher Weise verwendet. Die Erläuterung der jeweiligen Funktionsweise wird in Anlehnung an eine von Gammage et al. [10] vorgeschlagene Systematik vorgenommen, die die Herkunft des Geldes (öffentlicher Sektor vs. Privatsektor vs. hybrid) und die Form der Nutzung des Geldes (Eigentumsanteile, ohne Rückzahlung, Rückzahlung mit Zinsen) betrachtet (siehe Tab. 1).

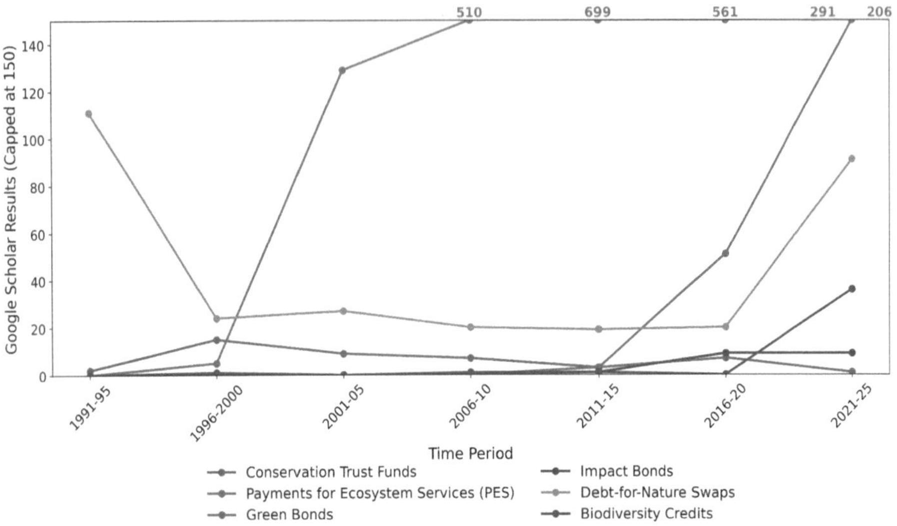


**Abb. 2.** Die Diskursintensität der neuen Finanzierungsinstrumente zwischen 1991 und 2025, anhand der Einträge in Google Scholar (in Blöcken von jeweils 5 Jahren)

**Diskursintensität** Die Diskursintensität betrachtet die relative Aufmerksamkeit und Präsenz eines Themas in Medien und politischen Debatten. Uns interessiert, zu welchem Zeitpunkt die Debatte zu einem Instrument Fahrt aufnahm und wie intensiv. Für diesen Beitrag approximieren wir die Diskursintensität durch die Anzahl der Einträge bei Google Scholar, wo wissenschaftliche Publikationen und internationale Policy Reports zuverlässig zu finden sind. Der Betrachtungszeitraum ist 1991 bis 2025 (siehe Abb. 2).

**Finanzvolumen** Als weiteres Element in der Analyse der Relevanz der neuen Finanzierungsinstrumente interessiert uns das tatsächliche Finanzvolumen und inwiefern es mit der Diskursintensität korreliert. Zum Zwecke der Vergleichbarkeit werden vorzugsweise Zahlen aus 2023 verwendet. Damit können auch die bereits erwähnten Zahlen zur weltweiten klassischen Naturschutzfinanzierung aus demselben Jahr als Referenzwerte gelten: 190 Mrd. US$ für im jeweiligen Inland genutzte öffentliche Mittel, 7 Mrd. US$ aus öffentlichen Mitteln für internationale Entwicklungszusammenarbeit (ODA) und 0,27 Mrd. US$ aus Großspenden/Philanthropie.

## 2.2 Instrumente

**1. Naturschutzfonds (Conservation Trust Funds, CTFs)** CTFs sind meistens langfristige Endowment-Fonds, deren Kapitalstock am Kapitalmarkt dauerhaft angelegt wird. Die Anlageerträge (Dividenden und Zinsen) werden für Naturschutzmaßnahmen verwendet, z. B. um Schutzgebietsmanagement zu finanzieren, während das Kapital selbst erhalten bleibt. Der Kapitalstock kommt größtenteils aus dem öffentlichen Sektor, teilweise auch aus Philanthropie, was demnach einer hybriden Finanzierung

**Tab. 1.** Die Funktionsweisen der Finanzierungsinstrumente

| | | Wo kommt das Geld her? | | | | Wie wird das Geld genutzt? | | |
|---|---|---|---|---|---|---|---|---|
| | | Öffentlicher Sektor | Privatsektor | | hybrid | Eigentumsanteile (Equity) | Ohne Rückzahlung | Rückzahlung mit Zinsen |
| | | | Mit Rendite-erwartung | Ohne Rendite bzw. als Spende | | | | |
| **1** | **Conservation Trust Funds** | Enwicklungsbanken, ODA | | Philanthropie | (x) | | Nutzung der Zinsen (ggf. auch des Kapitalstocks) für Naturschutzmaßnahmen | |
| **2** | **Payments for Ecosystem Services (PES)** | Staatshaushalt (i. d. R. aus Steuern) | | Nicht-monetäre Rendite (Interesse an den ÖSL) | (x) | | Direktzahlungen an Landnutzer | |
| **3a** | **Debt-for-Nature Swaps Erste Welle (1980/90er)** | Geberland (Gläubiger) erlässt Schulden; Schuldnerland: Teil der Zins- oder Tilgungsersparnis für Naturschutz | | | | | Naturschutzmaßnahmen | |
| **3b** | **Debt-for-Nature Swaps Zweite Welle (ab 2016)** | Entwicklungsbanken: Subvention durch Garantien und Zuschüsse; Schuldnerland: Teil der Zins- oder Tilgungsersparnis für Naturschutz | Kauf von Anleihen | | x | | Naturschutzmaßnahmen | |

(Fortsetzung)

**Tab. 1.** (Fortsetzung)

| | | Wo kommt das Geld her? | | | | Wie wird das Geld genutzt? | | |
|---|---|---|---|---|---|---|---|---|
| | | Öffentlicher Sektor | Privatsektor | | hybrid | Eigentumsanteile (Equity) | Ohne Rückzahlung | Rückzahlung mit Zinsen |
| | | | Mit Renditeerwartung | Ohne Rendite bzw. als Spende | | | | |
| 4 | **Green Bonds** | Ko-finanzierung und Risikoabsicherung durch Entwicklungsbanken | Investition in Anleihen | | x | | | Kredite an Landnutzer/Kleinunternehmer |
| 5 | **Conservation Impact Bonds** | Internationale Institutionen, z. B. Weltbank oder Global Environment Facility (GEF) | Rendite im Falle der Erreichung der Naturschutzziele | | (x) | | Naturschutzmaßnahmen (Bsp. Nashornschutz) | |
| 6 | **Voluntary Biodiversity Credits (VBC)** | | | Ggf. weniger Risiken (Ressourcen, Ökosystemleistungen, Image) | | | Naturschutzmaßnahmen | |

entspricht. CTFs sind somit bezüglich ihrer Finanzierungsquellen noch nah an klassischer Naturschutzfinanzierung, jedoch wird der Kapitalmarkt genutzt, um Erträge zu erwirtschaften. Das Instrument war wenig diskursgetrieben. Es kam in den 1980er und,1990er Jahren auf, fand in der medialen und wissenschaftlichen Debatte jedoch wenig Beachtung [11]. Nichtsdestotrotz werden CTFs in Fachkreisen als sehr verlässliches Instrument für langfristige Schutzgebietsfinanzierung geschätzt, z. B. von der deutschen Entwicklungsbank KfW und den Experten der Conservation Finance Alliance (CFA). Für 2023 liegen uns keine verlässlichen Daten über den Finanzierungsumfang vor. Für das Jahr 2018 zählte die CFA 108 CTFs weltweit mit einem Kapitalstock von 1,9 Mrd. US$ [12]. Bei einer geschätzten jährlichen Rendite von 4 % entspricht dies Anlageerträgen von 76 Mio. US$ pro Jahr.

**2. Zahlungen für Ökosystemleistungen (Payments for Ecosystem Services, PES, inkl. REDD+)** Zu PES setzte Anfang der 2000er Jahre eine besonders intensive Debatte ein. Wie die Diskursintensität zeigt, überstieg die Aufmerksamkeit für PES diejenige aller anderen hier betrachteten Instrumente deutlich mit rund 700 Google-Scholar-Treffern im Zeitraum 2011–2015. Dies verdeutlicht, wie stark dieses Instrument sowohl in der wissenschaftlichen Literatur [13] als auch im politischen Diskurs [14] aufgegriffen wurde. Die Grundidee von PES besteht darin, Landnutzer für Aktivitäten finanziell zu entlohnen, die die Bereitstellung von Ökosystemleistungen, einschließlich des Schutzes der biologischen Vielfalt, sichern oder verbessern [15]. Sie können dabei auf verschiedene ökologische Ziele ausgerichtet sein, etwa die Reduktion von $CO_2$-Emissionen (insbesondere der Fokus von REDD+), Biodiversitätsgewinne oder die Verbesserung der Wasserqualität. Zugleich unterscheiden sich PES-Ansätze erheblich in ihrer institutionellen Ausgestaltung. Grob lassen sich nutzerfinanzierte und staatlich finanzierte Modelle unterscheiden. Nutzerfinanzierte PES sind meist private, häufig lokal verankerte Mechanismen, in denen die Nutznießer von Ökosystemleistungen direkt mit den Akteuren verknüpft werden, die bei der Bereitstellung dieser Leistungen helfen. Ein Beispiel ist das Vittel-Modell in Frankreich aus den 1990er Jahren, bei dem ursprünglich der Mineralwasserkonzern Nestlé/ Vittel Landwirte im Einzugsgebiet die Umstellung auf nachhaltigere Landwirtschaft vergütete, um die Wasserqualität ohne kostspielige Filteranlagen zu sichern [16]. Daneben existieren groß angelegte staatliche Programme auf nationaler Ebene, insbesondere in Lateinamerika, bei denen die Finanzierung aus öffentlichen Haushalten erfolgt.

Die Wirkungen von PES auf Biodiversität und soziale Wohlfahrt werden in der wissenschaftlichen Literatur kontrovers diskutiert. Insgesamt lässt sich jedoch festhalten, dass viele Studien zu einer überwiegend positiven Bewertung gelangen, auch wenn die Ergebnisse stark vom jeweiligen Kontext und Design des Instruments abhängen. Hinsichtlich des Finanzierungsvolumens sind PES keineswegs marginal. Für 2023 werden allein für private, nutzerfinanzierte PES-Mechanismen rund 4 Mrd. US$ ausgewiesen [3]. Diese Zahl erfasst nicht die großen staatlich finanzierten nationalen Programme, deren Mittel in aggregierten öffentlichen Finanzierungsströmen enthalten sind und daher hier nicht gesondert ausgewiesen werden können.

**3. Tausch von Schulden gegen Naturschutz (Debt-for-Nature Swaps)** Unter der Bezeichnung Debt-for-Nature Swaps verbergen sich zwei deutlich unterschiedliche

Instrumentengenerationen. Die erste Welle entstand vor allem in den 1980er und 1990er Jahren im Kontext der Schuldenkrise vieler Länder des Globalen Südens. Sie beruhte im Kern auf einem teilweisen Schuldenerlass oder Schuldenumwandlungen, bei denen Gläubigerländer Schulden reduzierten, während sich die Schuldnerländer im Gegenzug zu Naturschutzmaßnahmen verpflichteten. Diese frühen Swaps wurden häufig von internationalen NGOs initiiert oder begleitet und waren stärker geber- und naturschutzpolitisch geprägt als finanzmarktgetrieben. Seit etwa 2020 lässt sich eine zweite Welle beobachten, die sich in ihrer Struktur deutlich von der ersten unterscheidet. Hier steht weniger der unmittelbare Schuldenerlass als vielmehr eine komplexe Umschuldung im Vordergrund, an der private Finanzakteure, Entwicklungsbanken und große Naturschutzorganisationen beteiligt sind. Typischerweise werden bestehende Staatsschulden abgelöst und in eine neue, günstiger strukturierte (und somit für private Anleger attraktivere) Anleihe (Bond) überführt, häufig unter Einsatz von Garantien und anderen Formen der Risikoabsicherung. Vor diesem Hintergrund werden diese Konstrukte heute teilweise auch als Nature Bonds oder Blue Bonds bezeichnet. Die Naturschutzfinanzierung entsteht dabei nicht unmittelbar aus einem Schuldenerlass, sondern aus den Einsparungen beim Schuldendienst durch die im Rahmen der Umschuldung neu geschaffenen institutionellen Strukturen. Zu den prominentesten Beispielen dieser neueren Generation zählen die Fälle Seychelles (2016), Belize (2021), Barbados (2022), Gabon (2023), Ecuador/Galápagos (2023) und Ecuador/Amazon (2024).

Am Beispiel des Barbados Blue Bond for Ocean Conservation (siehe Abb. 3) lässt sich verdeutlichen, dass solche Umschuldungen weit über eine bilaterale Vereinbarung hinausgehen und es sich um institutionell komplexe Konstrukte handelt.

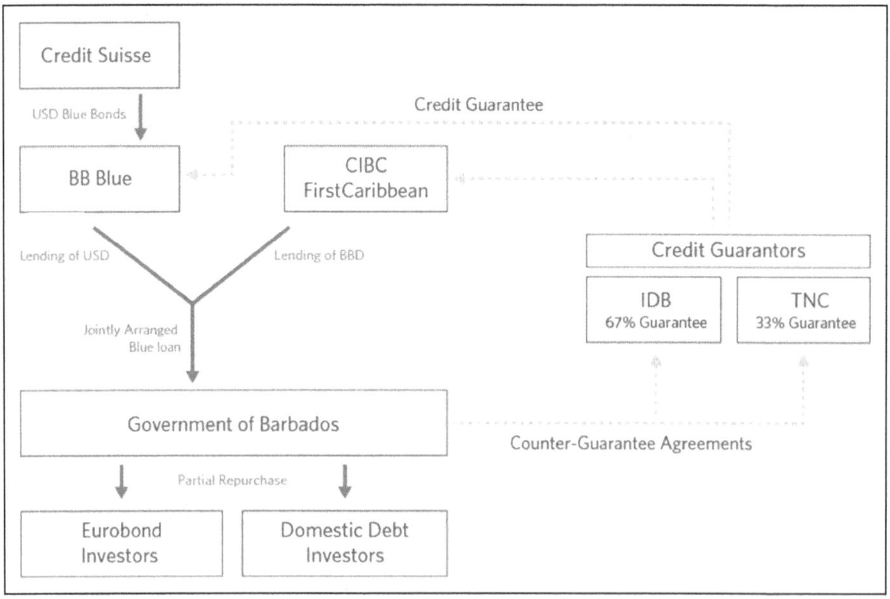


**Abb. 3.** Struktur des Barbados Blue Bond for Ocean Conservation [17, 18]

Neben der Regierung des Schuldnerlandes sind private Finanzakteure wie Credit Suisse (heute UBS), multilaterale Entwicklungsbanken wie die Inter-American Development Bank zur Bereitstellung von Garantien sowie große Naturschutzorganisationen wie The Nature Conservancy (TNC) an der Strukturierung, Initiierung und Umsetzung beteiligt [17, 18]. Debt-for-Nature Swaps der neuen Generation sind damit hybride, finanzmarktnahe Arrangements, die Naturschutzfinanzierung mit Schuldenmanagement, Risikoreduktion und institutioneller Koordination verbinden. In 2023 wurden aus weltweit 1,75 Mrd. US$ öffentlicher Schulden ein Volumen von rund 0,63 Mrd. US$ Schuldenerlass gegen Naturmaßnahmen erzielt [3].

**4. Grüne Anleihen (Green Bonds)** Green Bonds zählen heute zu den bekanntesten marktbasierten Finanzierungsinstrumenten im Nachhaltigkeitsbereich. Im Kern handelt es sich um festverzinsliche Wertpapiere, mit denen Kapital am Finanzmarkt aufgenommen wird. Die Mittelverwendung ist zweckgebunden und fließt in umweltbezogene Projekte [19, 20]. Seit den frühen 2010er Jahren wurden Green Bonds in Wissenschaft, Politik und Finanzpraxis mit sehr hohen Erwartungen verbunden. Sie galten als Instrument, das erhebliche Mengen privaten Kapitals für Umwelt- und potenziell auch Biodiversitätsschutzziele mobilisieren könnte. Die Diskursintensität zeigt, dass Green Bonds seit etwa 2015 stark an Sichtbarkeit gewonnen haben und bis heute eine zentrale Rolle in Debatten um nachhaltige Finanzierung spielen. Gerade im Biodiversitätskontext gab es zeitweise die Hoffnung, dass Green Bonds einen wesentlichen Beitrag zur Schließung der Finanzierungslücke leisten könnten. Im Gegensatz zur Finanzierung neuer Technologien (z. B. Windkraft oder Solarenergie) erwies sich in der Praxis die Anwendung für Biodiversitätsschutz jedoch als deutlich schwieriger als vielfach angenommen. Bei Green Bonds wird das Kapital nicht dauerhaft bereitgestellt, sondern muss einschließlich Rendite zurückgezahlt werden. Eine zentrale Herausforderung besteht darin, dass die finanzierten Projekte wirtschaftlich tragfähig sein und ausreichende Rückflüsse generieren müssen, da die meisten Investoren auch bei „grünen" Anleihen nur begrenzt bereit sind, Abstriche bei den Renditeerwartungen zu machen. In der Praxis werden daher häufig ähnliche finanzielle Konditionen erwartet wie bei konventionellen Anleihen. Weitere Hürden ergeben sich aus Ausfallrisiken, hohen Transaktionskosten sowie dem Aufwand für Monitoring, Reporting und Verifizierung. Verglichen mit etablierten Verfahren zur Messung der Treibhausgasminderung (bzw. dem $CO_2$-Äquivalent), welche in der Klimafinanzierung eingesetzt werden, ist die Entwicklung vergleichbarer Maßzahlen für Biodiversität deutlich schwieriger angesichts ihrer Vielschichtigkeit auf genetischer, Arten- und Ökosystemebene. Im Biodiversitätsbereich erschweren zudem die oft kleinteiligen Projektstrukturen (z. B. Kredite an Kleinbauern) und unsichere Ertragsmodelle eine breite Anwendung. Deshalb ist Green-Bond-Finanzierung in diesem Bereich häufig auf Kofinanzierung, Garantien oder andere Formen öffentlicher und multilateraler Unterstützung angewiesen, etwa durch Entwicklungsbanken oder Förderinstitutionen. Gleichwohl sind die mobilisierten Volumina nicht unerheblich. Für 2023 werden von UNEP rund 4 Mrd. US$ an Green-Bond-Finanzierungen mit Biodiversitätsbezug ausgewiesen [3]. Dies unterstreicht, dass Green Bonds trotz ihrer Grenzen ein relevantes Instrument der Biodiversitätsfinanzierung darstellen, auch wenn die anfänglich sehr hohen Erwartungen bislang nur teilweise eingelöst wurden.

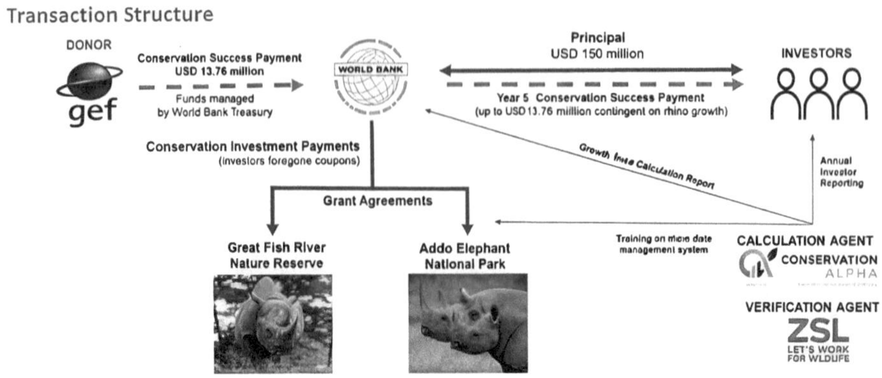


**Abb. 4.** Struktur des Rhino Bonds [22].

**5. Naturschutz-Wirkungsanleihen (Conservation Impact Bonds)** Conservation Impact Bonds stellen eine vergleichsweise neue Kategorie biodiversitätsbezogener Finanzierungsinstrumente dar. Trotz der Bezeichnung als „Bond" unterscheiden sie sich deutlich von klassischen Anleihen. Es handelt sich bei Conservation Impact Bonds vielmehr um ergebnisbasierte Finanzierungsarrangements, bei denen die Rendite zumindest teilweise an das Erreichen zuvor definierter Naturschutzziele geknüpft ist. In der Debatte werden sie seit 2015 zunehmend aufgegriffen, in der Praxis scheinen sie bislang jedoch eher ein Nischeninstrument zu bleiben. Die Funktionsweise lässt sich gut am Beispiel des Wildlife Conservation Bond der Weltbank verdeutlichen, der auch als Rhino Bond bezeichnet wird (siehe Abb. 4) [22]. In diesem Fall stellen private institutionelle Investoren Kapital bereit, das der Weltbank zufließt. Die Weltbank investiert damit in Anti-Wilderei-Maßnahmen und Nashorn-Habitat-Restaurierung, und garantiert die Rückzahlung des eingesetzten Kapitals nach fünf Jahren. Für Investoren entsteht kein klassisches Ausfallrisiko. Eine zusätzliche erfolgsabhängige Rendite wird durch die Global Environment Facility (GEF) finanziert, allerdings nur dann, wenn die definierten Naturschutzziele – in diesem Fall die positive Bestandsentwicklung von Nashörnern – tatsächlich erreicht werden. Das Risiko für die Investoren ist damit insgesamt gering. Es bezieht sich im Wesentlichen auf die unsichere Zusatzrendite sowie auf die Opportunitätskosten, da das Kapital während der Laufzeit alternativ in andere Finanzprodukte investiert werden könnte. Das Grundkapital selbst bleibt hingegen durch die Weltbank abgesichert. Da der Nashornschutz prinzipiell nur Kosten verursacht und keine finanzielle Rendite erwirtschaftet, finanzieren die Weltbank und die GEF letztlich den Naturschutz selbst, während private Investoren über die Struktur des Instruments in die Finanzierung eingebunden werden. Demnach werden letztlich keine großen zusätzlichen Mittel von den privaten Investoren mobilisiert, jedoch werden private Investoren in biodiversitätsbezogene Finanzierungsarchitekturen eingebunden [21]. Ob und in welchem Umfang sich Conservation Impact Bonds künftig weiterentwickeln oder breiter skalieren lassen, bleibt derzeit offen. Robuste Angaben zu Finanzvolumina konnten wir für dieses Instrument nicht finden.

**6. Freiwillige Biodiversitätszertifikate (Voluntary Biodiversity Credits, VBC)** VBC sind das neuste und derzeit am stärksten diskutierte Instrument der Biodiversitätsfinanzierung. Im Unterschied zu Ausgleichszahlungen („Biodiversity Offsets") sollen VBC nicht dazu dienen, Eingriffe oder Schäden an anderer Stelle zu kompensieren. Stattdessen beruht die Grundidee darauf, dass Akteure, die durch ihre wirtschaftlichen Aktivitäten nachweislich Biodiversität schützen oder verbessern, für eine gemessene und evidenzbasierte Einheit dieser Biodiversitätsverbesserung ein Zertifikat erhalten, das anschließend verkauft werden kann. Ein „Biodiversity Credit" ist somit ein Zertifikat, das eine gemessene und evidenzbasierte Einheit einer Biodiversitätsverbesserung darstellt [23]. Voraussetzung ist dabei, dass die erzielten ökologischen Verbesserungen belastbar gemessen, dokumentiert und verifiziert werden. Politisch gewinnt dieses Instrument derzeit deutlich an Aufmerksamkeit. Ein Beispiel hierfür ist die EU-Roadmap for Nature Credits [24], die darauf abzielt, einen institutionellen Rahmen für die Entwicklung entsprechender Mechanismen in der EU zu schaffen. Parallel dazu mehren sich in der wissenschaftlichen Literatur kritische Stimmen. Viele der Einwände, die bereits gegenüber früheren ökonomischen Umweltinstrumenten formuliert wurden, treten auch im Zusammenhang mit Biodiversity Credits auf. Ein zunächst zentrales Problem besteht in der tatsächlichen Nachfrage. Es bleibt offen, wer bereit wäre, für solche Zertifikate in größerem Umfang zu zahlen. Käufe von VBC versprechen keine direkte finanzielle Rendite, potenzielle Nutzen für Unternehmen könnten allenfalls indirekt bestehen, etwa in der Sicherung von Ökosystemleistungen, der Reduktion naturbezogener Risiken in Lieferketten oder in Reputationsgewinnen. Insofern weisen VBC in ihrer Logik teilweise eher Ähnlichkeiten zu freiwilligen Spenden oder zu privaten Payments for Ecosystem Services auf als zu klassischen Finanzprodukten. Hinzu kommen erhebliche methodische und konzeptionelle Herausforderungen. Besonders umstritten ist die Frage, wie vergleichbare und handelbare Einheiten von Biodiversitätsverbesserungen überhaupt definiert und gemessen werden können. Aus ökologischer Sicht ist dies hochproblematisch, da hierfür sehr unterschiedliche und oft nicht ohne Weiteres vergleichbare Formen von Biodiversität in standardisierte Einheiten übersetzt werden müssten. Diese Problematik wurde auch schon bei den Green Bonds aufgezeigt. Daran knüpfen weitere Fragen an: Wie lässt sich sicherstellen, dass tatsächlich positive ökologische Wirkungen erzielt werden („Additionalität")? Wie können darüber hinaus Dauerhaftigkeit und soziale Auswirkungen angemessen berücksichtigt werden? Auch mögliche Sekundärmärkte mit spekulativen Dynamiken verdienen Aufmerksamkeit. Die bisher dokumentierten Transaktionen bewegen sich lediglich im niedrigen Millionenbereich, was darauf hindeutet, dass sich VBC weiterhin in einer frühen Pilot- und Experimentierphase befinden. Insgesamt erscheint das Instrument daher derzeit vor allem als ein politisch und diskursiv stark aufgeladenes Zukunftsprojekt, dessen praktische Tragfähigkeit, ökologische Integrität und Skalierbarkeit noch keineswegs gesichert sind.

**Zwischenbilanz: Potenzial und Realität neuer Finanzierungsinstrumente.** Haben die gerade vorgestellten neuen Finanzierungsinstrumente die zu Beginn skizzierten hohen Erwartungen erfüllt, privates Kapital für den Schutz und die Wiederherstellung von Biodiversität zu mobilisieren? Das grundsätzliche Potenzial ist durchaus gegeben. Die vorgestellten Instrumente versuchen auf unterschiedliche Weise, Kapital umzuleiten oder neu zu mobilisieren, beispielsweise durch die Ausgabe von Anleihen (z. B. Green Bonds, Debt-for-Nature Swaps) oder durch leistungsbasierte Direktzahlungen (z. B. PES), die Verhaltensänderungen bei Landnutzern induzieren. Die durch die neuen Finanzierungsinstrumente mobilisierten Finanzvolumina bleiben derzeit jedoch weit hinter den Erwartungen zurück. Dabei ist zunächst zu beachten, dass die verfügbaren Daten kein vollständiges Bild zeigen. Insbesondere Naturschutzinvestitionen aus dem Mittelstand, die über Eigenkapital und teilweise ohne Fremdfinanzierung getätigt werden, lassen sich aufgrund der Datenlage nicht zuverlässig erfassen. Auch fehlen bei neueren Instrumenten wie den Voluntary Biodiversity Credits standardisierte Berichtspraktiken, sodass von einer systematischen Untererfassung auszugehen ist. Dennoch lässt sich mit großer Sicherheit sagen, dass selbst unter optimistischen Annahmen die mobilisierten Volumina nur einen Bruchteil des postulierten Potenzials ausmachen. Die Hoffnung, durch neue Finanzierungsinstrumente ein Vielfaches der heutigen öffentlichen Naturschutzausgaben aus dem Privatsektor zu mobilisieren, hat sich bislang nicht erfüllt. Die im folgenden Absatz diskutierten strukturellen Herausforderungen verdeutlichen, warum dies auch in naher Zukunft unwahrscheinlich bleibt.

**Herausforderungen neuer Finanzierungsinstrumente.** Die vergleichsweise geringen Finanzvolumina sind auch Ausdruck struktureller Hemmnisse, die vielen der betrachteten Instrumente gleichermaßen entgegenstehen. Auf der Nachfrageseite erwarten Investoren in der Regel dieselbe Rendite für „grüne“ wie für konventionelle Instrumente, sodass der ökologische Mehrwert kaum als Argument für geringere Renditeerwartungen greift [25]. Auf der Angebotsseite müssen Ausfallrisiken sowie die erheblichen Transaktionskosten für Monitoring, Reporting und Verifizierung gedeckt werden. In der Praxis erfordert das häufig Ko-Finanzierung und aktives „De-Risking“ durch Entwicklungsbanken – was jedoch durch die globale Finanzarchitektur strukturell erschwert wird. Weitere Ursachen sind jedoch nicht allein im Finanzsektor verortet. Zentrale wirtschaftliche Risiken und Abhängigkeiten von Ökosystemleistungen werden weder auf Unternehmens- noch auf volkswirtschaftlicher Ebene systematisch erfasst, der öffentliche Diskurs unterschätzt ihre ökonomische Relevanz, und die fehlende Harmonisierung von Wirkungsmetriken erschwert vergleichbares Monitoring (wie z. B. das etablierte Messen von Treibhausgasminderungen) erheblich.

## 3 Der breitere Kontext: Transformation des globalen Finanz- und Wirtschaftssystems

Ein hilfreicher konzeptioneller Zugang zur breiteren Einordnung von Biodiversitätsfinanzierung findet sich im Conservation Finance Framework der Conservation Finance Alliance [25]. Dieser macht deutlich, dass es bei Biodiversitätsfinanzierung nicht allein darum geht, zusätzliche Mittel zu mobilisieren. Ebenso entscheidend ist, dass die eingesetzten Mittel wirksam, effizient und zielgerichtet verwendet werden. Finanzierung ist damit nicht nur eine Frage des Volumens, sondern auch der Qualität ihrer Verwendung und der institutionellen Bedingungen, unter denen sie eingesetzt wird. Zugleich verdeutlicht das Framework, dass Finanzierung stets auch mit der Beeinflussung von Verhalten verbunden ist. Finanzierungsinstrumente sollen nicht nur Ressourcen bereitstellen, sondern auch positive Anreize für biodiversitätsförderliches Handeln setzen und zugleich Fehlanreize für biodiversitätsschädigendes Verhalten abbauen oder reformieren. Biodiversitätsfinanzierung ist damit eng mit Fragen der Steuerung, der politischen Regulierung und der Veränderung wirtschaftlicher und gesellschaftlicher Handlungsmuster verknüpft. Diese breitere Perspektive findet sich auch im anfangs erwähnten Global Biodiversity Framework (GBF) wieder. Zwar adressiert Target 19 ausdrücklich die Mobilisierung finanzieller Mittel, zugleich wird aber in den Zielen 15 und 19 deutlich, dass Biodiversitätsfinanzierung nur im Zusammenspiel mit der Reform schädlicher Anreize, der Reduktion negativer Auswirkungen wirtschaftlicher Aktivitäten und der Förderung naturverträglicher Praktiken verstanden werden kann [26]. In diesem Sinne sollte Biodiversitätsfinanzierung nicht isoliert als Frage zusätzlicher Geldflüsse betrachtet werden, sondern als Teil eines umfassenderen Transformationsprozesses. Solange weiterhin erhebliche Finanzmittel in wirtschaftliche Aktivitäten fließen, die Naturzerstörung direkt oder indirekt vorantreiben, wächst auch die Notwendigkeit für spätere und oft kostenintensive Renaturierung. Die vielfach beschriebene Finanzierungslücke ist damit kein statischer, sondern ein dynamischer Wert: Sie stellt ein „moving target“ dar, das sich mit fortschreitender Naturzerstörung weiter entfernt bzw. eine Lücke, die sich weiter vergrößert. UNEP hat die Summe der Finanzflüsse mit negativen Auswirkungen auf die Natur für das Jahr 2023 auf 7.300 Mrd. US$ geschätzt [3]. Aus Sicht des Naturschutzes wäre es daher weit wirksamer, nicht nur zusätzliche Mittel für Schutz und Wiederherstellung bereitzustellen, sondern zugleich die negativen Finanzströme selbst systematisch zu reduzieren. Andernfalls besteht die Gefahr, dass mit einem Teil der Finanzströme weiterhin Naturzerstörung ermöglicht wird, während mit einem anderen Teil versucht wird, deren Folgen zu begrenzen. Diese Problemlage verweist auf die breitere Debatte um den "Big Nature Turnaround" [3, 27], die deutlich macht, dass es nicht allein um mehr Naturschutzfinanzierung geht, sondern um einen umfassenderen Transformationsprozess. Dazu gehören unter anderem die grundlegende Reform biodiversitätsschädlicher Subventionen sowie ein Wandel von Produktions- und Konsummustern. Damit reicht die dringend notwendige Diskussion weit über den engeren Bereich der Biodiversitätsfinanzierung hinaus.

Zur konzeptionellen Einordnung dieser Zusammenhänge lässt sich an transformationsorientierte Ansätze anschließen, etwa an die X-Kurve für Nachhaltigkeitstransformation [3, 28, 29]. Dieser Ansatz hebt hervor, dass Transformation zeitgleich ein „phasing out“ (allmähliches Auslaufen) schädlicher Strukturen und Praktiken als auch ein „phasing in“ (allmähliches Einführen) neuer, nachhaltiger Alternativen erfordert. Bezogen auf Biodiversitätsfinanzierung bedeutet dies einerseits den Abbau von Finanzströmen, die Naturzerstörung befördern und andererseits den gezielten Aufbau naturpositiver Finanzierungs- und Investitionsformen. Darüber hinaus verweist das Framework auf die Bedeutung positiver Zukunftsvisionen, geeigneter

Wissensgrundlagen aller Akteure sowie auf die Einbeziehung von Fragen der Teilhabe und Gerechtigkeit. Innovative Finanzierungsinstrumente sind in dieser Perspektive nur ein Baustein unter vielen, die für eine umfassende Transformation erforderlich sind [3]. Nun legen bereits zahlreiche Studien nahe, dass eine solche Transformation gesamtwirtschaftlich und gesellschaftlich sinnvoll und rational wäre. Die eigentliche Herausforderung liegt jedoch in ihrer politischen und institutionellen Umsetzung. Interessenlagen, Werte, ideologische Konfliktlinien und bestehende politische sowie ökonomische Strukturen erschweren tiefgreifende Veränderungen erheblich. Vor diesem Hintergrund sollte Biodiversitätsfinanzierung nicht nur als technisches Problem der Mittelmobilisierung verstanden werden, sondern als Teil einer Transformation von Wirtschaft und Gesellschaft.

## 4 Fazit

Insgesamt zeigt sich, dass neue Finanzierungsinstrumente in den vergangenen Jahren vielfach als Antwort auf das anhaltende Finanzierungsdefizit im Biodiversitätsschutz präsentiert wurden. Sie haben durchaus relevante Beiträge geleistet und in einzelnen Bereichen zusätzliche Mittel, neue Akteurskonstellationen und innovative Finanzierungslogiken hervorgebracht. Gleichwohl haben sie die hohen Erwartungen an eine breite Mobilisierung privater Finanzierung bislang nur begrenzt erfüllt. Vor allem aber verändern sie die strukturellen Fehlanreize, die Naturzerstörung weiterhin begünstigen, nicht grundlegend. Entscheidend bleibt, dass die anhaltende Naturzerstörung wesentlich durch wirtschaftliche Aktivitäten sowie durch die dahinterstehenden globalen Finanzströme ermöglicht wird. Vor diesem Hintergrund sind neue Finanzierungsinstrumente kein Ersatz für die Reform biodiversitätsschädlicher Subventionen, für regulatorische Eingriffe und für weitergehende Elemente einer sozial-ökologischen Transformation. Private Finanzierung kann und sollte öffentliche Finanzierung daher nicht ersetzen, sondern allenfalls ergänzen. Eine wirksame Biodiversitätspolitik muss über die Frage zusätzlicher Finanzierungsquellen hinausgehen und die politische und ökonomische Reorganisation von Produktion, Konsum und Investitionen in den Blick nehmen.

**Danksagung.** Die Autoren danken den Veranstaltern der Tagung sowie Imma Schniewind für Korrekturlesen und Unterstützung bei der Ausarbeitung des Vortrags.

**Offenlegung von Interessenkonflikten** Die Autoren haben keine Interessenkonflikte anzugeben, die für den Inhalt dieses Artikels relevant sind.

## Literatur

1. Convention on Biological Diversity. (2022). Kunming-Montreal Global Biodiversity Framework. Secretariat of the Convention on Biological Diversity. https://www.cbd.int/gbf
2. Deutz, A., Heal, G. M., Niu, R., Swanson, E., Townshend, T., Zhu, L., Delmar,A., Meghji, A., Sethi, S. A., and Tobin-de la Puente, J. 2020. Financing Nature: Closing the global bio-

diversity financing gap. The Paulson Institute, The Nature Conservancy, and the Cornell Atkinson Center for Sustainability. Retrieved May 9, 2026, from https://www.paulsoninstitute.org/conservation/financing-nature-report/

3. United Nations Environment Programme. (2026). *State of Finance for Nature 2026: Nature in the red: Powering the trillion dollar nature transition economy.* https://doi.org/10.59117/20.500.11822/49119
4. Climate Bonds Initiative. (2022). *Sustainable Debt Topped $1Trillion in 2021: Huge volume of climate-conscious capital raised in a record year: flagship report.* https://www.climatebonds.net/news-events/press-room/press-releases/sustainable-debt-topped-1trillion-2021-huge-volume-climate-conscious-capital-raised-record-year-flagship-report
5. International Institute for Environment and Development. (2024). *Debt swaps could release $100 billion for climate action World Bank and IMF urged to back plan at Spring Meetings. [Press release].* https://www.iied.org/debt-swaps-could-release-100-billion-for-climate-action
6. World Economic Forum. (2023). *Biodiversity Credits: Demand Analysis and Market Outlook.* Geneva, Switzerland. https://www3.weforum.org/docs/WEF_2023_Biodiversity_Credits_Demand_Analysis_and_Market_Outlook.pdf
7. Arsel, M., & Büscher, B. (2012). Nature™ Inc.: Changes and Continuities in Neoliberal Conservation and Market-based Environmental Policy. *Development and Change*, *43*, 53–78. https://doi.org/10.1111/j.1467-7660.2012.01752.x
8. Kedward, K., zu Ermgassen, S., Ryan-Collins, J., & Wunder, S. (2023). Heavy reliance on private finance alone will not deliver conservation goals. *Nature Ecology & Evolution*, *7*(9), 1339–1342. https://doi.org/10.1038/s41559-023-02098-6
9. 9.Christiansen, J., Irvine-Broque, A., Dempsey, J., Nelson, S., Shapiro-Garza, E., Bigger, P., & Islar, M. (2025). Off the charts? Reasons to be skeptical of the growth in biodiversity finance. *Current Opinion in Environmental Sustainability*, *75*. https://doi.org/10.1016/j.cosust.2025.101544
10. Gammage, S., Rode, J., Lesmes, F. (2023), Expanding Pathways for Green Finance to Support Regenerative Agriculture in Latin America, in Falcone P., Sica, E. (Eds.) "Sustainable Finance and the Global Health Crisis", Routledge, eBook ISBN 9781003284703, DOI: https://doi.org/10.4324/9781003284703-13.
11. Doinjashvili, P., Méral, P., & Adriamahefazafy, F. (2021). Sustaining protected areas through conservation trust funds: a review. *International Journal of Sustainable Development & World Ecology*, *28*, 193–202. https://doi.org/10.1080/13504509.2020.1762257
12. Bath, P., Guzmán-Valladares, A., Luján-Gallegos, V., & Mathias, K. (2020). *CONSERVATION TRUST FUNDS 2020: GLOBAL VISION LOCAL ACTION.* https://static1.squarespace.com/static/57e1f17b37c58156a98f1ee4/t/5fc78161a038a451bcefe41d/1606910380954/CTF2020_Final.pdf
13. Salzman, J., Bennet, G., Carroll, N., Goldstein, A., & Jenkins, M. (2018). The global status and trends of Payments for Ecosystem Services. *Nature Sustainability*, *1*, 136–144. https://doi.org/10.1038/s41893-018-0033-0
14. Hausknost, D., Grima, N., Singh, S. (2017), The political dimensions of Payments for Ecosystem Services (PES): Cascade or stairway?, Ecological Economics 31 (131), 109–118, https://doi.org/10.1016/j.ecolecon.2016.08.024
15. Nicolaus, K., (2018), Zahlungen für Ökosystemleistungen – Zwischen Marktprinzipien und Kommunikation, Springer Nature. https://doi.org/10.1007/978-3-658-22339-7
16. Perrot-Maître, D. (2006). The Vittel payments for ecosystem services: a "perfect" PES case? https://www.iied.org/sites/default/files/pdfs/migrate/G00388.pdf

17. The Nature Conservancy. (2023). *Case Study: Barbados' Blue Bonds for Ocean Conservation.* https://www.nature.org/content/dam/tnc/nature/en/documents/TNC-Barbados-Debt-Conversion-Case-Study.pdf
18. The Nature Conservancy. (2024). *Nature Bonds Project Toolkit: A proven approach to leveraging debt refinancing and technical assistance for effective, durable conservation and climate action.* https://www.nature.org/content/dam/tnc/nature/en/documents/nature-bonds-toolkit-v1-english.pdf
19. Thompson, B. S. (2022). Impact investing in biodiversity conservation with bonds: An analysis of financial and environmental risk. *Business Strategy and the Environment, 32*, 353–368. https://doi.org/10.1002/bse.3135
20. International Capital Markets Association. (2025). *Sustainable Bonds for Nature: A Practitioner's Guide.* https://www.icmagroup.org/assets/documents/Sustainable-finance/2025-updates/Sustainable-Bonds-for-Nature-A-Practitioners-Guide-June-2025.pdf
21. Medina, C., & Scales, I. R. (2023). Finance and biodiversity conservation: insights from rhinoceros conservation and the first wildlife conservation bond. *Oryx, 58*, 90–99. https://doi.org/10.1017/S0030605322001648
22. The World Bank. (2022). *Wildlife Conservation Bond mobilizes private capital to protect critically endangered rhinos. Case study.* https://thedocs.worldbank.org/en/doc/7039bd837e60e484fb3a93ea63951306-0340022022/original/CaseStudy-WildlifeConservationBond.pdf
23. Wauchope, H. S., zu Ermgassen, S. O. S. E., Jones, J. P. G., Carter, H., Schulte to Bühne, H., & Milner-Gulland, E. J. (2024). What is a unit of nature? Measurement challenges in the emerging biodiversity credit market. *Proc Biol Sci, 291.* https://doi.org/10.1098/rspb.2024.2353
24. European Commission (2025). EU Roadmap towards Nature Credits, URL: https://eur-lex.europa.eu/legal-content /EN/ALL/?uri=comnat%3ACOM_2025_0374_FIN (accessed 13 May 2026).
25. Rode, J., Pinzon, A., Stabile, M., Pirker, J., Bauch, S., Iribarrem, A., Sammon, P., Llerena, C., Muniz Alves, L., Orihuela, C., Wittmer, H. (2019), Why 'blended finance' could help transitions to sustainable landscapes: Lessons from the Unlocking Forest Finance project, Ecosystem Services 37, 100917.
26. Meyers, D., Bohorquez, J., Cumming, T., Emerton, L., Heuvel, O.v.d., Riva, M., and Victurine, R. Conservation Finance: A Framework, Conservation Finance Alliance, 2020. URL: https://static1.squarespace.com/static/57e1f17b37c58156a98f1ee4/t/5e8c97ecf33f8960fc2cbda3/1586272239963/Conservation+Finance+Framework.pdf
27. United Nations Environment Programme. (2023). *State of Finance for Nature: The Big Nature Turnaround – Repurposing $7 trillion to combat nature loss. Nairobi.* https://wedocs.unep.org/handle/20.500.11822/44278.
28. Wittmer, H. Berghöfer, A., Büttner L. et al. (2021). Transformative change for a sustainable management of global commons – biodiversity, forests and the ocean. UFZ-Report 3/2021. https://www.econstor.eu/bitstream/10419/260403/1/1806134918.pdf
29. Hebinck, A., Diercks, G., von Wirth, T., et al. (2022). An actionable understanding of societal transitions: the X-curve framework. Sustainability Science, 17(3), 1009–1021. https://doi.org/10.1007/S11625-021-01084-W/TABLES/1
30. Convention on Biological Diversity. (2020). *Global Biodiversity Outlook 5. Montreal.* (Geneva, Switzerland). https://www.cbd.int/gbo/gbo5/publication/gbo-5-en.pdf

**Julian Rode** leitet eine Arbeitsgruppe zu „Verhalten und Politikinstrumenten" am Helmholtz-Zentrum für Umweltforschung (UFZ) in Leipzig. Er promovierte zu experimenteller Ökonomik in Bonn und Barcelona. Seine Forschungsschwerpunkte umfassen Umweltwerte, menschliches Entscheidungsverhalten sowie die Ausgestaltung von Politik- und Finanzierungsinstrumenten für den Schutz der biologischen Vielfalt.

# Die ökonomische Bewertung der Natur

# Die historische Entwicklung der ökonomischen Bewertung der Natur

Rainer Marggraf(✉)
Georg-August-Universität Göttingen, Göttingen, Deutschland
rmarggr@gwdg.de

**Zusammenfassung.** Dieser Artikel betrachtet die historische Entwicklung der ökonomischen Bewertung der Natur aus zwei Perspektiven. Zunächst wird die Entwicklung des Bewertungskonzeptes beschrieben. Im Anschluss geht es um die Entwicklung des Anwendungsbereiches der ökonomischen Naturbewertung. Die ökonomische Naturbewertung kommt heute zum Einsatz in Kosten-Nutzen-Analysen, bei der Bestimmung der Größe von Umweltschäden und um die Bedeutung ökosystemarer Dienstleistungen für das menschliche Wohlergehen aufzuzeigen.

**Schlüsselwörter:** Klassische ökonomische Naturbewertung · Kosten-Nutzen-Analysen · Moralischer Wert der Natur · Neoklassische ökonomische Naturbewertung · Ökosystemdienstleistungen · Umweltschäden

## 1 Die historische Entwicklung des ökonomischen Naturwertkonzeptes

### 1.1 Klassisches ökonomisches Naturwertkonzept

Für Ökonomen bedeutet „bewerten" die Ermittlung von Auswirkungen auf das menschliche Wohlergehen. Die Bewertungen haben einen normativen Anspruch und die sozialreformatorische utilitaristische Ethik bildet die ethische Basis. 200 Jahre lang (mit Beginn der klassischen Ökonomie) haben sich die Ökonomen an dem klassischen Verständnis von Wohlergehen der utilitaristischen Ethik [8] orientiert.

Wohlergehen wurde als subjektives psychologisches Konzept verstanden. Damit ist das Ausmaß von Wohlergehen bestimmt durch die Differenz von bewussten positiven und negativen Erfahrungen (von Freude und Leid, Vergnügen und Schmerz etc.). Diese hedonistische Interpretation von Wohlergehen hängt von vielen Faktoren ab.

Die klassische Ökonomie kannte jedoch noch keine Methode, um festzulegen, wie sich unterschiedliche Faktorkombinationen auf das Wohlergehen auswirken. Man hat sich deshalb auf einen, als wichtig angesehenen Faktor konzentriert: auf das Einkommen. Damit galt in der klassischen Ökonomie: Der ökonomische Wert eines Sachverhaltes wie z. B. eines Naturzustandes entspricht seinem Beitrag zum Volkseinkommen.


S. M. Gergely et al. (Hrsg.): SymWeN 2026, *Die Werte der Natur*, S. 95–108, 2027,
https://doi.org/10.1007/978-3-662-74109-2_9

Die Natur wurde somit als zu bewirtschaftende (erneuerbare) Ressource angesehen, deren Wert sich in ihrem kommerziellen Wert erschöpft [2].

Mit dem Beginn einer organisierten Naturschutzbewegung und eines institutionalisierten Naturschutzes kam es Ende des 19. Jahrhunderts in Politik und Gesellschaft zu einer Diskussion über dieses Naturwertverständnis.

Gut dokumentiert ist eine solche Diskussion im Zusammenhang mit der Errichtung von Waldreservaten in den USA [1].

Ein Teil der an dieser Diskussion beteiligten Experten (Förster, Forstwissenschaftler und Naturschützer) wollte auch in diesen Waldreservaten den Wald als Ressource, als Holzlieferant ansehen, die zum Nutzen der Gesellschaft zu bewirtschaften sei. Die Bestandserhaltung sollte durch eine nachhaltige Nutzung gewährleistet werden. Angestrebt werden sollte eine Maximierung des kommerziellen Wertes unter der Nebenbedingung eines konstanten Bestandes der Wälder.

Andere Experten waren der Meinung, Naturschutz müsse auf nichtkommerziellen Werten, auf ideellen Werten, basieren.

Genannt wurden der spirituelle Wert der Wälder (Wälder als Orte für Inspiration und Gebet), der (ethische) Eigenwert der Wälder sowie deren ästhetischer Wert [1]. Die Waldreservate sollten frei von menschlichen Eingriffen bleiben, eine Entwicklung zur Wildnis ist anzustreben. Für die Ökonomie blieb diese Diskussion zunächst folgenlos, man hielt an dem klassischen Naturwertkonzept fest.

## 1.2 Neoklassisches ökonomisches Naturwertkonzept

Etwa 50 Jahre später änderte sich das ökonomische Verständnis von individuellem Wohlergehen und damit auch das Wertkonzept. Im Rahmen der Entstehung der neoklassischen Ökonomie wurde das hedonistische Verständnis von Wohlergehen durch das ebenfalls im Utilitarismus entwickelte Wunschkonzept ersetzt, wobei es im ökonomischen Sprachgebrauch üblich ist, von Präferenzen, statt von Wünschen zu sprechen.

Nach dem Wunschkonzept ist das individuelle Wohlergehen abhängig von der Befriedigung von Präferenzen (also von der Erfüllung von Wünschen). Das gilt für alle legalen und konsistenten Präferenzen, egal worauf sie sich beziehen und welche Motive sie begründen.

Die Präferenzen eines Individuums für einen Sachverhalt bestimmen dessen Wertschätzung des Sachverhaltes. Der gesellschaftliche Wert eines Sachverhaltes, beispielsweise des Erhaltes der Natur, ist dann bestimmt durch die aggregierten Präferenzen der Gesellschaftsmitglieder.

Das Aggregationsverfahren, das in der neoklassischen Ökonomie gewählt wird, führt zu folgendem neoklassischen Naturwertkonzept: Der Wert der Natur entspricht dem maximalen Konsumverzicht, zu dem die Gesellschaftsmitglieder bereit sind, um die Natur zu erhalten.

1967 machte der amerikanische Umweltökonom John Krutilla darauf aufmerksam, dass nach dem neoklassischen Naturwertkonzept alle individuellen Wertschätzungen der Natur einzubeziehen seien, egal wodurch sie motiviert sind [9]. Also werde der neoklassische ökonomische Wert der Natur auch durch Wertschätzungen bestimmt, die auf moralischen Überlegungen der Bürger basieren [9]. Solche moralisch begründeten Wertschätzungen der Natur müssen genauso berücksichtigt werden wie die Wertschätzung der Natur aus kommerziellem Interesse oder wegen ihrer ökosystemaren Dienstleistungen. Moralisch begründete Wertschätzungen der Natur seien insbesondere bei Naturschützern und Naturfreunden vorzufinden.

Die Summe der moralisch begründeten Wertschätzungen der Natur wird in der Ökonomie als nutzungsunabhängiger Wert der Natur bezeichnet. Alle anders begründeten Wertschätzungen ergeben den nutzungsabhängigen Wert der Natur. Die Summe aller Wertschätzungen wird auch als der ökonomische Gesamtwert der Natur bezeichnet.

Manche Menschen gehen davon aus, dass die Natur nicht nur einen instrumentellen, sondern auch einen nicht-instrumentellen Wert hat. Auch in der Naturethik ist man davon überzeugt, dass die Natur einen nicht-instrumentellen Wert hat, der oft als Eigenwert bezeichnet wird. Allerdings herrscht keine Einigkeit darüber, wie dieser Eigenwert genau zu definieren ist.

Mindestens fünf verschiedene Auffassungen lassen sich unterscheiden [10].

Menschen passiert es immer wieder, dass sie von Naturphänomenen überwältigt werden, dass sie sich ganz auf die Natur einlassen. In solchen Momenten erleben sie die Natur als etwas Selbstzweckhaftes und weisen ihr somit einen Eigenwert zu (eudaimonistischer Eigenwert).

Alle fühlenden/lebendigen Naturwesen bzw. die gesamte Natur gehören zum moralischen Universum, sind Mitglieder der Moralgemeinschaft. Jedes Mitglied der Moralgemeinschaft hat einen moralischen Eigenwert (moralischer Eigenwert der fühlenden/lebendigen/gesamten Natur).

Die Natur hat einen Wert, der unabhängig von den Menschen und ihren Wertvorstellungen ist (absoluter Eigenwert der Natur).

Welches Eigenwertkonzept am besten begründet ist, wird in der Naturethik immer noch diskutiert.

Damit steht die Naturethik vor dem Problem, entscheiden zu müssen, welche Eigenwertvorstellungen der Bürger begründet sind und welche nicht. Die neoklassische Ökonomie hat diese Schwierigkeiten nicht. Hier tragen alle faktischen Eigenwertvorstellungen der Menschen zum ökonomischen Wert der Natur bei – sie müssen nur durch eine Verzichtsbereitschaft gestützt sein.

Das neoklassische Naturwertkonzept bietet einen Freiraum für Formen der nicht-instrumentellen Wertschätzungen und steht nicht im Gegensatz zur Vorstellung, dass die Natur einen Eigenwert hat.

## 2 Die Entwicklung des Anwendungsbereiches der ökonomischen Naturbewertung

### 2.1 Ökonomische Naturbewertung im Rahmen von Kosten-Nutzen-Analysen

**Ökonomische Bewertung staatlicher Aktivitäten.** Das Anwendungsgebiet der ökonomischen Naturbewertung erstreckt sich auf alle staatlichen Maßnahmen, die mit

Auswirkungen auf den Zustand der Natur verbunden sind, sofern diese Auswirkungen die Bürger interessieren. Das heißt, die Naturzustandsänderungen müssen von den Bürgern als positiv oder negativ empfunden werden.

Hieraus ergibt sich prinzipiell ein sehr weites Spektrum möglicher Anwendungsfelder für die ökonomische Bewertung der natürlichen Umwelt, das sowohl die Bewertung eher kleinräumlicher Effekte einzelner Projekte (beispielsweise des Baus einer Straße oder der Errichtung eines Naturparkes) als auch die Bewertung großräumig relevanter Wirkungen staatlicher Regulierungsmaßnahmen (beispielsweise von Maßnahmen zur Reduktion von $CO_2$-Emissionen) umfasst. Darüber hinaus muss sich die Anwendung der ökonomischen Naturbewertung nicht auf den Bereich der Naturschutzpolitik im engeren Sinne beschränken, sondern kann sich auf alle politischen Maßnahmen erstrecken, die zu Änderungen des Naturzustandes führen, selbst wenn das eigene Ziel der Maßnahme keinen naturschutzpolitischen Bezug aufweist.

In der politischen Praxis wird die ökonomische Bewertung der Natur im Allgemeinen im Rahmen von Kosten-Nutzen-Analysen durchgeführt. Die Frage, welchen Stellenwert die ökonomische Naturbewertung hat, hängt daher eng mit der Frage zusammen, inwieweit die Kosten-Nutzen-Analyse zur Beurteilung staatlicher Maßnahmen herangezogen wird. Die Kosten-Nutzen-Analyse stellt ein Instrument zur Bewertung der Effizienz staatlicher Handlungen dar. Bei der Durchführung von Kosten-Nutzen-Analysen werden sämtliche aus Sicht der Bürger relevanten Handlungsfolgen einer staatlichen Maßnahme identifiziert und monetär bewertet.

Eine Handlungsfolge führt dann zu volkswirtschaftlichen Kosten, wenn sie in den Augen der Bürger eine Verschlechterung ihrer Situation bedeutet (beispielsweise die Zerstörung eines Biotops durch den Bau einer Schnellstraße). Sie führt zu volkswirtschaftlichem Nutzen, wenn sie aus Sicht der Bürger eine Verbesserung ihrer Situation bedeutet (beispielsweise die Verbesserung der Gewässergüte eines Sees durch den Bau einer Abwasserreinigungsanlage).

Wird die Entscheidung über eine staatliche Maßnahme auf Grundlage einer Kosten-Nutzen-Analyse getroffen, so wird diese Maßnahme dann durchgeführt, wenn ihr volkswirtschaftlicher Nutzen ihre volkswirtschaftlichen Kosten übersteigt. Stehen mehrere alternative Handlungsmöglichkeiten zur Auswahl, dann lautet das Entscheidungskriterium der Kosten-Nutzen-Analyse, die Alternative mit dem größten Nutzen/Kosten Verhältnis zu wählen.

**Verwaltungspraxis in den USA.** In den USA hatte die ökonomische Bewertung der natürlichen Umwelt im Rahmen von Kosten-Nutzen-Analysen traditionell einen vergleichsweise großen Stellenwert, die in den 1980er Jahren, veranlasst durch die Verabschiedung des Comprehensive Environmental Response, Compensation and Liability Act (CERCLA) [4] und den Erlass der Exekutivverordnung 12291 des amerikanischen Präsidenten Ronald Reagan [18], noch zunahm, und die USA damals zu einem Vorreiter in der politischen Umsetzung der ökonomischen Naturbewertung machte.

Historisch lässt sich diese politische Bedeutung der ökonomischen Naturbewertung auf die in den USA traditionell weitverbreitete Anwendung von Kosten-Nutzen-Analysen zur Bewertung staatlicher Großprojekte zurückführen. Im Zusammenhang mit der Planung und Bewertung wasserwirtschaftlicher Großprojekte wurde schon in den 1950er Jahren die Frage erörtert, wie Projektwirkungen, die bis zu diesem Zeitpunkt als nicht monetär bewertbar angesehen wurden, wie beispielsweise der Erholungs- und Freizeitwert eines Stausees, in die Kosten-Nutzen-Analyse miteinbezogen werden könnten. Man erkannte, dass die Auswirkungen auf die natürliche Umwelt eines Projektes zu erheblichem volkswirtschaftlichem Nutzen und Kosten führen können, und unternahm erste Versuche zur monetären Bewertung derartiger Projektwirkungen.

Diese Entwicklung ging auf wissenschaftlicher Ebene mit einer Weiterentwicklung der theoretischen Grundlagen ökonomischer Naturbewertung und der Konzeption praktisch anwendbarer Methoden zur monetären Bewertung von Naturgütern einher.

Die wissenschaftliche Arbeit resultierte in einer Vielzahl empirischer Fallstudien, die zunächst hauptsächlich die ökonomische Bewertung von Freizeit- und Erholungswerten von Badeseen, Naturschutzgebieten oder Nationalparks zum Inhalt hatten. In den 1970er Jahren wurde das Anwendungsgebiet der ökonomischen Naturbewertung im Rahmen von Kosten-Nutzen-Analysen auf die Bewertung von Gesundheitsrisiken, Luft- und Gewässerverschmutzung, Lärmbelästigung, Waldschäden, Verringerung der Artenvielfalt, Treibhauseffekt etc. ausgedehnt. Man ist daher heute in der Lage, einen großen Teil der relevanten Wirkungen von Projekten oder Politikmaßnahmen kosten-nutzen-analytisch zu erfassen.

Die Verwendung von Kosten-Nutzen-Analysen zur Bewertung staatlicher Regulierungsmaßnahmen wird durch die Exekutivverordnung 12291, die der amerikanische Präsident Reagan wenige Wochen nach seinem Amtsantritt im Jahr 1981 erließ, erheblich gestärkt. Die Exekutivverordnung 12291 verpflichtet die amerikanischen Bundesbehörden, alle bedeutenden Regulierungsmaßnahmen einer Wirkungsanalyse (Regulatory Impact Analysis) zu unterziehen.

Bedeutende Regulierungsmaßnahmen sind nach dieser Verordnung Regulierungsmaßnahmen, die einen jährlichen Effekt auf die amerikanische Wirtschaft von 100 Mio. US-Dollar oder mehr haben, die zu beträchtlichen Preis- oder Kostensteigerungen führen, oder die bedeutende nachteilige Wirkungen auf Wettbewerb, Beschäftigung, Investitionen, Produktivität oder auf die internationale Wettbewerbsfähigkeit der amerikanischen Unternehmen haben.

Die in diesen Fällen durchzuführende Regulatory Impact Analysis erfordert die Erfassung aller mit der jeweiligen Maßnahme verbundenen volkswirtschaftlichen Kosten und Nutzen. Eine Regulierungsmaßnahme soll nur dann durchgeführt werden, wenn der zu erwartende Nutzen die zu erwartenden Kosten übersteigt. Stehen mehrere alternative Regulierungsmaßnahmen zur Wahl, soll die Maßnahme mit dem größten Nettonutzen für die Gesellschaft ergriffen werden. Die Exekutivverordnung 12291 kann allerdings nur dann zur Beurteilung von Regulierungsmaßnahmen herangezogen werden, wenn dies nicht im Widerspruch zu den gesetzlichen Grundlagen der jeweiligen Maßnahme steht.

Die Bedeutung der Exekutivverordnung 12291 wird weniger in ihrer praktischen Umsetzung, die in den meisten Politikbereichen bisher eher zögerlich und wenig erfolgreich verlief, als in der Tatsache gesehen, dass mit ihr zum ersten Mal der gesellschaftliche Nettonutzen zum entscheidenden Beurteilungskriterium für Regulierungsmaßnahmen gemacht wird.

Die der Exekutivverordnung 12291 nachfolgende Exekutivverordnung 12866 der Clinton-Administration aus dem Jahr 1993 bestätigte im Wesentlichen die Vorgaben der Exekutivverordnung 12291: "In deciding whether and how to regulate, agencies should assess all costs and benefits of available regulatory alternatives, including the alternative of not regulating" [19].

**Umweltrichtlinien der EU.** In der EU spielen ökonomische Naturbewertungen eine wesentliche Rolle in der Wasserrahmenrichtlinie [14], der Meeresstrategie-Rahmenrichtlinie [16] und der Invasive-Arten-Verordnung [20].

Die Wasserrahmenrichtlinie setzt für die Gewässer der Europäischen Union verbindliche Umweltziele fest, die durch die Mitgliedstaaten bis zum Jahre 2015 erreicht werden sollten. Ausgehend von dieser grundlegenden Verpflichtung, für die zusätzlich eine vorhergehende Umsetzung in das nationale Recht erforderlich war, werden verschiedene Ausnahmetatbestände formuliert, die ermöglichen, die Zielerreichung zu verschieben, abzuschwächen oder sogar vollständig auszusetzen.

Jeder dieser Ausnahmetatbestände kann nur dann in Anspruch genommen werden, wenn nachgewiesen wird, dass die Zielerreichung mit unverhältnismäßig hohen Kosten verbunden ist. In den von der EU-Kommission erarbeiteten Auslegungsmaterialien zu der Wasserrahmenrichtlinie [3] ist festgelegt, dass hierzu die gesamten Kosten mit dem gesamten Nutzen der Zielerreichung verglichen werden müssen. Dies erfordert (u. a.) die Bewertung von Naturzuständen.

Ziel der Meeresstrategie-Rahmenrichtlinie ist ein wirksamer europaweiter Schutz der Meeresumwelt. Bis zum Jahr 2020 wird die Wiederherstellung oder der Erhalt eines guten Umweltzustandes der Meere angestrebt. Nach der Meeresstrategie-Rahmenrichtlinie muss bei der Planung von Meeresschutzmaßnahmen dem Prinzip der nachhaltigen Entwicklung Rechnung getragen werden.

Dies impliziert, dass die Maßnahmenplanung sich nicht nur an ökologischen Zielen orientieren darf, sondern auch die wirtschaftlichen und gesellschaftlichen Auswirkungen der Maßnahmen berücksichtigen muss. Deshalb ist in Art. 13 Abs. 3 Unterabs. 2 der Meeresstrategie-Rahmenrichtlinie bestimmt, dass die Mitgliedstaaten sicherzustellen haben, dass Maßnahmen kosteneffizient und technisch durchführbar sind. Die Mitgliedstaaten müssen darüber hinaus vor Einführung einer neuen Maßnahme Folgenabschätzungen einschließlich einer Kosten-Nutzen-Analyse vornehmen. Nach der Meeresstrategie-Rahmenrichtlinie sind ökonomische Naturbewertungen (als Bestandteil von Kosten-Nutzen-Analysen) also obligatorisch.

Zentrales Element der Verordnung zum Umgang mit invasiven Arten ist eine Liste der invasiven gebietsfremden Arten von unionsweiter Bedeutung. Für die Arten auf dieser Liste gelten die Vorgaben der Verordnung. Diese lauten: In einer frühen Phase der Invasion ist eine sofortige Beseitigung zu erreichen. Für bereits weit verbreitete invasive Arten sind wirksame Bekämpfungsmaßnahmen durchzuführen und bereits geschädigte Ökosysteme wiederherzustellen.

Unter bestimmten Bedingungen (aufgezählt in Art. 18) müssen keine Maßnahmen zur sofortigen Beseitigung durchgeführt werden. Zu diesen Bedingungen zählt der Nachweis langfristig außergewöhnlich hoher Kosten, die in keinem angemessenen Verhältnis zum Nutzen stehen. Maßnahmen zur Wiederherstellung geschädigter Ökosystemen sind ebenfalls nur dann zu ergreifen, wenn deren Kosten nicht unverhältnismäßig hoch sind. In beiden Fällen ist die Kostenunverhältnismäßigkeit durch Kosten-Nutzen-Analysen nachzuweisen. Somit sind auch nach dieser Verordnung implizit ökonomische Naturbewertungen erforderlich.

## 2.2 Ökonomische Naturbewertung zur Bestimmung der Größe von ökologischen Schäden

**Haftungsbestimmungen für ökologische Schäden in den USA.** Während die Exekutivverordnung 12291 die Kosten-Nutzen-Analyse zum grundlegenden Bewertungsinstrument für staatliche Regulierungsmaßnahmen macht, führten im Zuge der Umsetzung des 1980 vom Kongress verabschiedeten Comprehensive Environmental Response Compensation and Liability Act (CERCLA) [4] die dort festgelegten Haftungsbestimmungen für Umweltschäden zu einer intensiven Auseinandersetzung von Behörden und Gerichten mit der Frage, wie derartige Umweltschäden monetär zu bewerten seien.

Obwohl es im amerikanischen Recht eine Reihe von Rechtsgrundlagen (beispielsweise die Public Trust Doktrin, das Common Law oder den Federal Water Pollution Control Act) gibt, unter denen Schadenersatzansprüche für Umweltschäden geltend gemacht werden können, enthält keine dieser Rechtsgrundlagen so umfassende Bestimmungen über die Haftung bei Umweltschäden wie der CERCLA.

Mit der Verabschiedung des CERCLA hat der Gesetzgeber zwei wichtige Ziele verfolgt. Das erste Ziel bestand in der Einrichtung eines Programms zur bundesweiten Bestandsaufnahme und Sanierung von Altlasten, mit dessen Durchführung die EPA beauftragt wurde. Das zweite Ziel bestand darin, Personen oder Unternehmen, die für die Freisetzung einer umweltschädlichen Substanz und dadurch verursachte Umweltschäden verantwortlich sind, für diese Schäden haftbar zu machen. Im Zusammenhang mit der Frage der politischen Bedeutung der ökonomischen Bewertung von Naturgütern sind es vor allem diese Haftungsregelungen, die von Interesse sind.

In den Bestimmungen des CERCLA wird festgelegt, dass die im Sinne des Gesetzes für die Freisetzung einer umweltschädlichen Substanz verantwortlichen Parteien (dazu gehören beispielsweise Besitzer und Betreiber von Anlagen, Schiffseigentümer, Eigentümer eines verunreinigten Geländes, Transporteure umweltgefährdender Substanzen) zum einen für die Kosten der Sanierung eines verunreinigten Geländes oder Gewässers (clean up costs) und zum anderen für alle Schäden, die sich aus der Beeinträchtigung, der Zerstörung oder dem Verlust natürlicher Ressourcen (natural resource damages) ergeben, haftbar gemacht werden können. Der Begriff natürliche Ressourcen umfasst dabei Land- und Wasserressourcen, Fischbestände, Grundwasservorkommen, die Luft, sowie den gesamten Tier- und Pflanzenbestand.

CERCLA enthält somit zwei verschiedene Arten von Haftungsregeln: Zum einen haften die Verursacher einer Verunreinigung für die Kosten von Sanierungsmaßnahmen, die zur Abwehr unmittelbarer gesundheitlicher Risiken für die Bevölkerung entweder durch die EPA oder die verantwortlichen Parteien selbst ergriffen werden. Mit der Wahrnehmung von Schadenersatzansprüche auf Grundlage der Sanierungskosten wurde die Umweltschutzbehörde EPA (Environmental Protection Agency) betraut.

Die zweite Art von Haftung bezieht sich auf alle weiteren Schäden an natürlichen Ressourcen, bei denen ein öffentliches Interesse besteht. Über die Sanierungskosten hinausgehende Schadenersatzansprüche ergeben sich daraus, dass die von der EPA festgelegten Sanierungsmaßnahmen nicht unbedingt eine vollständige Wiederherstellung des ursprünglichen Zustandes der natürlichen Umwelt vorsehen, dass oftmals eine vollständige Wiederherstellung des ursprünglichen Zustandes der natürlichen Umwelt nicht möglich ist oder nicht alle umweltschädlichen Substanzen aus der Umwelt entfernt werden können.

Zur Wahrnehmung dieser Schadenersatzansprüche sieht das Gesetz die Einrichtung eines Treuhänders für natürliche Ressourcen (trustee for natural resources) vor (dies können beispielsweise Bundesbehörden oder Behörden der Einzelstaaten sein), der die Aufgabe hat, stellvertretend für die Öffentlichkeit Schadenersatzansprüche aus Umweltschäden gerichtlich geltend zu machen.

**Bewertungsverfahren für ökologische Schäden in den USA.** CERCLA sieht zwei Arten von Bewertungsverfahren für Umweltschäden vor. Bewertungsverfahren vom Typ A sind für kleinere Verunreinigungen vorgesehen, deren Wirkungen auf die Umwelt gering und auf einen kurzen Zeitraum begrenzt sind. Umweltschäden, die aus solchen weniger schweren Verunreinigungen resultieren, werden mithilfe eines standardisierten Bewertungsverfahrens auf Grundlage eines Computermodells bewertet.

Bewertungsverfahren vom Typ B sind für Fälle bedeutender Verunreinigungen vorgesehen, bei denen es zu großen Umweltschäden kommt. In diesen Fällen erfolgt die Bewertung der Schäden nicht auf der Grundlage eines standardisierten Bewertungsverfahrens, sondern durch eine umfangreiche Einzelfalluntersuchung der Schäden und deren monetärer Bewertung mit Hilfe spezieller, das heißt, für den individuellen Fall geeigneter ökonomischer Bewertungsmethoden. Wir werden uns im Folgenden vor allem mit den Bewertungsrichtlinien vom Typ B beschäftigen, die im August 1986 vom Innenministerium DOI (Department of the Interior) veröffentlicht wurden (vergleiche [17]).

Die Verfahrensrichtlinien von 1986 sehen vor, dass die monetäre Bewertung der ermittelten Umweltschäden *entweder* auf Grundlage der Wiederherstellungskosten (restoration costs), das heißt, der Kosten zur vollständigen Wiederherstellung des ursprünglichen Umweltzustandes, *oder* auf Grundlage verlorengegangener Nutzungswerte (lost use values) vorzunehmen ist, je nachdem, welches Verfahren zu geringeren monetären Werten für die Umweltschäden führt.

Darüber hinaus soll der Treuhänder für natürliche Ressourcen Schadenersatzansprüche aus nutzungsunabhängigen Werten nur dann geltend machen können, wenn keine nutzungsabhängigen Werte festgestellt werden können. Diese Inhalte der Verfahrensrichtlinien des DOI von 1986 waren im Jahr 1989 Gegenstand einer gerichtlichen Auseinandersetzung (State of Ohio v. U.S. Department of Interior), die vor dem U.S. Court of Appeals for the District of Columbia Circuit ausgetragen wurde. Die Entscheidung des Gerichtes in diesem Fall gilt als wegweisend für die politische Umsetzung der ökonomischen Bewertung von Umweltgütern.

Nach Auffassung des Gerichtes ist die Regelung, entweder die Wiederherstellungskosten oder die verlorengegangenen Nutzungsmöglichkeiten einer Ressource zur Grundlage der monetären Bewertung von Umweltschäden zu machen, nicht mit der Absicht des Gesetzgebers zu vereinbaren. Außerdem kritisierte das Gericht die in den Verfahrensrichtlinien des DOI zum Ausdruck kommende Betonung von Marktpreisen als in erster Linie zu verwendenden Bewertungsmaßstab und die damit verbundene geringe Berücksichtigung nutzungsunabhängiger Werte.

Die Verfahrensrichtlinien des DOI führen dazu, dass der Treuhänder für natürliche Ressourcen nur wenig Möglichkeiten hat, Schadenersatzansprüche für eine natürliche Ressource, die nur in geringem Maße nutzungsabhängige Werte besitzt, geltend zu machen. Als Beispiel führte das Gericht die Zerstörung des Lebensraumes einer Robbenkolonie an. Gemäß den Richtlinien des DOI sind in diesem Fall Schadenersatzansprüche nur aus verlorengegangenen Nutzungsmöglichkeiten der Ressource, die aus entgangenen Verkaufserlösen für Robbenfelle bestehen, geltend zu machen, da zum einen die Kosten der Wiederherstellung des zerstörten Lebensraumes diese Verkaufserlöse bei weitem übertreffen würden und zum anderen keine nutzungsunabhängigen Werte geltend gemacht werden können.

Dies entspreche jedoch nicht den Intentionen des Gesetzgebers, der in CERCLA umfassende Schadenersatzansprüche konstituierte, die über Schadenersatzansprüche aus verlorengegangenen Marktwerten hinausgehen. Damit stellen die Richter klar, dass natürliche Ressourcen über ihren Marktwert hinausgehende Werte besitzen. Nutzungsabhängige Werte natürlicher Ressourcen sind nach dieser Gerichtsentscheidung ebenso zu entschädigen wie Verringerungen des Marktwertes natürlicher Ressourcen.

**Umwelthaftungsrichtlinie der EU.** Ziel der europäischen Richtlinie zu Umwelthaftung [15] ist die Schaffung gemeinschaftlicher Rahmenbedingungen für die Umwelthaftung zur Vermeidung und Sanierung von Umweltschäden.

Ein Umweltschaden kann bei drei Umweltkomponenten eintreten: bei geschützten Arten und natürlichen Lebensräumen, bei Gewässern und beim Boden. In Anlehnung an den Oil Pollution Act (OPA) der USA bestimmt die Richtlinie als Ziel der Sanierung eines Umweltschadens die Wiederherstellung des früheren Zustandes der geschädigten Natur bzw. deren geschädigter Funktionen.

Ist diese primäre Sanierungsoption nicht möglich, so ist im Rahmen einer ergänzenden Sanierung an einem anderen Ort ein Zustand der natürlichen Ressourcen und/oder deren Funktionen herzustellen, der einer primären Sanierung gleichkommt (Ersatzsanierung).

Ergänzend muss eine Ausgleichssanierung zur Kompensierung des zwischenzeitlichen Verlustes während der Primär- oder Ersatzsanierung durchgeführt werden. Der Ausgleich besteht in einer zusätzlichen Verbesserung der geschützten Lebensräume und Arten oder der Gewässer entweder an dem geschädigten oder einem anderen Ort. Grundsätzlich geht es also um einen Schadensausgleich in natura.

Kann der Umfang der gleichwertigen ergänzenden Sanierungsmaßnahmen und Ausgleichsanierungsmaßnahmen nicht ermittelt werden, so kann dieser Umfang mithilfe von Geldwerten bestimmt werden.

Die Richtlinie legt nicht fest, wie diese Geldwerte zu bestimmen sind, die ökonomische Naturbewertung lässt sich hierzu nutzen.

Und schließlich ist festgelegt, dass dann keine Sanierungsmaßnahmen zu ergreifen sind, wenn die Kosten der Erreichung des Ausgangszustandes oder eines vergleichbaren Zustands in keinem angemessenen Verhältnis zu dem Nutzen stehen, der für die Umwelt erreicht werden soll. Ein solcher Vergleich erfordert eine ökonomische Naturbewertung.

## 2.3 Ökonomische Bewertung ökosystemarer Dienstleistungen

**Von der Erfassung zur ökonomischen Bewertung.** Die Ökologin Gretchen Daily definiert die Ökosystemleistungen als „die Bedingungen und Prozesse, durch die natürliche Ökosysteme und die darin enthaltenen Arten das menschliche Leben aufrechterhalten und ermöglichen“ [6]. Im Fokus steht dabei nicht nur die Bereitstellung von Ressourcen, sondern vor allem die Vielzahl ökologischer Prozesse, die die grundlegenden Lebensbedingungen sichern.

Daily listet exemplarisch zentrale Prozesse auf, darunter: Reinigung von Luft und Wasser: etwa durch Vegetation oder Feuchtgebiete; Hochwasser- und Dürreregulation: z. B. durch Wasserrückhalt in Böden und Auen; Abfallabbau und Entgiftung: durch Mikroorganismen, Böden und Gewässer; Bodenbildung und Bodenfruchtbarkeit: durch Laubzersetzung, Bodentiere und Mikroben; Bestäubung: durch Insekten; Kontrolle von Schädlingen: durch natürliche Feinde wie Vögel oder Räuberinsekten; Nährstofftransport: etwa durch Tierwanderungen oder Bodenprozesse; Schutz vor UV-Strahlung: etwa durch atmosphärische Prozesse; ästhetische und kulturelle Werte: durch Landschaften, Artenvielfalt, Naturerfahrung [6].

Mit ihrer Definition knüpft Daily an das Konzept der „life-support services“ von Ehrlich und Ehrlich [7] an und entwickelt es weiter. Sie verbindet die systematische Sichtweise ökologischer Funktionen mit einem stärker politisch-ökonomischen Rahmen. Besonders hervorzuheben ist dabei ihre Diagnose eines strukturellen Bewertungsproblems. Obwohl die genannten Leistungen für das menschliche Wohlergehen unverzichtbar sind, werden sie im politischen und wirtschaftlichen Alltag kaum berücksichtigt. Das liegt hauptsächlich daran, dass sie keinen monetären Wert haben und daher aus ökonomischer Sicht oft unsichtbar bleiben [6].

Ein früher Vorschlag zur quantitativen Bewertung ökologischer Leistungen stammt von Westman [21]. Westman unterscheidet zwischen den materiellen „goods“ der Natur, etwa Holz, Fischbestände, Wasser, und den weniger greifbaren „services“, also den ökologischen Funktionen, die für das menschliche Wohlergehen zentral sind, aber keinen Marktpreis besitzen.

Er argumentiert, dass politische Entscheidungsprozesse zunehmend auf quantifizierbare Informationen angewiesen seien, um die ökologischen Grundlagen menschlicher Existenz angemessen zu berücksichtigen. Damit verschiebt sich der Fokus von der Frage, ob Natur einen Wert besitzt, hin zur Frage, wie dieser Wert kommunizierbar gemacht werden kann.

Als methodischen Zugang schlägt er die sogenannte Ersatzkostenmethode („replacement cost method“) vor. Dabei wird der Wert einer ökologischen Leistung über die Kosten geschätzt, die für ein technisches Ersatzsystem erforderlich wären. Beispielhaft nennt Westman die Luftreinigung durch Vegetation, deren Wert sich über die Investitionen in industrielle Filtersysteme abschätzen lässt.

Wichtig ist, dass Westman die ökonomische Naturbewertung nicht als Vorbereitung für eine vollständige Marktintegration von Ökosystemleistungen ansieht, sondern als ein strategisches Argumentationsinstrument zur politischen Sichtbarmachung ökologischer Prozesse.

Westmans Arbeit markiert einen wichtigen Schritt. Westman zeigt, dass die Verknüpfung von ökologischer Komplexität mit ökonomischer Argumentation hilfreich sein kann, um politische Entscheidungslogiken zu beeinflussen. Die Bewertung ökologischer Leistungen wird nicht als Selbstzweck verstanden, sondern als eine Brücke zwischen dem naturwissenschaftlichen Wissen und der gesellschaftlichen Handlungsfähigkeit.

**Bewertung globaler ökosystemarer Dienstleistungen.** Einen Meilenstein in der öffentlichen und der politischen Wahrnehmung von Ökosystemleistungen stellt die Studie von Costanza et al. [5] dar. Während Westman die methodische Möglichkeit monetärer Bewertungen aufzeigt, skalieren Costanza et al. diesen Ansatz auf globale Ebene und verleihen ihm enorme mediale und politische Sichtbarkeit.

Aufbauend auf der grundsätzlichen Idee der Ersatzkostenmethode entwickeln die Autor:innen einen Ansatz zur großskaligen monetären Quantifizierung von Ökosystemleistungen. Ihr Ziel war es nicht, präzise Marktwerte zu berechnen, sondern die fundamentale Bedeutung ökologischer Prozesse durch eine ökonomische Perspektive sichtbar zu machen.

Ihre Studie basiert auf einer umfangreichen Literaturanalyse, aus der Durchschnittswerte für einzelne Ökosystemleistungen in spezifischen Biomen abgeleitet werden. Insgesamt berücksichtigen die Autor:innen 17 verschiedene Leistungen, verteilt auf 16 globale Ökosystemtypen. Durch die Multiplikation flächenspezifischer Wertansätze mit den jeweiligen Ausdehnungen dieser Biome schätzen Costanza et al. den jährlichen monetären Gesamtwert globaler Ökosystemleistungen auf rund 33 Billionen US-Dollar pro Jahr: Eine Summe, die im Jahr der Veröffentlichung das weltweite Bruttoinlandsprodukt übersteigt.

Diese provokativ gewählte Größenordnung ist zentraler Bestandteil der Argumentationsstrategie. Die Autor:innen verstehen ihren Wert nicht als einen realen Marktpreis oder als eine Grundlage für reale Transaktionen, sondern als einen politischen Weckruf. Ihre Intention besteht darin, die weit verbreitete Vorstellung von der Kostenlosigkeit natürlicher Prozesse zu widerlegen und die Abhängigkeit moderner Gesellschaften von ökologischen Systemleistungen in ökonomisch anschlussfähiger Form darzustellen.

Die Methodik der Studie ist umstritten, da komplexe ökologische Prozesse auf vereinfachte Durchschnittswerte reduziert werden. Gerade diese Vereinfachung macht jedoch ihre politische Wirksamkeit aus. Die Studie hatte eine enorme politische Wirkung und markiert einen Durchbruch des Konzepts der Ökosystemleistungen in die internationale Umweltökonomie. Sie beeinflusst maßgeblich die weitere Institutionalisierung des Themas im Rahmen globaler Umweltgovernance.

Damit verschiebt sich die Monetarisierung endgültig von einer methodischen Technik zu einem strategischen Kommunikationsinstrument. In dieser Funktion wirkt die Studie als ein Katalysator für eine breite internationale Debatte über die Integration von Naturwerten in wirtschaftliche und politische Entscheidungsprozesse.

**Politische Nachfrage nach ökonomischen Bewertungen.** Mit dem Millennium Ecosystem Assessment (MEA) [11], das 2005 veröffentlicht wurde, wird das Konzept der Ökosystemleistungen systematisch auf globaler politischer Ebene implementiert. Das Ziel des MEA ist es, den Zustand der globalen Ökosysteme sowie deren Bedeutung für das menschliche Wohlergehen wissenschaftlich zu bewerten.

Zu diesem Zweck entwickelte das Assessment eine einheitliche Kategorisierung von Ökosystemleistungen in vier Hauptgruppen: Versorgungsleistungen, Regulierungsleistungen, kulturelle Leistungen sowie unterstützende Leistungen. Diese Typologie standardisiert den zuvor heterogen verwendeten Leistungsbegriff und macht ihn politisch operationalisierbar.

Aufbauend auf den Ergebnissen der MEA initiierte das Umweltprogramm der Vereinten Nationen im Jahr 2007 die Studie The Economics of Ecosystems and Biodiversity (TEEB) [13], die die ökonomische Bedeutung der Natur stärker in den Fokus rückt. TEEB zielt darauf ab, den ökonomischen Wert von Biodiversität und Ökosystemleistungen sichtbar zu machen und konkrete Handlungsempfehlungen für politische, wirtschaftliche und zivilgesellschaftliche Akteur:innen zu formulieren.

Ein zentraler Bestandteil des TEEB-Ansatzes ist das recognize-demonstrate-capture-Modell. Es beschreibt drei aufeinander aufbauende Schritte: Zunächst sollen Ökosystemleistungen konzeptionell erkannt und benannt werden (recognize), anschließend mit geeigneten Bewertungsinstrumenten nachgewiesen werden (demonstrate), um schließlich in politische Entscheidungsprozesse und wirtschaftliche Anreizsysteme integriert zu werden (capture).

Sowohl das MEA als auch das TEEB-Projekt verfolgen das Ziel, den Schutz von Natur nicht nur aus moralischen oder ökologischen Gründen zu legitimieren, sondern ihn auch auf ökonomisch nachvollziehbare Argumente zu stützen. Die politische Wirkung dieser Initiativen besteht darin, dass das Konzept der Ökosystemleistungen mittlerweile in der internationalen Umweltpolitik verankert ist, wie etwa in nationalen Strategien zur Biodiversität, Stadtplanung, Landwirtschaft oder Entwicklungszusammenarbeit.

Während frühe monetäre Ansätze stark von der Idee des Marktversagens geprägt waren, also der fehlenden Internalisierung externer Effekte, haben sich die Begründungen im Laufe der Zeit verschoben. Anstelle des Verweises auf strukturelle Bewertungsdefizite rücken zunehmend strategische Zielsetzungen in den Mittelpunkt, wie die Sichtbarmachung ökologischer Werte, die Verbesserung von Entscheidungsgrundlagen oder die Steuerung von Politik durch ökonomische Anreize.

MEA wie TEEB betonen, dass es nicht um die Marktintegration geht, sondern um ein breites Spektrum von Bewertungsverfahren, einschließlich nicht-monetärer Methoden. Dennoch bleibt die ökonomische Argumentation zentral, da sie sich vor allem im politischen Kontext als besonders anschlussfähig erweist.

Es wird deutlich, dass das Konzept der Ökosystemleistungen nicht primär der exakten Quantifizierung von Naturwerten dient. Seine Funktion besteht darin, ökologische Abhängigkeiten moderner Gesellschaften sichtbar zu machen und interdisziplinäre Handlungsräume zu eröffnen.

Die Entwicklung des Konzepts verdeutlicht einen grundlegenden Perspektivwechsel im gesellschaftlichen Naturverständnis. Natur wird zunehmend nicht nur als

Ressource oder Schutzgut betrachtet, sondern als die funktionale Grundlage menschlicher Wohlfahrt und langfristiger gesellschaftlicher Stabilität.

**Offenlegung von Interessenkonflikten** Der Autor hat keine Interessenkonflikte anzugeben, die für den Inhalt dieses Artikels relevant sind.

# Literatur


1. Banzhaf, H. S.: The environmental turn in natural resource economics: John Krutilla and Conservation Reconsidered. Journal of the History of Economic Thought 41 (1), 27–46 (2019)
2. Binswanger, H. C.: Die Rolle der Natur in der ökonomischen Theorie. Schweizerische Zeitschrift für Volkswirtschaft und Statistik 134 (3), 237–250 (1998)
3. Commons Implementation Strategy for the Water Framework Directive: Guidance Document No. 1 Economics and the Environment (2003)
4. Comprehensive Environmental Response, Compensation and Liability Act 42 U.S.C. § 9601 et seq. (1980)
5. Costanza, R. et al.: The Value of the World's ecosystem services and natural capital. Nature (387), 253–260 (1997)
6. Daily, G. (ed.): Nature's Services – Habitat as Infrastructure. A Review of Natural Services: Societal Dependence on Natural Ecosystems. Island Press Washington, D.C. (1997)
7. Ehrlich, P. R., Ehrlich, A.: Extinction: The Causes and Consequences of the Disappearance of Species. Random House New York (1981)
8. Gesang, B.: Eine Verteidigung des Utilitarismus. Philipp Reclam jun. Stuttgart (2003)
9. Krutilla, J. V.: Conservation Reconsidered. American Economic Review 57 (4), 777–786 (1967)
10. Marggraf, R., Streb, S.: Ökonomische Bewertung der natürlichen Umwelt: Theorie, politische Bedeutung, ethische Diskussion. Spektrum Heidelberg Berlin (1997)
11. Millenium Ecosystem Assessment: Ecosystems and Wellbeing: Synthesis. Island Press. Washington, D.C. (2005)
12. Oil Pollution Act 33 U.S.C. § 2701 et seq. (1990)
13. Pushpam, K. (ed.): The economics of ecosystems and biodiversity: ecological and economic foundations. Earthscan London (2010)
14. Richtlinie 2000/60/EG des Europäischen Parlaments und des Rates vom 23. Oktober 2000 zur Schaffung eines Ordnungsrahmens für Maßnahmen der Gemeinschaft im Bereich der Wasserpolitik
15. Richtlinie 2004/35/EG des Europäischen Parlaments und des Rates vom 21. April 2004 über Umwelthaftung zur Vermeidung und Sanierung von Umweltschäden
16. Richtlinie 2008/56/EG des Europäischen Parlaments und des Rates vom 17. Juni 2008 zur Schaffung eines Ordnungsrahmens für Maßnahmen der Gemeinschaft im Bereich der Meeresumwelt
17. U.S. Department of Interior 51 Federal Register 27674, September 2, U.S Government Printing Office, Washington, D.C. (1986)
18. U.S. Government Executive Order 12291, February 17, White House (1981)
19. U.S. Government Executive Order 12866, October 14, White House (1993)
20. Verordnung (EU) Nr. 1143/2014 des Europäischen Parlaments und des Rates vom 22. Oktober 2014 über die Prävention und das Management der Einbringung und Ausbreitung invasiver gebietsfremder Arten
21. Westman, W. E.: How much are Nature's Services Worth? Science (197), 960–965 (1977)

**Rainer Marggraf** hat den Arbeitsbereich Umwelt- und Ressourcenökonomik am Institut für Agrarökonomie der Universität Göttingen geleitet. Nach seinem Studium der Volkswirtschaftslehre in Heidelberg war er dort von 1980 bis 1993 als wissenschaftlicher Mitarbeiter am Südasien-Institut tätig. Seine Forschung konzentriert sich auf die Entwicklung einer rationalen Naturschutzpolitik, die ökonomische Bewertung von Umweltgütern und Biodiversität sowie Konzepte für Payment-for-Ecosystem-Services.

# Ökosystemleistungen als Entscheidungsgrundlage: Neue Wege zu naturverträglicher Politik

Karsten Grunewald(✉)
Leibniz-Institut für ökologische Raumentwicklung e. V. (IÖR), Dresden, Germany
k.grunewald@ioer.de

**Zusammenfassung.** Strategische Entscheidungen zur Landnutzung sollen mit Aspekten des Natur- und Landschaftsschutzes und insbesondere der Biodiversität als Grundlage für funktionierende Ökosysteme verbunden werden. Dazu gehört ein nachhaltiges Angebot an Ökosystemleistungen. Deren Nutzen zum Wohlergehen der Menschen ist bislang oft unterschätzt worden. Dieses Kapitel des vorliegenden Tagungsbandes führt kurz in das Ökosystemleistungskonzept ein und skizziert wichtige Indikatoren für Biodiversität und Ökosysteme auf globaler Ebene sowie national für Deutschland. Neue internationale Rahmenwerke schaffen die Grundlage dafür. Ein Fokus wird auf das Ökosystem-Accounting im Sinne einer erweiterten Wirtschaftsberichterstattung gelegt. Trotz – oder gerade wegen – der Vielzahl an Erkenntnissen zum Zustand der biologischen Vielfalt und der Ökosysteme sowie der komplexen Anforderungen an politische Strategien und Optionen gelingt es häufig (noch) nicht, Politiker und Entscheidungsträger wirksam zu informieren. Aspekte komplexer Biodiversitäts- und Ökosystemveränderungen und -risiken in Raum und Zeit in einfachen, gut kommunizierbaren Kenngrößen auszudrücken, oder diese gar ökonomisch zu bewerten, erweist sich als herausfordernd.

**Schlüsselwörter:** Biodiversität · Naturkapital · Ökosystem-Accounting (SEEA-EA) · Ökosystembilanzierung · Umweltökonomische Gesamtrechnungen (UGR)

## 1 Warum brauchen wir neue Entscheidungsgrundlagen?

Klimawandel, Biodiversitätskrise und Flächendruck erzwingen die Suche und Aushandlung neuer Strategien, denn tiefgreifende gesellschaftliche Veränderungen stehen an: Globale Handelsbeziehungen stocken in Krisenzeiten, die Wirtschaft soll sich von fossilen Energieträgern lösen, territoriale Verwaltungsstrukturen bis zur kommunalen Ebene stehen vor der Herausforderung, die Mobilitäts-, Bau-, Energie- und Wärmewende sowie die Klimaanpassung gleichzeitig zu bewältigen. Agrar und Ernährungs-


S. M. Gergely et al. (Hrsg.): SymWeN 2026, *Die Werte der Natur*, S. 109–127, 2027,
https://doi.org/10.1007/978-3-662-74109-2_10

systeme sollen unter sich rasant ändernden Rahmenbedingungen Versorgungssicherheit gewährleisten und resilient sein. All dies stellt Entscheidungsträger in Politik, Verwaltung und Privatwirtschaft vor komplexe Herausforderungen, die noch dazu unter erheblichem Zeitdruck stehen.

Im Kontext des transformativen Wandels sind Akteure aus Politik und Wirtschaft angehalten, den Erhalt von Natur und Landschaft in ihre Entscheidungen einzubeziehen. Zwar haben Aspekte der Biodiversität, Ökosystemleistungen und Naturkapital (Box 1) in Entscheidungsprozessen in den vergangenen Jahren an Bedeutung gewonnen [1], aber die Wirkung bleibt bislang begrenzt. Eine Agenda der „Staatsmodernisierung“ allein auf die Erfordernisse von Wirtschaft und Wachstum sowie militärische Aufrüstung zu orientieren [2] greift zu kurz; sie muss den Umwelt-, Klima- und Biodiversitätsschutz integral mitdenken [3]!

Der Weltbiodiversitätsrat IPBES resümierte vor kurzem, dass fortschreitender Biodiversitätsverlust und Ökosystemdegradierung eine Gefahr für Wertschöpfung und Wohlstand darstellen [4]. Mehr als die Hälfte des weltweiten Bruttoinlandsprodukts (BIP) hängt von Leistungen der Natur ab [5], denn wirtschaftliche Stabilität ist untrennbar mit dem Erhalt der biologischen Vielfalt verbunden [6]. Bislang lässt sich jedoch nur eine unzureichende Integration von Naturwerten in Wirtschafts- und Finanzsysteme beobachten. Dies verstärkt den Biodiversitätsverlust. In den letzten 50 Jahren sind global in 14 von 18 Kategorien die Leistungen der Natur zurückgegangen, nur einige versorgende Leistungen nahmen zu [4].

Vor diesen Hintergründen wird im Folgenden thematisiert,

- inwieweit das Konzept der Ökosystemleistungen geeignet ist, neue Brücken zwischen Menschen bzw. Ökonomie und der Natur zu schlagen,
- welche Informationsgrundlagen (hier Daten und Indikatoren zu Biodiversität und Ökosystemen) insbesondere auf nationaler Ebene zur Verfügung stehen und
- ob neue Formen der Wirtschaftsberichterstattung einen Hebel für höhere Wertschätzung von Biodiversität und Ökosystemleistungen (ÖSL) darstellen.

**Box 1: Begriffliche Abgrenzung im wirtschaftspolitischen Kontext [7–9]**

- **Naturkapital** stellt den Bestand an biotischen und abiotischen Ressourcen dar.
- **Ökosystemleistungen** sind die Beiträge der aus diesen Beständen resultierenden Nutzenströme für den Menschen, wie Bestäubung oder Wasserreinigung.
- **Biodiversität** fungiert als „Enabling Asset“ (befähigendes Gut), sie ist das konstituierende Merkmal intakter Ökosysteme, das deren Resilienz und Produktivität erst ermöglicht.

Neue Strategien und Handlungsfelder im internationalen Rahmen, insbesondere das Kunming-Montreal Global Biodiversity Framework (GBF, [10]), die EU-Biodiversitätsstrategie 2030 [11], die Wiederherstellungsverordnung (EU) 2024/1991 für geschädigte Ökosysteme sowie die Überführung dieser Vorgaben in nationales Recht und Handeln (v. a. Nachhaltigkeits- und Biodiversitätsstrategien) erfordern erhöhte

Anstrengungen, teils sogar systemische Neuausrichtungen, um Biodiversitäts- bzw. Ökosystemparameter zu erfassen, zu beobachten und möglichst in aggregierter Form darzustellen.

Die Debatte um die Messbarkeit und Kommunikation von Naturveränderungen hat auch im politischen und unternehmerischen Umfeld Einzug gehalten [12, 13]. Die biologische Vielfalt ist eine integrale Voraussetzung für Ökosystemleistungen (Box 1) und bildet somit nicht nur eine Lebensgrundlage, sondern insbesondere auch Voraussetzung für nachhaltiges Wirtschaften, vor allem im Agrar- und Forstbereich, aber auch für die Energie-, Wasser- und Lebensmittelindustrie [4].

## 2 Ökosystemleistungen – Potenziale und Grenzen dieses Brückenkonzepts

Das vielschichtige Konzept der „Ökosystemleistungen“, welches sich zu einem bedeutenden wissenschaftlichen Forschungsgebiet entwickelt hat, beinhaltet eine normative Komponente, die eng mit dem Begriff der Nachhaltigkeit verknüpft ist. Der Ansatz intendiert, als wirksames *„Boundary Object“* für die Integration des vielfältigen Wissens im Zusammenhang mit Nachhaltigkeit zu wirken [14] und Brücken zwischen Natur (Gesundheit der Ökosysteme), Mensch (Wohlbefinden) und Gesellschaft (Gemeinwohl) zu bauen [1].

Ziel ist es, auf systematischer konzeptioneller Basis ein gemeinsames Verständnis für die Leistungen der Natur zu ermöglichen; die Werte und der Nutzen der Natur sollen bewusst(er) gemacht, politische und ökonomische Entscheidungen (biodiversitätsfreundlich) beeinflusst und Menschen zum (naturpositiven) Handeln aktiviert werden.

Methodisch werden i. d. R. fünf Säulen bewertet, zunächst die Eigenschaften von Ökosystemen (1), die ein bestimmtes Potenzial oder eine Kapazität (2) für Nutzungen aufweisen, und versorgende, regulierende und soziokulturelle Ökosystemleistungen (3) bereitstellen. Die gesellschaftliche Perspektive beinhaltet die Nutzwerte (4), die quantifiziert werden, sowie die Integration der Akteure/Nutznießer (5).

Zahlreiche Initiativen sind in den letzten beiden Jahrzehnten in diesem Kontext entstanden, in Abb. 1 sind wichtige globale und europäische aufgeführt. Gemeinsam ist ihnen die „Ökosystem“-basierte Bewertung der Natur mit dem Ziel, Biodiversität zu erhalten.

Ein Ökosystem umfasst das Beziehungsgefüge der Lebewesen untereinander und deren anorganische Umwelt. Im weniger abstrakten Sinn wird ein Ökosystem durch seine Lebensgemeinschaft (Biozönose) und deren Lebensraum (Biotop) gekennzeichnet [15].

Die Ökosystemforschung stellt einen konzeptionellen Ansatz dar, der insbesondere in den Naturwissenschaften Anklang findet, da er die Analyse von Struktur und Dynamik räumlicher Systeme mittels analytischer Modellvorstellungen ermöglicht. Das Ökosystemkonzept umfasst mehrere hierarchische Ebenen, nicht nur in theoretischer Hinsicht, sondern auch aus operativer Sicht [16]. Somit kann prinzipiell eine breite Palette von Ökosystemen identifiziert und kartiert werden, von kleinmaßstäbigen Biomen und Ökoregionen bis zu großmaßstäbigen Lebensräumen und Biotopen.

**Abb. 1.** Wichtige internationale Etappen/Initiativen der Ökosystem-basierten Naturbewertung.

Ökosysteme sind holistisch zu begreifen. Das heißt, ihre emergenten Systemeigenschaften (Wechselwirkungen/Interaktionen zwischen den Bestandteilen) weisen Verhaltensweisen auf, die sich nicht alleine auf Basis einer Analyse ihrer Bestandteile erklären lassen. Daher bedarf es einer Analyse mit ganzheitlichem Verständnis, die sich auch in den Indikatoren und Kartierungen widerspiegelt [17].

Weiterhin können Landschaftsökosysteme zum einen als Ergebnis von Einflussfaktoren der natürlichen Umwelt, zum anderen als Konstrukt menschlicher Wahrnehmung, d. h. als künstliche Einheiten, erfasst werden, bei denen die Kriterien für die Auswahl der Komponenten und deren Abgrenzung ausgehend von den Interessen des Betrachters bzw. der Betrachterin festzulegen sind *(Landscape as perceived by people).* Insofern haben Bastian et al. [18] im Zusammenhang mit der konzeptionellen Kritik an sog. „Kulturellen Ökosystemleistungen" (siehe Beitrag Kirchhoff in diesem Buch) vorgeschlagen, den Zugang über „Landschafts-Dienstleistungen" zu wählen.

Insgesamt ist festzuhalten, dass sich das ÖSL-Konzept zunehmend etabliert und neue Impulse in der Auseinandersetzung Mensch-Natur von diesem ausgehen, dass es aber kein einfaches Patentrezept für bessere Entscheidungen zum Schutz der Biodiversität darstellt. Über den ÖSL-Ansatz werden jedoch integrative Sichtweisen gestärkt: sie können darüber hinaus den Rahmen für Akteurskommunikation, Beteiligungsprozesse und Diskussionsstrukturierung bilden. Dies kann die behörden- und sektorenübergreifende multikriterielle Entscheidungsfindung befördern. Allerdings bleiben Begriffsverständnis, Handhabung des Methoden- und Wertepluralismus, ganzheitliches Systemverständnis sowie Komplexität herausfordernd. Deshalb sind „Übersetzungsleistungen" von der Wissenschaft zur Praxis nötig [1]. Auch die gesetzliche Verankerung sollte ausgebaut werden.

Ökonomische Betrachtungen (Nutzen, Risiken), die Teil des ÖSL-Konzepts sind, bieten Chancen für den Naturschutz, weil sie Anschlussfähigkeit an gesellschaftlich dominante Sichtweisen gewährleisten. Jedoch sind Konzept (Internalisierung externer Effekte), zu berücksichtigende Werte (v. a. über den sog. *Total Economic Value,* TEV) und Methoden (ökonomische Bewertungsverfahren wie bspw. Zahlungsbereitschaftsanalysen) überaus anspruchsvoll (zu interpretieren) und in der Praxis, Stichwort „Kostenwahrheiten", kaum zu erfüllen [1, 7, 19, siehe auch Beitrag Marggraf in diesem Buch].

Zu beachten sind Vorwürfe, das ÖSL-Konzept würde die Natur und die hochdiversen Mensch-Natur-Beziehungen auf ökonomische Aspekte reduzieren. Die Kritik richtet sich nicht so sehr gegen ökonomische Bewertungen generell, sondern gegen die Gefahr, dass der ohnehin bereits dominierende anthropozentrische Fokus (Natur als Ware, Rolle der Märkte, ausbeuterische Mensch-Natur-Beziehung) noch mehr Gewicht erhält [1]. Die an der Monetarisierung festgemachte grundsätzliche Kritik am ÖSL-Konzept (z. B. [20]) erscheint allerdings bisweilen überzogen. ÖSL laufen nicht zwangsläufig und nur auf die Berechnung monetärer Werte hinaus, sondern lassen genügend Freiheit, die Bedeutung von Ökosystemen für den Menschen auf verschiedene Weise darzustellen. Zum Beispiel: a) als naturwissenschaftlich-ökologische Beurteilung der Qualität oder Einzigartigkeit von Ökosystemen, b) als ökonomisch-monetäre Taxierung und c) qualitativ als Wertschätzung auf der Basis individueller, gruppenspezifischer oder gesellschaftlich-politischer Normen und Wertsysteme [1].

Bereits Costanza et al. [21] wiesen darauf hin, dass der als Bewertungsgrundlage für ÖSL oft genutzte Zahlungsbereitschafts-Ansatz *(Willingness to pay)*, d. h. der Preis, den die Menschen für eine Dienstleistung bereit wären zu bezahlen, Werte wie soziale Fairness, ökologische Nachhaltigkeit und andere Faktoren nicht ausreichend berücksichtigt. Während Zahlungen für ÖSL *(Payments for Ecosystem Services)* unter bestimmten Bedingungen als sinnvoll, sozial und ökologisch zielführend eingestuft werden (z. B. die Vergütung von durch Firmen oder Privatpersonen erbrachte „Umweltleistungen"), stößt das Ansinnen, Ökosystemleistungen auf Märkten zu handeln oder die Zerstörung von Umwelt damit zu kompensieren, zu Recht auf Vorbehalte [1].

## 3 Neue Daten und Indikatoren

Die Integration von Ökosystemleistungen und Biodiversität in gesellschaftliche Strategien setzt geeignete Informationen voraus, denn nur Kenngrößen, die auf verlässlichen Daten und effizienten statistischen Methoden basieren, können dazu beitragen, umweltpolitische Entscheidungen zielgenau zu treffen und ihre Umsetzung zu beschleunigen [22]. Wenn die Kenngröße etwas bestimmtes „anzeigen" soll, spricht man von einem Indikator; dieser ist meist auch mit einem Zielwert verbunden. Im Folgenden wird kurz auf Aspekte der aktuellen internationale Indikatorik in Bezug auf biologische Vielfalt und ÖSL sowie der nationalen Umsetzung in Deutschland eingegangen.

**Leitindikatoren des Kunming-Montreal Global Biodiversity Frameworks**
Das Übereinkommen über die biologische Vielfalt (Convention on Biological Diversity, abgekürzt CBD) wurde im Jahr 1992 auf dem Erdgipfel der UNO in Rio de Janeiro unterzeichnet und trat 1993 in Kraft. Es ist ein rechtlich bindendes internationales Abkommen mit 196 Vertragsparteien. Sein Ziel ist die Erhaltung und nachhaltige Nutzung der biologischen Vielfalt. Die CBD will die Entwicklung nationaler

Strategien und Aktionspläne zur Erhaltung der biologischen Vielfalt unterstützen. Der Schutz der genetischen Vielfalt, der Artenvielfalt und der Vielfalt der Lebensräume stellen Schlüsselparameter dar, da diese für die Erhaltung der Gesundheit der Ökosysteme und die Förderung des Wohlergehens der Menschheit unerlässlich sind. Die konkrete Umsetzung des Abkommens wird durch die Vertragsstaatenkonferenzen (Conference of the Parties, COP) gesteuert.

Als Teil des Kunming-Montreal Global Biodiversity Framework (GBF, [10]) wurde 2022 auf der COP 15 ein Überwachungsrahmen verabschiedet, der drei Arten von Indikatoren umfasst: Leitindikatoren *(headline indicators),* einen Mindestsatz hochrangiger Indikatoren, die den Gesamtumfang der Ziele und Zielvorgaben des GBF beschreiben, sowie Komponenten- und ergänzende Indikatoren als Zusatzindikatoren. Diese sollen schrittweise auf nationaler Ebene umgesetzt werden.

Das GBF umfasst vier langfristige Ziele *(Goals A–D)* für das Jahr 2050, die sich auf die „Vision 2050" einer Welt beziehen, in der die Menschen im Einklang mit der Natur leben [10]. Dabei sind die vier Indikatoren, die Ziel A untersetzen, entscheidende Kennzahlen für die Dimensionen der biologischen Vielfalt, während Ökosystemleistungen in einem aggregierten Indikator für Ziel B abgebildet werden sollen (Tab. 1).

Die beiden Leitindikatoren zu Ziel C befassen sich mit monetären und nicht-monetären Nutzenaspekten, die drei Leitindikatoren zu Ziel D mit der Finanzierung des Schutzes und der nachhaltigen Nutzung der biologischen Vielfalt und der Ökosysteme.

Darüber hinaus umfasst das GBF 23 handlungsorientierte globale Ziele *(Targets)* für dringende Maßnahmen bis 2030 [10]. Diesen Zielen sind wiederum Leitindikatoren (s. o.) zugeordnet, die teilweise mit denen der *Targets* übereinstimmen. Weitere Indikatoren, die die biologische Vielfalt direkt charakterisieren, sind u. a.: 5.1 Anteil der Fischbestände innerhalb biologisch nachhaltiger Grenzen; 6.1 Rate der Etablierung invasiver gebietsfremder Arten. Andere adressieren spezifisch „Flächen", wie 1.1 Anteil der Land- und Meeresflächen, die durch biodiversitätsorientierte Raumordnungspläne abgedeckt sind; 2.1 Fläche, die renaturiert wird; 3.1 Abdeckung durch Schutzgebiete und andere wirksame flächenbezogene Erhaltungsmaßnahmen; 10.1 Anteil der landwirtschaftlichen Fläche, die produktiv und nachhaltig bewirtschaftet wird.

Das GBF leistet zudem einen Beitrag zur Umsetzung der Agenda 2030 für nachhaltige Entwicklung (SDG, Sustainable Development Goals [10]), beispielsweise ist der Rote-Liste-Index (Indikator A.3) des GBF zugleich SDG-Indikator 15.5.1.

Einige der Leitindikatoren des GBF können bzw. sollten auf der Grundlage von SEEA-EA (System of Environmental-Economic Accounting – Ecosystem Accounting), dem statistischen Standard für die Ökosystemrechnungen [23], berechnet werden, da diese eine solide Grundlage für die Ableitung von Ökosystemindikatoren bilden und eine Reihe von Indikatoren für die nationale Planung, Entscheidungsfindung und Überwachung liefern können (s. u.).

**Tab. 1.** Ziele (Goals) A und B des Globalen Rahmens für die biologische Vielfalt (GBF) und zugehörige Leitindikatoren (eigene Übersetzung aus [10]).

| GBF-Goal | Leitindikator | Indikatorbeschreibung (kurz) |
|---|---|---|
| **A**<br>Die Integrität, Vernetzung und Widerstandsfähigkeit aller **Ökosysteme** werden erhalten, verbessert oder wiederhergestellt, wodurch die Fläche der naturnahen Ökosysteme bis 2050 erheblich vergrößert wird. | A.1 Rote Liste der Ökosysteme | Misst das durchschnittliche Risiko eines Ökosystemzusammenbruchs einer Gruppe von Ökosystemen und verfolgt dessen Veränderung im Zeitverlauf auf der Grundlage der tatsächlichen Veränderung der Risikokategorie jedes einzelnen Ökosystems. |
| | A.2 Ausmaß naturnaher Ökosysteme | Ausdehnung der natürlichen und naturnahen Ökosysteme als Anteil an der Gesamtfläche des Landes zu einem bestimmten Zeitpunkt, ausgedrückt in Prozent. |
| Das vom Menschen verursachte Aussterben bekannter gefährdeter **Arten** wird gestoppt, und bis 2050 werden die Aussterberate und das Aussterberisiko aller Arten um das Zehnfache gesenkt und der Bestand einheimischer Wildtierarten auf ein gesundes und widerstandsfähiges Niveau erhöht. | A.3 Rote-Liste-Index | Misst die Veränderung des aggregierten Aussterberisikos über verschiedene Artengruppen hinweg. |
| Die **genetische Vielfalt** innerhalb der Populationen wildlebender und domestizierter Arten bleibt erhalten, wodurch ihr Anpassungspotenzial gesichert wird. | A.4 Anteil der Populationen innerhalb einer Art mit einer effektiven Populationsgröße (Ne) > 500 | Wird berechnet, indem für jede Population einer Art ermittelt wird, ob sie über dem Schwellenwert von Ne 500 liegt. |
| **B** Die biologische Vielfalt wird nachhaltig genutzt und gepflegt, und die Beiträge der Natur für den Menschen, einschließlich der **Ökosystemfunktionen und -leistungen**, werden geschätzt, erhalten und verbessert, wobei diejenigen, die derzeit im Rückgang begriffen sind, wiederhergestellt werden, um bis 2050 eine nachhaltige Entwicklung zum Wohle heutiger und künftiger Generationen zu erreichen. | B.1 Ökosystemleistungen | Durchschnittliche Veränderungsrate bei der Bereitstellung einer Reihe von Ökosystemleistungen in einem bestimmten Zeitraum im Vergleich zu einem Basisjahr, für ein Land oder weltweit. |

**Ausgewählte Biodiversitätsdaten und -indikatoren in Deutschland**
In Deutschland ist die Nationale Strategie zur biologischen Vielfalt (NBS) das wichtigste Instrument zur Implementierung der in globalen und europäischen Rahmenwerken formulierten Ziele und Vorgaben. Mit dem Indikatorenbericht 2023 hat die Bundesregierung [24] zum vierten Mal eine umfassende Bewertung aller Indikatoren vorgelegt (18 Indikatoren der NBS 2007, unterteilt in fünf Themenbereiche: Bestandteile der biologischen Vielfalt, Siedlung und Verkehr, wirtschaftliche Nutzung, Klimawandel und öffentliches Bewusstsein). Eine wesentliche Neuerung der NBS 2030 [25] besteht darin, dass alle Ziele durch einen oder mehrere Indikatoren untermauert werden, um die Zielerreichung zu überprüfen und damit nicht nur frühzeitige Korrekturmaßnahmen auf der Grundlage regelmäßig überprüfter Indikatoren, sondern auch proaktive Maßnahmen auf der Grundlage von absehbaren Trends zu ermöglichen. Die Anzahl der Indikatoren hat sich allerdings im Vergleich zur NBS 2007 etwa verdoppelt.

Hervorzuheben ist der Indikator „Artenvielfalt und Landschaftsqualität“. Er ist der „Hauptindikator“ der NBS 2030 [25], ein „Schlüsselindikator“ der Deutschen Nationalen Nachhaltigkeitsstrategie [26], und wurde 2024 auch in den Jahreswirtschaftsbericht der Bundesregierung aufgenommen [27]. In letzterem ist der Indikator allerdings 2026 wieder gestrichen worden, weil sich die wirtschaftspolitischen Rahmenbedingungen geändert haben.

Die weiteren „Biodiversitätsindikatoren der NBS“ sind [24, 25]:

- FFH-Monitoring (Monitoring der Fauna-Flora-Habitat (FFH) Lebensraumtypen und der Arten der FFH-Anhänge, alle 6 Jahre für FFH-Gebiete)
- Gebietsschutz (Gesamtfläche der Naturschutzgebiete und Nationalparke (ohne Überlappungen) in Deutschland, seit 2000 jährlich erfasst; weitere Schutzgebiete u. a. viele NATURA 2000-Gebiete nicht einbezogen, auch nicht alle Biosphärenreservate und vor allem nicht die geschützten Meeresflächen)
- Ökologischer Gewässerzustand (Daten nach EU-Wasserrahmenrichtlinie für größere Gewässer alle 6 Jahre)
- Zustand der Flussauen (Erfassung der Auenflächen inkl. Bewertung für Auen an den 79 großen Flüssen Deutschlands; bisher zwei Berichte (2009 und 2021) verfügbar)
- Gefährdete Arten (Anzahl der Arten in Roten Listen, vom BfN koordinierte Erfassung für Wirbeltiere, Flechten, verschiedene Pilze, Algen, einige Wirbellose – nur Arten mit guter Datenlage enthalten)
- Invasive gebietsfremde Arten (vom BfN auch gem. EU-Verordnung 1143/2014 (Invasive alien species) erfasste Anzahl der gelisteten Arten und ihrer Etablierung)

**Faktencheck Artenvielfalt**
Neben den genannten Indikatoren stehen derzeit weitere Daten und inhaltliche Zusammenhänge in einem umfassenden Dokument zur Verfügung: Um den wachsenden Wissensstand zur Biodiversität in politisches Handeln für den dringend notwendigen Wandel hin zur Nachhaltigkeit umzusetzen, wurde vom Bundesministerium für Bildung und Forschung ein „Faktencheck Artenvielfalt“ initiiert.

Im Rahmen dieses Projekts erstellten 150 der führenden deutschen Expertinnen und Experten einen umfassenden Überblick über den Zustand, die Trends und die Einflussfaktoren der Biodiversität in den wichtigsten Lebensraumtypen des Landes; der am 1. Oktober 2024 veröffentlichte Abschlussband umfasst über 1200 Seiten [28].

Für fünf der Hauptlebensräume Deutschlands (Agrar- und Offenland, Wald, Binnengewässer und Auen, Küsten und Küstengewässer, Urbane Räume) wurde folgenden Fragen nachgegangen: Was sind die aktuellen Trends und Treiber der Veränderung der Artenvielfalt? Welche Konsequenzen haben die Biodiversitätsänderungen für Ökosystemleistungen und damit auch für unsere Gesellschaft? Welche Instrumente und Maßnahmen zum Schutz oder zur Steigerung der Biodiversität funktionieren wirklich? Was ist die besondere Rolle der Bodenbiodiversität? Wie müssen wir unsere Lebensweise, Wirtschaft und Landnutzung transformieren, damit Artenvielfalt in unserer Landschaft erhalten bleibt bzw. zurückkehrt?

Im Bericht fußt die Gesamtanalyse der biologischen Vielfalt in Deutschland insbesondere auf drei Kenngrößen: (1) Artenreichtum, (2) Anzahl der Arten, (3) Gesamtabundanz oder Biomasse. Diese werden für die fünf untersuchten Lebensräume und die Bodenbiodiversität spezifiziert. Um langfristige Entwicklungen zu erkennen, wurden rund 15.000 Trends aus knapp 6.200 Zeitreihen erstellt und ausgewertet. Der Vergleich der aktuellen Werte und Trends zeigt, dass insbesondere in Bezug auf Artenreichtum und -zahlen in Deutschland überwiegend negative bis konstante Entwicklungen beobachtet werden.

Die Ergebnisse des Faktenchecks zur Biodiversität in Deutschland sind insgesamt ernüchternd. Von den etwa 72.000 in Deutschland einheimischen Tier-, Pflanzen- und Pilzarten wurden bislang etwa 40 % auf die Gefährdung ihrer Populationen hin untersucht und in Roten Listen erfasst. Fast ein Drittel aller Arten in den Roten Listen ist bestandsgefährdet. Stark gefährdet sind viele Reptilien- und Amphibienarten sowie zahlreiche Insektenarten. Vereinzelte Zunahmen der Populationsgrößen zeigen sich innerhalb der Artengruppen der Säugetiere, Vögel, Tagfalter und Libellen, hingegen nicht für Arten, die auf seltene oder gefährdete Habitate angewiesen sind [28].

**Überblick zu Ökosystemleistungsindikatoren auf Bundesebene**

Ausgehend von den Vorgaben der EU-Biodiversitätsstrategie 2020[1] hatten deutsche Umweltbehörden (Bundes-Umweltministerium, Bundesamt für Naturschutz/Umweltbundesamt) verschiedene Forschungsvorhaben zur systematischen, flächendeckenden Erfassung, Bewertung und Kartierung von Ökosystemleistungen (quantitativ, wiederholbar) auf nationaler Ebene auf den Weg gebracht. Das Wissen und das methodische Instrumentarium zu ÖSL konnten folglich erheblich erweitert werden [z. B. 1,29,30]. Der nationale MAES-Bericht ist nach langer behördlicher Abstimmung unter dem Titel „Nature under Pressure–Report on the state of ecosystems and their services for society and economy. German MAES Report on Target 2, Action 5 of the EU-Biodiversity Strategy 2020“ erschienen [31], allerdings selbst in Fachkreisen kaum bekannt.

---

[1] Die EU-Biodiversitätsstrategie 2020 rief in Maßnahme 5 explizit zur Verbesserung der Kenntnisse über Ökosysteme und Ökosystemleistungen auf. Diese Vorgabe hatte enorme Aktivitäten hinsichtlich eines Ökosystem-Assessments in den EU-Staaten ausgelöst, koordiniert über die MAES-Arbeitsgruppe der EU (The Working Group on **M**apping and **A**ssessment on **E**cosystems and their **S**ervices).

**Tab. 2.** Ausgewählte bundesweite Indikatoren zu Ökosystemleistungen in Deutschland (jeweilige Referenzen mit Beschreibungen und Ergebnissen in [1])

| Kategorie | ÖSL-Indikatoren |
|---|---|
| Versorgungs-ÖSL | Landwirtschaftliche Biomasseproduktion: Ackerbauliches Ertragspotenzial* (Verfügbarkeit von Böden mit hoher natürlicher Fruchtbarkeit) |
| | Rohholzproduktion (Holzzuwachs, Bruttoerlöspotenzial)* |
| Regulierende ÖSL und Biodiversität | Wasserretentionspotenzial der Auen: Fläche für Hochwasserretention |
| | Bestäubungsleistung: Habitatpotenzial für Wildbienen |
| | Regulation des Bodenabtrags durch Wasser: Kapazität der Ökosysteme zur Erosionsminderung |
| | Klimaregulation in Städten |
| | Klimaschutzleistung des Waldes* (Kohlenstoffspeicherung) |
| | Erhaltung der Biodiversität: Biotop-Flächenindikator im Sinne der Bewertung von Existenz- und Vermächtniswerten der Natur* |
| | Treibhausgasbindung |
| Kulturelle ÖSL** | Erholungsleistung städtischen Grüns: Erreichbarkeit von für die Erholung geeigneten Grünflächen in Städten***; Annehmlichkeitswert* |
| | Erholungsleistung des Waldes* |
| | Naturschutz und Landschaftsbild* (Wald-Ökosysteme) |
| | Naherholung* (landschaftsgebundene Erholung) |

* einschließlich Bewertung des monetären Nutzens der Ökosystemleistung
** bei kulturellen ÖSL handelt es sich i. d. R. um ein Bündel bereitgestellter/adressierter Leistungen
*** Indikator wurde in die Nationale Biodiversitäts- und Nachhaltigkeitsstrategie aufgenommen [25, 26]

In diesem Prozess wurden nationale ÖSL-Indikatoren entwickelt, abgestimmt und publiziert. Die Forschungsarbeiten wurden auf prioritäre ÖSL-Klassen fokussiert und Grundsätze der Beschreibung von Indikandum (ÖSL) und Indikatoren entwickelt [1]. Tab. 2 gibt einen Überblick über verfügbare nationale ÖSL-Indikatoren (Anm.: die nunmehr vom Statistischen Bundesamt entwickelten ÖSL-Indikatoren werden weiter unten angeführt). Die Entwicklung, Abstimmung und Implementierung der Indikatoren ist ein weitergehender Prozess, der künftig auch ÖSL der Meeres- und Küstenbereiche Deutschlands mit einschließen soll. Ausgewählte Indikatoren werden derzeit am IÖR (Leibniz-Institut für ökologische Raumentwicklung) aktualisiert. Eine Sicherung dieser Daten über Forschungsprojekte hinaus und die nutzerorientierte Bereitstellung der Indikatoren wird über das neue Forschungsdatenzentrum des IÖR [32] angestrebt.

Bilanzierungsverfahren zu Ökosystemen und deren Leistungen haben sich zudem durch das von der Statistik-Kommission der UN im Jahr 2021 verabschiedete konzeptionelle und methodisches Rahmenwerk SEEA-EA [23] wesentlich verbessert. Die

EU führte eine entsprechende Anpassung der Verordnung über europäische umweltökonomische Gesamtrechnungen (Nr. 691/2011, Anhang IX) durch und erweiterte außerdem EU-Indikatorensysteme vor dem Hintergrund des „Green Deal".

Die Ökosystemrechnungen sind in Konten aufgebaut, die Ausmaß *(Extent)*, Zustand *(Condition)* und Leistungen (*Services;* physisch und monetär) in Bilanzform darstellen [33]. Der Inhalt dieser Konten wird als Zeitreihe (dreijährlich für Ausmaß und Zustand, jährlich für Leistungen) auf vergleichbaren Aggregationseinheiten (Bund, Länder, Gemeinden) mit Anfangs- und Endbestand sowie Veränderung berichtet. Ausmaß und Zustand bilden als Bestandsgrößen die Grundlage, um die Flussgrößen – die Ökosystemleistungen – abzuleiten.

„Der systemische Ansatz der Konten erlaubt zudem, Angebot und Nachfrage an ÖSL über die Zeit zu interpretieren, indem Informationen zum Ausmaß (z. B. zu renaturierten Flächen) und Zustand (z. B. Dürre) zu Rate gezogen werden. Somit soll die Interaktion zwischen Mensch und Natur inklusive Rückkopplungseffekten und Kipppunkten abgebildet werden" [22].

Die Flächenbilanz der Ökosysteme *(Ecosystem Extent Account)* wurde vom Statistischen Bundesamt für die Zeitschritte 2015, 2018 und 2021 erstellt und geht nun in eine Dauerproduktion über. Die Basis der Flächenbilanz ist die nationale Ökosystemklassifikation. Die Klassifikation unterteilt Flächen anhand ökologischer und struktureller Eigenschaften und umfasst 74 Klassen, 21 Gruppen, 6 Abteilungen (terrestrisch und marin). Der Ökosystematlas zeigt die Vielfalt und Verteilung der in Deutschland vorkommenden Ökosysteme. Der Atlas enthält Übersichtskarten im Rasterformat (Auflösung 100 m) sowie eine Downloadfunktion für georeferenzierte Daten [34].

Die Zustandsbilanz der Ökosysteme *(Ecosystem Condition Account)* beschreibt den bundesweiten Zustand der Ökosysteme. Sie baut auf der Flächenbilanz der Ökosysteme auf und informiert über Leistungsfähigkeit, Stabilität, Integrität und Resilienz der Ökosysteme. Sie wurde erstmals 2023 veröffentlicht (Tabellen sowie ausgewählte Karten in [34]). Die Zustandstypologie orientiert sich an den Vorgaben des SEEA-EA und ermöglicht so eine internationale Vergleichbarkeit der Zustandsinformationen von Ökosystemen.

Die Bilanzen ausgewählter, finaler Ökosystemleistungen *(Ecosystem Services Account)* befinden sich im Aufbau und werden vom Statistischen Bundesamt sukzessive veröffentlicht [35]. Seit Ende 2025 sind folgende ÖSL als Zeitreihe 2015 bis 2023 verfügbar (physisch, noch nicht monetär): Bereitstellung von Kulturpflanzen (Ernteerträge), Holzzuwachs, Feinstaubfilterung ($PM_{2,5}$), Kohlenstoffspeicherung (C-Sequestrierung), Kühlung in Städten, naturnaher Tourismus [22, 33]. Eine Darstellung als Aufkommens- und Verwendungstabelle führt auf, welche Ökosysteme den jeweiligen Beitrag leisten (Aufkommen) und wer davon profitiert (Verwendung).

**Herausforderungen**

Internationale Rahmenwerke wie das Kunming-Montreal Global Biodiversity Framework (GBF) und das System of Environmental-Economic Accounting – Ecosystem Accounting (SEEA-EA) schaffen die Grundlage für biodiversitäts- und ökosystembezogene Kenngrößen. Informationen (Daten, Indikatoren) zur biologischen Vielfalt sowie zu Ökosystemen und deren Leistungen liegen inzwischen in großer Zahl vor. Beklagt werden jedoch zuweilen eine gewisse Unübersichtlichkeit („Indikatoren-

Dschungel“), mangelnde räumliche Auflösung und Aktualität sowie (zu) kurze Zeitreihen. Einerseits besteht der Wunsch nach wenigen, politisch anschlussfähigen Kernindikatoren, andererseits wird vor einer zu starken Verdichtung komplexer Inhalte gewarnt, weil andernfalls die Aussagekraft verloren gehen könnte.

Die Analyse von Biodiversitätsindikatoren verdeutlicht, dass die größte Herausforderung darin besteht, die vielschichtigen Aspekte von Biodiversitätsveränderungen in kommunizierbaren Kennzahlen zusammenzufassen und zu interpretieren [37]. Zwar lassen sich aktuelle Entwicklungen von Biodiversität durch Kennzahlen ausdrücken und belegen, aber die kausalen Zusammenhänge zu Treibern und Ökosystemleistungen können nur verallgemeinert beschrieben und aufgezeigt werden. Für weitergehende Aussagen reichen die verfügbare Datenlage und das Verständnis der zugrunde liegenden ökologischen Prozesse im Detail nicht aus. Auch lassen sich die multiplen Ursachen von Entwicklungen in den Ökosystemfunktionen nicht eindeutig voneinander abgrenzen [28].

Die Ökosystemrechnungen nach SEEA-EA befinden sich in vielen Ländern noch im Aufbau. Diese neuen Berichtssysteme sehen sich noch Herausforderungen gegenüber, vor allem hinsichtlich der Datenverfügbarkeit (zeitlich und räumlich hochauflösend, in sich und über die Zeit konsistent, dauerhaft verfügbar). Es verbleibt als wissenschaftliche Aufgabe, der Praxis Kernindikatoren bereitzustellen, die geeignet sind, Entscheidungen zu steuern bzw. zu ermöglichen und die für die Adressaten relevant und verständlich sind. Die Aggregation der ÖSL zu einer einzelnen Kennzahl (siehe Indizes in Tab. 1) ist methodisch problematisch und hinsichtlich ihrer Aussagekraft kritisch zu bewerten.

Eine weitere Herausforderung stellt die monetäre Bewertung der ÖSL dar, zu der konzeptionell und methodisch noch kein breiter Konsens erreicht wurde. „Ökonomische Werte entstammen der Knappheit von Leistungen. Das heißt, dort wo die Natur besonders viel physische Leistung erbringt, ist der Wert möglicherweise am niedrigsten. Zudem ist die Bewertung zu Marktpreisen empfindlich gegenüber Marktstrukturen, externen Preisschwankungen und politischen Interventionen. Hierdurch mögliche Fehlinterpretationen monetärer Werte gilt es durch eine transparente und im ökologischen und ökonomischen Kontext eingebettete Kommunikation der Daten zu vermeiden“ [33]. Eurostat will im Rahmen von SEEA-EA bis Mitte 2026 einen Bericht zur methodischen Reife und Machbarkeit hinsichtlich monetarisierter ÖSL veröffentlichen.

## 4 Unterstützung gesellschaftlicher Transformationsprozesse am Beispiel Modernisierung der Wirtschaftsberichterstattung

Ob in den Volkswirtschaftlichen Gesamtrechnungen, den Jahreswirtschaftsberichten der Bundesregierung, den Jahresgutachten des Sachverständigenrates oder im Großteil makroökonomischer Modellierungen – Ökosysteme und ihre Leistungen für die Gesellschaft blieben bislang weitgehend unberücksichtigt. Gemeint sind nicht die klassischen Ressourcen oder Rohstoffe, sondern ökologische Funktionen respektive Leistungen [9]. Vor diesem Hintergrund stellt eine erweiterte Aufnahme von Biodiversität und Leistungen der Natur in wirtschaftliche und Wohlfahrtsberichterstattungen einen grundlegenden Beitrag zu einer sozial-ökologischen Transformation dar.

Im 2024 erschienenen „Faktencheck Artenvielfalt" für Deutschland widmet sich ein ganzes Kapitel dem „Transformationspotenzial zum Erhalt der biologischen Vielfalt" [28]. Basierend auf der Analyse erfolgreicher Projekte wurden transformationsfördernde Bedingungen untersucht und Empfehlungen abgeleitet. „Ökonomischer Nutzen" im Sinne der Beiträge der Natur für den Menschen (ÖSL-Konzept) wurde dabei als ein wichtiger Faktor im Rahmen sozial-ökologischer Transformationsansätze identifiziert.

**Neue Dynamik auf internationaler und nationaler Ebene**

In den vergangenen Jahren ist die Berücksichtigung von Natur- und Biodiversitätswerten im Wirtschaftsbereich verstärkt in den Fokus gerückt. Seit März 2021 liegt das SEEA-EA vor [23], wodurch nun auch Erwartungen an die Ökosystemgesamtrechnungen im Rahmen der Umweltökonomischen Gesamtrechnungen (UGR) in Deutschland geknüpft werden, um ÖSL künftig in nationale Umwelt- und Ressourcenbilanzen einzubetten. Seitens des Statistischen Bundesamtes liegen inzwischen erste Ergebnisse vor (Abschn. 3). Diese haben das Potenzial, flächenübergreifend Aussagen für die Wirtschaftspolitik, auch im Sinne von Investitionen in das Naturkapital, zu bieten.

Ende 2022 unterstrichen die Vertragsstaaten der CBD ein ähnliches Anliegen. In Ziel 14 des verabschiedeten GBF wird die volle, wenn auch nicht verpflichtende Integration von Biodiversität und ihrer vielfältigen Werte in die nationale Berichterstattung angestrebt [10]. Im Dezember 2024 wurde eine neue Nationale Strategie zur Biologischen Vielfalt (NBS 2030) für Deutschland verabschiedet, die u. a. das Handlungsfeld 16 „Wirtschaft, Finanzströme und Konsum" beinhaltet [25].

Auch die EU Nature Restoration Regulation (NRR, EU 2024/1991) ist in der NBS 2030 berücksichtigt und zwar im Handlungsfeld 3 „Wiederherstellung von Ökosystemen" [25]. Aus der Geltung der NRR als Verordnung folgt für diese Maßnahme eine verbindliche Verpflichtung. Ökosystemzustandsindikatoren nach SEEA-EA stimmen Großteils mit den Indikatoren der NRR überein: urbane Grünflächen, organischer Kohlenstoffgehalt im Oberboden von Ackerland, repräsentative Vogelarten der Agrarlandschaft sowie in Wäldern, Totholz, Konnektivität/Fragmentierung von Waldökosystemen.

Laut Jahreswirtschaftsbericht (JWB) der Bundesregierung 2022 ist es das Ziel, „anhand geeigneter Wohlfahrtsindikatoren den Orientierungsrahmen für unser Wirtschaftswachstum zur Sicherung von Nachhaltigkeit und gesellschaftlichem Zusammenhalt im politischen Prozess zu präzisieren und zu aktualisieren und dabei den Naturverbrauch zuverlässig zu begrenzen und vom Wirtschaftswachstum zu entkoppeln" [37].

Im JWB 2023 „gibt es erstmals einheitliche Indikatoren in einem Monitoring-Rahmen, eine gestärkte Berichterstattung und Bilanzierung" [38]. Solche Indikatoren sind beispielsweise der tägliche Anstieg der Siedlungs- und Verkehrsfläche in Hektar oder auch der Anteil der Grundwasser-Messstellen, an denen die Grenzwerte für

Nitrat im Jahresmittel eingehalten werden. Diese beiden Beispiele können als vielversprechender Ausgangspunkt dienen, um Indikatoren zu Biodiversität, Ökosystemen und deren Leistungen in gesellschaftliche Berichtssysteme zu integrieren, das Verständnis volkswirtschaftlichen Wohlstands zu erweitern und statistische Innovationen voranzutreiben [13].

Während unter dem Deckmantel bürokratischer Entlastung von einigen Seiten versucht wird, die Nachhaltigkeitsberichterstattung insgesamt und die Verantwortung in Lieferketten zu untergraben, haben viele Unternehmen (bspw. Swiss Re, Mitglieder der Value Balancing Alliance), führende Akteure im Unternehmensberatungsbereich (u. a. Boston Consulting, Capitals Coalition) und Finanzsektor (Sustainability Transition Monitor der Bertelsmann- und Mercator-Stiftung) sowie einige Zentralbanken längst erkannt, dass diese Regelwerke im Kern wertvolle Lernprozesse anstoßen – und zwar für alle Beteiligten, um sich intensiver mit den wachsenden Risiken des Biodiversitätsverlusts auseinanderzusetzen [9, 39].

Für Unternehmen bietet die Anfang Januar 2023 in Kraft getretene (im Rahmen des sog. EU-Omnibus-Verfahrens nunmehr abgeschwächte) europäische Richtlinie zur Nachhaltigkeitsberichterstattung (Corporate Sustainability Reporting Directive – CSRD) die Chance, frühzeitig wirtschaftliche Risiken durch Naturverlust zu erkennen und nachhaltigere Geschäftsmodelle zu entwickeln. Eine solche Berichterstattung eröffnet grundsätzlich den Handlungsspielraum, resilientere Lieferketten und Geschäftsmodelle voranzutreiben und damit die langfristige Wettbewerbsfähigkeit von Unternehmen und der Wirtschaft insgesamt zu stärken [9].

Vor allem für ihr Risikomanagement sollten Unternehmen Naturleistungen und Biodiversität als ein Kernthema der Nachhaltigkeit verstehen. Aus Abhängigkeiten von der Natur entwickeln sich Risiken, aber auch Chancen für den Aufbau eines nachhaltigeren Geschäftsmodells, das langfristig für alle Stakeholder funktioniert. Zudem helfen die Berichtsdaten bei der Steuerung der Unternehmensentwicklung. Darüber hinaus versetzt eine solche Berichterstattung den Staat in die Lage, besser nachzuverfolgen, inwieweit er seine verbindlichen Ziele zum Erhalt der Biodiversität erreicht oder verfehlt hat [9].

**Steigende Bedeutung gesellschaftlicher Informationsnachfrage**

Kennziffern zum Beitrag unterschiedlicher Ökosysteme, beispielsweise zur Bindung von $CO_2$, zu Erholung und Gesundheit, oder zur Versorgung mit Wasser und Nahrungsmitteln (über Bestäubung), fließen nach und nach in wirtschaftliche Berichtssysteme ein. Entscheidend wird künftig jedoch sein, dass die verschiedenen Stakeholder diese Informationen aktiv aufgreifen und eine größere Wertschätzung von Biodiversität sich auch tatsächlich im konkreten Handeln niederschlägt. Die Ergebnisse von Arbeiten im Forschungsfeld ÖSL bzw. des Statistischen Bundesamtes bedürfen einer begleitenden Kommunikationsstrategie.

Forschungen zur Akteurslandschaft im Rahmen von Forschungsprojekten [9, 39] zeigen, dass zahlreiche Stakeholder im Prinzip an ÖSL-Informationen interessiert, respektive davon betroffen sein könnten. Darin liegen zugleich Chancen für neue Allianzen: Organisationen, die sich bislang bereits mit Biodiversität und Ökosystemleistungen befasst haben, stehen damit nicht länger allein, sondern erkennen, dass es gleichgesinnte Interessengruppen gibt. Das Ergebnis könnte eine vielschichtige Nachfrage nach entsprechenden Informationen sein, die in der breiteren Öffentlichkeit zwar langsam, aber stetig zunimmt.

# 5 Fazit und Folgerungen

- Der Ökosystemleistungsansatz kann auf eine über 20-jährige Geschichte konzeptioneller Erfolge zurückblicken – doch bei der entscheidenden Frage der konkreten Implementierung bleiben die Herausforderungen nach wie vor groß. Zwar hat die Berücksichtigung von Biodiversität, Ökosystemleistungen und Naturkapital in Entscheidungsprozessen in den vergangenen Jahren an Bedeutung gewonnen, aber die Auswirkung auf politische und wirtschaftliche Entscheidungen ist bislang nicht hinreichend erkennbar. Wissen und Fakten allein sind nicht ausreichend – es braucht Lernprozesse, Vertrauen und gemeinsame Erfahrungen, damit der ÖSL-Ansatz nicht im Akademischen verharrt, sondern zum praktikablen Werkzeug für ein kooperatives, zukunftsfähiges Land-, Gewässer- und Meeres-Management wird. Dies beinhaltet auch einen Wandel unserer Institutionen: weg vom Ressort-Denken hin zu einem integrierten, sozial gerechten und stärker am Gemeinwohl orientierten Handeln.
- Bisherige Naturschutzkonzepte sollen durch das ÖSL-Konzept nicht ersetzt, sondern ergänzt werden. Es geht darum, Brücken zwischen Naturschutz und Ökonomie zu bauen und die Leistungen der Natur stärker ins Bewusstsein zu rücken. Denn ohne eine ergänzende ökonomische Perspektive läuft der Naturschutz Gefahr, an der Dominanz kurzfristiger wirtschaftlicher Interessen zu scheitern – während längerfristige ökologische Gewinne und Verluste systematisch ausgeblendet bleiben. Eine konsequente Einbeziehung von Ökosystemleistungen hingegen macht heute schon sichtbar, ob wir auch morgen noch darauf vertrauen können, dass beispielsweise unsere Apfelbäume und Erdbeerfelder bestäubt werden und uns viele weitere „Gratisleistungen der Natur" erhalten bleiben. Allerdings sind ökonomische Ansätze der Naturbewertung methodisch anspruchsvoll und stoßen in der Praxis häufig an ihre Grenzen.
- Ökosysteme zu erfassen und zu bilanzieren, kann der Biodiversität eine höhere Wertschätzung verleihen. Ein Ökosystem-Accounting kann u. a. zeigen, welche Potenziale eine intakte Natur für den zukünftigen Wohlstand eines Landes bietet. Die Ergebnisse können in die politische und wirtschaftliche Entscheidungsfindung eingebunden werden (Interessensgegensätze abmildern, Entscheidungen neu ausbalancieren), die breite Öffentlichkeit ansprechen und Grundlage für wissenschaftliche Analysen bieten.
- Im Zuge der dynamischen Entwicklung digitaler Daten- und Informationsgrundlagen werden Fachdaten zu Ökosystemen und zur Biodiversität generiert und fließen in ökologisch ausgerichtete Indikatorensysteme ein. Dies kann umweltbezogene Zielzustände der räumlichen Planung messbar und evaluierbar machen. Die räumliche Darstellung des Zustands und der Entwicklung von ÖSL ist vor allem dort sinnvoll und notwendig, wo es um großräumige Zusammenhänge geht, etwa beim übergeordneten Lebensraumverbund, dem Hochwasserrückhalt, der

Landschaftszerschneidung, aber auch bei der Hervorhebung von bundesweit besonders wichtigen Gebieten für ÖSL, zum Beispiel Erholungsräume oder Schutz bedeutender Natur- und Kulturlandschaften. Belastbare Daten und aussagekräftige Indikatoren unterstützen politische Ziele, tragen zur Steuerung des Verwaltungshandelns bei und dienen zugleich als Planungsgrundlage und Kontrollinstrument.

- Die Indikatoren aus dem Ökosystem-Accounting können in internationale (SDG, GBF) und nationale Nachhaltigkeitsstrategien (DNS, NBS) sowie nachhaltige Unternehmensberichterstattungen (ESG, CSRD) integriert werden. Allerdings gibt es auf unterschiedlichen Ebenen zahlreiche Strategien und Aktionspläne, vielfach jedoch mit einem Übergewicht an konzeptioneller Arbeit bei gleichzeitig zu geringer tatsächlicher Wirkung. Die Analyse zu Biodiversitäts- und ÖSL-Indikatoren offenbart, dass die größte Herausforderung darin besteht, die Zusammenfassung und Interpretation der vielschichtigen Aspekte von Naturveränderungen anhand von wenigen gut messbaren/kommunizierbaren Kennzahlen – von der global-nationalen (v. a. strategischen) Ebene zur lokal-betrieblichen (eher Maßnahme-orientierten) Ebene – darzustellen.
- Sowohl auf nationaler/volkswirtschaftlicher als auch auf Unternehmensebene werden Berichtssysteme aufgebaut, die das Naturkapital stärker in den Fokus nehmen. Durch das Reporting auf beiden Ebenen können Entscheidungsträger aus unterschiedlichen Politikbereichen sowie aus der Wirtschaft „mitgenommen“ werden. Dies sollte aber auch ermöglichen, rechtzeitig systemische Risiken auszuweisen. Die Berichterstattung soll es dem „Nutzer“ inkl. Ersteller ermöglichen, wesentliche Aspekte in Bezug auf den Umgang der Politik bzw. des Unternehmens mit der Natur zu verstehen.
- Alle Berichtsformen können nicht nur der reinen Monitoring-Funktion dienen, also der Überprüfung, ob wichtige Ziele erreicht wurden, sondern künftig auch als Informationsinstrumente für ein biodiversitätsfreundlicheres Wirtschaften verstanden werden. Damit dies gelingt, sind jedoch erweiterte fachliche Kapazitäten und Kompetenzen im Bereich Biodiversität und ÖSL erforderlich – insbesondere in strategischen Bereichen wie der Wirtschaftspolitik und Unternehmensführung. Darüber hinaus bedarf es einer stärkeren gesellschaftlichen Resonanz und Akzeptanz, vor allem bei Entscheidungsträgern im Agrarsektor und in der Landnutzung insgesamt.
- Die Erfassung und Bilanzierung von Auswirkungen wirtschaftlicher Aktivitäten auf die Biodiversität sowie der Leistungen von Ökosystemen für die Wirtschaft hilft Unternehmen und Politik nicht nur dabei, finanzielle Risiken durch den Verlust von Naturkapital besser abzuschätzen, sie kann zugleich Chancen für ein nachhaltigeres Wirtschaften im Einklang mit der Natur aufzeigen.
- Trotz derzeitiger „Rollback“ Tendenzen – Wissenschaft und Forschung, viele Unternehmen, vor allem Versicherungen und Banken, sowie zivilgesellschaftliche Akteure werden in Zukunft das Thema einer Integration in Berichts- und Entscheidungssysteme weiter aufgreifen. „Neue Allianzen“ können diesen Prozess beschleunigen und den Anschluss an internationale Trends und die Einhaltung von Vereinbarungen unterstützen.

**Offenlegung von Interessenkonflikten** Der Autor hat keine Interessenkonflikte anzugeben, die für den Inhalt dieses Artikels relevant sind.

# Literatur

1. Grunewald, K., Bastian, O. (Hrsg.) (2023): Ökosystemleistungen – Konzept, Methoden, Bewertungs- und Steuerungsansätze. 2. aktualisierte und stark erweiterte Auflage, Springer-Spektrum, Heidelberg.
2. Bundesregierung (2025): Die Föderale Modernisierungsagenda. Besprechung des Bundeskanzlers mit den Regierungschefinnen und Regierungschefs der Länder am 4. Dezember 2025, Beschluss. Berlin.
3. SRU – Sachverständigenrat für Umweltfragen (2026): Infrastrukturausbau nicht auf Kosten von Natur und Umwelt beschleunigen. POLITIKIMPULS.
4. IPBES (2026): Summary for Policymakers of the Methodological Assessment Report on the Impact and Dependence of Business on Biodiversity and Nature's Contributions to People. https://doi.org/10.5281/zenodo.15369060.
5. KPMK (2024): Bedeutung der Biodiversität für Banken und Finanzdienstleister Viele Geschäftsmodelle brauchen Artenvielfalt – geht sie zurück, trifft das auch Banken. KPMG Financia Services Hub Impulse für die Finanzwelt, Oktober 22. https://klardenker.kpmg.de/financialservices-hub/was-bedeutet-biodiversitaet-fuer-banken/.
6. OECD (2023): A supervisory framework for assessing nature-related financial risks. OECD Business and Finance Policy Papers.
7. Dasgupta, P. (2021): The Economics of Biodiversity: The Dasgupta Review. London.
8. Schütte, E., Gölz, H., Taborski, V., Ekinci, B. (2024): Eine kurze Geschichte der Naturschutzökonomie. https://doi.org/10.19217/NuL2024-06-01.
9. Grunewald, K., Zieschank, R., Förster, J., Hansjürgens, B., Wildner, T. M. (2024): Die Zukunft der Wirtschaftsberichterstattung. Springer/VS, Wiesbaden.
10. CBD (2022): COP15: Final text of Kunming-Montreal Global Biodiversity Framework. https://www.cbd.int/article/cop15-final-text-kunming-montreal-gbf-221222.
11. European Commission (2020): EU Biodiversity Strategy for 2030. https://eur-lex.europa.eu/legal-content/EN/TXT/?uri=celex%3A52020DC0380.
12. Henn, E. V., Neubauer, M., Hodapp, D., Hepach, H., Hillebrand, H., Marquard, E., Seppelt, R., Settele, J. (2024): Perspektiven eines politikplanenden Biodiversitätsschutzgesetzes: Rechtsrahmen, Ausgestaltung und Forschungsbedarf. NuR 46: 234–242. https://doi.org/10.1007/s10357-024-4330-2.
13. Grunewald, K., Held, B., Richter, B., Syrbe, R.-U., Taborski, V., Tran, T.H., Zieschank, R. (2025): Neues Verständnis von Wohlfahrt – Ansätze zur Verknüpfung der wirtschaftlichen Berichterstattung mit Leistungen der Natur. Natur und Landschaft 100/6: 255–264. https://doi.org/10.19217/NuL2025-06-04
14. Abson, D.J., Wehrden H.v., Baumgärtner, S., Fischer, J., Hanspach, J., Härdtle, W., Heinrichs, H., Klein, A.M., Lang, D.J., Martens, P., Walmsley, D. (2014): Ecosystem services as a boundary object for sustainability. Ecological Economics 103: 29–37, https://doi.org/10.1016/j.ecolecon.2014.04.012.
15. Ellenberg, H., Weber, H.E. et al. (1992): Zeigerwerte von Pflanzen in Mitteleuropa. 3. Aufl. Scripta Geobotanica 18, Göttingen.
16. Blasi, C., Capotortiaet, G. et al. (2017): Ecosystem mapping for the implementation of the European Biodiversity Strategy at the national level: The case of Italy. Environmental Science and Policy 78, 173–184.

17. Grunewald, K., Schweppe-Kraft, B., Syrbe, R.-U., Meier, S., Michel, C., Richter, B., Schorcht, M., Walz, U. (2020): Hierarchisches Klassifikationssystem der Ökosysteme Deutschlands als Grundlage einer übergreifenden Ökosystem-Bilanzierung. Natur und Landschaft 95/3: 118–128
18. Bastian, O., Grunewald, K., Syrbe, R.-U., Walz, U., Wende, W. (2014): Landscape Services: The Concept and its Practical Relevance. Landscape Ecology. Vol. 29, Issue 9, 1463–1478.
19. Hansjürgens, B., Furtak, S. (2025): Ökonomische Inwertsetzung zur Erhaltung des Naturkapitals. In: Kramer, M. (Hrsg.) Systemische Nachhaltigkeit. SDG – Forschung, Konzepte, Lösungsansätze zur Nachhaltigkeit, Springer Nature, S. 31–48.
20. Jungmeyer, M, (2016): 42! – Zur Monetarisierung von Ökosystemleistungen aus plane-rischer und naturschutzpraktischer Perspektive. Naturschutz und Landschaftsplanung 48, 8, 241–247.
21. Costanza, R., d'Arge, R., de Groot, R., Farber, S., Grasso, M., Hannon, B., Limburg, K., Naeem, S., O'Neill, R., Paruelo, J. et al. (1997): The value of the world's ecosystem services and natural capital. Nature 387: 253–260.
22. Ickstadt, K., Breitner-Busch, S., Conrad, A. et al. (2025): Beschleunigung umweltpolitischer Entscheidungen durch verlässliche Daten und effiziente statistische Methoden. AStA Wirtsch Sozialstat Arch 19, 113–159. https://doi.org/10.1007/s11943-025-00360-w
23. United Nations et al. (2021): System of Environmental-Economic Accounting— Ecosystem Accounting (SEEA EA) White cover publication, pre-edited text subject to official editing. https://seea.un.org/ecosystem-accounting.
24. BMUV (2023): Indikatorenbericht 2023 der Bundesregierung zur Nationalen Strategie zur biologischen Vielfalt. https://www.bmuv.de/fileadmin/Daten_BMU/Download_PDF/Naturschutz/nbs_indikatorenbericht_2023_bf.pdf
25. NBS 2030 (2024): Nationale Strategie zur Biologischen Vielfalt 2030. Beschluss des Bundeskabinetts vom 18.12.2024. https://www.bmuv.de/themen/naturschutz/allgemeines-und-strategien/nationale-strategie.
26. Die Bundesregierung (2025): Transformation gemeinsam gerecht gestalten. Deutsche Nachhaltigkeitsstrategie Weiterentwicklung 2025. https://www.publikationen-bundesregierung.de/pp-de/publikationssuche/nachhaltigkeitsstrategie-2025-2344672
27. BMWK (2024): Jahreswirtschaftsbericht. https://www.bmwk.de/Redaktion/DE/Schlaglichter-der-Wirtschaftspolitik/2024/03/03-jahreswirtschaftsbericht-2024.html.
28. Wirth, C., Bruelheide, H., Farwig, N., Marx, J., Settele, J. (2024): Faktencheck Artenvielfalt – Bestandsaufnahme und Perspektiven für den Erhalt der biologischen Vielfalt in Deutschland. München, Oekom.
29. Burkhard, B., Maes, J. (Hrsg.) (2018): Ecosystem Services Mapping, Pensoft, Sofia.
30. Vari, A., Adamescu, C.M., Balzan, M., Gocheva, K., Götzl, M., Grunewald, K., Inacio, M., Linder, M., Obiang-Ndong, G., Pereira, P., Santos-Martin, F., Sieber, I., Stępniewska, M., Tanacs, E., Termansen, M., Tromeur, E., Vackarova, D., Czúcz, B. (2024): National mapping and assessment of ecosystem services projects in Europe – Participants' experiences, state of the art and lessons learned. Ecosystem Services 65, 101592, https://doi.org/10.1016/j.ecoser.2023.101592
31. Schweppe-Kraft, B., Grunewald, K., Meier, S., Schwarz, S., Syrbe, R.-U. (2023): Nature under Pressure: Report on the state of ecosystems and their services for society and economy. German MAES-Report on Target 2, Action 5 of the EU-Biodiversity Strategy 2020, Bonn, Bundesamt für Naturschutz, https://biodiversity.europa.eu/countries/germany/maes/maesreport_d_23april2024.pdf/@@download/file.
32. Informationssystem Ökosysteme Deutschlands, https://ioer-fdz.de/oekosysteme-deutschland

33. Felgendreher, S., Schürz, S. (2023): Ökosysteme. In: DAGStat-Stellungnahme zum Thema „Umweltstatistik“, Beschleunigung umweltpolitischer Entscheidungen durch verlässliche Daten und effiziente statistische Methoden. Version 16.03.2023.
34. Ökosystematlas Deutschland, https://oekosystematlas-ugr.destatis.de/ 18.04.2026.
35. Ökosysteme erbringen erhebliche Leistungen für die Gesellschaft. Ergebnisse zu den Ökosystemleistungen, https://www.destatis.de/DE/Themen/Gesellschaft-Umwelt/Umwelt/UGR/oekosystemgesamtrechnungen/oekosystemleistungen.html.
36. Grunewald, K., Zieschank, R., Syrbe, R.-U., Behrendt, S., Sievi, M., Henseling, C. (2025b): Studie zu Kenngrößen der biologischen Vielfalt – auf dem Weg zu einem Nationalen Biodiversitätsindex. Berlin: IZT – Institut für Zukunftsstudien und Technologiebewertung gemeinnützige GmbH. https://zenodo.org/records/15517745.
37. BMWK (Hrsg.) (2022): Jahreswirtschaftsbericht 2022. Bundesministerium für Wirtschaft und Klimaschutz, Berlin. https://www.bmwk.de/Redaktion/DE/Publikationen/Wirtschaft/jahreswirtschaftsbericht-2022.pdf?__blob=publicationFile&v=1.
38. BMWK (Hrsg.) (2023): Jahreswirtschaftsbericht 2023. Bundesministerium für Wirtschaft und Klimaschutz, Berlin. https://www.bmwk.de/Redaktion/DE/Publikationen/Wirtschaft/jahreswirtschaftsbericht-2023.pdf?__blob=publicationFile&v=3.
39. Zieschank, R., Henseling, C., Grunewald, K., Neumann, K., Sievi, M., Behrendt, S. (2026): Handlungsfeldanalyse zum Themenkomplex Biodiversität und Wirtschaft, https://doi.org/10.5281/zenodo.18148383.

**Karsten Grunewald** ist wissenschaftlicher Mitarbeiter und Projektleiter am Leibniz-Institut für ökologische Raumentwicklung (IÖR) in Dresden. Seine akademische und fachliche Expertise basiert auf einer fundierten Laufbahn in den Umwelt- und Geowissenschaften. In seiner Forschung fokussiert er sich primär auf Analysen des Landschafts- und Klimawandels, auf landschaftsökologische Aspekte des Umwelt- und Ressourcenschutzes, eine grüne Stadtentwicklung sowie die Erfassung und Bewertung von Ökosystemen und deren Leistungen.

# Ästhetisch-symbolisch wertgeschätzte Natur ist kein Ökosystem. Zur Kritik des Konzepts der kulturellen Ökosystemleistungen

Thomas Kirchhoff[1,2,3](✉)

[1] Forschungsstätte der Evangelischen Studiengemeinschaft e. V. (FEST), Heidelberg, Deutschland
thomas.kirchhoff@fest-heidelberg.de

[2] TUM School of Life Sciences, Technische Universität München (TUM), Freising, Deutschland

[3] Heidelberg Center for the Environment (HCE), Universität Heidelberg, Heidelberg, Deutschland

**Zusammenfassung.** Im Rahmen des Ökosystemleistungs-Ansatzes wurde das Konzept der kulturellen Ökosystemleistungen entwickelt, um neben den materiellen auch die nicht-materiellen Werte von Natur zu berücksichtigen, die in den ästhetischen Qualitäten und symbolischen Bedeutungen von Natur gründen. Dieses Konzept ist mit verschiedenen Argumenten kritisiert worden. Die wohl bekanntesten Kritikpunkte lauten, dass es – wie der gesamte Ökosystemleistungs-Ansatz – anthropozentrisch und ökonomistisch ist. In diesem Beitrag wird insbesondere ein dritter Kritikpunkt behandelt, der weniger bekannt, aber gravierend ist: Das Konzept der kulturellen Ökosystemleistungen ist grundsätzlich problematisch, weil es Natur naturwissenschaftlich als Ökosystem konzeptualisiert und damit dem Sachverhalt, um den es geht – nämlich die lebensweltliche ästhetische und symbolische Wahrnehmung von Natur, die auf kulturellen Mustern beruht – weder begrifflich noch methodisch noch im Hinblick auf die mit ihm verbundenen Emotionen gerecht wird. Natur mit Blick auf ihre nicht materiellen Werte als Ökosystem zu konzeptualisieren, ist ein problematischer Szientismus. Stattdessen muss Natur als ästhetisch-symbolische Entität konzeptualisiert und insbesondere mit kulturwissenschaftlichen Methoden analysiert werden.

**Schlüsselwörter:** Methodik · Naturauffassungen · Naturästhetik · Natursymbolik · Ökosystemleistungen · Szientismus · Werte von Natur

## 1 Einleitung

Das Konzept der Ökosystemdienstleistungen hat sich in Umweltwissenschaften und Umweltpolitik zu einem weit verbreiteten Konzept entwickelt, um die Abhängigkeiten menschlicher Gesellschaften von ihrer natürlichen Umwelt zu thematisieren [1, 2, 3].


S. M. Gergely et al. (Hrsg.): SymWeN 2026, *Die Werte der Natur*, S. 128–145, 2027,
https://doi.org/10.1007/978-3-662-74109-2_11

Prominente Anwendungen sind der Global Assessment Report on Biodiversity and Ecosystem Services [4], das Mapping and Assessment of Ecosystems and their Services der Europäischen Kommission [5] und das System of Environmental-Economic Accounting/Ecosystem Accounting [6].

Die unterschiedlichen materiellen Nutzwerte von Natur werden dabei unter die Konzepte der bereitstellenden und regulierenden Ökosystemleistungen gefasst. Um auch die nicht-materiellen bzw. immateriellen Werte von Natur zu berücksichtigen, wurde das Konzept der kulturellen Ökosystemleistungen entwickelt und auch bereits vielfach angewandt [7, 8, 9, 10, 11, 12, 13, 14, 15, 16, 17, 18]. Diese nicht-materiellen Werte gründen in ästhetischen Qualitäten und symbolischen Bedeutungen von Natur. Beispiele dafür sind die Faszination vieler Menschen für Schmetterlinge und Vögel oder Berge, Wälder und Wildnis, spirituelle und religiöse Wahrnehmungen von Naturphänomenen sowie Gefühle der Verbundenheit oder Identifikation mit einer Kulturlandschaft, die wesentlich zu Gefühlen von Zugehörigkeit (*feelings of belonging*) und Gefühlen von Beheimatung beitragen können.

Das Konzept der kulturellen Ökosystemleistungen ist mit verschiedenen Argumenten kritisiert worden. Die wohl bekanntesten Kritikpunkte lauten, dass das Konzept – wie der gesamte Ökosystemleistungs-Ansatz – anthropozentrisch und ökonomistisch ist. Auf diese beiden Kritikpunkte möchte ich nur kurz eingehen: Zwar ist der Ansatz tatsächlich – und dies bewusst – anthropozentrisch, weil Natur kein von Menschen unabhängiger Selbstwert zugeschrieben wird; aber dennoch kann in dem Ansatz berücksichtigt werden, dass Menschen Natur als etwas wertschätzen, das ihres Erachtens Selbstwert hat [15]. Zwar ist der Ansatz – wiederum bewusst – ökonomisch und führt zu einer Kommodifizierung von Natur [19, 20]; aber eine reflektierte ökonomische Perspektive weiß um die Grenzen einer ökonomischen Erfassung und Monetarisierung der nicht-materiellen Werte von Natur [2, 3, 21, 22, 23] und eine ökonomische Erfassung stellt nicht infrage, dass Menschen, die die Natur lieben, dies nicht aus ökonomischen Gründen tun.

Ein dritter Kritikpunkt, der weniger bekannt, aber gravierend ist, lautet: Das Konzept der kulturellen Ökosystemleistungen ist grundsätzlich problematisch, weil es Natur als Ökosystem konzeptualisiert und damit dem Sachverhalt, um den es geht, weder begrifflich noch methodisch noch im Hinblick auf die mit ihm verbundenen Emotionen gerecht wird. Diesen Kritikpunkt werde ich im Folgenden entwickeln [15, vergleiche 23, 24, 25, 26, 27].

## 2 Warum ist die Konzeptualisierung von Natur als Ökosystem ungeeignet für die Erfassung ihrer immateriellen Werte?

### 2.1 Natur als Ökosystem versus Natur als ästhetisch-symbolische Entität

Ökosysteme sind dynamische Systeme aus unterschiedlichen Arten von Organismen und ihrer unbelebten Umwelt, die miteinander in ökologischen Beziehungen wie Herbivorie, Prädation, Parasitismus, Konkurrenz und Mutualismus stehen, und somit

Kausalsysteme aus biotischen und abiotischen Faktoren. So werden sie üblicherweise in der Ökologie definiert [15, 28] – und diese Definition wird auch im Ökosystemleistungs-Ansatz zugrunde gelegt (siehe exemplarisch [29, 30, 31]). Beim Ökosystem-Begriff handelt es sich also um eine naturwissenschaftliche Konzeptualisierung von Natur, die sich genauer als funktionalistisch charakterisieren lässt. Denn die Bestandteile von Natur werden daraufhin betrachtet, welche Rolle sie in Prozessen wie Primärproduktion, Kohlenstoffbindung und Zersetzung spielen. Besonders deutlich ist diese in Darstellungen von Ökosystemen als Stoff- und Energiefluss-Systemen (Abb. 1).

Natur als Ökosystem zu konzeptualisieren, ist für die Erfassung der materiellen Nutzwerte von Natur sachlich angemessen und auch hilfreich für Umweltmanagement und Umweltpolitik. Denn mithilfe der Ökosystemtheorie lassen sich die für die Nutzwerte von Natur relevanten natürlichen Strukturen und Prozesse objektiv und quantitativ erfassen, funktionale Zusammenhänge und Abhängigkeiten identifizieren sowie Prognosen für veränderte Umweltbedingungen z. B. infolge des anthropogenen Klimawandels erstellen.

Es ist jedoch weder methodisch angemessen noch zielführend, ja im Grunde sogar unmöglich, auf der Basis der naturwissenschaftlichen Konzeptualisierung von Natur als Ökosystem die nicht-materiellen Werte von Natur zu erfassen. Dafür muss

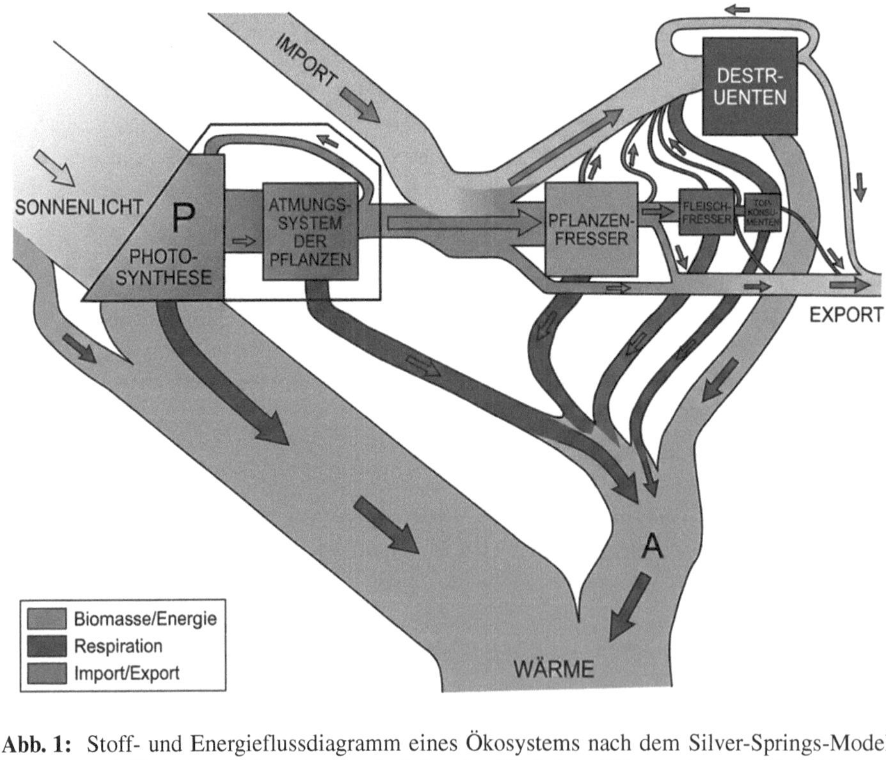


**Abb. 1:** Stoff- und Energieflussdiagramm eines Ökosystems nach dem Silver-Springs-Modell von Howard T. Odum [32], mit den funktionalen Einheiten Pflanzenfresser, Fleischfresser, Spitzenprädatoren und Zersetzer. (Quelle: veränderte Nachzeichnung durch Google Gemini).

Natur vielmehr so konzeptualisiert werden, wie Menschen sie lebensweltlich – und das heißt als ästhetische Entität mit symbolischen Bedeutungen – wahrnehmen [15, 27]. Denn ein Schmetterling erfreut uns ästhetisch mit seinen Farben und symbolisch durch seine Verwandlung, Zartheit sowie Freiheit und Leichtigkeit des Flugs [33, 34]. Ein Wald fasziniert uns wegen der Stimmung, in die er uns versetzt, wenn wir in ihn hineingehen [35, 36, 37]. Wenn wir ein Gebiet als Wildnis wertschätzen, so tun wir dies, weil wir es als Gegenwelt zur Welt der Kultur wahrnehmen [38, 39, 40, 41]. Wenn Naturphänomene als heilig gelten, so gründet dies ebenfalls nicht in ihren naturwissenschaftlichen Eigenschaften [42, 43]. In allen genannten Fällen gilt: Die Eigenschaften, die relevant für die nicht-materiellen Werte von Natur sind, sind solche, die Ökosysteme als naturwissenschaftliche Entitäten nicht haben und die überhaupt nicht Inhalt irgendeiner Naturwissenschaft sein können.

## 2.2 Ein möglicher Einwand – und meine Erwiderung darauf

Manche mögen hier einwenden wollen: Es sei zwar zutreffend, was ich zur lebensweltlichen Wahrnehmung von Natur geschrieben habe, aber die Natur an sich bestehe doch aus Ökosystemen. Deshalb sei mein Argument hinfällig.

Auf diesen möglichen Einwand möchte ich zunächst erwidern: Die erkenntnistheoretische Position des klassischen bzw. direkten bzw. – aus kritischer Perspektive – naiven Realismus, demzufolge naturwissenschaftliche Erkenntnisse (wenn sie wahr sind) eine von uns Menschen unabhängig existierende Wirklichkeit so abbilden, wie sie unabhängig von unserer Wahrnehmung an sich beschaffen ist, gelten in der Wissenschaftstheorie seit langem weithin als nicht haltbar; entsprechendes gilt für einen kritischen Realismus, demzufolge naturwissenschaftliche Erkenntnisse der außerphänomenalen Realität zwar nicht vollkommen entsprechen, sich dieser jedoch sukzessive immer stärker annähern und diese letztlich recht gut abbilden [44, 45, 46]. Natur als Ökosystem ist kein Abbild der Natur an sich, sondern eine technomorphe funktionalistische Konzeptualisierung von Natur nach dem Modell einer Maschine oder auch eines individuellen Organismus [47, 48]. „[D]ie Biologie zeigt in vielen ihrer Konzepte bereits eine sog. Technomorphie, was bedeutet, dass sie biologische Kategorien mit Hilfe technischer Konzepte wie Funktion, Organismus und Information entwirft, die auf dem Prinzip der Zweckmäßigkeit beruhen und daher zweckinstrumentell modelliert und extrapoliert werden können“ [49: S. 247].

Vor allem möchte ich erwidern: Selbst dann, wenn die Natur an sich aus Ökosystemen bestünde, lassen sich die ästhetischen Qualitäten und symbolischen Bedeutungen von Natur nur dann verstehen, wenn man Natur nicht als Ökosystem beschreibt. Denn diese ästhetischen Qualitäten und symbolischen Bedeutungen ergeben sich *nicht* kausal(mechanisch) aus den naturwissenschaftlich beschreibbaren Eigenschaften [15]. Denn es ist *nicht* so, wie John Locke es in seiner Wahrnehmungstheorie für das Verhältnis der sekundären, subjektiven, wahrnehmungsabhängigen Qualitäten zu den primären, objektiven, wahrnehmungsunabhängigen Qualitäten von Gegenständen annahm, z. B. die Fundierung der subjektiven Wahrnehmung eines Gegenstands als rot in objektiven Bewegungen der Teilchen, aus denen er besteht. „Such qualities, which in truth are nothing in the objects themselves, but powers to produce various sensations in us by their primary qualities, that is, by the bulk, figure, texture, and motion of their insensible parts, as colours, sounds, tastes, and so forth. These I call secondary qualities“ [50: II, VIII, §10].

Das Argument dieser Erwiderung möchte ich mit zwei Beispielen aus anderen Bereichen verdeutlichen: Was die Wiener Symphoniker darbieten, nehmen wir lebensweltlich als Melodie wahr. Physikalisch kann das Geschehen als Abfolge sich überlagernder Schallwellen gemessen werden. Für die Melodie aber gibt es kein Messgerät und kann es auch keines geben, weil Melodien keine physikalischen Gegenstände sind, sondern nur als Inhalte menschlicher Wahrnehmung existieren [15]. „In the case of music, then, we must clearly distinguish between the audible thing, which I shall call a *perceptual object*, and its *physical basis*. [...] The physical basis of the music consists of things and events describable in the vocabulary of physics. [...T]he aesthetic object [...] is *not* something physical“ [51: S. 31 f.].

An dem Gemälde „Las Meninas“ von Diego Velázquez kann man eine chemische Analyse der verwendeten Farben durchführen. Das ist eine wesentliche Voraussetzung für eine Restaurierung des Bildes, erschließt aber nichts von seiner ästhetischen Qualität, Symbolik und kulturellen Bedeutung – dazu bedarf es einer Bildinterpretation wie der von Michel Foucault in seinem Buch „Die Ordnung der Dinge“ [52], in der ikonologische und hermeneutische Methoden eine zentrale Rolle spielen [53, 54]. Es ist für das Gemälde dasselbe zu konstatieren wie das Konzert: „[W]ährend die Leinwand und der Farbenauftrag auf ihr Stücke der Wirklichkeit sind, führt das Kunstwerk, das durch sie dargestellt wird, seine Existenz in einem ideellen Raum“ [55: S. 116].

Ebenso wie mit Melodien und Gemälden verhält es sich mit Natur: Natur kann sowohl naturwissenschaftlich als Ökosystem erfasst als auch lebensweltlich ästhetisch-symbolisch wahrgenommen werden. Dabei handelt es sich jedoch nicht um verschiedene Perspektiven auf eine an sich gegebene Entität – wie bei einem Würfel, auf dem man von links eine 1 und von rechts eine 6 sieht. Vielmehr ist Natur, die naturwissenschaftlich konzeptualisiert wird, eine *kategorial* andere Entität als Natur, die wir lebensweltlich ästhetisch-symbolisch wahrnehmen [15, 56]. Zwar verwenden wir in beiden Fällen das Wort „Natur“, aber dahinter verbergen sich unterschiedliche Begriffe von Natur – so, wie das Wort „Herz“ ein Organ unseres Körpers, aber auch ein Symbol für Liebe bezeichnen kann.

Weil es sich bei Natur in naturwissenschaftlicher Konzeptualisierung einerseits und Natur in lebensweltlich ästhetisch-symbolischer Wahrnehmung andererseits um kategorial verschiedene Entitäten handelt, von denen sich keine kausal aus der anderen ableiten lässt, erfährt man nichts über die kulturelle Bedeutung eines Baumes als Gerichtsbaum, indem man botanisch klärt, um welche Baumart es sich handelt. Deshalb wäre es befremdlich, wenn eine Person, der wir zum Geburtstag einen Blumenstrauß schenken, sich für das Übungsmaterial zur Pflanzenbestimmung bedanken würde.

Diese Überlegungen sind nicht nur theoretisch, sondern auch praktisch relevant. Denn erstens müssen kategorial andere Eigenschaften erfasst bzw. geschützt werden, wenn es um die ästhetischen Qualitäten und symbolischen Bedeutungen von Natur geht, als wenn es um ihre materielle Nützlichkeit geht. In der Diskussion um Windenergieanlagen in der Landschaft ist das besonders offensichtlich: Einerseits ist die

Naturwissenschaft Ökologie zuständig, um zu untersuchen, wie sich Windenergieanlagen z. B. auf die Vögel und Fledermäuse einer Landschaft auswirken und welche Folgen dies für die Ökosystemleistungen der Landschaft hat, andererseits sind ästhetiktheoretisch und kulturwissenschaftlich fundierte Landschaftsbildbewertungsverfahren erforderlich, um zu ermitteln, wie sich Windenergieanlagen auf die ästhetischen und symbolischen Qualitäten der Landschaft auswirken – wobei das Wort „Landschaft" im ersten Fall ein Kausalsystem bezeichnet, im zweiten eine ästhetische Ganzheit mit symbolischen Bedeutungen, die nur in der menschlichen Wahrnehmung existiert [15, 57, 58, 59, 60].

Zweitens ist der Ökosystem-Begriff kommunikativ problematisch. Denn er ist nicht in der Lage, die Emotionalität menschlicher Naturbeziehungen zu repräsentieren, die in der ästhetisch-symbolischen Wahrnehmung von Natur bzw. dann, wenn es um die nicht materiellen Werte von Natur geht, eine zentrale Rolle spielt [15]. So kam eine Metaanalyse von 45 Befragungen zur Waldwahrnehmung in verschiedenen europäischen Ländern zu dem Ergebnis: „Forests are first and foremost perceived through impressions and feelings. [...] Perceptions are dominated by 'fresh air', 'green', 'silence', 'quietness', 'happiness', 'trees' and 'wood', or the recreational function of forests. Physical items such as plants, animals and wood are generally mentioned prominently by only few people. [...] Negative aspects regarding forests deal with 'threat', 'darkness', 'danger' or 'forest dieback'" [61: S. 11]. Entsprechend halten die Verfasserinnen und Verfasser des National Ecosystem Assessment für das United Kingdom fest: „A recent survey suggests that in the UK, ecosystem services is not a meaningful framework of interpretation of human-environment relations for the vast majority of people, although it has gained traction in science policy. Culturally, the concepts which have most meaning are those of nature, place and landscape" [62: S. 40; vgl. 15]. Das kann man auch daran erkennen, dass von „identification with nature" [63, 64], „connection/connectedness to nature" [65, 66], „resonating with nature" [67], „sense of place" [68, 69], „symbolic landscape" [70, 71, 72] usw. die Rede ist, aber keine entsprechenden Ausdrücke mit „Ökosystem" bzw. „ecosystem" existieren.

## 2.3 Naturalistische Naturästhetik – ein mögliches Rettungsargument?

Wenn man versuchen möchte, trotz dieser Kritik am Konzept der kulturellen Ökosystemleistungen festzuhalten, dann gibt es dafür argumentativ nur einen Weg: Man muss behaupten, dass sich die ästhetischen Qualitäten und symbolischen Bedeutungen von Natur aus ihren naturwissenschaftlich beschreibbaren Eigenschaften ergeben. Und tatsächlich gibt es Ästhetiktheorien, die eben dies behaupten. Ein bekanntes Beispiel dafür ist die sog. Savannentheorie von Gordon Orians, die bis heute in der Landschaftsästhetik und in angewandten Disziplinen wie der Landschaftsarchitektur und Landschaftsplanung häufig herangezogen wird (zu dieser Theorie sowie weiteren Beispielen siehe [15, 73]).

Orians Savannentheorie besagt [74, 75, 76, 77], dass allen Menschen gemeinsame grundlegende ästhetische Intuitionen besitzen, die vor Tausenden von Jahren evolutionär ausgebildet wurden und bis heute prägend geblieben sind. Und zwar haben die

Menschen, so Orians, als sie im Paläolithikum noch als Jäger und Sammler lebten, in ihrer Phylogenese durch natürliche Selektion ästhetische Präferenzen für Habitate entwickelt, in denen sie besonders gute Überlebensbedingungen vorfanden. Diese Habitate waren die afrikanischen Savannen (siehe Abb. 3), aus denen sich die Menschen später über die ganze Erde verbreitet haben. Deshalb besitzen alle Menschen, so Orians, noch heutzutage eine ästhetische Präferenz für Gebiete, die Savannen ähnlich sehen, das heißt für parkähnliche Landschaften mit einem Wechsel von Gehölzen und Offenlandbiotopen.

Orians' evolutionäre Ästhetiktheorie kann ich hier nicht im Detail widerlegen (siehe hierzu [15]), aber doch drei starke Indizien dafür anführen, dass sie mindestens unzureichend ist: Erstens kann diese Theorie nicht erklären, wieso viele Menschen lebensfeindliche Naturphänomene wie Gletscher und hohe Berge als schön oder ästhetisch ansprechend empfinden. Zweitens kann sie nicht erklären, wieso viele Menschen von Wäldern fasziniert sind, auch wenn diese nicht aus einem Mosaik aus offenen und geschlossenen Flächen bestehen. Drittens kann diese Theorie nicht erklären, wieso sich die ästhetische Wahrnehmung von Naturphänomenen im Verlauf der Kulturgeschichte zum Teil fundamental verändert hat, ohne dass sich ihre ökologische Beschaffenheit wesentlich verändert hätte: Gebirge wie die Alpen galten jahrhundertelang als hässlich und schrecklich (Abb. 2), erst seit dem 18. Jahrhundert werden sie als erhaben (siehe Abb. 3) und schön wahrgenommen [15, 78, 79, 80, 81].

In den Meeren sah man jahrhundertelang die Reste der Sintflut und eine schreckliche Wildnis mit Ungeheuern (Abb. 4); erst seit der Neuzeit wurden Meere auch als beherrschbare schreckliche Wildnis angesehen (Abb. 5); und erst im 18. Jahrhundert wurden Meere und ihre Küsten langsam auch zu Orten der Erholung (Abb. 6) [82, 83]. Entsprechendes gilt z. B. auch für Wälder [15, 35, 37, 40], Heiden [84] und Moore [85]. Dabei belegen die als Literatur angeführten Studien eindeutig, dass sich diese Umdeutungen nicht aus neuen naturwissenschaftlichen Erkenntnissen ergaben, sondern sich unabhängig von diesen entwickelten, weil neuartige kulturelle Wahrnehmungs- und Deutungsmuster von Natur entstanden und sich verbreiteten, wobei diese neuartigen Muster zumeist Ausdruck eines veränderten Selbstverständnisses der Menschen waren.

Festzuhalten ist somit einerseits: Naturalistische naturästhetische Theorien wie die von Orians können – wenn überhaupt – allenfalls einen sehr kleinen Teil der ästhetischen Qualitäten und symbolischen Bedeutungen von Natur erklären. Folglich lässt sich durch Verweis auf solche Theorien auch nicht die oben von mir vorgetragene Kritik entkräften, dass naturwissenschaftliche Konzeptualisierungen von Natur ungeeignet sind, wenn die ästhetischen Qualitäten und symbolischen Bedeutungen von Natur erfasst werden sollen.

Andererseits ist zu betonen: Alle drei beschriebenen und viele weitere Phänomene, die naturalistische naturästhetische Theorien nicht zu erklären vermögen, lassen sich ohne Weiteres durch kulturalistische naturästhetische Theorien erklären. Diese sind deshalb als Grundlage für die Konzeptualisierung von Natur heranzuziehen, wenn es um deren ästhetische Qualitäten sowie symbolischen Bedeutungen – und

**Abb. 2:** Druckgraphik/Radierung (1755) von Daniel Düringer (1720–1786), mit der Unterschrift „Schnee-Lawinen, oder Schnee-Brüche wie sich dieselbige ab gähstozigen Gebirgen fast senkelrecht herunder stürzen" publiziert in David Herrliberger: Neue und vollständige Topographie der Eidgnossschaft …, Zürich 1754–1773, Band 1, Tafel 42, nach S. 76. (Quelle: https://www.e-rara.ch/zuz/doi/10.3931/e-rara-42623, Zentralbibliothek Zürich, Shelf Mark: STF XIII, 77, DOI: https://doi.org/10.3931/e-rara-42623, Copyright: Public Domain Mark 1.0 Universell).

damit um deren nicht-materielle oder immaterielle Werte geht. Denn unsere Sehnsucht nach Natur liegt nicht in unserer Natur, sondern in unserer Kultur [15, 86, 87]. Das wiederum bedeutet, dass Natur nicht naturwissenschaftlich als Ökosystem konzeptualisiert werden darf, sondern als lebensweltliche ästhetisch symbolische Entität konzeptualisiert werden muss.

**Abb. 3:** Druckgraphik „Le Grand Théâtre mit Akzent Zirkumflex des Alpes et Glaciers: ‚Dédié aux Amateurs des Merveilles de la Nature'" (1787) von Caspar Wolf. (Quelle: https://www.e-rara.ch/zuz/doi/10.3931/e-rara-75426, Zentralbibliothek Zürich, Shelf Mark: Kol G BE Lauterbrunnen III,8, DOI: https://doi.org/10.3931/e-rara-75426, Copyright: Public Domain Mark 1.0 Universell).

# 3 Fazit

Abschließend möchte ich zunächst einige wichtige Ergebnisse meiner Kritik am Konzept der kulturellen Ökosystemleistungen zusammenfassen, um dann einige allgemeinere Schlussfolgerungen abzuleiten.

Im Ökosystemleistungsansatz wird Natur naturwissenschaftlich als Ökosystem nach dem Modell einer Maschine konzeptualisiert. Diese Konzeptualisierung ist zwar geeignet für die Erfassung der materiellen Werte von Natur, jedoch ungeeignet, um ihre nicht-materiellen bzw. immateriellen Werte zu erfassen. Deshalb wird das Konzept der kulturellen Ökosystemleistungen dem Sachverhalt, den es adressieren soll, weder begrifflich noch methodisch noch im Hinblick auf die mit ihm verbundenen Emotionen gerecht. Um die nicht-materiellen Werte von Natur zu erfassen, muss Natur vielmehr als ästhetische Entität mit symbolischen Bedeutungen konzeptualisiert werden, wozu insbesondere kulturwissenschaftliche Ansätze erforderlich sind. Das

**Abb. 4:** *„De regnis septention Monstra marina & terrestria“*, Darstellung von Meeresungeheuern in Sebastian Münster (1750) „Cosmographei oder beschreibung aller länder, herschafften, fürnemsten stetten, geschichten, gebreüche[n], hantierungen etc.“, Basel, Petri, S. 1070 f. (Quelle: https://www.digitale-sammlungen.de/en/view/bsb00074544?page=,1, Munich Digitization Center, Copyright: Public Domain Mark 1.0 Universal).

Konzept der kulturellen Ökosystemleistungen ist ein Beispiel für das, was der Wissenschaftstheoretiker John Dupré als „scientific imperialism“ bezeichnet und kritisiert hat [88, 89], wobei er szientifischen Imperialismus charakterisiert als „the tendency to push a good scientific idea far beyond the domain in which it was originally introduced, and often far beyond the domain in which it can provide much illumination“ [89: S. 74]. Eben dies geschieht, wenn die Konzeptualisierung von Natur als Ökosystem angewendet wird auf den Bereich von Entitäten einer Natur, die ästhetisch wahrgenommen wird und symbolische Bedeutungen hat.

Mit Blick auf die Frage nach den „Werten der Natur“ möchte ich drei allgemeine Schlussfolgerungen ziehen:

1. Obwohl nur die Naturwissenschaften das Wort „Natur“ in ihrem Namen führen, sind sie keineswegs allein zuständig für ein Verständnis dessen, was Natur ist. Zum Verständnis der ästhetischen Qualitäten und symbolischen Bedeutungen von Natur können sie praktisch nichts beitragen.

**Abb. 5:** „Der Leviathan" (1942), Radierung von Oskar Laske (1874–1951). (Quelle: https://picryl.com/media/oskar-laske-der-leviathan-ec50cb, picrly.com).

2. Es gibt nicht die eine Konzeptualisierung von Natur, die allen Werten von Natur gerecht wird. Das gilt sogar dann, wenn man nur die nicht-materiellen Werte von Natur betrachtet; denn auch in ästhetisch-symbolischer Wahrnehmung und Deutung kann Natur eine kategorial verschiedene Entität sein, beispielsweise (i) ein individuelles Lebewesen wie ein Schmetterling oder Eisbär oder aber (ii) ein individuelles unbelebtes Naturphänomen wie ein Berg oder See oder aber (iii) eine Landschaft, das heißt ein Ausschnitt der Erdoberfläche, der ästhetisch als Ganzheit wahrgenommen wird, wie die Wachau oder das Mittelrheintal oder aber (iv) eine Wildnis, das heißt eine Gegend, die moralisch als Gegenwelt zur Welt der Kultur wahrgenommen wird [15, 56]. Erforderlich ist deshalb eine Pluralität von Konzeptualisierungen von Natur [15, 90], die wohl z. B. die Vertreterinnen und Vertreter des Ansatzes der „nature's contributions to people" [91] zu implementieren suchen.
3. Naturalistische Naturethiken deuten – zumeist auf der Basis eines szientifischen Imperialismus, wie er z. B. mit Orians' naturalistischer Naturästhetik vorliegt – kulturell konstituierte Werte von Natur um in Werte, die angeblich in der Natur selbst bzw. in den biologischen Eigenschaften des Menschen fundiert sind. Das ist gesellschaftspolitisch problematisch, weil damit Werte von Natur, die immer Partikularinteressen bestimmter Menschen sind, umgedeutet werden in vermeint-

**Abb. 6:** Gemälde „The Bathing Place at Ramsgate" (ca. 1788) von Benjamin West (1738–1820). (Quelle: https://collections.britishart.yale.edu/catalog/tms:375, Yale Center for British Art, Paul Mellon Collection, Copyright: CC0 1.0 Universal).

liche Sachzwänge und angebliche Universalinteressen aller Menschen, die der gesellschaftlichen Abwägung entzogen sein sollten [90].

4. Naturalistische Naturethiken werden vor allem für ästhetische und symbolische Werte von Natur formuliert, zuweilen jedoch auch für materielle Werte von Natur. Ein einflussreiches Beispiel dafür ist die Annahme, dass die natürlichen Ökosysteme ein funktionales Optimum darstellen und dabei wie individuelle Organismen organisiert sind, weshalb sie unverändert erhalten werden müssten, um das Überleben der Menschheit zu sichern; diese Annahmen gelten zwar in der Naturwissenschaft Ökologie seit Jahrzehnten weithin als widerlegt, sind aber im Naturschutz bis heute weit verbreitet und liegen den meisten Varianten eines Ökozentrismus zugrunde [92, 93, 94].

**Danksagung.** Ich danke Stefan M. Gergely für seine Anmerkungen und Anregungen zu früheren Versionen dieses Beitrags, mit denen er wichtige Verbesserungen angestoßen hat.

**Offenlegung von Interessenkonflikten** Der Autor hat keine Interessenkonflikte anzugeben, die für den Inhalt dieses Artikels relevant sind.

## Literatur


1. Grunewald, K.; Bastian, O. (Hrsg.) (2023): Ökosystemleistungen. Konzept, Methoden, Bewertungs- und Steuerungsansätze. 2. aktualisierte und stark erweiterte Auflage. Springer-Spektrum. Heidelberg.
2. Kirchhoff, T. (2024): Ökosystemdienstleistungen. In: Kühne, O.; Weber, F.; Berr, K., Jenal, C. (Hrsg.): Handbuch Landschaft. Zweite Auflage. Springer VS. Wiesbaden: 1147–1164.
3. Kirchhoff, T. (2025): Ecosystem Services. In: Kühne, O.; Weber, F.; Berr, K., Jenal, C. (Hrsg.): Landscape Handbook. German Language Research Perspectives. Springer VS. Cham: 1013–1027. https://doi.org/10.1007/978-3-031-83147-8_90.
4. IPBES (2019): Global assessment report on biodiversity and ecosystem services of the Intergovernmental Science-Policy Platform on Biodiversity and Ecosystem Services. Edited by E. S. Brondizio, J. Settele, S. Díaz and H. T. Ngo. IPBES secretariat. Bonn. https://doi.org/10.5281/zenodo.3831673.
5. Maes, J.; Teller, A.; Erhard, M.; Condé, S.; Vallecillo, S. et al. (2020): Mapping and assessment of ecosystems and their services: an EU wide ecosystem assessment in support of the EU biodiversity strategy. Publications Office of the European Union. Ispra. https://doi.org/10.2760/757183.
6. United Nations (2024): System of Environmental-Economic Accounting – Ecosystem Accounting (SEEA EA). United Nations. New York.
7. Tengberg, A.; Fredholm, S.; Eliasson, I.; Knez, I.; Saltzman, K.; Wetterberg, O. (2012): Cultural ecosystem services provided by landscapes: assessment of heritage values and identity. Ecosystem Services 2: 14–26. https://doi.org/10.1016/j.ecoser.2012.07.006.
8. Milcu, A.I.; Hanspach, J.; Abson, D.; Fischer, J. (2013): Cultural ecosystem services: a literature review and prospects for future research. Ecology and Society 18(3): e44. https://doi.org/10.5751/es-05790-180344.
9. Plieninger, T.; Dijks, S.; Oteros-Rozas, E.; Bieling, C. (2013): Assessing, mapping, and quantifying cultural ecosystem services at community level. Land Use Policy 33: 118–129.
10. Satz, D.; Gould, R.K.; Chan, K.M.A.; Guerry, A.; Norton, B. et al. (2013): The challenges of incorporating cultural ecosystem services into environmental assessment. Ambio 42(6): 675–684. https://doi.org/10.1007/s13280-013-0386-6.
11. Church, A.; Fish, R.; Haines-Young, R.; Mourato, S.; Tratalos, J. et al. (2014): UK National Ecosystem Assessment Follow-on. Work Package Report 5: Cultural Ecosystem Services and Indicators. UNEP-WCMC, LWEC. Cambridge.
12. Fish, R.; Church, A.; Winter, M. (2016): Conceptualising cultural ecosystem services: a novel framework for research and critical engagement. Ecosystem Services 21, Part B: 208–217. https://doi.org/10.1016/j.ecoser.2016.09.002.
13. Hirons, M.; Comberti, C.; Dunford, R. (2016): Valuing Cultural Ecosystem Services. Annual Review of Environment and Resources 41: 545–574. https://doi.org/10.1146/annurev-environ-110615-085831.
14. Schirpke, U.; Timmermann, F.; Tappeiner, U.; Tasser, E. (2016): Cultural ecosystem services of mountain regions: modelling the aesthetic value. Ecological Indicators 69: 78–90. https://doi.org/10.1016/j.ecolind.2016.04.001.
15. Kirchhoff, T. (2018): 'Kulturelle Ökosystemdienstleistungen'. Eine begriffliche und methodische Kritik. Alber. Freiburg.
16. Cheng, X.; Van Damme, S.; Li, L.; Uyttenhove, P. (2019): Evaluation of cultural ecosystem services: A review of methods. Ecosystem Services 37: 100925. https://doi.org/10.1016/j.ecoser.2019.100925.

17. Gould, R.K.; Satterfield, T.; Leong, K.; Fisk, J. (2025): The generations of cultural ecosystem services research. Conservation Biology 39(5): e70065. https://doi.org/10.1111/cobi.70065.
18. McElwee, P.D.; Allen, K.E.; Gould, R.K.; Hsu, M.; He, J. (Hrsg.) (2025): The Routledge Handbook of Cultural Ecosystem Services. Routledge. London.
19. Gómez-Baggethun, E.; Ruiz-Pérez, M. (2011): Economic valuation and the commodification of ecosystem services. Progress in Physical Geography 35(5): 613–628. https://doi.org/10.1177/0309133311421708.
20. Martin-Ortega, J.; Novo, P.; Gomez-Baggethun, E.; Muradian, R.; Harte, C.; Mesa-Jurado, M.A. (2023): Ecosystem services and the commodification of nature. In: Bertrand, E., Panitch, V. (Hrsg.): The Routledge Handbook of Commodification. Routledge. London: 363–375. https://doi.org/10.1002/pan3.70288.
21. Kallis, G.; Gómez-Baggethun, E.; Zografos, C. (2013): To value or not to value? That is not the question. Ecological Economics 94: 97–105. https://doi.org/10.1016/j.ecolecon.2013.07.002.
22. Hansjürgens, B.; Lienhoop, N. (2015): Was uns die Natur wert ist. Potenziale ökonomischer Bewertung. Metropolis. Marburg.
23. Cooper, N.; Brady, E.; Steen, H.; Bryce, R. (2016): Aesthetic and spiritual values of ecosystems: recognising the ontological and axiological plurality of cultural ecosystem 'services'. Ecosystem Services 21, Part B: 218–229. https://doi.org/10.1016/j.ecoser.2016.07.014.
24. Kirchhoff, T. (2012): Pivotal cultural values of nature cannot be integrated into the ecosystem services framework. Proceedings of the National Academy of Sciences 109(46): e3146. https://doi.org/10.1073/pnas.1212409109.
25. James, S.P. (2015): Cultural ecosystem services: a critical assessment. Ethics, Policy and Environment 18(3): 338–350. https://doi.org/10.1080/21550085.2015.1111616.
26. Kirchhoff, T. (2019): Concepts, not words, are at the core of science and of the ecosystem services framework. BioScience 69(8): 585–586. https://doi.org/10.1093/biosci/biz074.
27. Kirchhoff, T. (2019): Abandoning the concept of cultural ecosystem services, or Against natural-scientific imperialism. BioScience 69(3): 220–227. https://doi.org/10.1093/biosci/biz007.
28. Jax, K. (2010): Ecosystem Functioning. Cambridge University Press. Cambridge.
29. MEA (2005): Millennium Ecosystem Assessment: Ecosystems and Human Well-Being: Synthesis. World Resources Institute. Washington.
30. TEEB (2008): The Economics of Ecosystems and Biodiversity. An Interim Report. European Commission. Brussels.
31. UK National Ecosystem Assessment (2014): UK National Ecosystem Assessment Follow-On. Synthesis of the Key Findings. UNEP World Conservation Monitoring Centre & Living with Environmental Change. https://digitallibrary.un.org/record/780241?v = pdf.
32. Odum, H.T. (1971): Environment, Power, and Society. Wiley. New York.
33. Seel, M. (1991): Eine Ästhetik der Natur. Suhrkamp. Frankfurt/M.
34. Grosskopf, A. (2011): Von Schmetterlingen und Libellen. Insekten im Jugendstil. Politik & Kultur 6: 23–23.
35. Harrison, R.P. (1992): Forests. The Shadow of Civilization. Flammarion. Paris.
36. Schama, S. (1995): Landscape and Memory. Vintage. New York.
37. Urmersbacher, V. (2009): Im Wald, da sind die Räuber. Eine Kulturgeschichte des Waldes. Vergangenheitsverlag. Berlin.
38. Nash, R.F. ([1967] 2014): Wilderness and the American Mind. Fifth Edition. Yale University Press / Yale Nota Bene. New Haven & London.

39. Kirchhoff, T.; Vicenzotti, V. (2014): A historical and systematic survey of European perceptions of wilderness. Environmental Values 23(4): 443–464. https://doi.org/10.3197/096327114X13947900181590.
40. Kirchhoff, T. (2017): Sehnsucht nach Wald als Wildnis [Longing for forest as wilderness]. APuZ – Aus Politik und Zeitgeschichte 67(49–50): 17–24, https://www.bpb.de/shop/zeitschriften/apuz/260678/sehnsucht-nach-wald-als-wildnis/.
41. Kirchhoff, T.; Vicenzotti, V. (2020): Von der Sehnsucht nach Wildnis. In: Kirchhoff, T.; Karafyllis, N.C.; Evers, D. et al. (Hrsg.): Naturphilosophie. Ein Lehr- und Studienbuch. 2., aktualisierte und durchgesehene Auflage. UTB/Mohr Siebeck. Tübingen: 313–322.
42. Verschuuren, B.; Wild, R.; McNeely, J.A.; Oviedo, G. (Hrsg.) (2010): Sacred Natural Sites. Conserving Culture and Nature. EarthScan. London & Washington/DC.
43. Kirchhoff, T. (2024): Sacralisations of nature beyond church-based religion in modern western societies. Landscape Research 49: 19–32. https://doi.org/10.1080/01426397.2023.2238619.
44. Rheinberger, H.-J. (2007): Historische Epistemologie zur Einführung. Junius. Hamburg.
45. Chakravartty, A. (2016): Scientific realism. In: Zalta, E.N. (Hrsg.): The Stanford Encyclopedia of Philosophy (Summer 2017 Edition). The Metaphysics Research Lab, Stanford University. Stanford: https://plato.stanford.edu/archives/sum2017/entries/scientific–realism/.
46. Daston, L. (2017): The History of Science and the History of Knowledge. KNOW: A Journal on the Formation of Knowledge 1(1): 131–154. https://doi.org/10.1086/691678.
47. Kirchhoff, T. (2007): Systemauffassungen und biologische Theorien. Zur Herkunft von Individualitätskonzeptionen und ihrer Bedeutung für die Theorie ökologischer Einheiten. Technische Universität München, https://mediatum.ub.tum.de/node?id=685961. Freising.
48. Kirchhoff, T.; Voigt, A. (2010): Rekonstruktion der Geschichte der Synökologie. Konkurrierende Paradigmen, Transformationen, kulturelle Hintergründe. Verhandlungen zur Geschichte und Theorie der Biologie 15(Disziplingenese im 20. Jahrhundert): 181–196.
49. Karafyllis, N.C. (2011): Das technische Dasein. Eine phänomenologische Annäherung an technologische Welt- und Selbstverhältnisse in aufklärerischer Absicht. In: Hörl, E. (Hrsg.): Die technologische Bedingung. Beiträge zur Beschreibung der technischen Welt. Suhrkamp. Frankfurt/M.: 229–266.
50. Locke, J. (1690): An Essay Concerning Human Understanding. Basset & Mory. London.
51. Beardsley, M.C. ([1958] 1981): Aesthetics. Problems in the Philosophy of Criticism. Hackett. Indianapolis.
52. Foucault, M. (1966): Les mots et les choses. Une archéologie des sciences humaines. Gallimard. Paris.
53. Panofsky, E. (1932): Zum Problem der Beschreibung und Inhaltsdeutung von Werken der bildenden Kunst. Logos 21: 103–119.
54. Müller-Doohm, S. (1997): Bildinterpretation als struktural-hermeneutische Symbolanalyse. In: Hitzler, R., Honer, A. (Hrsg.): Sozialwissenschaftliche Hermeneutik: Eine Einführung. VS Verlag für Sozialwissenschaften. Wiesbaden: 81–108. https://doi.org/10.1007/978-3-663-11431-4_4.
55. Simmel, G. (1919): Der Henkel. In: Simmel, G. (Hrsg.): Philosophische Kultur. Gesammelte Essais. Zweite, um einige Zusätze vermehrte Auflage. Kröner. Leipzig: 116–124.
56. Kirchhoff, T.; Trepl, L. (2009): Landschaft, Wildnis, Ökosystem: Zur kulturbedingten Vieldeutigkeit ästhetischer, moralischer und theoretischer Naturauffassungen. Einleitender Überblick. In: Kirchhoff, T., Trepl, L. (Hrsg.): Vieldeutige Natur. Landschaft, Wildnis und Ökosystem als kulturgeschichtliche Phänomene. transcript. Bielefeld: 13–66.
57. Piepmeier, R. (1980): Das Ende der ästhetischen Kategorie 'Landschaft'. Westfälische Forschungen 30: 8–46.

58. Cosgrove, D.E.; Daniels, S. (Hrsg.) (1988): The Iconography of Landscape. Essays on the Symbolic Representation, Design, and Use of Past Environments. Cambridge University Press. Cambridge.
59. Kirchhoff, T.; Trepl, L.; Vicenzotti, V. (2013): What is landscape ecology? An analysis and evaluation of six different conceptions. Landscape Research 38(1): 33–51. https://doi.org/10.1080/01426397.2011.640751.
60. Kirchhoff, T. (2020): Landschaft. In: Kirchhoff, T.; Karafyllis, N.C.; Evers, D. et al. (Hrsg.): Naturphilosophie. Ein Lehr- und Studienbuch. 2., aktualisierte und durchgesehene Auflage. UTB/Mohr Siebeck. Tübingen: 152–158.
61. Rametsteiner, E.; Kraxner, F. (2003): Europeans and their Forests. What Do Europeans Think About Forests and Sustainable Forest Management? A Review of Representative Public Opinion Surveys in Europe. The Ministerial Conference on the Protection of Forests in Europe (MCPFE). Wien.
62. UK National Ecosystem Assessment (2011): UK National Ecosystem Assessment. Technical Report. UNEP World Conservation Monitoring Centre. Cambridge.
63. Diehm, C. (2007): Identification with Nature: What It Is and Why It Matters. Ethics and the Environment 12(2): 1–22.
64. Schmitt, M.T.; Mackay, C.M.L.; Droogendyk, L.M.; Payne, D. (2019): What predicts environmental activism? The roles of identification with nature and politicized environmental identity. Journal of Environmental Psychology 61: 20–29. https://doi.org/10.1016/j.jenvp.2018.11.003.
65. Restall, B.; Conrad, E. (2015): A literature review of connectedness to nature and its potential for environmental management. Journal of Environmental Management 159: 264–278. https://doi.org/10.1016/j.jenvman.2015.05.022.
66. Frantz, C.M.; Mayer, F.S. (2014): The importance of connection to nature in assessing environmental education programs. Studies in Educational Evaluation 41: 85–89. https://doi.org/10.1016/j.stueduc.2013.10.001.
67. Belz, C.M.; Wittek, R.P.M. (2025): Resonating with nature – cultural representation of nature relations. Ecology and Society 30(3). https://doi.org/10.5751/ES-16026-300310.
68. Kudryavtsev, A.; Stedman, R.C.; Krasny, M.E. (2012): Sense of place in environmental education. Environmental Education Research 18(2): 229–250. https://doi.org/10.1080/13504622.2011.609615.
69. Shamai, S.; Ilatov, Z. (2005): Measuring sense of place: methodological aspects. Tijdschrift voor Economische en Sociale Geografie 96(5): 467–476. https://doi.org/10.1111/j.1467-9663.2005.00479.x.
70. Machor, J.L. (Hrsg.) (1987): Pastoral Cities. Urban Ideals and the Symbolic Landscape of America. University of Wisconsin Press. Madison.
71. Cosgrove, D.E. (1998): Social Formation and Symbolic Landscape. The University of Wisconsin Press. Madison.
72. Backhaus, G.; Murungi, J. (Hrsg.) (2009): Symbolic Landscapes. Springer. Dordrecht.
73. Bourassa, S.C. (1991): The Aesthetics of Landscape. Belhaven Press. London & New York.
74. Orians, G.H. (1980): Habitat selection: General theory and applications to human behavior. In: Lockard, S.J. (Hrsg.): The Evolution of Human Social Behavior. Elsevier. New York: 49–77.
75. Orians, G.H. (1986): An ecological and evolutionary approach to landscape aesthetics. In: Penning-Rowsell, E.C., Lowenthal, D. (Hrsg.): Landscape Meanings and Values. Allen & Unwin. London: 3–22/25 (including discussion).

76. Orians, G.H.; Heerwagen, J.H. (1992): Evolved responses to landscapes. In: Barkow, J.H.; Cosmides, L., Tooby, J. (Hrsg.): The Adapted Mind. Evolutionary Psychology and the Generation of Culture. Oxford University Press. New York: 555–579.
77. Heerwagen, J.H.; Orians, G.H. (1993): Humans, habitats, and aesthetics. In: Kellert, S.R., Wilson, E.O. (Hrsg.): The Biophilia Hypothesis. Island Press. Washington: 138–172.
78. Oppenheim, R. (1974): Die Entdeckung der Alpen. Gutenberg. Frankfurt/M.
79. Groh, R.; Groh, D. (1989): Von den schrecklichen zu den erhabenen Bergen. Zur Entstehung ästhetischer Naturerfahrung. In: Weber, H.-D. (Hrsg.): Vom Wandel des neuzeitlichen Naturbegriffs. Universitätsverlag Konstanz GmbH. Konstanz: 53–95.
80. Mathieu, J.; Boscani Leoni, S. (Hrsg.) (2005): Die Alpen! Zur europäischen Wahrnehmungsgeschichte seit der Renaissance / Les Alpes! Pour une histoire de la perception européenne depuis la Renaissance. Lang. Bern.
81. Zumbühl, H.J. (2009): 'Der Berge wachsend Eis …'. Die Entdeckung der Alpen und ihrer Gletscher durch Albrecht von Haller und Caspar Wolf. Mitteilungen der Naturforschenden Gesellschaft in Bern 66: 105–132.
82. Corbin, A. (1988): Le territoire du vide. L'Occident et le plaisir du rivage 1750–1840. Aubier. Paris.
83. Corbin, A. ([1988] 1994): Meereslust. Das Abendland und die Entdeckung der Küste 1750–1840. Fischer. Frankfurt/M.
84. Küster, H. (2010): Die Entdeckung der Lüneburger Heide als 'schöne Natur'. Themenportal Europäische Geschichte: www.europa.clio-online.de/essay/id/fdae-1515.
85. Fischer, L. (2009): Die Entdeckung des Moors für Literatur und Kunst. CulturMag (05.08.2009): https://culturmag.de/litmag/ludwig–fischer–moorkunde/118977.
86. Kirchhoff, T.; Vicenzotti, V.; Voigt, A. (Hrsg.) (2012): Sehnsucht nach Natur. Über den Drang nach draußen in der heutigen Freizeitkultur. transcript. Bielefeld.
87. Kirchhoff, T. (2016): Unsere Sehnsucht nach Natur liegt in unserer Kultur. Impu!se 93(4): 3–4.
88. Dupré, J. (1994): Against scientific imperialism. PSA: Proceedings of the Biennial Meeting of the Philosophy of Science Association 1994(2): 374–381. https://doi.org/10.1086/psaprocbienmeetp.1994.2.192948.
89. Dupré, J. (2003): Human Nature and the Limits of Science. Clarendon Press. Oxford.
90. Kirchhoff, T. (2020): Zum Verhältnis von Mensch und Natur. APuZ – Aus Politik und Zeitgeschichte 70(11 [Natur- und Artenschutz]): 39–44, https://www.bpb.de/apuz/305897/zum–verhaeltnis–von–mensch–und–natur?rl=305890.03815585632013019.
91. Díaz, S.; Pascual, U.; Stenseke, M.; Martín-López, B.; Watson, R.T. et al. (2018): Assessing nature's contributions to people. Science 359(6373): 270–272. https://doi.org/10.1126/science.aap8826.
92. Kirchhoff, T. (2015): Die Zeitform der Entwicklung von Ökosystemen und ökologischen Gesellschaften. In: Hartung, G. (Hrsg.): Mensch und Zeit. VS Verlag für Sozialwissenschaften. Wiesbaden: 226–248. https://doi.org/10.1007/978-3-658-05380-2_12.
93. Kirchhoff, T. (2016): Die Konzepte der Ökosystemgesundheit und Ökosystemintegrität. Zur Frage und Fragwürdigkeit normativer Setzungen in der Ökologie / The concepts of ecosystem health and ecosystem integrity. On the question and questionableness of normative presuppositions in ecology. Natur und Landschaft 91(9–10): 464–469. https://doi.org/10.17433/9.2016.50153417.464-469.
94. Lackey, R.T. (2001): Values, policy, and ecosystem health. BioScience 51(6): 437–443. https://doi.org/10.1641/0006-3568(2001)051[0437:VPAEH]2.0.CO;2.

**Thomas Kirchhoff** arbeitet seit 2010 als wissenschaftlicher Mitarbeiter an der Forschungsstätte der Evangelischen Studiengemeinschaft (FEST) im Bereich Theologie und Naturwissenschaft und ist seit 2017 zudem Privatdozent für Theorie der Landschaft an der TU München. Er absolvierte ein interdisziplinäres Studium der Landschaftsplanung und Philosophie. Seine heutigen Forschungsschwerpunkte bewegen sich an der Schnittstelle von Landschaftstheorie, Naturphilosophie und Umweltforschung.

# Warum ein transformativer Wandel von Wirtschaft und Gesellschaft die Voraussetzung für den Erhalt der Biodiversität ist

Heidi Wittmer(✉)

Helmholtz-Zentrum für Umweltforschung (UFZ), Leipzig, Deutschland
heidi.wittmer@ufz.de

*Die Klimakrise bedroht die Art wie wir leben. Aber das Artensterben definiert, ob wir leben. [3]*

**Zusammenfassung.** Die ökonomische Bewertung von Ökosystemleistungen und von Biodiversität hat in den letzten Jahrzehnten erheblich an Aufmerksamkeit gewonnen. Damit sollen die ökologischen Kosten menschlicher Nutzung von Naturressourcen sichtbar gemacht werden. Viele Studien haben gezeigt, dass zerstörte Ökosysteme weit über ihren kurzfristigen wirtschaftlichen Nutzen hinausgehende, langfristige Kosten verursachen. Offen bleibt die Frage, ob solche Bewertungen allein ausreichen, um den Biodiversitätsverlust wirksam einzudämmen. Der vorliegende Beitrag argumentiert, dass die ökonomische Bewertung zwar ein wichtiges Instrument zur Sensibilisierung und zur quantitativen Erfassung von Verlusten ist, aber aufgrund struktureller und systemischer Grenzen per se wenig Einfluss auf Entscheidungen entfaltet. Die entscheidende Voraussetzung für eine nachhaltige Biodiversitätspolitik liegt nicht in der Bewertung selbst, sondern in ihrer Verknüpfung mit klaren rechtlichen Regulierungen und der Verringerung von sozialer Ungleichheit – nur so lassen sich die Ursachen des Biodiversitätsverlusts wirksam bekämpfen.

**Schlüsselwörter:** Biodiversitätserhalt · Governance und Regulierung · Nachhaltigkeitstransformation · Ökonomie der Gemeingüter · Ökonomische Bewertung · Transformativer Wandel · Umweltgerechtigkeit · Weltbiodiversitätsrat IPBES

## 1 Einleitung: Die Krise der biologischen Vielfalt

Die globale Biodiversitätskrise wird zunehmend als eine der zentralen Herausforderungen des 21. Jahrhunderts anerkannt. Während die Klimakrise die Lebensbedingungen auf der Erde bedroht, bestimmt das Artensterben letztlich, ob ein menschliches Leben auf diesem Planeten langfristig möglich ist [3]. Diese drastische Einschätzung unterstreicht die existenzielle Dimension der Krise – eine Dimension,


S. M. Gergely et al. (Hrsg.): SymWeN 2026, *Die Werte der Natur,* S. 146–160, 2027,
https://doi.org/10.1007/978-3-662-74109-2_12

die in ihren Auswirkungen weit über rein ökonomische Kalkulationen hinausgeht. Trotz der wachsenden Aufmerksamkeit für die ökologischen und wirtschaftlichen Folgen des Biodiversitätsverlusts bleibt die Frage, ob und wie wir diesen Prozess wirksam aufhalten können, weiterhin umstritten. Viel Hoffnung wurde und wird der ökonomischen Bewertung zugeschrieben. Der Artikel diskutiert, welchen Beitrag die ökonomische Bewertung leisten kann und welche weiteren Elemente notwendig sind, um die Ursachen des Biodiversitätsverlusts wirksam zu adressieren.

## 2 Ökonomie der Biodiversität und Rolle der ökonomischen Bewertung: Potenziale und Grenzen

Die ökonomische Bewertung von Ökosystemleistungen ist kein neues Konzept; wie im Beitrag von Rainer Marggraf in diesem Tagungsband erläutert, wurde sie zunächst zur Erfassung des kommerziellen Wertes eingesetzt und später auch für die Messung von Präferenzen verwendet. Der Begriff der „Ökosystemleistungen" wurde, wie im Beitrag von Karsten Grunewald [9] erläutert, im Rahmen des Millennium Ecosystem Assessment [18] systematisch entwickelt. Die ökonomische Perspektive auf Natur und ihre Werte ergänzt ethische Begründungen für den Schutz der Natur. Zahlreiche Studien belegen, dass die derzeitige Übernutzung der Natur selbst aus ökonomischer Perspektive nicht sinnvoll ist: Der gesellschaftliche Wert, der durch die Nutzung der Natur geschaffen wird, bleibt hinter dem Wert der Schäden zurück, die durch diese Nutzung verursacht werden.

Von 2008 bis 2010 hat die globale Initiative TEEB (Die Ökonomie der Ökosysteme und der Biodiversität) eine wichtige Rolle bei der Verbreitung und Verankerung dieser Perspektive gespielt, indem sie eine Vielzahl von Studien zusammengefasst und – sowohl für die Wissenschaft als auch für Politik, Wirtschaft und Öffentlichkeit – aufbereitet hat. Ziel war einerseits, die wirtschaftliche Bedeutung von Biodiversität und Ökosystemen für menschliches Wohlbefinden aufzuzeigen und andererseits die zahlreichen erfolgreichen Beispiele sichtbar zu machen, wie der Schutz von Biodiversität gesellschaftlich umgesetzt werden kann.

Durch die Quantifizierung von Leistungen wie Klimaregulierung, Wasserspeicherung oder Bestäubung wurde versucht, die Kosten von Umweltzerstörung in eine Sprache zu übersetzen, die von Entscheidungsträgern verstanden und in politische und ökonomische Entscheidungen einbezogen wird. Nationale Studien in mehr als zwei Dutzend Ländern folgten diesem Ansatz, und der Studienleiter, Pavan Sukhdev, war weltweit ein gefragter Vortragender.

Trotz breiter Akzeptanz und sichtbarer Sensibilisierung bleibt der Biodiversitätsverlust jedoch hoch. Der Dasgupta-Bericht [10] kommt im Jahr 2021 erneut zu einem alarmierenden Fazit: Die Natur wird weiterhin in einem Ausmaß zerstört, das weit über jede ökonomisch sinnvolle Nutzung hinausgeht.

Mit anderen Worten: unser Lebensstil verbraucht Naturressourcen, die deutlich über der biophysikalischen Kapazität des Planeten liegen. Die ökonomische Bewertung kann diesen Missstand zwar sichtbar machen, ihn jedoch nicht beheben – da die Bewertung allein keinen Einfluss auf die strukturellen Ursachen der Übernutzung hat.

## 2.1 Herausforderungen für ökonomisch sinnvolle Naturnutzung

Wie bereits in den drei vorhergehenden Beiträgen erläutert, steht eine ökonomische Bewertung und die Regulierung ökonomisch sinnvoller Naturnutzung vor verschiedenen Herausforderungen, insbesondere:

- Komplexität und Unvollständigkeit: Ökosystemleistungen sind oft interdependent, nicht marktfähig und schwer zu quantifizieren. Regulierende Leistungen wie Klimastabilisierung oder Bodenfruchtbarkeit werden häufig als „selbstverständlich" angesehen, bis sie schließlich ausfallen.
- Zeitliche und räumliche Disparität: Die Kosten des Erhalts von Biodiversität fallen meist lokal und sofort an (z. B. als Opportunitätskosten der Flächennutzung), während der Nutzen über große zeitliche und räumliche Distanzen verteilt ist. Dies führt zu einer systematischen Unterbewertung der langfristigen Vorteile.
- Marktversagen und Fehlanreize: Die meisten Ökosystemleistungen sind öffentliche Güter oder Gemeingüter und können nicht über Märkte effizient bereitgestellt werden. Zudem bestehen zahlreiche schädliche Subventionen und Steuergesetze, die Umweltzerstörung fördern – beispielsweise in der Landwirtschaft und im Energiesektor.
- Schwellenwerte und irreversible Verluste: Viele ökologische Systeme weisen kritische Schwellenwerte auf. Werden diese überschritten, kann eine Veränderung nicht mehr rückgängig gemacht werden. Wo diese Schwellenwerte oder Kipppunkte genau liegen, ist oft unklar und umstritten.

## 2.2 Individueller versus gesellschaftlicher ökonomischer Nutzen: Die Ökonomie der Gemeingüter

Anhand der Meeresfischerei lassen sich die ökonomischen Herausforderungen globaler Gemeingüter leicht illustrieren. Sie ist ein klassisches Beispiel für diese Problematik und auch als Allmendeproblem bekannt. Laut Daten von 2004 [21] waren weltweit bereits ein Viertel der Fischbestände übernutzt; heute betrifft dies bereits etwa ein Drittel [8]. Die Fischerei ist nicht nur wichtiger Proteinlieferant (mind. 20 % der durchschnittlichen Pro-Kopf-Zufuhr an Protein) für über 3,2 Mrd. Menschen im Jahr 2021 [8] – sie sichert auch den Lebensunterhalt für rund 33,6 Mio. Menschen im Jahr 2022 [8]. Der Wert des gefangenen Fischs bewegte sich Anfang der 2000er Jahre, zwischen 80 und 100 Mrd. US$ pro Jahr [21].

Aber bereits damals wurde der Verlust durch Übernutzung, also das, was nicht gefangen werden konnte, weil die Fischbestände übernutzt sind, auf 50 Mrd. US-Dollar beziffert, eine Größenordnung, die einen erheblichen Anteil der Gesamtproduktion ausmacht [21]. Kein vernünftiges Privatunternehmen würde so wirtschaften – die Weltgemeinschaft tut es dennoch. Grund dafür ist die Allmendeproblematik: wer seinen Fang einschränkt, muss die Folgen seines Verdienstentgangs tragen. Solange nicht alle mitmachen, profitieren daher nur die anderen, die sich nicht einschränken. Ein weiterer zentraler Grund für diese Übernutzung ist die Überkapazität der Fischereiflotten, die durch umfangreiche staatliche Subventionen begünstigt wird. Eine Studie [16], die Zahlen von 2000 bis 2022 untersucht hat, ergab, dass in 41 untersuchten Ländern die Fischerei mit Subventionen in Höhe von insgesamt etwa 10 Mrd. US$ pro Jahr unterstützt wird.

## 3 Warum braucht es transformativen Wandel? Die Berichte des Weltbiodiversitätsrats IPBES

Drei der globalen Assessments des Intergovernmental Panel on Biodiversity and Ecosystem Services – auf Deutsch auch Weltbiodiversitätsrat genannt – beziehen sich auf die Notwendigkeit für transformativen Wandel. Diese Assessments oder Zustandsberichte fassen den jeweiligen Stand der Forschung zusammen und sind grundlegend für unser Verständnis vom Zustand der Biodiversität.

Das globale Assessment [12] benennt als erstes die Notwendigkeit transformativen Wandels für den Erhalt der Biodiversität. Das Autorenteam hat die verfügbaren Szenarien ausgewertet, ohne jedoch ein Szenario zu finden, das bei anhaltendem Wirtschaftswachstum den Erhalt der Biodiversität gewährleisten kann. Daraus wird deutlich, dass ein „business as usual" mit unserem aktuellen Wirtschaftswachstumsmodell nicht mit dem Schutz und der Erhaltung der Biodiversität vereinbar ist. Daraus leiten die Autoren die Notwendigkeit zu transformativem Wandel ab. Dieser wird folgendermaßen definiert: „Eine fundamentale, systemweite Re-Organisation über technologische, ökonomische und soziale Faktoren hinweg, einschließlich der Paradigmen, Ziele und Werte." [12].

Das sogenannte „Values Assessment" [13] fasst vorhandene Erkenntnisse zusammen und vertieft vor allem das Konzept der relationalen Werte. Diese Werte beschreiben die Beziehung des Menschen zur Natur. Es geht davon aus, dass Werte stufenweise in Entscheidungen integriert werden können, wobei jede zusätzliche Stufe das transformative Potenzial erhöht. Veränderungen in der Wertschätzung führen über unterschiedliche Wirkungspfade zu Veränderungen in der Praxis: Im ersten Schritt dient die Bewertung dazu, Werte zu erkennen und anzuerkennen. Dies kann durch ökonomische Bewertung erreicht werden und führt im Idealfall bereits dazu, dass die Werte in der Entscheidungsfindung berücksichtigt werden. In der Regel erfordert diese Berücksichtigung jedoch zusätzliche Anreize.

Im zweiten Schritt sollen diese Werte sinnvoll in Entscheidungen einfließen; dies geschieht, indem ihre Bewertung in inklusive Entscheidungsfindungsprozesse eingebettet wird. Sobald Werte in Entscheidungen berücksichtigt werden, werden sie sichtbar und spürbar. Im dritten Schritt erfolgt eine Anpassung der Regeln und Regulierungen. Dazu müssen diese Werte in Institutionen verankert werden, was ihre Bedeutung erhöht und im vierten Schritt zu einer Veränderung unserer Haltung und Sichtweise führen kann. So werden zunächst Praktiken, dann Strukturen und schließlich Werte und Sichtweisen angepasst.

## 3.1 Ursachen des Biodiversitätsverlusts

Die o. g. Wirkpfade illustrieren auch eine der zentralen Annahmen des Transformative Change Assessment [14], dass Transformation Veränderungen von Sichtweisen, Praktiken und Strukturen erfordert und dass sich diese Vorgänge wechselseitig verstärken.

Ein weiterer wichtiger Beitrag dieses Assessments liegt in der klaren Darstellung der zugrunde liegenden Ursachen des Biodiversitätsverlusts, wie die folgende Grafik anhand von Ursache-Wirkungsketten veranschaulicht: Zunächst werden die direkten Treiber des Biodiversitätsverlust aufgezählt, also Landnutzungswandel, Klimawandel, invasive Arten usw. Diese direkten Treiber werden ihrerseits von den indirekten Treibern verursacht. Bis zu diesem Punkt entspricht die Grafik der Grafik des Globalen Assessments; die Unterscheidung in direkte und indirekte Treiber ist noch viel älter.

Allerdings sind die indirekten Treiber so abstrakt benannt, dass bislang wenig konkrete Erkenntnis, geschweige denn Lösungsansätze entwickelt worden sind. Das Transformative Change Assessment hat jetzt also erstmals klar formuliert, was als zugrunde liegende Ursachen des Biodiversitätsverlustes und der Biodiversitätsproblematik gesehen wird: Die Entfremdung von und Dominanz über Natur und Menschen, Konzentration von Macht und Reichtum und die Priorisierung kurzfristiger, individueller und materieller Gewinne gegenüber langfristigen, gesellschaftlichen und nicht nur materiellen, also auch immateriellen Werten (Abb. 1).

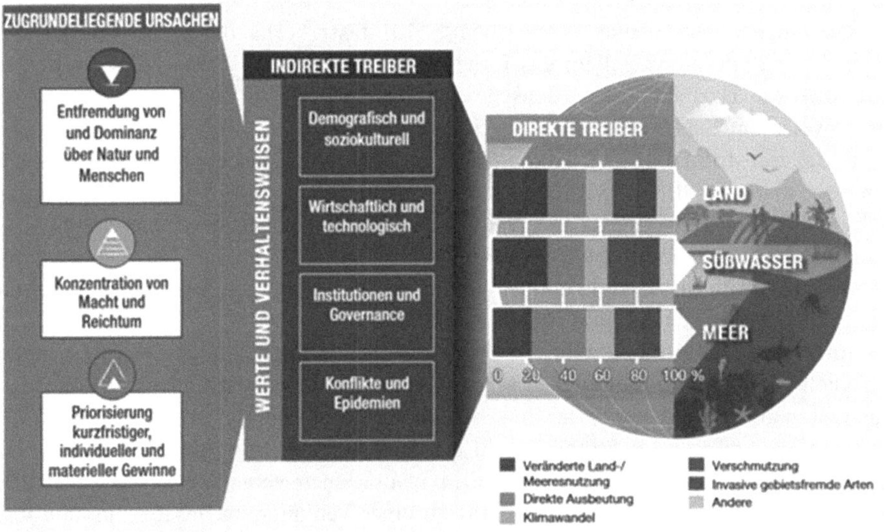


**Abb. 1.** IPBES (2024), the Thematic Assessment Report on the Underlying Causes of Biodiversity Loss and the Determinants of Transformative Change and Options for Achieving the 2050 Vision for Biodiversity.

### 3.2 Voraussetzungen für den Biodiversitätserhalt

In einer Studie für das Bundesministerium für wirtschaftliche Zusammenarbeit in Deutschland haben wir die Schlussfolgerungen aus 20 globalen Assessments zusammengefasst [26]. Als Fazit konnten vier Kernaussagen festgehalten werden:

1. Der Ressourceneinsatz muss signifikant reduziert werden, um zu global ausgewogeneren Konsummustern zu kommen. Das bedeutet, dass Konsum und Verschwendung der reicheren Bevölkerung reduziert werden müssen. Menschliche Bedürfnisse sollten mit geringerem Ressourceneinsatz befriedigt werden.
2. Produktion sollte ohne externalisierte soziale und ökologische Kosten erfolgen. Das heißt, die Preise von Produkten sollten alle Kosten enthalten, die ihre Erstellung hervorruft. Viele glauben, dass dies durch Zurechnung der Kosten erreicht werden kann. Dies ist jedoch unrealistisch, da die Folgekosten so erheblich sind, dass die Preisänderungen jenseits des irgendwie Akzeptablen lägen. Eine Studie zur Rindfleischproduktion kam zu dem Ergebnis, dass der Preis für Rindfleisch mindestens zehnmal teurer sein müsste, um die wahren Kosten abzudecken [6]. Deshalb müssten zunächst die aktuellen Spielregeln und Strukturen geändert werden, um externe Kosten so weit wie möglich zu vermeiden. Die dann noch verbleibenden Umwelt- und sozialen Kosten könnten internalisiert und tatsächlich eingepreist werden. Erst dann kann nachhaltiges Handeln systematisch umgesetzt werden.
3. Sozioökonomische Ungleichheiten sollten, auch um den Erhalt der Biodiversität zu erreichen, reduziert werden. Ein gerechterer Zugang zu Ressourcen und eine faire Verteilung der Vorteile sind unerlässlich – sowohl für ein selbstbestimmtes Leben in Würde für alle als auch für einen wirksamen Biodiversitätsschutz.
4. Zusätzlich zu den genannten Punkten, müssen kritische Teile der Natur geschützt werden, um ihre Regeneration oder ihre Wiederherstellung zu ermöglichen, was zumeist beeindruckende Erfolge verzeichnet [21].

## 4 Die Rolle der sozialen Ungleichheit

Gerechtigkeit ist kein sekundäres Ziel – sie ist ein grundlegendes menschliches Bedürfnis. Studien aus Psychologie, Soziologie und Wirtschaftswissenschaft zeigen wiederholt, dass Menschen in gerechten Gesellschaften glücklicher, gesünder und sicherer leben – unabhängig von ihrem individuellen Einkommen. Dies gilt nicht nur für die ärmere Bevölkerung, sondern auch für die Reichen: In weniger ungleichen Gesellschaften profitieren alle Gruppen von stabileren Institutionen, geringeren Kriminalitätsraten, besseren Bildungschancen und einer höheren Lebensqualität [17].

Doch unsere heutige Welt wird zunehmend ungerecht. Seit den 1980er Jahren nimmt die globale Ungleichheit weltweit zu, nachdem sie in den vorangegangenen Jahrzehnten rückläufig war [27]. Diese Entwicklung ist kein Zufall, sondern das Ergebnis struktureller Veränderungen: Globalisierung, Digitalisierung, Liberalisierung der Märkte und die zunehmende Konzentration von Kapital und Macht in wenigen Händen.

An beiden Enden der Ungleichverteilung erfolgt eine überproportionale Nutzung bzw. Zerstörung der Natur.

In vielen Ländern des globalen Südens sind arme Menschen unmittelbar von natürlichen Ressourcen, wie Wäldern, Flüssen, oder fruchtbarem Boden abhängig. Sie nutzen diese Ressourcen für Nahrung, Brennstoff, Heilpflanzen oder Kleidung. Bei Übernutzung wird Biodiversität gefährdet und die Betroffenen können in der Folge oft nicht auf andere Ressourcen zurückgreifen.

Gleichzeitig verursachen die reichsten Bevölkerungsgruppen die größten Umweltbelastungen; das ist ihrem deutlich höheren Konsumniveau geschuldet, das zusätzlich oft überproportionale Belastungen für Umwelt- und Klima verursacht. Zum CO2 Verbrauch gibt es inzwischen sehr detaillierte Zahlen, die zur Illustration dienen können [1]:

- Das reichste 1 % der Weltbevölkerung verursacht knapp 17 % des globalen $CO_2$-Ausstoßes – mehr als die gesamte ärmere Hälfte der Menschheit.
- Die ärmere Hälfte der Weltbevölkerung (mehr als 3,5 Mrd. Menschen) verursacht nur 11,5 % des $CO_2$-Ausstoßes.
- Die 20 reichsten Milliardäre dieser Erde verbrauchen 5.000-mal mehr $CO_2$ im persönlichen Konsum als jemand aus der ärmeren Hälfte der Menschheit im Durchschnitt – in Bereichen wie Privatflügen, Luxusyachten, großen Immobilien und Energieverbrauch in mehreren Häusern.

Die Studie betrachtet auch, wie sich der Zuwachs des globalen CO2 Verbrauchs (von 1990–2019) auf die unterschiedlichen Einkommensgruppen verteilt. Auf die ärmere Hälfte der Menschheit entfallen 16 % des Zuwachses, bei dem reichsten Viertel hat sich der Verbrauch gesenkt, es entfällt also absolut weniger CO2 auf diese Gruppe, mit Ausnahme der allerreichsten 3 %. Das reichste 1 % der Menschheit ist verantwortlich für 23 % des Zuwachses weltweit. Diese Zahlen sind alarmierend, denn die gesamte Menschheit hat ein gemeinsames globales CO2 Budget. Wenn die reichsten 1 % weiterhin in diesem Maße verbrauchen, ist eine nachhaltige Zukunft unmöglich.

Interessanterweise zeigt die gleiche Studie auch, dass die Differenz innerhalb der Länder heute größer ist als zwischen den Ländern – ein fundamentaler Wechsel, der seit etwa 2007/2008 zu beobachten ist [1 Fig. 3].

Daher ist es unrealistisch, Umweltziele mit „gleichen Regeln für alle" zu erreichen. Denn die bestehenden Regelungen greifen bei den Superreichen nicht. Eine Transformation erfordert unterschiedliche Regeln für unterschiedliche Gruppen – zum Beispiel mit progressiver Besteuerung, verstärkter Kontrolle über Luxusverbrauch und Rückverteilung der Einnahmen zugunsten der weniger wohlhabenden Bevölkerung und des Schutzes der Natur.

## 5 Neue Ansätze zur Rettung der Biodiversität

Inhaltlich folgt aus diesen Überlegungen, dass die zugrunde liegenden Ursachen des Biodiversitätsverlustes angegangen werden müssen. Es geht darum, soziale Ungleichheiten zu reduzieren, neue differenzierte Regelungen zu entwickeln, die auch das Verhalten der Superreichen beeinflussen können. Es gilt, Lebensweisen zu entwickeln, die nicht auf Dominanz der Natur und anderer Menschen basieren. Zentrale Voraussetzung ist eine Wirtschaftsweise, die nicht systematisch privaten und kurzfristigen vor gesellschaftlichen und langfristigen Nutzen priorisiert.

Aus prozeduraler Sicht stellt sich die Frage, wie Gesellschaften solche Transformationen auch dann befördern können, wenn das Vertrauen in staatliche Institutionen und zuletzt auch in die Demokratie schwindet.

Zu beiden Aspekten werden im folgenden Ideen und Ansätze zusammengetragen, ohne Anspruch auf Vollständigkeit oder auf erwiesene Umsetzbarkeit.

## 5.1 Radikaler Inkrementalismus: Transformation in kleinen Schritten

Transformationen müssen keine Revolutionen sein, verschiedene Autoren gehen davon aus, dass tiefgreifende Veränderungen auch durch viele kleine Schritte in die gleiche Richtung erfolgen können. Maja Göpel spricht in diesem Zusammenhang vom radikalen Inkrementalismus. Zu einigen dieser Schritte kann ökonomische Bewertung, wie im Abschnitt 3 zum Values Assessment beschrieben, beitragen. Durch geeignete Bewertungen können sowohl die Beiträge der Natur zum menschlichen Wohlbefinden als auch die Eigenwerte der Natur sichtbar gemacht werden. Darüber hinaus könnten sie wertvolle Anhaltspunkte für die Ausgestaltung politischer Instrumente liefern, etwa zur Höhe von Subventionen oder Steuersätzen. Wenn die Effekte unterschiedlicher Einkommensniveaus bei der Bemessung von Steuern und Transferzahlungen berücksichtigt werden, können solche Schritte Transformation fördern.

Bei der Auswahl von Maßnahmen und Instrumenten sollten zunächst keine Ausweichmöglichkeiten oder trade-offs erlaubt sein. Mir ist bewusst, dass dieser Ansatz mit zentralen Grundsätzen der ökonomischen Theorie in Konflikt steht. Natürlich gibt es Opportunitätskosten und trade-offs. Allerdings haben die Entscheidungsmuster der Vergangenheit eine ausgeprägte Beharrungskraft gezeigt und werden einfach als ‚business as usual' gerechtfertigt. Nur mit viel Phantasie und Hartnäckigkeit ist es möglich, aus diesen Mustern auszubrechen. Im Abschnitt 5.5 wird eine Methode vorgestellt, die sogenannte synergische Strategien identifiziert. Gemeint sind Strategien, die mehrere Bedürfnisse befriedigen, also mehrere Ziele zugleich erreichen können.

## 5.2 Transformation der Wirtschaftsweise – welche Ansätze sind geeignet?

Zahlreiche Vorschläge und Konzepte zeigen auf, wie sich unsere aktuelle Wirtschaftsweise nachhaltiger gestalten lässt, um den Klimawandel und den Biodiversitätsverlust zumindest einzudämmen. Es würde den Rahmen dieses Beitrags sprengen, diese Vorschläge im Einzelnen herzuleiten und zu erklären. Es handelt sich auch nicht um eine genaue Analyse der Vor- und Nachteile, vielmehr soll dieser Abschnitt dazu dienen, auf Herausforderungen und Potenziale hinzuweisen. Prüft man sie im Hinblick darauf, ob sie eine oder mehrere der zugrunde liegenden Ursachen adressieren, erscheint kein Vorschlag geeignet, signifikante Beiträge zu einer der drei Ursachen zu leisten, wenn überhaupt. Prüft man jedoch, was sie zu den vier Kernherausforderungen einer

Transformation für den Biodiversitätserhalt beitragen können, ergibt sich immerhin ein begrenztes Potenzial, das in Tab. 1 zusammengefasst wird.

**Tab. 1.** Transformationspotenzial verschiedener Reformvorschläge der Wirtschaftsweise

| Reformvorschlag | Alle Kosten internalisieren (Angebot) | Ressourcen-intensität reduzieren (Nachfrage) | Sozioöko-nomische Ungleichheit reduzieren | Kritische Natur schützen |
|---|---|---|---|---|
| Effizienz [24, 25] | Kaum | +, aberRebound! | Nein | Nein |
| (Klima-)smarte Landwirtschaft [23] | (+) | Nein | Nein | Nein |
| Nature credits [19] | Nein | Nein | (+), hängt von Ausgestaltung der Regeln ab | + |
| Digitalisierung [11] | Eher nein, zusätzlicher Energiebedarf | Manchmal, aber meist wird sie erhöht | Nein | Nein |
| Grüne Ökonomie [22] | (+) | Rebound | Nein | Nein |
| Earth System Governance [5] | Nein | Nein | Nein | Durch politische Akteure jenseits der Staaten |
| Kreislaufwirtschaft [7] | (+) | (+) je nach Art der Umsetzung hoher Energie-bedarf. | ?? | Nein |
| Earth for all [4] | (+) | + | + | (+) |

Legende: Beiträge zu dieser Zielstellung: + können erreicht werden [+] können mit Einschränkungen erreicht werden,?? unklar, ob sie erreicht werden können

Das Hauptproblem der bisherigen Versuche, den Naturverbrauch durch die Wirtschaft zu reduzieren, sind die sogenannten Reboundeffekte. Sobald etwas zu geringerem Aufwand hergestellt und zu geringeren Kosten angeboten wird, wird das freigewordene Einkommen für mehr oder für andere Güter ausgegeben; es gibt verschiedene Ebenen, auf denen die Einsparung kompensiert oder sogar überkompensiert wird, siehe dazu [20].

Diese erste grobe Einschätzung identifiziert bei der Kreislaufwirtschaft – und bei dem Vorschlag der Economic Wellbeing Alliance „Earth for all" – am ehesten Potenzial für die Erreichung der von den oben erwähnten Assessments geforderten Bedingungen. Eine konsequent umgesetzte Kreislaufwirtschaft, deren Fokus auf langer Nutzungsdauer, Reparatur und möglichst geringem Energiebedarf liegt, kann signifikante Beiträge leisten, um die Übernutzung natürlicher Systeme zu reduzieren – insbesondere dann, wenn es gleichzeitig gelingt, den Konsum zu reduzieren und auch für einkommensschwache Menschen Zugang zu schaffen. Digitalisierung wird oft als Lösung, auch von Umweltproblemen, dargestellt.

Es besteht allerdings die Gefahr, dass der damit einhergehende stark zunehmende Energieverbrauch die Biodiversitätsprobleme eher verstärkt. Der Einsatz von künstlicher Intelligenz geht von einer Verdopplung des Energiebedarfs in den nächsten fünf Jahren aus [11]. Digitale Tools können Lösungsbeiträge leisten, ihr Einsatz sollte aber kritisch reflektiert werden, da die Digitalisierung per se nicht zu weniger Übernutzung der Natur führt.

Gut konzipierte sogenannte Nature-Based Solutions, die natürliche Prozesse nutzen – z. B. Wiederherstellung von Feuchtgebieten, Aufforstung mit einheimischen Arten, oder regenerative Landwirtschaft können maßgebliche Lösungsbeiträge zum ersten und vor allem zum letzten Kriterium leisten. Der umfassendste Vorschlag ist „Earth for all“ – Die Erde für alle: Dieser Vorschlag mutet zwar noch etwas utopisch an, skizziert jedoch Ansatzpunkte, wie die heutige Weltwirtschaft in eine gerechtere und nachhaltigere Wirtschaft umgestaltet werden könnte, damit „die Wirtschaft den Menschen und dem Planeten dient“ anstelle dass „die Menschen und der Planet der Wirtschaft dienen.“

## 5.3 Wie kann die Gestaltung ökonomischer Rahmenbedingungen dazu beitragen, die Erde in einen sicheren und gerechten Zustand zu bringen?

Die Kosten des Schutzes der Natur fallen meist lokal und sofort an – durch Einschränkungen oder Verzicht auf wirtschaftliche Nutzung, oft sind auch Erhaltungsmaßnahmen oder Investitionen etwa in die Wiederherstellung von Ökosystemen erforderlich. Der Nutzen hingegen verteilt sich räumlich und zeitlich in der Regel über Jahrzehnte hinweg – auch weit entfernt von denjenigen, die die Kosten tragen. Daher ist eine gerechte Verteilung von Kosten und Nutzen unerlässlich. Mögliche Ansatzpunkte sind zum Beispiel:

- Progressive Besteuerung von übermäßigem Ressourcenverbrauch – z. B. progressive $CO_2$-Steuer, Flugtickets, Luxuskonsum.
- Verwendung der Steuereinnahmen für Bildung, Klimaanpassung, Biodiversitätsschutz und sozialer Sicherung – besonders in stark betroffenen Regionen.
- Entschädigung oder Entlohnung für Erhaltungsmaßnahmen: Menschen, die auf Nutzung verzichten, oder in Erhaltung investieren, sollten finanziell unterstützt werden.

## 5.4 Neue Narrative und Lebensstile

Die aktuelle gesellschaftliche Diskussion zur Nachhaltigkeitstransformation ist oft von Katastrophenrhetorik, Verzichtsdenken und Schuldzuweisungen geprägt – „Wir müssen alles aufgeben“ oder „Was wollen Sie den Menschen noch zumuten?“. Solche Narrative führen zu Verzweiflung, Widerstand oder Desinteresse. Diese Reaktionen erleichtern es populistischen Parteien, Klimakrise und Artensterben herunterzuspielen und wegzureden.

Stattdessen braucht es positive, inspirierende Narrative, die Menschen motivieren. Möglicherweise helfen Naturerlebnisse, um die Motivation zu steigern und den Einstieg zu erleichtern. Einige Ansätze und Ideen, die sich zunehmender Verbreitung erfreuen, sind Trends zu Minimalismus, Teilen und Tauschen, und die Zunahme vegetarischer und veganer Ernährungsgewohnheiten.

Die Biodiversitätsthematik sollte in eine gesellschaftliche Gesamtvision integriert werden. Die Kernfragen sind, wie wir leben und wie wir wirtschaften wollen.

Idealerweise enthält das Narrativ Hinweise, wie wir von hier in die gewünschte Zukunft gelangen können. Studien zeigen, dass menschbezogene, positive Narrative mit Rollen, mit denen sich Personen identifizieren können, am besten geeignet sind, um Menschen zu mobilisieren [2]. Die gleiche Studie stellt fest, dass Gerechtigkeitsaspekte für die meisten Menschen zentral sind und Umwelt- und Nachhaltigkeitsthemen, stärker zum Handeln mobilisieren, wenn sie als Gerechtigkeitsfragen thematisiert werden.

Der Fokus könnte auf Wohlstand durch Nachhaltigkeit liegen, nicht auf dem Verzicht, sondern auf besserer Lebensqualität durch:

- mehr Natur, mehr Gemeinschaft, Entschleunigung, weniger materielle Dinge, die verwaltet werden müssen.
- Gemeinschaftsorientierung, z. B. wie Menschen gemeinsam Natur schützen, nachhaltig leben und neue Lebensformen entwickeln.
- Integration von Biodiversität in Bildung und Kultur: z. B. durch Naturerlebnisse, Schulprojekte, Kunst, Musik und Literatur.
- Gerechtigkeit ist eine stärkere Motivation als Schuld. Wenn Menschen glauben, dass sie Teil einer gerechten und nachhaltigen Zukunft sind, sind sie bereit, sich zu engagieren.

Ausbaufähige Ideen für konkrete Änderungen, die Einzelpersonen im Alltag umsetzen können, gibt es bereits zahlreiche:

- Reduktion des tierbasierten Konsums und Lebensmittelverschwendung – z.B. durch politische Förderung von pflanzlichen Ernährungsformen, Bildung und öffentliche Aufklärung.
- Verbraucherschutz durch Transparenz: Pflichtangaben zu ökologischem Fußabdruck auf Produkten – ähnlich wie bei Nährwertangaben.
- Förderung von Sharing-Economy-Modellen: z. B. Werkzeug-, Fahrzeug- oder Kleidungsteilen – um Ressourcen effizienter zu nutzen.
- Verzicht auf überflüssigen Konsum: durch Bildung, kulturelle Narrative und soziale Normen, die Wert auf Dauerhaftigkeit, Reparatur und Gemeinschaft legen.
- Gemeinschaftliches Bauen und Wohnen: idealerweise durch Modernisierung des Bestands, die durch geschickte Innenarchitektur und flexible Nutzung ein Wohnen nach modernen Standards ermöglicht, ohne den Bedarf an Wohnfläche (aktuell bei knapp 50 $m^2$ pro Person in Deutschland) weiter zu erhöhen.

## 5.5 Wie kann Wandel beginnen?

Nachhaltige Veränderung lässt sich nicht verordnen, sondern entsteht in inklusiven, partizipativen Prozessen. Gezielte Anreize und Bildung sind dabei ebenso unverzichtbar wie das Bewusstsein, dass es sich im Kern um einen kulturellen Wandel handelt.

Ein interessanter Ansatz über solche Fragen nachzudenken wurde von Manfred Max-Neef, einem chilenischen Ökonomen, entwickelt [15]. Er ermöglicht es Gruppen, gemeinsam über ihre Situation zu reflektieren. Wie können wir messen, was uns die Natur bedeutet? Wie können wir ihre Bedeutung für unser Wohlbefinden erfassen? Hier liegt eine Begrenzung der ökonomischen Bewertung. Die Gleichsetzung mit Volkseinkommen, Nutzen, oder anderen ökonomischen Kategorien, die im Zeitverlauf betrachtet oder – sagen wir – angenommen oder postuliert wurden, ist schwierig (siehe den historischen Überblick von Rainer Marggraf in diesem Band), denn sie ermöglicht nicht auszuloten, welche anderen Beziehungen oder Bedeutungen wichtig sein könnten. In Max-Neefs Ansatz einer Entwicklung nach menschlichem Maßstab wird zwischen Bedürfnissen und den Strategien zu ihrer Befriedigung unterschieden. Dabei sind nicht alle Strategien gleichwertig: Manche erfüllen nur ein einzelnes Bedürfnis, häufig auf Kosten anderer; manche wirken destruktiv auf andere Personen; und manche befriedigen ein Bedürfnis nur scheinbar. Letztere bezeichnet Max-Neef als Pseudostrategien. Ihnen gegenüber stehen die vielversprechenden synergetischen Strategien, die mehrere Bedürfnisse zugleich erfüllen und daher anzustreben sind. Der Ansatz bietet interessante Möglichkeiten, vor allem, wenn es um Gemeinwohl geht, aber er benötigt auch Zeit und den Willen, sich darauf einzulassen und die Bereitschaft, die eigenen Lebensstrategien zu reflektieren.

Max-Neefs Ansatz ist geeignet, sowohl die Sichtweise und persönliche Wertung als auch Praktiken zu verändern. Die kollektive Befassung mit Veränderungspotenzialen erleichtert auch, diejenigen Strukturen zu identifizieren, die geändert oder angepasst werden müssten, um die neuen Strategien noch wirksamer umsetzen zu können.

## 6 Globale Kooperation und Gerechtigkeit

Die Biodiversitätskrise ist global – daher muss auch die Lösung dieser Krise global sein. Zahlreiche Forderungen lassen sich formulieren, die spätestens durch die Auseinandersetzung mit Gerechtigkeitsfragen verständlich werden. Dazu zählen etwa:

- Finanzierung des Globalen Südens durch Fonds, die nicht als „Hilfe“ verstanden werden, sondern als gemeinsame Verantwortung.
- Verzicht auf „ökologische Kompensation“ durch Export von Umweltbelastungen (z. B. $CO_2$-Offsetting in Entwicklungsländern).
- Erneuerung der globalen Governance: Stärkung von Institutionen wie IPBES, UNFCCC und UNDP mit mehr Beteiligung von lokalen Akteuren, indigenen Völkern und Zivilgesellschaft.
- Sicherung der Rechte indigener Völker und lokaler Gemeinschaften, auch als diejenigen, deren Strategien einen deutlich höheren Erhalt von Natur- und Artenvielfalt bewirkt haben.
- Gerechte Verteilung von Rechten und Pflichten: Diejenigen, die am meisten verbrauchen, müssen auch am meisten beitragen – sowohl finanziell als auch politisch.

Hier ist auch der bereits erwähnte Ansatz „Earth for All" einzuordnen – eine Gruppe von Wissenschaftlerinnen und Wissenschaftlern hat versucht, einen globalen Transformationspfad schrittweise zu skizzieren, der noch weiterer Ausarbeitung bedarf. Im Kern identifizieren sie fünf sogenannte Turnarounds – das sind Dynamiken, die es umzukehren gilt: die Überwindung absoluter Armut, der Abbau von Ungleichheiten im Zugang zu Chancen und Ressourcen, Geschlechtergerechtigkeit sowie die Transformation des Ernährungs- und des Energiesystems. Bemerkenswert ist, dass drei der fünf Turnarounds Ungleichheiten adressieren – auf globaler, gesellschaftlicher und individueller Ebene. Das verdeutlicht, wie zentral dieses Thema ist und wie wenig es bisher im Blickfeld war.

**Acknowledgments.** Die Studie zum Zustand globaler Gemeingüter einschließlich der Synthese der Empfehlungen globaler Zustandsberichte wurde vom Bundesministerium für wirtschaftliche Zusammenarbeit und Entwicklung BMZ durch die Gesellschaft für Internationale Zusammenarbeit GIZ gefördert. Herzlicher Dank gebührt Stefan M. Gergely für seine Überarbeitungsvorschläge.

**Offenlegung von Interessenkonflikten.** Die Autorin hat keine Interessenkonflikte anzugeben, die für den Inhalt dieses Artikels relevant sind.

## Literatur

1. Chancel L (2022) Global carbon inequality over 1990–2019. Nat Sustain 5(11):931–938. https://doi.org/10.1038/s41893-022-00955-z
2. Di Giulio A, Defila R (2022) Die Bedeutung von Narrativen für Umwelt und Nachhaltigkeit. doi:https://doi.org/10.5451/unibas-ep88066
3. Dirk Steffens (31. August 2020) „Die Dimension der Krise ist gewaltig"
4. Dixson-Declève S, Gaffney O, Ghosh J, Randers J, Rockström J, Stoknes PE (2022) Earth for all. Ein Survivalguide für unseren Planeten: der neue Bericht an den Club of Rome, 50 Jahre nach „Die Grenzen des Wachstums", 3. Aufl. oekom, München
5. Earth System Governance (2018) Earth System Governance. Science and Implementation Plan of the Earth System Governance Project, Utrecht, the Netherlands
6. Eshel G, Shepon A, Makov T, Milo R (2014) Land, irrigation water, greenhouse gas, and reactive nitrogen burdens of meat, eggs, and dairy production in the United States. Proceedings of the National Academy of Sciences of the USA 111(33):11996–12001. https://doi.org/10.1073/pnas.1402183111
7. European Commission (2020) A new Circular Economy Action Plan. For a cleaner and more competitive Europe, Brussels
8. FAO (2024) The State of World Fisheries and Aquaculture 2024. Blue Transformation in Action. FAO, Rome
9. Grunewald K, dieser Band
10. HM Treasury (2021) The Economics of Biodiversity: The Dasgupta Review
11. IEA (2025) Energy and AI, Paris
12. IPBES (2019) Das globale Assessment der biologischen Vielfalt und Ökosystemleistungen. Zusammenfassung für politische Entscheidungsträger, Bonn, Germany
13. IPBES (2022) Methodological assessment report on the diverse values and valuation of nature. Zenodo, Bonn, Germany

14. IPBES (2024) Summary for Policymakers of the Thematic Assessment Report on the Underlying Causes of Biodiversity Loss and the Determinants of Transformative Change and Options for Achieving the 2050 Vision for Biodiversity of the Intergovernmental Science-Policy Platform on Biodiversity and Ecosystem Services. Zenodo, Bonn, Germany
15. Manfred Max-Neef et.al. (1991) Human scale development. Conception, application and further reflections. Apex press, New York
16. OECD (2025) OECD Review of Fisheries 2025, Bd 2025. OECD Publishing, Paris
17. Pickett KE, Wilkinson RG (2010) Inequality: an underacknowledged source of mental illness and distress. The British Journal of Psychiatry 197(6):426–428. doi:https://doi.org/10.1192/bjp.bp.109.072066
18. Reid W, Mooney H, A Cropper, D Capistrano, K Chopra (2005) Millennium Ecosystem Assessment. Ecosystems and human well-being: synthesis
19. Rode J Beitrag in diesem Band
20. Santarius T (2015) Der Rebound-Effekt. Ökonomische, psychologische und soziale Herausforderungen für die Entkopplung von Wirtschaftswachstum und Energieverbrauch. Dissertation, Universität Kassel
21. TEEB (2009) The economics of ecosystems and biodiversity for national and international policy makers – Summary. Responding to the Value of Nature. The economics of ecosystems & biodiversity. UNEP, Geneva
22. United Nations Environment Programme (2011) Waste: Investing in Energy and Resource Efficiency – Towards a Green Economy: Pathways to Sustainable Development and Poverty Eradication
23. Verhagen J, Hengsdijk H, Bezlepkina I, Groenestein K, van t Klooster K (2013) Linking good agricultural practices and climate smart agriculture
24. Weizsäcker EU von, Lovins A, Lovins LH (1997) Faktor Vier. Doppelter Wohlstand – halbierter Naturverbrauch: der neue Bericht an den Club of Rome, 10. Aufl. Droemer Knaur, München
25. Weizsäcker EU von, Hargroves K, Smith M, Desha C, Stasinopoulos P (2012) Faktor fünf: die Formel für nachhaltiges Wachstum. Knaur eBook
26. Wittmer H, Berghöfer A, Büttner L, Chakrabarty R, Förster J, Khan S, König C, Krause G, Kreuer D, Locher K, Munoz M, Neumann M, Renner I, Rode J, Schniewind I, Soares T, Schwarzer D, Tröger U, Zinngrebe Y, Spiering S, (2021) Transformative change for a sustainable management of global commons — biodiversity, forests and the ocean. Recommendations for international cooperation based on a review of global assessment reports and project experience. Helmholtz-Center for Environmental Research GmbH – UFZ, Leipzig, Germany
27. World Inequality Lab (2022) Bericht zur weltweiten Ungleichheit 2022


**Heidi Wittmer** arbeitet als Umweltwissenschaftlerin und bekleidet die Position der stellvertretenden Leiterin des Departments Umweltpolitik am Helmholtz-Zentrum für Umweltforschung (UFZ) in Leipzig. Sie agiert primär an der Schnittstelle von Wissenschaft und Politik und partizipiert an großen internationalen Initiativen wie TEEB, EKLIPSE und BioValue. Ihre Forschungsschwerpunkte liegen in den Bereichen Biodiversität, Ökosystemleistungen und internationale Umweltgovernance.

# Rechtswissenschaftliche Perspektiven

# Ansätze zur Verankerung der Natur als Rechtssubjekt im internationalen und österreichischen Recht

Erika Wagner(✉)
Institut für Umweltrecht an der Johannes Kepler Universität Linz, Linz, Österreich
erika.wagner@jku.at

**Zusammenfassung.** Der Beitrag untersucht, auf welche Weise und durch welche Institution Umweltinteressen in Umweltverfahren am besten wahrgenommen werden können, um das Erbe der Menschheit für derzeitige und nachfolgende Generationen zu bewahren. Die aktuelle Klima- und Biodiversitätskrise zeigt, dass sowohl die bestehenden materiell-rechtlichen, als auch verfahrensrechtlichen Instrumente unzureichend sind, um die anthropogene Erderwärmung zu verlangsamen. Vor diesem Hintergrund ist es geboten, grundlegende Weichenstellungen der geltenden Rechtslage sowohl in materiell-rechtlicher als auch in prozessualer Hinsicht kritisch zu hinterfragen. Die Natur wird von der österreichischen Rechtsordnung als Rechtsobjekt verstanden. Naturschutzbezogene Interessen werden häufig lediglich als öffentliches Interesse und durch teilweise weisungsabhängige Behördenvertreter geltend gemacht. Dieser Umstand führt insb im Rahmen von Interessenabwägungen nicht selten zu Entscheidungen, die für die Belange der Naturgüter nachteilig sind. Auf Basis eines internationalen Rechtsvergleichs werden im Zuge der Untersuchung alternative Modelle der prozessualen Vertretung der Natur vorgestellt. Materiell-rechtlich könnten sie in der Anerkennung einer Eigenrechtsfähigkeit von Teilen der Natur liegen, wie internationale Entwicklungen belegen. Der Beitrag hinterfragt dieses Konzept auf dogmatischer Ebene und stellt einen Vorschlag zu dessen Implementierung in die österreichische Rechtsordnung vor.

**Schlüsselwörter:** Artenschutz · Eigenrecht · Eigenrechtsfähigkeit · Nachhaltigkeit · Subjektives Recht · Umweltanwaltschaft · Umweltschutz

## 1 Einleitung: Motivation und Befund

### 1.1 Biodiversitätskrise

Die Biodiversität befindet sich seit geraumer Zeit in einem Krisenzustand, wie der folgende Befund zeigt: Vom 11.-15. Oktober 2021 fand in **Kunming** der erste Teil der als **Weltnaturschutzkonferenz** bezeichneten **15. Vertragsstaatenkonferenz des**


S. M. Gergely et al. (Hrsg.): SymWeN 2026, *Die Werte der Natur,* S. 162–186, 2027,
https://doi.org/10.1007/978-3-662-74109-2_13

**Übereinkommens über die biologische Vielfalt (CBD COP 15)** statt [1]. Gegenstand war die **Bewertung des strategischen Plans 2011–2020 der Vereinten Nationen zum Erhalt der biologischen Vielfalt** [2]. Dieser Plan wurde im Oktober 2010 beschlossen und umfasste fünf große strategische Ziele und 20 Kernziele, die sog **Aichi-Ziele,** welche wie folgt lauten:

- Bekämpfung der Ursachen des Rückgangs der biologischen Vielfalt durch ihre durchgängige Einbeziehung in alle Bereiche des Staates und der Gesellschaft,
- Abbau der auf die biologische Vielfalt einwirkenden unmittelbaren Belastungen und Förderung einer nachhaltigen Nutzung,
- Verbesserung des Zustands der biologischen Vielfalt durch Sicherung der Ökosysteme und Arten sowie der genetischen Vielfalt,
- Mehrung der sich aus der biologischen Vielfalt und den Ökosystemleistungen ergebenden Vorteile für alle,
- Verbesserung der Umsetzung durch partizipative Planung, Wissensmanagement und Kapazitätsaufbau (Manifest zum Schutz der Biodiversität).

Die Bewertung fiel ernüchternd aus: **Sämtliche der sogenannten Aichi-Ziele wurden verfehlt.** Das von Organisationen wie Greenpeace, ATTAC, der Katholischen Jungschar und Fridays for Future getragene **Manifest zum Schutz der Biodiversität** [3] fasst die Lage wie folgt zusammen: Die 20 Aichi-Ziele wurden nicht erreicht. Weltweit sind aktuell rund eine Million Tier- und Pflanzenarten vom Aussterben bedroht. Seit 1970 hat die Wirbeltier-Population im globalen Schnitt um 60 bis 70 % abgenommen. Bei 40 % der Insektenarten geht die Population zurück, und ein Drittel aller Insektenarten ist vom Aussterben bedroht. Jeden Tag sterben 150 Tier- und Pflanzenarten aus.

Die **EU-Biodiversitätsstrategie 2030** vom 20.5.2020 [4] hält vor dem Hintergrund der Aichi-Ziele ausdrücklich fest, dass „Schutz und Wiederherstellung der Biodiversität mehr als reine Regulierung" erfordere – gefragt sei aktives Tätigwerden. Die Kosten der Untätigkeit werden für den Zeitraum 1977 bis 2011 mit rund 3,5 bis 18,5 Billionen Euro pro Jahr durch Änderung der Bodenbedeckung sowie rund 5,5 bis 10,5 Billionen Euro pro Jahr durch Landverödung beziffert. Die Strategie betont, dass die Natur in einer Notlage ist; sie ist zugleich Verbündete im Kampf gegen den Klimawandel und vom Klimawandel betroffen. Bis 2030 sollen daher 30 % der Landflächen unter Schutz gestellt und ökologische Korridore geschaffen werden. Daneben ist eine Stärkung des EU-Rechtsrahmens vorgesehen.

KlimawissenschafterInnen appellieren eindringlich an die Staatengemeinschaft, die Ziele des Pariser Klimaübereinkommens – die Begrenzung der globalen Erwärmung auf deutlich unter 2 °C und die Anstrengung, sie auf 1,5 °C gegenüber vorindustriellen Werten zu beschränken – einzuhalten, **um nicht die Erde** und **ihre lebenden Organismen** einer Situation der zunehmend unumkehrbaren Erderwärmung auszusetzen, die im ungünstigsten Szenario (vgl *IPCC*, SSP5-8.5) bis Ende dieses Jahrhunderts laut *IPCC* mit einer besten Schätzung von 4,4 °C und einer sehr wahrscheinlichen Bandbreite („very likely range") von 3,3 bis 5,7 °C prognostiziert wird [5]. Dass in einer derartigen Situation die Menschheit Katastrophen wie Überschwemmungen und Dürren, Hungersnöte, Wasserknappheit etc. hinnehmen wird müssen und dadurch Migrationsströme verursacht werden, ist heute bereits vorhersehbar [6]. Der Befund zeigt daher, dass eine dramatische Kehrtwende erforderlich ist, um natürliche Systeme nicht zum Kippen zu bringen. Die Erderwärmung ist sämtlichen gesicherten wissenschaftlichen Erkenntnissen zufolge anthropogen verursacht [7]. Der Verlust an Biodiversität und die Gefährdung natürlicher Arten sind maßgeblich anthropogen verursacht. Es ist daher höchst an der Zeit, die rechtliche Stellung von Naturgütern grundlegend neu zu reflektieren.

Dieses Umdenken hat sich mit folgenden Fragen auseinanderzusetzen:

Beruht unser Rechtssystem **materiell** und **prozessual** auf geeigneten systemischen Strukturen, die einen effektiven Schutz des Planeten und seiner Arten gewährleisten? Die Hypothese lautet, dass das Recht einer **systemischen Fortentwicklung** bedarf: Das Konzept der Eigenrechte der Natur könnte **als Erweiterung der Palette an Instrumenten dienen,** die darauf abzielen, den Fokus v**on den Interessen der Menschen hin zu den Bedürfnissen der Natur zu verschieben.** Diese Frage ist in der rechtswissenschaftlichen Literatur bereits in sehr erheblichem Umfang untersucht worden [8]. Der vorliegende Beitrag stellt ein Modell vor, das neben bestehende Schutzkonzepte tritt, diese ergänzt und in Teilbereichen eine Intensivierung des Schutzes von Ökosystemen ermöglicht. Die Ausführungen stützen sich auf die Pilot-Untersuchung *Wagner/Bergthaler/Krömer/Grabmair,* Eigenrechtsfähigkeit der Natur (2022).

## 1.2 Notwendigkeit der kritischen Hinterfragung von Rechtssystemen

Die Idee der Eigenrechtsfähigkeit ist nicht neu – im Folgenden wird ein Blick auf die historische Genese geworfen: Bereits im Jahre 1972 schrieb der amerikanische Rechtswissenschaftler ***Christopher D. Stone*** von der University of Southern California den Aufsatz *„Should Trees Have Standing? Towards Legal rights for Natural Objects“* [9] sowie das im Jahre 1987 erschienene und in deutscher Sprache vorliegende Buch *„Umwelt vor Gericht – die Eigenrechte der Natur*“. *Stone* vertrat die Ansicht, dass Wälder, Ozeane, Flüsse und andere Elemente der Natur die gleichen, gerichtlich ermöglichbaren Rechte wie Menschen haben sollen. Diese Forderung wurde anlässlich des Verfahrens *Sierra Club vs Morton* [10] vor dem U.S. Supreme Court der Vereinigten Staaten von Amerika durch den Verfassungsrichter *Douglas* in seiner abweichenden Meinung zitiert [11]. Sie fand aber bis Ende des 20. Jahrhunderts **nicht Eingang in das amerikanische Rechtssystem.** Erst im Jahr 2006 erließ die erste Gemeinde *Tamaqua Borough* in **Pennsylvania,** eine ehemalige Kohleregion, die sog „Klärschlammverordnung“, die sich auf die Anerkennung von Ökosystemen als Person stützte. Hintergrund dafür war, dass in abgeräumten Kohlegruben Klärschlamm entsorgt wurde, was Flüsse und Gewässer sowie die Gesundheit der lokalen Bevölkerung schädigte und sogar zum Tod mehrerer Kinder führte [12]. Mehrere US-amerikanische Gemeinden und Bezirke folgten diesem Beispiel im Kampf gegen Ablagerungen von Giftmüll und giftigen Chemikalien. Im Jahr 2010 erließ Pittsburgh als erste Stadt eine Verordnung zur Untersagung von Fracking [13]. Alle Verordnungen berufen sich auf die Eigenrechte der Natur und waren schließlich auch Vorbild für die Verankerung derselben in der Verfassung von Ecuador [14]. Die Verankerung im Verfassungsrang kann als wesentlicher Schritt dahingehend angesehen werden, die Bedeutung des Schutzkonzepts der Eigenrechtsfähigkeit zu stärken.

## 1.3 Schutzkonzepte

In der europäischen Rechtsordnung trifft das Schutzkonzept der Eigenrechtsfähigkeit auf alternative Konzepte, auf welche Art und Weise der Schutz der Natur die dringend notwendige Aufwertung erfahren kann [15]. Eine Auswahl derselben soll im Überblick kurz dargestellt werden, zumal die Gegner des Konzepts des Eigenrechts der Natur bereits dessen Bedarf in Abrede stellen [16].

**Umweltschutz und Natur als Staatsziel im österreichischen Verfassungsrang.** Als Beispiel hierfür ist das derzeitige BVG Nachhaltigkeit [17] zu nennen, das ein Bekenntnis von Bund, Ländern und Gemeinden zur Nachhaltigkeit und zum umfassenden Umweltschutz in Gesetzgebung und Vollziehung enthält. Allerdings wird es von einem Teil der Vertreter der Rechtswissenschaften – wie seine Vorgängerbestimmung (BVG Umweltschutz 1984 [18]) – despektierlich als bloße „Leerformel" [19] bzw „verfassungsrechtliches Glaubensbekenntnis" [20] bezeichnet. Folge daraus ist, dass diese Vertreter der Lehre keinerlei Sanktionen an die Nichtbeachtung der Zielvorgabe knüpfen wollen. Dieser Auslegung ist bereits *Kerschner* [21] mE zu Recht entgegengetreten und hat vollkommen zutreffend dargelegt, dass eine verfassungsrechtliche Pflicht der Gebietskörperschaften in allen ihren Aufgaben besteht, sich an die Zielvorgabe des Umweltschutzes zu halten. Ein deutlicher Rückschritt im Niveau des Umweltschutzes würde einen eklatanten Verstoß gegen ein eben nicht als „Leerformel" verstandenes Staatsziel bedeuten und damit die Verfassungswidrigkeit des Rechtsakts nach sich ziehen (3. These) [22].

Zu konzedieren ist, dass der Wortlaut des BVG Umwelt aus 1984 [23] aufgrund des Wortlauts „*Bewahrung der natürlichen Umwelt als Lebensgrundlage des Menschen vor schädlichen Einwirkungen*" einen anthropozentrischen Bezug nahe legt, weshalb in der dazu ergangenen Literatur die anthropozentrische Deutung vorherrschend war [24] und zT noch aufrecht erhalten wird [25]. Mit der Ablösung des BVG über den umfassenden Umweltschutz 1984 durch das BVG Nachhaltigkeit, Tierschutz, umfassender Umweltschutz, Sicherstellung der Wasser- und Lebensmittelversorgung und Forschung 2013, BGBl I 2013/111 kam es mE zu einer inhaltlichen Erweiterung der verfassungsrechtlichen Schutzziele um die Nachhaltigkeit. Diese Ausrichtung wird durch die SDGs 13 (Klimaschutz), 14 (Leben unter Wasser) und 15 (Leben an Land) um eine deutlich ökozentrische Dimension ergänzt [26].

In Deutschland existiert mit Art 20a Grundgesetz eine ähnliche Staatszielbestimmung, die im revolutionären Beschluss des deutschen Bundesverfassungsgerichts vom 24.3.2021 [27] ua (neben Art 2 EMRK und Art 8 EMRK) zur Begründung des grundrechtlich gewährleisteten Nachweltschutzes (also der zukünftigen noch nicht lebenden Generationen) herangezogen wurden, mit dem Effekt, dass die Klimaschutzziele der Bundesregierung bis 2030 für ungenügend befunden wurden und saniert werden mussten [28].

Art. 37 der Charta der Grundrechte der Europäischen Union (GRC) normiert ebenso im Verfassungsrang auf europäischer Ebene und im diesbezüglichen Anwendungsbereich, dass „*ein hohes Umweltschutzniveau und die Verbesserung der Umweltqualität [müssen] in die Politik der Union einbezogen und nach dem Grundsatz der nachhaltigen Entwicklung sichergestellt werden*" müssen. Auch diesfalls wird allerdings betont, dass sich daraus kein subjektives Recht für den Einzelnen ergibt. Auch in diesem Kontext muss mE entgegen mancher Meinung die **Judiziabilität der Klausel** betont werden.

Als Fazit lässt sich aus dem nunmehr 46-jährigen Bestehen des Staatsziels festhalten, dass es in seiner Wirkung, die es entfalten hätte können, von der Rechtswissenschaft kleingeredet und als schwach abgetan wurde.

**Umweltschutz als Menschenrecht.** Der zweite Ansatz zur Verbesserung der Umweltqualität könnte in der Anerkennung eines subjektiven Rechts auf gesunde Umwelt im Verfassungsrang liegen. Obwohl diese Forderung weder in der österreichischen noch in der deutschen Verfassung bislang ausdrücklich Niederschlag gefunden hat, folgt aus Art 2 EMRK sowie Art 8 EMRK ein gewisser Schutz des Einzelnen vor schweren Umweltbelastungen auf verfassungsrechtlicher Ebene. In der Vergangenheit gab es diesbezüglich zahlreiche Urteile des EGMR [29]. Im Ergebnis gelangt das Urteil des EGMR in der Rs *Klimaseniorinnen* [30] – abgeleitet aus Art 8 und Art 6 EMRK – nunmehr zu einem **verfassungsgesetzlich gewährleisteten subjektiven Recht auf Klimaschutz.** Allerdings verlangt der EGMR für die Geltendmachung eine **besondere** – über die allgemeine Betroffenheit hinausgehende – **Betroffenheit,** sodass dem Einzelnen in den wenigsten Fällen die Möglichkeit eröffnet ist, unzureichenden Klimaschutz geltend zu machen. Dagegen hat der EGMR in evolutionärer Fortentwicklung in der Rs *KlimaSeniorinnen* den Verbänden sehr weitgehend Klimaklagerechte zuerkannt [31]. Auch wenn darin eine deutliche Verbesserung zu erblicken ist, kommt diese der Natur nur mittelbar und mit erheblicher zeitlicher Verzögerung zugute.

**Anerkennung der Natur als Rechtsträgerin.** Folgt man den eingangs dargestellten Erkenntnissen der Klimawissenschaften, ist für einen weiteren Aufschub keine Zeit mehr. Die Erde als Lebensgrundlage des Menschen ist in ernster Gefahr. Ein Umdenken ist an der Zeit: Zum Schutz der Natur um ihrer selbst willen, bedarf es der Umsetzung und Verankerung des Konzepts der Eigenrechtlichkeit der Natur in materieller und prozessualer Hinsicht. Bereits *Pernthaler* [32] hat im Jahr 1996 vertreten, dass *„die Rechtssubjektivität schon nach der geltenden Rechtsordnung prinzipiell auch über den Menschen hinaus ausgedehnt werden kann"* und damit der Natur *„eigene subjektive Rechte auf Existenz, Würde, Schutz vor Gefährdung und Schonung"* gewährt werden kann. Dennoch ist dieser Ansatz nicht konsequent weiterverfolgt worden. Dass die Aussage *Pernthalers* jedenfalls zutreffend ist, wird im Folgenden näher dargelegt.

## 2 Derzeitige materiell-rechtliche und prozessuale systemische Strukturen im österreichischen Recht

### 2.1 Rechtlicher Schutz von Umweltinteressen – status quo

In der Rechtsordnung wird derzeit die Natur samt ihren lebenden und unbelebten Bestandteilen als Objekt als „Sache" iSd § 285 ABGB verstanden. Die Schutzintensität dieser Sache ist entweder anthropozentrisch oder ökozentrisch: So ist etwa in der Umwelthaftungs-RL (RL 2004/35/EG) [33] der Boden nur iSd anthropozentrischen

Konzeptes geschützt, dh der Schutz des Bodens beginnt erst, wenn ein **erhebliches Risiko der Beeinträchtigung der Gesundheit des Menschen** besteht [34]. Dagegen ist der Schutz der Biodiversität und des Wassers ökozentrisch zu verstehen, sodass erhebliche **nachteilige Auswirkungen auf das jeweilige Medium verboten sind.** Die Bestandteile der Natur genießen **Schutz im öffentlichen Recht** und/oder im Privatrecht. In beiden Rechtsgebieten spielt die Differenzierung zwischen individuellen Schäden und überindividuellen Rechtsgütern eine Rolle, was wiederum Auswirkungen auf die Ausgestaltung des Schutzes der jeweiligen Umweltdimension hat. Individuelle Rechtsgüter sind einer Person als Rechtsträger zugeordnet. Überindividuelle Rechtsgüter sind keiner einzelnen Person zugeordnet. Als Beispiele für Erstere können etwa Grundwasser, landwirtschaftliche Kulturen, Bäume, Pflanzen, Boden genannt werden. Als Beispiele für Letztere sind das Klima, die Luft, Mikroorganismen, Biodiversität, Meere innerhalb und außerhalb der 12-Meilen-Zone, Seen und Flüsse, die öffentliche Gewässer etc. zu erwähnen.

## 2.2 Prozessuale Wahrung der Interessen der Natur – status quo im öffentlichen Recht

Die Wahrnehmung der Interessen der Natur erfolgt derzeit im öffentlichen Recht von Amts wegen einerseits durch die Naturschutzbehörde (des jeweiligen Bundeslandes) in naturschutzrechtlichen Anzeige- bzw Bewilligungsverfahren. Andererseits besteht über die Konstruktion der sog Umweltanwaltschaften die Berechtigung derselben, die Einhaltung bestimmter naturschutzrechtlicher Vorschriften, die dem Schutz der Natur dienen, als subjektives Recht (Parteistellung) im Verfahren geltend zu machen. Auch dies klingt zunächst überzeugender, als es letztlich einfachgesetzlich ausgestaltet und umgesetzt wird. Es liegt eine Art **„Korsettkonzeption"** vor, da sich die Befugnisse der Umweltanwaltschaften nicht auf jeden denkmöglichen Schutz der Umwelt beziehen, sondern nur dort zum Zug gelangen, wo einfache Gesetze den Umweltanwaltschaften über die Konstruktion des subjektiven Rechts Mitsprachemöglichkeiten einräumen. Die Gerichtshöfe des öffentlichen Rechts sprechen von einer sog Formalparteistellung der Umweltanwaltschaften [35] mit der Folge, dass diese nicht berechtigt seien, im Wege der Erkenntnisbeschwerde (Art 144 B-VG) den VfGH anzurufen, da ihnen eigene subjektive Rechte in Verfassungsrang fehlten.

Das jüngst vom Europäischen Parlament beauftragte und von *Jan Darpö* verfasste Gutachten nennt als [mE vermeintlich] „bessere" Alternative zum Konzept der Eigenrechte der Natur die „Ombudsmann-Konstruktion" [36]: Diese kann in Österreich durch die Umweltanwaltschaften auf eine ca 40 Jahre lange Tradition [37] mit allen Stärken und Schwächen zurückblicken. Es zeigt sich, dass die Kompetenzen der Umweltanwaltschaften durch die Politik zunehmend eingeschränkt werden, wann immer dies durch politische Befindlichkeiten veranlasst scheint, insb bei jenen Umweltanwaltschaften, die ihre Rechtsschutzmöglichkeiten konsequent nutzen [38].

Das bedeutet, dass der unzureichende Schutz der Natur systemimmanent ist. Die Kompetenzen der Umweltanwaltschaften sind noch dazu von Bundesland zu Bundesland unterschiedlich. Jedenfalls aber sind sie an die engen Grenzen der gesetzlichen Ermächtigung zur Wahrnehmung von Naturschutzinteressen gebunden. Ein weiterer nachteiliger Faktor besteht darin, dass der Umweltanwalt in seinen ohnehin rudimentären Kompetenzen einer Art Selbstzensur unterliegt. Er hat bei Wahrnehmung seiner Kompetenzen auf sonstige öffentliche Interessen **soweit wie möglich** Rücksicht zu nehmen (§ 5 OÖ Umweltschutzgesetz). Das widerspricht der Waffengleichheit zwischen Naturschutzinteressen und anderen Interessen, da erstere die zuletzt Genannten zu inkorporieren haben. Das ist mE eine **klare Fehlkonzeption in der Rollenverteilung iS eines fairen kontradiktorischen Verfahrens.**

Auch die Naturschutzbehörden entscheiden erst nach Interessenabwägung über Umweltgüter und haben diesfalls **andere gegenläufige Interessen in ihrer Abwägung** hinsichtlich der Erteilung von (Eingriffs)genehmigungen zu gewichten. Auch bei den Naturschutzbehörden liegt daher eine Interessenskollision vor. Sie sind zugleich entscheidendes staatliches Organ, haben unterschiedliche Interessen (unparteiisch) zu gewichten (kein per se Überwiegen des Interesses pro natura), wobei die Natur bloß ein Teil der Interessenabwägung ist. Es wird bereits an dieser Stelle klar, dass der gesamthafte Schutz der reinen Naturgüter um andere Interessen „amputiert" ist.

Aber mehr noch: Durch die nunmehrige Beschleunigungsgesetzgebung (Art 16 f RED III-RL) wird im Rahmen der Interessenabwägung zwischen Naturschutzinteressen und dem Interesse am Ausbau erneuerbarer Energie mit „Vermutungsregelungen" gearbeitet: *„Die Mitgliedstaaten stellen* [...] *sicher, dass bis zum Erreichen der Klimaneutralität* [...] *davon ausgegangen wird, dass [Anlagen zur Erzeugung von erneuerbaren Energien] im überragenden öffentlichen* ***Interesse*** *liegen und der öffentlichen Gesundheit und Sicherheit dienen, wenn* [...] *im Einzelfall rechtliche Interessen abgewogen werden"* (Art 16 f RED III-RL). Das überragende öffentliche Interesse ist bei Interessenabwägungen im Rahmen der natur- und artenschutzrechtlich relevanten Normen des Art 6 Abs 4 und Art 16 Abs 1 lit c FFH-RL und des Art 9 Abs 1 lit a VSch-RL sowie des Art 4 Abs 7 WRRL widerleglich zu vermuten. Die Mitgliedstaaten sollen davon ausgehen, dass die Anlagen von überragendem öffentlichem Interesse sind, „es sei denn, es gibt eindeutige Belege dafür, dass diese Projekte erhebliche nachteilige Auswirkungen auf die Umwelt haben, die nicht abgemildert oder ausgeglichen werden können." (ErwGr 44 der RED III-RL). Derzeit liegt in Österreich in Umsetzung dieser Bestimmungen eine Regierungsvorlage für ein Erneuerbaren-Ausbau-Beschleunigungsgesetz (EABG) vor [39].

Hinzu kommt eine **unwiderlegliche Nichtabsichtlichkeitsvermutung** bei Projekten zum Ausbau der erneuerbaren Energie **außerhalb von Beschleunigungsgebieten** (Art 16b): Werden im Rahmen eines EE-Projekts die erforderlichen Minderungsmaßnahmen getroffen, so **gilt** das Töten oder Stören von geschützten Wildtieren **als nicht absichtlich.** Die Verbotstatbestände der FFH-RL (Art 12 Abs 1 RL 92/43) und der VSch-RL (Art 5 RL 2009/147) stellen auf Absichtlichkeit ab. Indem die Nicht-Absichtlichkeit als gesetzliche Fiktion normiert wird, sind Betreiber, die die erforderlichen Minderungsmaßnahmen getroffen haben, „auf der sicheren Seite".

Dazu kommt in Österreich die minimal-invasive Umsetzung der Aarhus-Konvention, die den „access to justice" für NGOs in europarechtlich indizierten Naturschutzverfahren nur soweit einräumt, als dies durch EuGH-Judikatur in bestimmten Fällen vorjudiziert wird. Eine den rechtswissenschaftlichen Anforderungen genügende

Umsetzung der Aarhus-Konvention [40] fehlt bislang in Österreich sowohl auf Bundes- als auch auf Landesebene. Es besteht keine Möglichkeit für Einzelne, Interessen an der Wahrung der Natur bzw der Arten im Verfahren durchzusetzen.

## 2.3 Umwelt- und Naturschutz im Privatrecht – status quo

**Abgrenzungsschwierigkeiten.** Auch im Privatrecht genießt die Natur keinen umfassenden Schutz [41]. Das folgt daraus, dass nicht alle Naturgüter privateigentumsfähig sind. Es existieren erweiternde Ansätze, die dahin gehen, zivilrechtlich relevante Naturgüter wie Boden und Grundwasser um die Dimension der ökologischen Funktionsfähigkeit in ihrem Schutzbereich zu vergrößern [42]. Die Abgrenzung erweist sich allerdings als schwierig. Zudem liegt es in der Durchsetzungswillkür des Eigentümers, diese Dimensionen geltend zu machen.

Das Privatrecht ist geprägt von der Dichotomie: Rechtssubjekt – Rechtsobjekt/tertium non datur. Sache ist *„alles, was zum Gebrauch des Menschen dient"*. Die Wesenskriterien der *res omnium communes* (Gemeingüter, freie Güter, Allgemeingüter) sind vollkommen unklar. Zum Teil wird als Kriterium die fehlende Besitzfähigkeit (vgl Diskussion um fließendes Wasser, Meere, Meeresgrund, Himmelskörper etc) genannt, zum Teil die fehlende Beherrschbarkeit. Schlussfolgerung der hM [43] zum Kriterium der Beherrschbarkeit ist, dass an Gemeingütern (freien Gütern) allen Menschen ein Aneignungsrecht zustehe. Das ist mE zutreffend, wenngleich das Kriterium der Beherrschbarkeit keine Konstituante des Sachbegriffs ist. Dies ist als bloße „Erfindung" zu bewerten und trägt zur Problemlösung nichts bei, weil dadurch nicht beherrschbare Allgemeingüter aus den Kategorien des Privatrechts ausgeklammert werden, obwohl sie etwa für den Menschen lebensnotwendig sind und seinem Gebrauch dienen, wie etwa die freie Luft. Sie erst durch Aneignungshandlungen zur Sache zu machen, ist mE völlig inkonsequent.

Wohin aber hat uns die Dichotomie geführt? Der „Naturbegriff" wird verstanden als Gesamtheit bloßer Sachen, die über den ökologischen Kreislauf miteinander verknüpft sind, wobei der Mensch vergleichbar mit einer Fabrik – je nach Managementkonzept – die Leitung anthropozentrisch oder ökozentrisch ausübt [44]. Diese Sichtweise ist grundlegend verfehlt: Denn der Mensch ist Teil dieser Gesamtheit, vgl jüngst die EU-Biodiversitätsstrategie 2030 [45], in der wie folgt ausgeführt wird: *„Biodiversität ist die außergewöhnliche Vielfalt des Lebens auf der Erde. Wir Menschen sind Teil dieses lebendigen Netzes und komplett davon abhängig, denn es gibt uns die Nahrung, die wir essen, filtert das Wasser, das wir trinken, und liefert die Luft, die wir atmen."*

Wie gezeigt wurde, weist die Rechtsordnung im Zusammenhang mit dem Schutz der Naturgüter zahlreiche Schwachstellen auf. Der Europäische Wirtschafts- und Sozialausschuss hat eine Studie veröffentlicht [46], die sich klar für die Etablierung einer eigenrechtsfähigen Natur ausspricht (Towards an EU Charter of the Fundamental Rights of Nature [2020]) [47].

Im Folgenden wird ein knapper internationaler Ländervergleich vorgenommen, zumal zu diesem Thema bereits umfangreiche Literatur [48] besteht. Gleichwohl soll darauf nicht verzichtet werden, denn der Ländervergleich zeigt auf, dass die Etablierung von Eigenrechten der Natur in den jeweiligen Rechtsordnungen mehr ist als ein kulturell bedingtes Aliud, ein bloß theoretisches Gedankenkonzept oder ein legistischer „Ausreißer".

# 3 Ländervergleich

## 3.1 Ecuador (Vorreiter)

Der einzige Staat, in dem Eigenrechte der Natur in der Verfassung verankert sind, ist seit dem Jahr 2008 Ecuador. Die Verfassung enthält ua folgende Zwecke [49]:

- Förderung des Zusammenlebens der Bürger im Einklang mit der Natur („pacha mama"), um das „gute Leben" zu ermöglichen,
- Anerkennung der Natur als Quelle allen Lebens

Diese Rechte stehen aber nicht hierarchisch über anderen Rechten: Art 11 Pkt 6 der ecuadorianischen Verfassung normiert, dass alle Prinzipien, die in Art 11 Pkt 6 genannt sind, denselben Stellenwert besitzen. Art 10 leg cit gewährt der Natur **bestimmte** Rechte, die in der Verfassung festgelegt sind. Art 71 leg cit sieht eine **Existenzberechtigung der Natur und Recht auf Erhaltung** vor. Art 72 leg cit normiert das Recht auf **Wiederherstellung** der Natur. Der Staat muss einen Mechanismus anwenden, der flexibel genug ist, um Wiederherstellung der Natur durchführen zu können. Gem Art 73 leg cit muss der Staat präventive Maßnahmen ergreifen, um potenziellen Aktivitäten, die negative Auswirkungen auf die Natur haben, vorzubeugen.

Zur Wahrung der Rechte gewährt die Verfassung **jeder Person das Recht,** von der öffentlichen Verwaltung die Erfüllung der Rechte der Natur zu verlangen. Es besteht also eine **Prozessführungsbefugnis** für **jede(n) (locus standi),** im eigenen Namen ein fremdes Recht einzuklagen. Im Jahr 2015 wurde das **allg Grundlagengesetzbuch** zu den Verfahrensabläufen verabschiedet [50]. Dieses enthält eine **nationale Ombudsstelle,** die **ebenso** klageberechtigt ist. Zudem werden juristische Personen und Kollektive ermutigt, diese Möglichkeit wahrzunehmen. Die Natur ist gesetzlich auch ausdrücklich davor geschützt, vor Gericht geklagt oder gemaßregelt zu werden. Hintergrund dieses Normenkomplexes ist, dass Ecuador eine große indigene Gemeinde hat, die eine besondere Beziehung zwischen Menschen und Natur pflegt. Es ist ein Charakteristikum der indigenen Bevölkerung, Reichtum nicht materiell zu verstehen und die wirtschaftliche Entwicklung als vergleichsweise unwichtig anzusehen.

Zu den genannten Bestimmungen liegen auch gerichtliche Entscheidungen vor [51]: Das erste Gerichtsverfahren (2011) sprach dem **Fluss Vilcabamba** die Eigenrechtsfähigkeit zu (Hintergrund: Im Zuge von Straßenbauvorhaben war Aushubmaterial in den Fluss gekippt worden). Ein weiteres Gerichtsverfahren betraf den **Nebelwald Los Cedros** (2021): In diesem Verfahren erging eine Entscheidung des Verfassungsgerichts der autonomen Regierung von Cotacachi zugunsten des Nebelwaldes in Los Cedros, wonach das Vorhaben der nationalen Bergbaugesellschaft zum Abbau von Kupfer und Gold im Rahmen einer Konzession des Bergbauministeriums die Rechte der Natur von Los Cedros verletzt [52]. Aus europäischer Sicht ist bemerkenswert, dass in diesen Verfahren Auslegungsvorgaben wie **„in dubio pro natura“** sowie die Heranziehung des **Vorsorgeprinzips** (Richter müssen den Grad der wissenschaftlichen Unsicherheit in Betracht ziehen) postuliert wurden [53]. Das Urteil erkannte auf Wiedergutmachung und Einstellung der Aktivitäten.

Ein besonders dramatischer Fall, der überleitet zu den Eigenrechten der Tiere, ist der bekannte Fall zu **„Mona Estrellita“** (2022). Er betrifft ein Wolläffchen namens Estrellita, das seiner Besitzerin von Behörden wegen verbotener Wildtierhaltung gewaltsam weggenommen worden war. Die Besitzerin reichte als „Mutter“ und „Pflegerin“ eine auf den „habeas corpus“ Rechtsbehelf gestützte Klage ein und argumentierte, dass Estrellita keine Zoohaltung vertrage [54] – Estrellita verstarb kurze Zeit nach Umsiedlung in den Zoo. Das Verfassungsgericht urteilte, dass die Ereignisse, die zum Tode von Estrellita führten, eine Verletzung der Rechte der Natur seien. Das Verfassungsgericht erklärte, dass auch Tiere Rechtssubjekte seien und ihre Rechte Ausprägung der Rechte der Natur seien – Tiere seien mit Selbstbewusstsein und Metakognition ausgestattet, die ihnen die Fähigkeit verleihen, Emotionen und Gefühle zu erleben [55].

Ein weiterer Fall ist der Fall des **Rio Máchangara**: Der Fluss wurde durch Gericht zum Rechtssubjekt erklärt und war während der Verhandlung in einem Wasserglas anwesend. Das Urteil lautete, dass die Stadt Quito verpflichtet sei, die Gesundheit und das Wohlergehen des Flusses zu gewährleisten [56].

## 3.2 Bolivien

Die Präambel der bolivischen Verfassung enthält folgende Prinzipien [57]:

- **Prinzip 1** – Die Handlungen der Menschen müssen so ausgeführt werden, dass der Mensch mit der Natur in Harmonie lebt.
- **Prinzip 2** – Interessen der Menschen haben **grundsätzlich** Vorrang gegenüber Interessen der Natur.
- **Prinzip 3** – Menschen müssen sich im Klaren sein, **dass** sich die Natur oftmals **äußerst** schwierig von äußeren Einflüssen erholen kann. Aufgrund dessen muss der Staat die Voraussetzungen schaffen, um die Regeneration so gut wie möglich zu unterstützen.

Im Jahr 2019 wurde das **Gesetz zu den Rechten der Mutter Erde** erlassen. Das Gesetz listet spezielle Rechte auf, die Mutter Erde genießt. **Mutter Erde** wird definiert als dynamisches lebendes System, das eine unteilbare Gemeinschaft aller Lebenssysteme und lebenden Organismen umfasst, die miteinander in Beziehung stehen, voneinander abhängig sind und sich gegenseitig ergänzen und ein gemeinsames Schicksal teilen.

## 3.3 Kolumbien

In Kolumbien existieren die Rechte der Natur qua Richterrecht [58]: Im Jahr 2016 entschied die sechste Kammer des kolumbianischen Verfassungsgerichts über den

Antrag von **Tierra Digna** auf Schutz zugunsten der afrokolumbianischen und indigenen Völker, deren Lebensraum das Becken des Flusses Atrato ist. Hintergrund war eine illegale Bergbauaktivität in Choco, die dem kolumbianischen Staat zuzurechnen gewesen ist. Das Gericht sprach aus, dass diese Tätigkeit das Recht auf Leben und Gesundheit, auf Wasser, auf Ernährungssicherheit, auf gesunde Umwelt, auf Kultur, auf Areal sowie das biokulturelle Recht schädigt. Es kam zur **Anerkennung des Flusses Rio Atrato,** dessen Einzugsgebiet sowie der Nebenflüsse als wertvolle Subjekteinheit. Die Regierung müsse eine Wächterkommission bilden.

Es folgte die weitere gerichtliche Anerkennung der Rechte der Natur iZm anderen Flüssen, Ökosystemen und Insel Nationalparks. Im Jahr 2018 kam es zur Anerkennung des kolumbianischen **Amazonasgebiets als Subjekt und Träger** von Rechten. Der Oberste Gerichtshof anerkannte den Schutz des Amazonasgebiets als „Lunge der Welt". Dieser Ansatz anerkennt gleichsam alle Wesen, die die Erde bewohnen, seien sie schon lebend oder nicht oder menschlich oder nicht. Es erfolgte ein Auftrag zur Ausarbeitung eines Generationenvertrags [59].

## 3.4 Neuseeland

Hintergrund der Eigenrechtsfähigkeit bestimmter Flüsse, Naturgüter und Berge in Neuseeland ist der Einigungsprozess zwischen Maori und der britischen Krone als politischer Mechanismus beruhend auf dem **Vertrag von Waitangi von 1840** (= Gründungsdokument Neuseelands) [60].

Bereits im Jahr **2014** wurde **Te Urewera** (Nationalpark) durch den Te Urewera Act 2014 die Rechtspersönlichkeit verliehen.

Das Gesetz zu Te Awa Tupua (**Whanganui** River Claims Settlement) stammt aus **2017,** mit dem die Einigungen aus den Jahren 2012 und 2014 in nationales Recht umgesetzt wurden. Der Stamm der Maori des Whanganui-Flusses machte geltend, dass sie die rechtmäßigen Hüter des Whanganui Flusses seien (er ist der drittlängste Fluss in Neuseeland). Die Einigung beinhaltet die Übertragung von Rechtspersönlichkeit an den Fluss: Der Fluss selbst ist Eigentümer am Flussbett und hat Rechte einer juristischen Person, diese werden aber durch die Interessen anderer eingeschränkt.

Zu beachten ist, dass das Te Awa Tupua Act 2017 im Ergebnis der Vertragsverhandlungen ein „Nichteigentumsmodell" schafft, das weder den Māori noch der Krone Eigentum am Fluss verleiht, obwohl diese Frage umstritten war.

Es wurde ein **Amt für Vormundschaft** zugunsten des Flusses etabliert: Te Pou Tupua. Office-Agenden des Flusses werden zwischen der neuseeländischen Regierung und dem Stamm der Whanganui wahrgenommen. Es besteht eine gemeinsame Verwaltung. Der Stamm ist als Treuhänder berechtigt, Eingaben in Angelegenheiten des Flusses zu machen.

Im Jahr 2025 kam es zur Verleihung von **Rechtspersönlichkeit** an den heiligen Berg **Taranaki Maunga (Mount Egmont)** [61]. Der Berg ist einer der heiligsten Berge Neuseelands und hat den Status einer juristischen Person und ist damit das dritte Naturdenkmal, das dieselben Rechte wie Menschen genießt. Die offizielle Erklärung zur **juristischen Person** fand am 30.1.2025 statt. Die Anerkennung der Rechtspersönlichkeit ist der letzte Schritt einer Einigung aus dem Jahr 2016, in deren

Rahmen die Stammesgemeinschaft der iwi von Taranaki Wiedergutmachung für die Verletzung der Pflichten der Krone gegenüber den Maori aus dem Vertrag von Waitangi erhielt.

### 3.5 Peru

Der **Titicacasee** wird im Mai 2025 zum Rechtssubjekt erklärt [62].

### 3.6 Kanada

In Kanada erfolgte im Jahr 2021 die Anerkennung des Flusses Magpie als Rechtssubjekt, wodurch ihm das Recht auf Integrität sowie das Recht, in Gerichtsverfahren aufzutreten, zukommt.

### 3.7 Indien und Bangladesch

Der Hohe Gerichtshof von Uttarakhand (UHC) fällte im Jahr 2017 zwei Urteile, die den **Flüssen** Yamuna und Ganges und 10 Tage später den **Gletschern** (Gangotri und Yamunotri), aus denen diese entspringen, Rechtspersönlichkeit verliehen [63].

Hintergrund des ersten Urteils waren Klagen im öffentlichen Interesse von Dorfbewohnern wegen schwerwiegender Verschmutzung der Flüsse und der dortigen Bergbautätigkeit. Der Hohe Gerichtshof argumentierte die Zuerkennung von Rechtspersönlichkeit mithilfe einer **juristischen Fiktion: Flüsse und Gletscher** seien als juristische Personen/juristische Lebewesen mit dem Status einer lebenden Person mit allen entsprechenden Rechten und Pflichten einer lebenden Person anzuerkennen, um [diese Flussressourcen] zu erhalten und zu bewahren. Im Zweiturteil sprach er ferner aus, dass die diesen juristischen Personen zugefügten Schädigungen gleichzusetzen seien mit der Schädigung von natürlichen Personen. Allerdings wurde das UHC-Urteil vom Obersten Gerichtshof Indiens in Neu Delhi ausgesetzt und endgültig revidiert, nachdem der Bundesstaat Uttarakhand einen Gegenantrag 2017 eingebracht hatte.

In einer Folgeentscheidung hat der Hohe Gerichtshof von Uttarakhand im Jahr 2018 die Zuerkennung von Rechtssubjektivität mit eigener Rechtspersönlichkeit an das gesamte Tierreich (einschließlich Vögel und Wassertiere etc) ausgesprochen [64].

In einem Urteil aus dem Jahr 2022 hat der Hohe Gerichtshof die Geltendmachung der **Parens-patriae-**Zuständigkeit bestätigt und damit die Möglichkeit, Mutter Erde als Lebewesen mit eigener Rechtspersönlichkeit auf jede erdenkliche Weise zu schützen, ausgesprochen [65].

Im Jahr 2019 kam es zu einer Entscheidung des Obersten Gerichtshofs von Bangladesch, der dem Turag – Fluss und allen anderen Flüsse des Landes den Status „lebende Wesen" mit Rechten von „juristischen Personen" zusprach [66].

### 3.8 Spanien

Als bekanntestes europäisches Beispiel gilt die Salzwasserlagune **Mar Menor** in der Region Murcia samt ihrem intensiv genutzten Einzugsgebiet [67]. Sie hat im Jahr

2022 Rechtspersönlichkeit qua einfachem Gesetz [68] erhalten [69]. Die bisherigen Maßnahmen reichten nicht aus, um Lagune zu schützen. **Art 2** leg cit verleiht **4 Rechte:**

- das Recht der Lagune auf Existenz und natürliche Entwicklung
- das Recht auf Schutz
- das Recht auf Erhaltung und
- das Recht auf Wiederherstellung

Gemäß Art 4 führt der Eingriff in die Rechte des Mar Menor zu strafrechtlichem, zivilrechtlichem und verwaltungsrechtlichem Schutz. Gem **Art 5** ist jede Handlung der öffentlichen Behörden, die gegen eine Bestimmung im Rechtsakt verstößt, ungültig und bedarf einer behördlichen oder gerichtlichen Überprüfung. Gem **Art 6** kann jede **natürliche** oder **juristische** Person die Rechte des Mar Menor vor Gericht oder zuständiger öffentlicher Behörde einklagen. Die Klage wird im Namen des Ökosystems des Mar Menor als tatsächlich betroffene Partei eingereicht. Wird der Anspruch anerkannt, so besteht ein Anspruch auf alle Rechtsverfolgungskosten.

Es besteht eine Vertretung und Verwaltung des Mar Menor durch drei Gremien: Ausschuss der Vertreter (öffentliche Verwaltung/Anrainergemeinde/Beschwerdeführer), Überwachungskommission sowie einem wissenschaftlichen Ausschuss (bestehend aus Experten). Bezweifelt wurde, ob eine ausreichende Grundlage in der Spanischen Verfassung für die Zuerkennung des Rechtssubjektstatus an eine Lagune besteht: Inzwischen hat das spanische Verfassungsgericht aber die Verfassungsbeschwerde einer parlamentarischen Gruppe gegen das Gesetz als **unbegründet abgewiesen** [70].

### 3.9 Amerika

Im nicht verbindlichen **Rechtsgutachten „Advisory Opinion"** OC-32/25 (auf Antrag Chile und Republik Kolumbien) [71] anerkennt der **Interamerikanische Gerichtshof für Menschenrechte (CIDH)** das Eigenrecht der Natur. Sinngemäß führt es aus, dass eine Verpflichtung der **Mitgliedsländer** als ius cogens (**Norm des Völkerrechts**) bestehe, irreversible Schäden an der Natur zu verhindern. *„Die **Anerkennung des Rechts** der Natur auf Erhaltung ihrer wesentlichen ökologischen Prozesse trägt zur Stärkung eines wirklich nachhaltigen Entwicklungsmodells bei, das die Grenzen des Planeten respektiert und die Verfügbarkeit wichtiger Ressourcen für heutige und zukünftige Generationen sicherstellt. Fortschritte in Richtung eines Paradigmas, **das die den Ökosystemen innewohnenden Rechte anerkennt,** sind für den Schutz ihrer langfristigen Integrität und Funktionalität von **grundlegender Bedeutung** und bieten kohärente und wirksame Rechtsinstrumente im Zusammenhang mit der dreifachen planetarischen Krise, um existenzielle Schäden zu verhindern, bevor diese irreversibel werden"* [72].

### 3.10 EU-Ebene

Auf EU-Ebene existieren zwei Studien, deren Ergebnisse einander diametral widersprechen. Die **erste EU-Studie** erging im Auftrag des **EWSA** (Europäischer Wirtschafts- und Sozialausschuss) mit dem Titel **„Towards an EU Charter of the fundamental Rights of Nature“.** Das maßgebliche diesbezügliche Zitat in Bezug auf die Anerkennung der Eigenrechtsfähigkeit der Natur wurde oben bereits wiedergegeben.

Die **zweite EU-Studie aus dem Jahr 2021 „Can Nature Get It Right“** wurde im **Auftrag des EP** verfasst. Verfasser ist *Jan Darpö,* em. Prof. für Umweltrecht an der Universität Uppsala in Schweden, der von 2008 bis 2021 Vorsitzender der Arbeitsgruppe zum Zugang zu Gerichten nach dem Übereinkommen von Aarhus war. Die *Darpö*-Studie, zu der ein Disclaimer darauf hinweist, dass sie nicht die offizielle Position des Europäischen Parlaments widerspiegelt, kommt zu dem Ergebnis, dass das Konzept der Eigenrechtsfähigkeit „hauptsächlich symbolisch“ sei. Den Befürwortern der Rechte der Natur gelänge es nicht aufzuzeigen, dass es sich tatsächlich um einen Paradigmenwechsel in den Umweltvorschriften handelt. Das Konzept der Eigenrechtsfähigkeit der Natur habe ebenso wie das traditionelle System mit schwacher Durchsetzung zu kämpfen. Es ließen sich keine **systematischen** Vorteile gegenüber dem System des Schutzes von Umweltinteressen durch NGOs festmachen.

*Darpö* gelangt daher zum Ergebnis, dass die Umsetzung des EU-Umweltrechts durch erweiterten Zugang der Zivilgesellschaft als Kontrollinstanz („Wächterfunktion“) zu gewährleisten sei. Außerdem müssten die Anforderungen an unabhängige wissenschaftliche Bewertungen in bestimmten Genehmigungsregelungen nach EU-Recht gestärkt werden.

Ferner schlägt ***Darpö*** die Einrichtung eines nationalen Fonds zur Finanzierung von Maßnahmen gegen Verlust der biologischen Vielfalt, die Verschärfung der Überwachungstätigkeit der Kommission beim Vollzug des Umweltrechts, die Einrichtung eines EU-Bürgerbeauftragten sowie strengere Sanktionen vor.

### 3.11 Deutschland

In Deutschland (LG Erfurt vom 2.8.2024 – 8 O 1373/21 [Vorabentscheidungsersuchen EuGH Rs C-506/21 – wurde nicht aufrechterhalten] und LG Erfurt vom 17.10.2024–8 O 836/22) kam es zu einem kuriosen Konnex zwischen den „Dieselgate-Fällen“ und dem Konzept der Eigenrechtsfähigkeit der Natur. In zwei Fällen wurden Schadensbemessungsfragen argumentativ durch Bezugnahme auf die Eigenrechte der Natur thematisiert. Ein federführendes Kammermitglied vertrat die Ansicht, die „Eigenrechte der Natur“ wirken als **Schutzverstärker** bei der **Ermittlung der Schadenshöhe:** Die stRsp geht davon aus, dass dem Käufer eine **5–15 %** Kaufpreis-Minderung bei unzulässiger Abschalteinrichtung gem § 823 BGB gebühre. Der diesbezügliche Begründungsversuch wurde mE zu Recht als verfehlt kritisiert [73], da einer derartigen Vorgangsweise die dogmatische Grundlage fehlt. Demgegenüber zollt ein anderer Teil der Lehre der Sichtweise des LG Erfurt unter Hinweis auf die Originalität des Ansatzes Beifall [74].

## 4 Hypothese: Konzept der Eigenrechtsfähigkeit von Naturgütern als Ausweg aus der Krise?

Eine Untersuchung, inwiefern das Konzept der Eigenrechtsfähigkeit von Naturgütern in die geltende Rechtsordnung implementiert werden könnte, trifft zwangsläufig auf das Modell der juristischen Person (§ 26 ABGB) [75]. Es zeigt sich, dass der Begriff der Rechtssubjektivität nicht von der natürlichen Person abhängig ist. Auch künstliche Subjekte können Rechtssubjekte sein. Dabei sind zwei Arten zu unterscheiden:

- Rechtssubjekte, die aus Mitgliedern bestehen – (Gruppen)-Korporation
- Rechtssubjekte, bei denen das Substrat im Zweck liegt (zB Stiftungen)

Die juristische Person wird heute definiert als rechtliches Konstrukt zur Verfolgung unterschiedlicher Interessensstrategien. Für die hier interessierende Thematik ist entscheidend, dass es Vermögensmassen wie den ruhenden Nachlass oder die Insolvenzmasse gibt, denen die Qualifikation als juristische Person zukommt.

Völlig korrekt zeigt die hM auf, dass die Zuerkennung von Rechtspersönlichkeit nicht etwa an eine natürliche Realität anknüpft [76]. Die juristische Person ist eine von der Rechtswissenschaft geschaffene Konstruktion; ein Hilfsbegriff in der Darstellung rechtlich relevanter Tatbestände. Der einfache Gesetzgeber kann juristische Personen einrichten – Systemschranken, die etwa durch das Verfassungsrecht vorgegeben wären, existieren (wie auch der spanische Verfassungsgerichtshof bestätigt hat [siehe oben]) nicht [77]. Schon gar nicht zutreffend ist es zu behaupten, das „Naturrecht" stehe der einfachgesetzlichen Anerkennung der Natur bzw Teilen davon als Sachgesamtheit mit der Qualität einer juristischen Person entgegen. Wenn § 7 ABGB darauf verweist, dass Rechtsfälle als „ultima ratio" unter Heranziehung der „natürlichen Rechtsgrundsätze" gelöst werden dürfen, und darauf verwiesen wird, dass präkodifikationsrechtlich (ABGB 1811) eben die Eigenrechtsfähigkeit der Natur nicht dazu gehöre, so hindert das den einfachgesetzlichen Souverän nicht, eine solche mehr als 200 Jahre später einzuführen. Die „natürlichen Rechtsgrundsätze" **versteinern weder das ABGB noch bilden** sie eine präkonstitutionelle Schranke in der österreichischen Verfassung.

## 5 Dogmatische Fragen und Einwände

Dem Konzept der Eigenrechtsfähigkeit von Naturgütern werden zahlreiche Einwände entgegengehalten:

### 5.1 Rechtsdogmatik – historische Betrachtung

So wird etwa behauptet, eine historische Betrachtung konfligiere mit dem Konzept der Eigenrechtsfähigkeit [78]: Historisch steht die Willenstheorie von *Savigny* der Interessenstheorie von *Jhering* gegenüber.

Die **Willenstheorie** von ***Savigny*** stellt folgende Überlegung ins Zentrum ihrer Betrachtung: Die Existenz des subjektiven Rechts sei damit zu begründen, dass sie dem

Willen des Rechtsinhabers zum Durchbruch verhelfen soll – dem wird durch Recht im objektiven Sinn Grenzen gesetzt (Absteckung von Freiheitsräumen) [79].

Unter Berufung auf *Savigny* könnte man also folgende Einwände gegen das Konzept der Eigenrechtsfähigkeit vorbringen (so zB *Puder* [80]): Die Natur habe keinen Willen (iS *Savignys*). Dies sei aber Voraussetzung für die Trägerschaft von subjektiven Rechten.

Diese Sichtweise lässt sich aber mE wie folgt entkräften:

Der Einwand, dass der „Wille der Natur" nicht eindeutig festgestellt und vom Menschen bloß vermutet und repräsentiert werden könne, ist nicht geeignet, die Rechtssubjektivität der Natur an sich abzulehnen, zumal Rechtsvermutungen der Rechtsordnung keineswegs fremd sind: Wie *Pechtl* [81] korrekt ausführt, kann die leicht einsehbare Annahme unterstellt werden, dass eine ausgeglichene Ökobilanz im Interesse der Natur sei.

Einen weiteren Einwand unter Berufung auf *Savigny* formuliert etwa *Puder* [82] wie folgt: Die Ausübung des autonomen Willens müsse sich aus der Fähigkeit der Vernunft ableiten lassen. Auch dieses Argument überzeugt nicht, lässt sich doch keinesfalls behaupten, dass die Natur nicht vernünftig sei. Schließlich ist anzumerken, dass auch *Savigny* die Anerkennung von Vermögensmassen als juristische Personen stipuliert, sofern erstere von einem bestimmten Zweck getragen wird [83].

Nach der **Interessenstheorie** von ***Jhering*** [84] bestehe Recht nicht wegen des Willens, sondern der Wille bestehe wegen des Rechts. Nach der Interessenstheorie sind zwei Elemente zur Begründung des subjektiven Rechts maßgeblich:

- das Element des zweckgerichteten Interesses: Ein Zweck, Nutzen oder Vorteil, der durch Recht gewährleistet werden soll.
- das Element des rechtlichen Schutzes: Damit verbunden ist die Rechtsdurchsetzung des rechtlichen Interesses.

Das Konzept der Eigenrechtsfähigkeit steht mE keineswegs mit der Interessenstheorie im Widerspruch, sondern lässt sich sehr gut vor dem Hintergrund der Interessenstheorie deuten [85].

Auch das von ***Windscheid*** [86] geprägte **Anspruchsdenken** ist kein „Knock-Out"-Kriterium für die Verleihung von Rechtspersönlichkeit an die Natur. Nach *Windscheid* spiegelt das subjektive Recht die Willenskraft wider, die durch das objektive Recht verliehen worden ist. Ein solches „Ansprechen" iS einer prozessualen Rechtsdurchsetzung des materiellen Rechts kann der eigenrechtsfähigen Natur als juristischer Person zukommen.

## 5.2 Eigenrechte als Spezifikum kultureller Prämissen

Dieser Einwand stützt sich darauf, dass der Ansatz der Eigenrechtsfähigkeit mit naturrechtlichen spirituellen Vorstellungen indigener Völker verbunden und daher nicht Teil der europäischen Kultur sei. Dass die Genese der Eigenrechtsthematik auch mit der Wahrung der Tradition indigener Völker in engem Zusammenhang steht, wurde oben gezeigt. Die Annahme, die europäische Kultur lasse es nicht zu, der Natur eigene Rechte als juristische Person zuzuerkennen, bleibt eine unbelegte Behauptung.

Vielmehr erscheint ein Umdenken angesichts der planetaren Belastungsgrenzen und der oben dargestellten, vom Menschen verursachten Krisen dringlicher denn je.

## 5.3 Eigenrechte der Natur als bloß symbolische Debatte

Kritisch äußert sich auch *Calliess* [87] zum Konzept von Eigenrechten der Natur. Nach seiner Auffassung gewährleisten Art 20a GG einen ausreichenden materiellen Schutz und die Verbandsbeteiligung einen hinreichenden prozessualen Schutz. Zugleich sieht er einen **Grundwiderspruch** darin, dass letztlich erneut der Mensch als Treuhänder der Natur fungiert. Die Umweltrechtswissenschaft solle sich nicht in „symbolischer Debatte" verfangen. Die Debatte sei rein ethischer Natur – politisch habe sie rechtlich keinen Mehrwert.

Ferner stützt sich *Calliess* auf den Einwand der fehlenden Vergleichbarkeit mit dem Menschen. Der Schutz der Natur und **Umwelt** berge die Gefahr in sich, gegen **vitale Interessen** des Menschen zu verstoßen. Er folgt der Conclusio von *J. Darpö* in der oben vom **EU-Parlament** in Auftrag gegebenen Studie (**rein symbolischer** Charakter derartiger Rechte).

Schließlich meint *Calliess* – wie auch *Darpö* –, dass keine systematischen Vorteile des Modells der Eigenrechtsfähigkeit gegenüber dem EU-Modell zum Schutz von Umweltinteressen durch im Umweltschutz tätige nichtstaatliche Organisationen gegeben seien. Es bestehe ferner kein Bedarf am Konzept der Anerkennung der Natur als juristische Person wegen der bestehenden Rechtsschutzmechanismen der **Verbandsklage** für NGOs. Das Ziel, der Natur und vor Gericht unabhängig von menschlichen Interessen eine Stimme zu geben, könne genauso gut durch eine **Verbandsklage** erreicht werden.

## 5.4 Eigenrechte und deren Verhältnis zu Grundrechten

Geht man der Frage nach, ob es zu Konflikten zwischen Rechten der Natur und Menschenrechten kommen kann (zB Erwerbsfreiheit eines Landwirts?), so erscheint mE folgendes maßgeblich: Die Menschenrechte sind nicht als absolute Rechte gegeben, sondern stehen unter dem Vorbehalt der Verhältnismäßigkeit. Eigentum ist für die Umsetzung von Rechten der Natur sowohl Hindernis als auch Chance.

## 5.5 Angeblich fehlende Schutzlücke für Anerkennung von Eigenrechten

Wie bereits oben zum deutschen Fall dargestellt, in dem im Zusammenhang mit dem VW-Abgasskandal mit Eigenrechten der Natur argumentiert wurde, stützt sich ein Teil der herrschenden Lehre auf die angeblich fehlende Schutzlücke und die mangelnde methodische Fundierung der Urteile [88]. Auch wenn die Verfasserin die Ansicht teilt, dass im Zusammenhang mit den VW-Abgasfällen der Rekurs auf die Eigenrechtsfähigkeit methodisch unzutreffend war, liefern diese Urteile mE aber keinen Begründungsansatz für oder gegen die Frage, ob eine Lücke in Bezug auf den Schutz der Biodiversität tatsächlich gegeben ist.

### 5.6 Parallelen zur Tierrechtsdiskussion

Die Diskussion rund um die Anerkennung der Rechte von Tieren weist Ähnlichkeiten zur vorliegenden Thematik auf. Im Jahr 1988 wurde die sog „Robbenklage", mit der die Rechte von Robben in der Nordsee geltend gemacht wurden, noch als unzulässig verworfen. Heute steht die Möglichkeit der Geltendmachung der Belange der Robben im Wege einer altruistischen Verbandsklage (§ 2 UmwRG bzw § 64 BNSchG) – Verbände agieren als „Treuhänder" – zur Verfügung. Es bestehen aber keine individuellen Rechte der Robben. Nun wurde bereits oben dargelegt, dass auch die Verfasserin eine Ableitung ohne Rechtsgrundlage für problematisch erachtet, in der Sache aber die Diskussion um die Verankerung solcher Rechte in unserer Rechtsordnung als legitim ansieht.

### 5.7 Verbandsklage/Ombudsmannkonstruktion

Auch wird die Frage thematisiert, ob eine sog actio popularis, dh ein Klagerecht jedermanns auf Unterlassung der Schädigung der Natur wünschenswert bzw ablehnenswert wäre. In Österreich/Deutschland besteht derzeit eine strikte Ablehnung der actio popularis wegen der Schutznormtheorie.

*Calliess* und *Darpö* stützen sich – wie oben erwähnt – auf die Konstruktion des Ombudsmanns, der – wie in Österreich – subjektive Rechte wahrnehmen kann.

Es wurde oben bereits dargelegt, dass keine ausreichende Wahrung der Naturinteressen durch Landesumweltanwaltschaften gegeben ist, da die bloß partiellen Beteiligungsrechte vom einfachen Gesetzgeber abhängen (so auch *Pechtl* [89]). Das Modell der Eigenrechtsfähigkeit ist daher – dort, wo es adäquat ist (siehe dazu näher unten), die konsequentere Konstruktion [90].

## 6 Vorschläge

Die Studie *Wagner/Bergthaler/Krömer/Grabmair,* Eigenrechtsfähigkeit der Natur (2022) gelangt daher zum Ergebnis, dass das Modell der Eigenrechtsfähigkeit besser geeignet ist, besonders schutzwürdige Teile bzw Teilbereiche zu schützen als die derzeit bestehenden Instrumente. Dabei soll nicht die gesamte Natur mit Eigenrechtsfähigkeit ausgestattet werden, sondern nur jene Teilbereiche, die eines besonderen Schutzes bedürfen – sei es aufgrund aktueller Bedrohungen (etwa die Alpen) oder wegen ihrer besonderen Werthaltigkeit (etwa unberührte Flusslandschaften). **Vorgeschlagen wird** ein sog **Bundesgrundsatzgesetz** über die Rechtspersönlichkeit der Natur (Art 12 B-VG) und ein Bundesgesetz über die Rechtspersönlichkeit der Natur. Demgemäß unterbreitet die Studie Vorschläge für die Änderung des BVG Nachhaltigkeit und die Änderung der Bundesverfassung (Art 10 Abs 1 Z 16a, Art 12 Z 3).

Die Grundsatzgesetzgebungskompetenz wird gewählt, weil die Naturgüter infolge der bundesstaatlichen Kompetenzverteilung ganz unterschiedlichen Gebietskörperschaften zugeordnet sind (Bund: Wasser, Forst; Länder: Natur) und daher jede Gebietskörperschaft von der Möglichkeit der Zuerkennung von Eigenrechtsfähigkeit

Gebrauch machen können soll. Die genaue Ausarbeitung der vorgeschlagenen Gesetze ist der publizierten Studie zu entnehmen [91].

Als wesentliche Inhalte seien folgende Eigenrechte hier erwähnt:

- Abwehr unmittelbarer und mittelbarer Substanz- oder systemvernichtender oder wesentlich beeinträchtigender Eingriffe
- Recht auf Wiederherstellung nach Eingriffen
- Ergreifung von Abwehrmaßnahmen

Die Wahrnehmung dieser Eigenrechte erfolgt durch Organe der juristischen Person, wobei diese Funktion zB von den Umweltanwälten (eventuell unter Mitarbeit von Beiräten) wahrgenommen werden kann. Den Organen kommen als Vertreter die Parteistellung und die Rechtsmittelbefugnis im öffentlich-rechtlichen Verfahren sowie die Prozessfähigkeit in Zivilverfahren zu.

## 7 Fazit

Es wurde gezeigt, dass der Verankerung von Eigenrechten zugunsten der Natur keine unüberwindlichen rechtlichen Hürden – wohl in keinem Staat – entgegenstehen. Wenn die Herausforderungen der Klima- und Biodiversitätskrise bewältigt werden sollen, braucht es zumindest eine ehrliche Debatte darüber, warum Teile der Politik – wenn überhaupt – nur zu halbherzigen Lösungen greifen. Aufgabe der Umweltwissenschaft ist es, das Mögliche aufzuzeigen. In einer demokratischen Ordnung sollten Entscheidungen zumindest auf einer sachlich korrekten Grundlage getroffen werden können.

**Offenlegung von Interessenkonflikten** Die Autorin hat keine Interessenkonflikte anzugeben, die für den Inhalt dieses Artikels relevant sind.

## Literatur

1. *Convention on Biological Diversity (CBD)*, New dates announced for UN Biodiversity Convention meetings, https://www.cbd.int/article/new-dates-cop15-october-2021, abgerufen am 6.5.2026.
2. *Secretariat of the Convention on Biological Diversity*, Strategic Plan for Biodiversity 2011–2020 and the Aichi Targets, Montreal 2010, https://www.cbd.int/doc/strategic-plan/2011-2020/Aichi-Targets-EN.pdf, abgerufen am 6.5.2026.
3. *Greenpeace Österreich/Attac/Katholische Jungschar Österreichs/Fridays for Future/ÖBV-Via Campesina Austria*, Kurswechsel – Mit der Natur und nicht gegen sie. Grundsätze einer globalen transformatorischen und sozial-ökologischen Wende zur Erhaltung der Biodiversität (2021) https://act.gp/Manifest, abgerufen am 6.5.2026; vgl auch Greenpeace Österreich: Manifest zur Erhaltung der Biodiversität (2021) https://greenpeace.at/news/manifest-zur-erhaltung-der-biodiversitaet, abgerufen am 6.5.2026.
4. COM (2020) 380 final.

5. Vgl *IPCC*, Climate Change 2023 – Synthesis Report – Summary for Policymakers – Contribution of Working Groups I, II and III to the Sixth Assessment Report of the Intergovernmental Panel on Climate Change (2023) 9 ff abrufbar unter https://www.ipcc.ch/report/ar6/syr/, abgerufen am 6.5.2026.
6. *IPCC*, Climate Change 2023 – Synthesis Report – Summary for Policymakers – AR6 (2023) 5, 6, 15; vgl dazu *L. Burgstaller*, Klimaflucht und Klimagerechtigkeit (Dissertation, JKU Linz 2025) erscheint demnächst.
7. Vgl statt vieler etwa https://climate.ec.europa.eu/climate-change/causes-climate-change_de sowie https://www.umweltbundesamt.de/themen/klima-energie/grundlagen-des-klimawandels, jeweils abgerufen am 6.5.2026 mwN.
8. Für Österreich: *Wagner/Bergthaler/Krömer/Grabmair*, Eigenrechtsfähigkeit der Natur (2022); *Rametsteiner*, Recht der Natur, Eine rechtsvergleichende Untersuchung unter besonderer Berücksichtigung der Rechte von Flüssen (2024); *Bertel*, Rechte der Natur in südamerikanischen Verfassungen, juridkum 2016,451; *Bertel*, Deutschland: Rechte der Natur und Schadenersatz, NR 2024/378; *Pechtl*, Zu den Rechten der Natur, juridikum 2023, 20;*Thalmayer*, Ist die Eigenrechtsfähigkeit der Natur die Lösung für die Umweltprobleme der EU?, EALR 2024,161; Für Deutschland: *Büscher*, Soll es Rechte der Natur geben? Naturethisch-rechtsphilosophischer Essay zur der Frage, ob der Natur der Status als Rechtssubjekt zukommen sollte, NuR 2024, 165 (Literaturhinweis in LSK 2024, 13807684); *Calliess*, Brauchen wir „Eigenrechte der Natur"? ZUR 2024, 641; *Calliess*, Von „Thermofenstern" zu Eigenrechten der Natur – auf der Suche nach der erforderlichen Schutzlücke, NJW 2025, 562; *Dänner/Fischer*, Von der Robbenklage zur Klimaklage – Evolution oder Stagnation bei den Rechten der Natur?, NJW 2024, 3030; *Fischer-Lescano*, Natur als Rechtsperson ZUR 2018, 205; *Gutmann*, Pachamama als Rechtssubjekt? ZUR 2019, 611; *Haake*, „Rechte der Natur" durch richterliche Rechtsfortbildung? ZUR 2025, 323; *Kersten*, Konviviale Nachhaltigkeit, NVwZ 2024, 614; *Köck*, Natur als Rechtssubjekt? Perspektiven für eine Transformation des Naturschutzrechts, ZUR 2024, 658; *Köck*, Ökologische Verhältnismäßigkeit und Umweltverfassung, ZUR 2023, 643; *Ludescher*, Der Fall der indigenen Gemeinde A'I Cofán de Sinangoe, ZUR 2022, 481; *Ludescher*, Umweltschutz und Menschenrechte oder internationaler Investitionsschutz? Der Rechtsstreit um eine Bergbaukonzession in Panama, ZUR 2024, 286; *Markus*, Umweltrechtssoziologie als transformative Wissenschaft, ZUR 2023, 664; *Markus*, Zur Rechtsvergleichung im nationalen und internationalen Umweltrecht, ZaöRV 2020, 649; *Michaels*, Rechte der Natur – ein erfolgreicher Reverse Legal Transplant? Anmerkung zu LG Erfurt, Urteil vom 17. Oktober 2024 – 8 O 836/22, ZUR 2024, 643; *Neuner*, Die ökologisch orientierte Auslegung und Fortbildung des Privatrechts, ZfPW 2024, 127; *Ott*, Zukunftsaussichten unserer Verfassung – Eine Kritik an Jens Kersten: „Das ökologische Grundgesetz", ZUR 2024, 649; *Pechtl*, Zu den Rechten der Natur. Rechtssubjektivität der Natur – Hirngespinst oder Not-wendigkeit? juridikum 2023, 20-29, *Schmidt*, Eine Lagune als Beteiligte im Strafprozess?, NK 2025, 287 (siehe LitHinweis in LSK 2025, 41816689*); Schmidt*, Eine Lagune im Gerichtssaal?: Strafrechtliche Implikationen der Eigenrechte des spanischen Mar Menor, VerfBlog, 2025/6/04, https://verfassungsblog.de/mar-menor-strafprozess-vertretung/, DOI: 10.59704/df3739408b1adfa6; *Sohnle*, Rechte der Natur im Angesicht des Klimawandels, NordÖR 2024, 285 (Literaturhinweis in LSK 2024, 31815748); *Steinberg*, Rechte der Natur in der Verfassung?, NVwZ 2023, 138; *Thönissen*, „Eigenrechte der Natur" als Bemessungskriterium eines Schadensersatzanspruchs? Zum Urteil des LG Erfurt vom 17.10.2024 – 8 O 836/22, r+s 2025, 49; *Wegener*, Lost in Complexity – Das zweite Shell-Urteil zum Klimaschutz, ZUR 2025, 78; *Wolf*, Eigenrechte der Natur oder Rechtsschutz für intertemporalen Freiheitsschutz?, ZUR 2022, 451; *Zenetti*, Rechtspersönlichkeit des Mar Menor ist verfassungskonform, ZUR 2025, 159.

9. Stone, Should Trees Have Standing ? Revisited: How Far Will Law And Morals Reach? A Pluralist Perspective, Southern California Law Review (1972) 450; vgl dazu *Wagner/Bergthaler/Krömer/Grabmair*, Eigenrechtsfähigkeit der Natur 33; vgl etwa bei *Pechtl*, Zu den Rechten der Natur, juridikum 2023, 20 (25).
10. U.S. Supreme Court, *Sierra Club vs Morton*, 405 U.S. 727 (1972), s dazu *Wagner/Bergthaler/Krömer/Grabmair*, Eigenrechtsfähigkeit der Natur 32.
11. Vgl *Wagner/Bergthaler/Krömer/Grabmair*, Eigenrechtsfähigkeit der Natur 32.
12. Vgl *Wagner/Bergthaler/Krömer/Grabmair*, Eigenrechtsfähigkeit der Natur 35.
13. Vgl *Wagner/Bergthaler/Krömer/Grabmair*, Eigenrechtsfähigkeit der Natur 35.
14. Siehe dazu näher unten.
15. *Bertel*, juridikum 2016, 451 (453).
16. Die Frage des Bedarfs in Abrede stellend etwa *Calliess*, Von „Thermofenstern" zu Eigenrechten der Natur – auf der Suche nach der erforderlichen Schutzlücke, NJW 2025, 562; *Darpö*, Studie für den Rechtsausschuss des EP (2021): Kann der Natur Rechtspersönlichkeit zuerkannt werden?, abrufbar unter: https://www.europare.eu/RegData/studies/STUD/2021/689328/IPOL_STU(2021)689328_EN.pdf.
17. Bundesverfassungsgesetz über die Nachhaltigkeit, den Tierschutz, den umfassenden Umweltschutz, die Sicherstellung der Wasser- und Lebensmittelversorgung und die Forschung, BGBl I 2013/111.
18. Bundesverfassungsgesetz vom 27. November 1984 über den umfassenden Umweltschutz (Umfassender Umweltschutz), BGBl 1984/491.
19. *Wielinger*, Gesamtreform der Bundesverfassung – Gesamtreform des Verfassungsverständnisses?, in Reformen des Rechts FS der Rechtswissenschaftlichen Fakultät der Universität Graz (1979) 561.
20. Vgl *B. Raschauer*, Umweltschutzrecht (1986) 13. Immerhin dem BVG Umweltschutz *„mehr als nur symbolisches Recht, soft law, Absichtserklärung und Verwendungszusage"* zubilligend *Welan*, Umweltschutz durch Verfassungsrecht, in *Kerschner* (Hrsg), Staatsziel Umweltschutz (1996) 31 (41). Er deutet es als „Langfristplanung", die allen Politiken vorgeordnet sein muss.
21. *Kerschner*, Zehn Thesen zur Einführung, in *Kerschner* (Hrsg), Staatsziel Umweltschutz (1996) 2.
22. *Kerschner*, Zehn Thesen zur Einführung, in *Kerschner* (Hrsg), Staatsziel Umweltschutz (1996) 2. Jüngst zur Diskussion: *Kirchmair/Krempelmeier*, Das Klimaschutzprinzip im BVG Nachhaltigkeit: Ein schlafender Riese, JRP 2023, 74.
23. BGBl 1984/491.
24. *Marko*, Umweltschutz als Staatsziel, ÖJZ 1986, 291; *Gutknecht* in *Korinek/Holoubek/Bezemek/Fuchs/Martin/Zwellenberg,* Österreichisches Bundesverfassungsrecht, BVG Umwelt Rz 7 jedoch dahingehend realisierend, dass die „gesamte nicht durchschaubare Komplexität und Vielfalt" Lebensgrundlage sei.
25. *Rametsteiner*, Recht der Natur, Eine rechtsvergleichende Untersuchung unter besonderer Berücksichtigung der Rechte von Flüssen 312.
26. Damit wird die von der Verfasserin im Lehrbuch *Wagner* (Hrsg), Umwelt- und Anlagenrecht Band I$^2$ (2021) vertretene Ansicht nicht mehr aufrechterhalten.
27. Dt BVerfG, Beschluss des Ersten Senats vom 24.3.2021, 1 BvR 2656/18.
28. Nunmehr saniert durch: Erstes Gesetz zur Änderung des Bundes-Klimaschutzgesetzes vom 18.8.2021, BGBl I 2021, 3905; Zweites Gesetz zur Änderung des Bundes-Klimaschutzgesetzes vom 15.7.2024, BGBl I 2024/235.
29. Siehe zuletzt EGMR 9.4.2024 (GK), 53600/20, *Verein KlimaSeniorinnen ua/Schweiz* mit Verweis auf EGMR 9.12.1994, 16798/90, *López Ostra/Spanien*; EGMR 19.2.1998, 14967/89, *Guerra ua/Italien*; EGMR (GK) 30.11.2004, 48939/99, *Öneryıldız/Türkei*;

EGMR (GK) 8.7.2003, 36022/97, *Hatton ua/Vereinigtes Königreich*; EGMR 10.11.2004, 46117/99, *Taşkın ua/Türkei*; EGMR 20.3.2008, 15339/02 ua, *Budayeva ua/Russland*; EGMR 27.1.2009, 67021/01, *Tătar/Rumänien*; EGMR 10.1.2012, 30765/08, *Di Sarno u.a./ Italien;* EGMR 14.2.2012, 31965/07, *Hardy und Maile/Vereinigtes Königreich; EGMR 13.7.2017, 38342/05, Jugheli u.a./Georgien;* EGMR 24.1.2019, 54414/13 und 54264/15, *Cordella ua/Italien*; EGMR 11.10.2022, 31612/09, *Pavlov ua/Russland.*

30. EGMR 9.4.2024 (GK), 53600/20, *Verein KlimaSeniorinnen ua/Schweiz* EGMR; vgl etwa *Wagner*, Analyse des EGMR-Urteils zu den Schweizer KlimaSeniorinnen: Implikationen auf zivile (Verbands-)Klagerechte in Österreich, in *Ennöckl/Hofer/Madner* (Hrsg), FS für *Eva Schulev-Steindl* (2024); *Ennöckl/Handig/Polzer/Rathmayer/Vouk*, KlimaSeniorinnen erkämpfen Recht auf Klimaschutz vor dem EGMR, ÖJZ 2024/106; *Piska/Winkler/Zehetner*, Verein Klimaseniorinnen vs Schweiz: Es ist nicht alles Gold, was glänzt, ecolex 2024/256; *Ritter/Schaffer*, Die Rolle der Aarhus-Konvention für das Verfahren KlimaSeniorinnen vor dem EGMR, RdU 2025/7; *Aschauer/Schörghofer,* Vom Grundrecht auf Klimaschutz zur Beschwerdelegitimation von Umweltorganisationen, NLMR 2026, 5; *Weber*, KlimaSeniorinnen: Changing Legal Opportunity Structures in the Face of the Climate Crisis, ALJ 2024, 100; *Hofer*, Klimaschutz als Grundrecht: EGMR erkennt positive Klimaschutzpflichten der Vertragsstaaten an, RdU 2024/87; *Lorber*, Einfluss des Klimawandels auf die Ausübung von EMRK-Rechten – Anmerkung zum Urteil des EGMR v. 9.4.2024, Rs 53600/20 (Verein KlimaSeniorinnen Schweiz and Others v Switzerland), EuR 2024, 389; *Czech*, Recht auf effektive Maßnahmen zur Eindämmung des Klimawandels, NLMR 2024, 106; *Hollaus*, Das Urteil des EGMR im Fall KlimaSeniorinnen und seine Implikationen für den europäischen Grundrechtsschutz, JBl 2024, 485.
31. So etwa *Wagner*, Analyse des EGMR-Urteils zu den Schweizer KlimaSeniorinnen: Implikationen auf zivile (Verbands-)Klagerechte in Österreich, in *Ennöckl/Hofer/Madner* (Hrsg), FS für *Eva Schulev-Steindl* (2024).
32. *Pernthaler*, Staatsziel umfassender Umweltschutz in *Kerschner*, Staatsziel Umweltschutz (1996) 5 ff (12).
33. RL 2004/35/EG des EP und des Rates vom 21.4.2004 über Umwelthaftung zur Vermeidung und Sanierung von Umweltschäden, ABl L 2004/143, 56.
34. Art 2 Z 1 lit c Umwelthaftungs-RL.
35. Vgl etwa VfGH 1.12.2004, V124/03; VwGH 12.11.2024, Ro 2024/06/0012; VwGH 12.11.2024, Ro 2024/06/0024; VwGH 19.01.2021 Ra 2019/10/0161; VwGH 22.12.2011, 2008/07/0123 uva.
36. Siehe näher dazu unten.
37. Vgl *Land NÖ*, 40 Jahre Umweltanwaltschaft Niederösterreich gefeiert vgl unter https://www.noe.gv.at/noe/40_Jahre_Umweltanwaltschaft_Niederoesterreich_gefeiert.html, abgerufen am 6.5.2026.
38. Vgl zuletzt die OÖ Natur- und Landschaftsschutzrechtsnovelle 2019, LGBl 2019/54, mit der der Umweltanwaltschaft im Verfahren betreffend Europaschutzgebiete ihre Parteistellung entzogen wurde sowie die Salzburger Novelle zum Salzburger Naturschutzgesetz LGBl 2024/121.
39. RV 449 BlgNR 28. GP.
40. Vgl dazu *Wagner/Bergthaler/Fasching*, Umsetzung der Aarhus-Konvention in Umweltverfahren (2018).
41. Vgl dazu umfassend *Wagner/Bergthaler/Krömer/Grabmair*, Eigenrechtsfähigkeit der Natur 89 ff.
42. *Bamer*, *Die Ersatzfähigkeit von Ökoschäden im Zivilrecht*, Dissertation Linz 2009 (unveröffentlicht).

43. Vgl etwa *Ehrenzweig*, System des österreichischen allgemeinen PR I/2: Sachenrecht § 158, 14; *Klang* in *Klang* II/2, 2; *Holzner* in *Rummel/Lukas*, ABGB[4] § 285 Rz 5 f.
44. Vgl Jens Soentgen, Ökologie der Angst (2018) 113.
45. COM(2020) 380 final, 1.
46. Dazu näher unten.
47. Dazu noch näher unten.
48. Vgl etwa dazu näher: *Wagner/Bergthaler/Krömer/Grabmair*, Eigenrechtsfähigkeit der Natur 23 ff; *Bertel*, juridikum 2016,451; *Thalmayer*, EALR 2024,161; *Rametsteiner*, Recht der Natur, Eine rechtsvergleichende Untersuchung unter besonderer Berücksichtigung der Rechte von Flüssen 52 ff; *Haake*, ZUR 2025, 323; *Puder*, ZfRV 2025/82, 133; *Gutmann*, ZUR 2019, 611.
49. Vgl dazu umfassend *Gutmann*, Hybride Rechtssubjektivität – Die Rechte der „Natur oder Pacha Mama" in der ecuadorianischen Verfassung von 2008 (2021); *Puder*, ZfRV 2025/82, 133; *Thalmayer*, Ist die Eigenrechtsfähigkeit der Natur die Lösung für die Umweltprobleme der EU?, EAL 2024, 161.
50. Código Orgánico General de Procesos (COGEP), Registro Oficial Suplemento 506 (22.5.2015).
51. Vgl dazu *Puder*, ZfRV 2025/82, 133.
52. Vgl *Puder*, ZfRV 2025/82, 133.
53. Vgl *Puder*, ZfRV 2025/82, 133; diesen Grundsatz aus dem Staatsziel Umweltrecht ableitend *Kerschner*, Zehn Thesen zur Einführung, in *Kerschner* (Hrsg), Staatsziel Umweltschutz 3 (These 6).
54. Vgl *Puder*, ZfRV 2025/82, 133.
55. Vgl *Puder*, ZfRV 2025/82, 134.
56. Vgl *Puder*, ZfRV 2025/82, 134.
57. Vgl dazu *Wagner/Bergthaler/Krömer/Grabmair*, Eigenrechtsfähigkeit der Natur 24 ff; *Thalmayer*, EALR 2024, 163 f; *Rametsteiner*, Recht der Natur, Eine rechtsvergleichende Untersuchung unter besonderer Berücksichtigung der Rechte von Flüssen 176 ff.
58. Vgl *Puder*, ZfRV 2025/82, 134 f; *Rametsteiner*, Recht der Natur, Eine rechtsvergleichende Untersuchung unter besonderer Berücksichtigung der Rechte von Flüssen 254 ff; *Wagner/Bergthaler/Krömer/Grabmair*, Eigenrechtsfähigkeit der Natur 61 ff.
59. Näher dazu *Puder*, ZfRV 2025/82, 135.
60. Vgl dazu *Wagner/Bergthaler/Krömer/Grabmair*, Eigenrechtsfähigkeit der Natur 45 ff; *Puder*, ZfRV 2025/82, 136 f; *Rametsteiner*, Rechte der Natur 211 ff.
61. Te Ture Whakatupua mō Te Kāhui Tupua 2025/Taranaki Maunga Collective Redress Act 2025, Public Act 2025 No 1 (Aotearoa/Neuseeland: Anerkennung des Te Kāhui Tupua (Taranaki Berg) als rechtsfähige Person), https://www.legislation.govt.nz/act/public/2025/1/en/latest/#LMS899644, abgerufen am 6.5.2026.
62. Consejo Regional Puno, Ordonanza Regional N° 000011-2025-GRP/GR PUNO (Anerkennung des Titicacasees als Rechtssubjekt per Dekret der Stadt Puno) https://sinia.minam.gob.pe/normas/ordenanza-regional-que-declara-preferente-interes-regional, abgerufen am 6.5.2026.
63. Rs Lalit Miglani vs State of Uttarakhand & others; vgl dazu *Wagner/Bergthaler/Krömer/Grabmair*, Eigenrechtsfähigkeit der Natur 55; *Puder*, ZfRV 2025/82, 137.
64. Vgl *Puder*, ZfRV 2025/82, 137 mN in FN 149.
65. Vgl *Puder*, ZfRV 2025/82, 137 mN in FN 160.
66. Vgl *Puder*, ZfRV 2025/82, 137 mN in FN 150.
67. Vgl *Thalmayer*, EALR 2024,161 (164); *Schmidt*, Eine Lagune als Beteiligte im Strafprozess?, NK 2025, 287; *Schmidt*, Eine Lagune im Gerichtssaal?: Strafrechtliche Implikationen der Eigenrechte des spanischen Mar Menor, VerfBlog, 2025/6/04, abrufbar unter

https://verfassungsblog.de/mar-menor-strafprozess-vertretung/, abgerufen am 6.5.2026; *Zenetti*, Rechtspersönlichkeit des Mar Menor ist verfassungskonform, ZUR 2025, 159.

68. Ley 19/2022, de 30 de septiembre, para el reconocimiento de personalidad jurídica a la laguna del Mar Menor y su cuenca, Núm. 237 vom 3.10.2022, Sec I, 135131.
69. Gesetz 19/2022 vom 30. September über die Anerkennung der Rechtspersönlichkeit der Lagune Mar Menor und ihres Einzugsgebiets, BOE Núm. 237 vom 3.10.2022, 135134, abrufbar unter https://www.boe.es/boe/dias/2022/10/03/pdfs/BOE-A-2022-16019.pdf; deutsche Übersetzung abrufbar unter https://www.rechte-der-natur.de/files/opensauce/pdf/Gesetzestext%20Mar%20Menor%20%C3%BCbersetzt.pdf; siehe ferner *Heinrich-Böll-Stiftung*, Das Mar Menor – Europas erstes Ökosystem mit Personenstatus, 29.1.2025, https://www.boell.de/de/2025/01/29/das-mar-menor-europas-erstes-oekosystem-mit-personenstatus (alle abgerufen am 6.5.2026).
70. Vgl dazu Zenetti, Rechtspersönlichkeit des Mar Menor ist verfassungskonform, ZUR 2025, 159.
71. Interamerikanischer Gerichtshof (IACtHR), Rechtsgutachten „Advisory Opinion OC-32/25" (Mai 2025), abrufbar unter https://jurisprudencia.corteidh.or.cr/en/vid/1084981967, abgerufen am 6.5.2026.
72. Übersetzung und Hervorhebungen durch die Autorin.
73. Dazu **kritisch:** *Calliess*, Von „Thermofenstern" zu Eigenrechten der Natur – auf der Suche nach der erforderlichen Schutzlücke, NJW 2025, 562; *Puder*, ZfRV 2025/82; *Degenhart*, Irritierend distanzlos, abrufbar unter https://verfassungsblog.de/rechte-der-natur-erfurt-kritik/, abgerufen am 6.5.2026; *Haake*, Pioniertat oder Bärendienst? – Das LG Erfurt über EU-Grundrechte für die Natur, abrufbar unter https://verfassungsblog.de/rechte-der-natur-erfurt/, abgerufen am 6.5.2026; *Neuner*, Die ökologisch orientierte Auslegung und Fortbildung des Privatrechts, ZfPW 2024, 127 (154).
74. **Befürworter**: *Johns*, Anmerkung zum Urteil LG Erfurt, Urt v 17. 10. 2024, 8 O 836/22: Rechte der Natur II, KlimR 1 (2025) 26; *Gutmann*, Fruchtbare Irritationen – Das zweite Urteil des LG Erfurt zu den Rechten der Natur, Verfassungsblog v 28. 10. 2024, abrufbar unter https://verfassungsblog.de/rechte-der-natur-erfurt-2/, abgerufen am 6.5.2026.
75. Vgl näher dazu *Wagner/Bergthaler/Krömer/Grabmair*, Eigenrechtsfähigkeit der Natur 152.
76. Vgl dazu *Wagner/Bergthaler/Krömer/Grabmair*, Eigenrechtsfähigkeit der Natur 97; *Fischer/Lescano*, Natur als Rechtsperson, ZUR 2018, 205-216 (207); idS auch *Pernthaler*, Staatsziel umfassender Umweltschutz in *Kerschner*, Staatsziel Umweltschutz (1996) 5 ff (12).
77. *Wagner/Bergthaler/Krömer/Grabmair*, Eigenrechtsfähigkeit der Natur 155.
78. *Puder*, ZfRV 2025/82, 139.
79. Vgl *Savigny*, System des Heutigen Römischen Rechts II § 60, § 62.
80. ZfRV 2025/82, 139.
81. Zu den Rechten der Natur, juridikum 2023, 20 (21).
82. ZfRV 2025/82, 139.
83. *Wagner/Bergthaler/Krömer/Grabmair*, Eigenrechtsfähigkeit der Natur 91 f.
84. Geist des Römischen Rechts auf Verschiedenen Stufen Seiner Entwicklung (1865) Teil 3.1, 316 f.
85. Dies konzedierend *Puder*, ZfRV 2025/82, 139.
86. Die Actio des römischen Civilrechts (1856).
87. Brauchen wir Eigenrechte der Natur, ZUR 2024, 641.
88. *Calliess*, Von „Thermofenstern" zu Eigenrechten der Natur auf der Suche nach der Schutzlücke, NJW 2025, 562.
89. Zu den Rechten der Natur, juridikum 2023, 20.

90. Pro Anerkennung der **Eigenrechtsklage:** *Kersten*, Natur als Rechtssubjekt. Für eine ökologische Revolution des Rechts, APuZ 11/2020, 27 ff; abrufbar unter https://www.bpb.de/shop/zeitschriften/apuz/305893/natur-als-rechtssubjekt/ (abgerufen am 6.5.2026).
91. *Wagner/Bergthaler/Krömer/Grabmair*, Eigenrechtsfähigkeit der Natur 178 ff.

**Erika Wagner** forscht als Universitätsprofessorin im gesamten Umwelt- und Nachhaltigkeitsrecht. Sie leitet als Vorständin das Institut für Umweltrecht sowie die Abteilung für Umweltprivatrecht an der Johannes Kepler Universität Linz. Ihre Forschungsschwerpunkte umfassen das Klima- und Naturschutzrecht, erneuerbare Energien, das Naturkatastrophenrecht, die Aarhus-Konvention und den Tierschutz. Sie ist Trägerin zahlreicher Wissenschaftspreise und gibt die Fachzeitschriften „Recht der Umwelt" sowie „TiRuP" mit heraus.

# Herausforderungen für ein zukunftsfähiges Naturschutzrecht in Europa

Wolfgang Köck(✉)
Helmholtz-Zentrum für Umweltforschung – UFZ, Department Umwelt- und Planungsrecht, Leipzig, Deutschland
wolfgang.koeck@ufz.de

**Zusammenfassung.** Für die Erhaltung und Sicherung der Biodiversität benötigen die EU und ihre Mitgliedstaaten ein zukunftsfähiges Umwelt- und Naturschutzrecht. Der Beitrag erläutert, was darunter zu verstehen ist und bewertet die Qualität des Rechts anhand der konzeptionellen Grundstruktur, der Gesetzgebungskonzeption, der Implementation und des Rechtsschutzes. Abschließend wird auf die gegenwärtige Krise der ökologischen Transformation eingegangen, ihre Ursachen angesprochen und Strategien zur Stärkung der Resilienz des Rechts beleuchtet.

**Schlüsselwörter:** Aarhus-Konvention · Biodiversitätssicherung · EU-Wiederherstellungsverordnung · European Green Deal · FFH-Richtlinie · Gesetzesvollzug/Implementation · Natura 2000 · Naturschutzrecht · Ökologische Transformation · Qualitätszielorientierung · Rechte der Natur · Umweltrechtsschutz · Verbandsklage · Zukunftsfähiges Umweltrecht

## 1 Einführung

„Umweltrecht ist die gesetzgeberische, rechtswissenschaftliche und rechtspraktische Antwort auf die Umweltkrise, die spätestens in der zweiten Hälfte des 20. Jahrhunderts nicht mehr übersehen werden konnte, als infolge der Industrialisierung und der Verwissenschaftlichung der Produktionsprozesse die Verschmutzung der Umwelt und die Nutzung der natürlichen Ressourcen immer größere Ausmaße angenommen hatte. Das moderne Umweltrecht, das ab 1970 in vielen Industrieländern entstand, sollte helfen, Leben und Gesundheit des Menschen vor schädlichen Umwelteinwirkungen wirksam zu schützen, die natürlichen Lebensgrundlagen zu erhalten und erheblich beeinträchtigte Umweltkompartimente wiederherzustellen“ [1]. Gelungen ist dies bisher – trotz einer sich stetig weiter entwickelten Rechtskonzeption – nur in beschränktem Maße [2]. Woran das liegt, soll im Folgenden untersucht werden.


S. M. Gergely et al. (Hrsg.): SymWeN 2026, *Die Werte der Natur*, S. 187–207, 2027,
https://doi.org/10.1007/978-3-662-74109-2_14

### 1.1 Zum Begriffsverständnis: Was ist ein zukunftsfähiges Umweltrecht?

Umweltrecht kann dann als zukunftsfähig bezeichnet werden, wenn es in der Lage ist, die rechtlich verankerten Ziele der Umweltpolitik dauerhaft zu erreichen, ohne die Entwicklungs- und Versorgungsbedürfnisse der Menschen zu ignorieren und die verfassungsrechtlichen Grundlagen verbindlicher Umweltschutzentscheidungen zu beeinträchtigen. Angesichts der neuen Herausforderungen, die sich aus dem Wissen um die planetaren Grenzen [3] und der großen Beschleunigung der Umweltnutzungsprozesse [4] für das Umweltrecht ergeben, müssen die Zielvorgaben des Umweltrechts am Stand des Wissens orientiert sein und dürfen dahinter grundsätzlich nicht zurückfallen [5]. Die grundsätzliche Ausrichtung des Umweltrechts am Stand des Wissens führt darüber hinaus dazu, dass dafür Sorge getragen werden muss, Wirtschaft und Gesellschaft nicht zu überfordern. Zukunftsfähig ist das Umweltrecht dann, wenn es in der Lage ist, die notwendigen Transformationen für ein gutes Leben innerhalb der ökologischen Belastbarkeitsgrenzen unseres Planeten [6] mitzugestalten. In diesem Sinne kann auch von einem Entwicklungspfad vom Umweltrecht zum Nachhaltigkeitsrecht gesprochen werden, bzw. von einer Transformation zur Nachhaltigkeit. Gegenüber dem herkömmlichen Konzept der Nachhaltigkeit, das Ökologie, Wirtschaft und Soziales als drei gleichgewichtige Säulen betrachtet, muss allerdings das Konzept der sog. „starken Nachhaltigkeit" betont werden [7], also ein Nachhaltigkeitsverständnis, dass das Funktionieren der natürlichen Prozesse als Fundament anerkennt und Gesellschaft und Wirtschaft als Säulen, die auf diesem Fundament ruhen [8]. Und schließlich hängt die Zukunftsfähigkeit des Umweltrechts auch davon ab, dass all dieses als demokratisches Projekt zur Erhaltung von Freiheit und Wohlstand begriffen wird und damit eingebettet ist in ein demokratisches Verfassungsverständnis, das den Umweltschutz nicht allein als technokratische Veranstaltung betreibt [9]. Es genügt daher nicht, ambitionierte Umweltziele und darauf gerichtete Planungs- und Durchsetzungsinstrumente rechtlich zu verankern, sondern ein solcher Transformationsprozess muss – wie erwähnt – auch wirtschaftlich und sozial abgefedert werden, um als gerecht („just transition") verstanden zu werden [10].

### 1.2 Normative und positive Dimension des zukunftsfähigen Umweltrechts

Das zukunftsfähige Umweltrecht hat eine normative Dimension und eine positive Dimension. Die normative Dimension beschreibt die Anforderungen, die an eine Umweltrechtsordnung zu richten sind, damit die Umweltnutzungsprozesse sich (wieder) in den Bahnen der ökologischen Belastungsgrenzen bewegen und Wirtschaft und Gesellschaft dabei nicht überfordert werden. Die positive Dimension des zukunftsfähigen Umweltrechts meint demgegenüber die Funktionsbedingungen des Rechts. Recht ist nur dann zukunftsfähig, wenn die Bedingungen der Sicherung des Rechts Bestand haben. Hierzu gehören im Verfassungsstaat die Rückbindung an den demokratischen Gesetzgeber, die Durchsetzung des Rechts durch eine gesetzesgebundene Verwaltung, die Kontrolle durch eine unabhängige Justiz und die Freiheit der (Rechts-)Wissenschaft. All diese Bestandsgarantien finden sich im Grundgesetz der Bundesrepublik Deutschland und auch in den Verfassungen anderer demokratischer

Staaten als wichtige Grundlegungen für die Resilienz des Rechts [11]. Allerdings darf dabei nicht ignoriert werden, dass auch der Verfassungsstaat „von Voraussetzungen (lebt), die er selbst nicht garantieren kann" [12] (siehe unten Abschn. 7.).

### 1.3 Bewertungskriterien für ein zukunftsfähiges Umweltrecht und inhaltliche Eingrenzung

Im Folgenden soll zunächst die normative Seite des zukunftsfähigen Umweltrechts in den Blick genommen und anhand von Bewertungskriterien überprüft werden, ob und inwieweit das geltende Umweltrecht den Anforderungen an Zukunftsfähigkeit gerecht wird. Hierbei schauen wir auf die konzeptionelle Grundstruktur des Umweltrechts (siehe unten Abschn. 2.) und auf den Stand der Gesetzgebung, insbesondere die Zielorientierung des Umweltrechts (siehe unten Abschn. 3.). Darüber hinaus werden auch der Gesetzesvollzug und die Gelingensbedingungen der Implementation (siehe unten Abschn. 4.) sowie der Rechtsschutz in Umweltangelegenheiten (siehe unten Abschn. 5.) in den Blick genommen, weil die Zukunftsfähigkeit des Umweltrechts sich auch an der Implementierbarkeit und dem Zugang zu Gerichten zeigt.

Abschließend soll dann noch einmal auf die positive Seite des zukunftsfähigen Umweltrechts geschaut und die aktuelle Krise der ökologischen Transformation betrachtet werden (siehe unten Abschn. 6.). Inhaltlich soll der Fokus dabei im Wesentlichen auf das Naturschutzrecht gerichtet werden, das einen wichtigen Teilbereich des Umweltrechts bildet und dessen Ziele in besonderer Weise auf Integration in das sonstige Umweltrecht und in andere Fachrechtsgebiete, wie etwa das Baurecht, das Infrastrukturrecht oder das Agrar- und Waldrecht angelegt ist. Gegenstand der Analyse sind die deutsche und die EU-Umweltrechtsordnung.

## 2 Konzeptionelle Grundstruktur des Umweltrechts bzw. des Naturschutzrechts in der EU

Konzeptionell und rechtlich (gesetzgebungstechnisch) steht das Umwelt-, wie auch das Naturschutzrecht auf einem soliden Fundament. Das Naturschutzrecht hat sich von einem ästhetischen Projekt des ausgehenden 19. Jahrhunderts [13], als es noch im Wesentlichen um die Erhaltung der Schönheit besonderer Landschaftsmonumente ging, über eine Politik des peripheren Eingriffs in der Konstituierungsphase der modernen Umweltpolitik der 1970er Jahre [14], als es sehr wesentlich darum ging, projektbedingte Eingriffe in Natur und Landschaft durch Maßnahmen des Naturschutzes auszugleichen, seit den 1990er Jahren zu einer mittlerweile ambitionierten Qualitätszielorientierung im Interesse der Erhaltung der Vielfalt der Ökosysteme und der Biodiversitätssicherung entwickelt [15]. Seine Ziele und Maßnahmen gewinnt es zunehmend aus der Rezeption wissenschaftlicher Erkenntnisse und der Inkorporierung wiss. Sachverstandes in Gesetzgebung und Implementierung.

Das Umweltrecht wie auch das Naturschutzrecht sind geprägt von einer interventionistischen Grundstruktur (ordnungsrechtlicher Ansatz); d. h. die Lösung von Umweltproblemen wird nicht den individuellen Vorstellungen der Bürger und dem

Markt überlassen. Vielmehr macht der Staat entsprechende Zielvorgaben (Festlegung quantifizierter Umweltqualitätsziele) und regelt das Verhalten. Ergänzt wird diese Grundstruktur durch neue verbindliche Planungsinstrumente (Maßnahmen- und Aktionsplanung) und durch eine flankierende Anreizsteuerung sowie durch die Integration des Umweltschutzanliegens in andere Politikbereiche. Weil bei dieser Strategie im Wesentlichen auf die Regierung und die staatliche Verwaltung als Akteure gesetzt wird, wird insoweit politikwissenschaftlich auch von einem „bürokratischen Legalismus" gesprochen [16].

Die interventionistische Grundstruktur des Umweltrechts kann im Ansatz als zukunftsgerecht bezeichnet werden; denn nur sie kann über ihre ordnungsrechtliche Grundlegung und dessen Verwaltungsvollzug einen präventiven Schutz sicherstellen. Anreizsteuerung ist eine ergänzende Komponente, die insbesondere auch als Förderung gewünschten Verhaltens im Transformationsprozess immer wichtiger wird. Strafe und Haftung (als Grundelemente des gemeinen Rechts) können den interventionistischen Ansatz nicht adäquat ersetzen, sondern lediglich flankieren.

## 3 Entwicklung der Gesetzgebungskonzeption: Auf dem Weg zum qualitätszielorientierten Umwelt- und Naturschutzrecht

### 3.1 Der qualitätszielorientierte Ansatz

In den 1990er-Jahre begann eine weitere Phase in der Entwicklung des Umweltrechts, die durch eine zunehmende Steuerung über rechtsverbindliche *Umweltqualitätsziele* gekennzeichnet ist [17]. Ausschlaggebend war hier insbesondere der zunehmende Einfluss des Unionsrechts. Exemplarisch dafür stehen die Luftqualitätsrichtlinie aus dem Jahr 1996 [18] mit ihrer Tochterrichtlinie aus dem Jahre 1999 [19], die verbindliche Luftqualitätsnormen und Fristen für eine Reihe von Luftschadstoffen setzten. Ein anderes frühes Beispiel ist die Wasserrahmenrichtlinie (WRRL) aus dem Jahre 2000 [20] mit ihren konkretisierenden Tochterrichtlinien [21]. Sie verpflichtet die Mitgliedstaaten, gute Gewässerzustände zu erreichen oder zu erhalten und setzt dafür konkrete Anforderungen, insbesondere auch Grenzwerte und verbindliche Fristen.

Auch das europäische Naturschutzrecht mit der Fauna-Flora-Habitat-Richtlinie (FFH-Richtlinie) [22] als seinem konzeptionellen Zentrum verfolgt seit 1992 einen qualitätszielbezogenen Ansatz, indem es die Mitgliedstaaten verpflichtet, einen guten Erhaltungszustand ihrer natürlichen Lebensräume mit den dazu gehörenden Tier- und Pflanzenarten von gemeinschaftlichem Interesse zu erreichen bzw. zu erhalten (Art. 2 Abs. 2 FFH-RL). Anders als in der Luftreinhalte-, der Gewässerschutz- oder auch der Klimapolitik ist es aber mit Blick auf Habitate schwierig, die Qualitätsziele ausreichend zu konkretisieren [23]·

Das grundlegend Neue an der Umweltqualitätszielorientierung war dabei nicht allein die Ausrichtung an einer anzustrebenden Umweltqualität an sich, sondern vor allem, dass hier ambitionierte (auf den Stand der Wissenschaft gestützte) Ziele nicht nur politisch-strategisch, sondern rechtlich verbindlich verankert worden sind. Das ist ein wesentlicher Unterschied gegenüber der Konstituierung der modernen Umweltpolitik in den 1970er Jahren, als zwar die Schutzgesetze regelmäßig allgemeine (qualitative) Ziel- und Zweckbestimmungen enthielten, es aber an konkreten (quantifizierten) verbindlichen Zustandszielen und Zielerreichungsfristen (sowie vielfach auch an adäquaten Zielerreichungsinstrumenten) fehlte [24].

Mit der Umweltqualitätsorientierung wurde das Instrumentarium des Umweltrechts erweitert. Genehmigungsvorbehalte sowie Ge- und Verbote blieben zwar wichtige Instrumente, die zur Zielerreichung benötigt wurden, aber an die zentrale Stelle rückte nun die (Ziel- und Maßnahmen-)Planung, wie etwa die Luftqualitätsplanung, die Gewässerbewirtschaftungsplanung mit Maßnahmenprogrammierung, sowie für den Naturschutz die Natura 2000-Schutzgebietsplanung und seit 2024 auch die Wiederherstellungsplanung auf der Basis der EU-Wiederherstellungsverordnung (WVO) [25]. Gesprochen wird mit Blick auf die neue Generation umweltbezogener Planung von einem „Politikplanungsrecht" [26], weil diese Art der Planung regelmäßig rechtsverbindlich ist und sich insoweit deutlich von der herkömmlichen politischen Regierungsplanung abhebt. Häufig wird der qualitätszielbezogene Ansatz kombiniert mit weitergehenden Governance-Elementen in Form von Monitoring- und ggf. Nachbesserungspflichten, wie sich deutlich etwa im EU-Klimagesetz und im nationalen Klimaschutzgesetz zeigt [27].

### 3.2 Besonderheiten des Naturschutzrechts: Qualitätszielorientierung für natürliche Lebensräume und weitergehender Basisschutz

Der qualitätszielorientierte Ansatz ist in der FFH-Richtlinie auf die natürlichen Lebensräume und die Arten von gemeinschaftlichem Interesse beschränkt und erstreckt sich nicht auf sämtliche Naturräume. Vom Schutzansatz erfasst sind damit nur „völlig natürliche oder naturnahe terrestrische oder aquatische Ökosysteme" (Art. 2 iVm Art. 1 lit. b FFH-RL), die zunächst zu identifizieren waren (Art. 3 f. FFH-RL). Zudem hatte die FFH-Richtlinie keine Fristen für die Zielerreichung festgelegt, sondern sich auf die Unterschutzstellung von Gebieten („Natura 2000") (Art. 4 Abs. 4 FFH-RL), auf die Abwehr von Verschlechterungen von Schutzgebieten, die durch Projekte hervorgerufen werden können (Art. 6 Abs. 3 FFH-RL), auf die Erarbeitung von Managementplänen für die Natura 2000-Gebiete (Art. 6 Abs. 1 FFH-RL), sowie auf ein System von Zugriffsverboten für streng geschützte Arten (Art. 12 ff. FFH-RL) konzentriert. Erst mit der Verabschiedung der EU-Wiederherstellungsverordnung im Juni 2024 wurde das EU-Naturschutzrecht mit Blick auf den Schutz der natürlichen Lebensräume nachgebessert, indem quantifizierte Wiederherstellungspflichten mit klaren Fristsetzungen und Verschlechterungsverboten für wiederhergestellte Flächen statuiert worden sind (Art. 4 WVO) [28].

Zugleich ist durch die WVO auch ein basaler Schutzansatz für den Gesamtraum geschaffen worden, der neben den natürlichen Lebensraumtypen nun auch intensiv genutzte städtische Ökosysteme (Art. 8 WVO), Agrarökosysteme (Art. 11 WVO) und Waldökosysteme (Art. 12 WVO) erfasst. Anders als für die natürlichen Lebensräume geht es hier aber nicht um das Erreichen günstiger Erhaltungszustände, sondern – weniger anspruchsvoll – um Trendumkehr und Zustandsverbesserung am Maßstab spezifischer Indikatoren [29].

Rechtlich betrachtet, sind durch die WVO erhebliche Schutzverstärkungen erzielt worden. Dies gilt gerade auch für die Schutz- und Renaturierungsanforderungen jenseits der natürlichen Lebensräume; denn diese waren unionsrechtlich bislang lediglich über die Gemeinsame Agrarpolitik der EU (GAP) adressiert (als sog. „Konditionalitäten" der Agrarförderungspolitik) [30] und keine unmittelbar verbindlichen Anforderungen des Naturschutzes an die Land- und Waldwirtschaft. Allerdings ist die Instrumentierung der WVO schwach ausgestaltet. Sie besteht lediglich in der Pflicht, die Anforderungen durch nationale Wiederherstellungspläne vorzubereiten und geeignete Maßnahmen zur Zielerreichung festzulegen (Art. 14 WVO). Auf unmittelbare Durchsetzungsinstrumente hat der europäische Gesetzgeber verzichtet; diesbezüglich muss weiterhin im Wesentlichen auf das nationale Fachrecht zurückgegriffen werden. Insbesondere findet sich (wie auch schon in anderen EU-Richtlinien, die einen Umweltqualitätszielansatz verfolgen) kein europäischer Finanzierungsmechanismus, der den Mitgliedstaaten dabei hilft, die Ziele sozial- und wirtschaftsverträglich erreichen zu können.

Je ambitionierter aber ein Zielsystem ist, je mehr transformative Zielvorgaben in die Lebens- und Wirtschaftsverhältnisse eindringen, desto mehr Aufmerksamkeit muss der Gesetzgeber den Bedingungen für die Zielerreichung widmen. Dazu gehören neben der eher „technisch" zu verstehenden Zielerreichungsplanung, dem Monitoring der Maßnahmenwirkung und einem Nachbesserungsmechanismus auch Durchsetzungsinstrumente, zu denen nicht zuletzt auch finanzielle Hilfen zur Unterstützung des Transformationsprozesses zählen. Dies ist zwar wesentlich eine Aufgabe der Mitgliedstaaten – und wird in Deutschland u. a. über das Aktionsprogramm Natürlicher Klimaschutz (ANK) aus dem Jahre 2023 wahrgenommen – aber die EU muss sich ebenfalls darüber bewusst sein, dass eine Politik der Biodiversitätssicherung nicht allein über die Durchsetzung des Verursacherprinzips gelingen kann, sondern ein gewisser Transformationslastenausgleich auch über öffentliche Haushalte und spezifische EU-Instrumente zu organisieren sind.

## 3.3 Bewertung

Das Konzept der umweltqualitätszielorientierten Rechtsetzung hat einen großen qualitativen Entwicklungsschub der Umweltgesetzgesetzgebung bewirkt. Das Zielniveau ist in vielen Bereichen der Umweltregulierung ambitioniert und rückgebunden an den Stand der Wissenschaft, auch wenn zum Teil noch Lücken bestehen [31]. Zielplanung, Monitoring der Wirkungen und ggf. Nachbesserung sind wesentliche Elemente einer solchen Gesetzgebung. Adressiert wird dabei in erster Linie die Regierung, die für Zielplanung (Maßnahmenplanung) und nachbessernder Aktionsplanung verantwortlich ist. Darin liegt nicht nur eine Stärke, sondern auch eine Schwäche dieses Ansatzes; denn eine zielorientierte Gesetzgebung ist darauf angewiesen, dass die Regierung sowohl auf der Planungsebene wie auch auf der Durchsetzungsebene für eine geeignete Instrumentierung sorgt. Die stetige Wiedereinbeziehung der Regierung in den Prozess der Implementation ist notwendig mit wiederkehrenden Repolitisierungen verbunden und kann die Implementation schon dadurch nicht allein im ruhigen Fahrwasser eines Verwaltungsvollzuges halten [32].

# 4 Probleme des Gesetzesvollzugs und Gelingensbedingungen der Implementation

Ein wichtiges Element der Zukunftsfähigkeit des Umweltrechts bildet der Gesetzesvollzug. Da das Umweltrecht der EU und Deutschlands geprägt sind durch das Verwaltungsrecht (siehe oben Abschn. 2.), kommt es dabei wesentlich auf eine „gute Gesetzgebung" (siehe dazu auch unten Abschn. 4.2.b), und auf die Verwaltung an. Diese muss nicht nur über aufgabengerechte Personal- und Sachressourcen verfügen, sachgerecht organisiert sein und durch möglichst einfache – Doppelprüfungen vermeidende – Verfahrensregelungen gesteuert werden [33], sondern ihr muss im Wege der Gesetzgebung auch ein leistungsfähiges Eingriffs- und Gestaltungsinstrumentarium an die Hand gegeben werden, mit dem die gesetzlichen Ziele erreicht werden können. Für das qualitätszielorientierte Umweltrecht der Gegenwart kommt hinzu, dass es darüber hinaus geeigneter Ziel- und Maßnahmenpläne bedarf, um die nötigen Programmierungen für die Verwaltung (und auch für die strategische Vorbereitung ggf. erforderlicher ergänzender rechtlicher Regelungen) setzen zu können.

Bevor wir diese Gelingensbedingungen etwas näher betrachten (siehe unten Abschn. 4.2.b), soll die Implementation zunächst an den Zielvorgaben und den gegenwärtigen Zuständen beurteilt werden. Auch hier wird wieder beispielhaft der Naturschutz in den Blick genommen.

## 4.1 Zur Lage der Implementation des Naturschutzrechts

Auch mehr als 30 Jahre nach dem Inkrafttreten der FFH-Richtlinie ist es um den Zustand der natürlichen Lebensräume, die im Zielfokus der FFH-Richtlinie stehen, eher schlecht bestellt. Im Gesamtraum der EU befinden sich 81 % der Lebensraumtypen der FFH-Richtlinie in einem schlechten Zustand [34]. Die Zahlen für Deutschland sind etwas besser, aber insgesamt ähnlich unzufriedenstellend. Nur etwa 30 % der Lebensraumtypen sind in einem günstigen Erhaltungszustand, 69 % demgegenüber in einem ungünstig-unzureichend bzw. sogar ungünstig-schlechten Zustand [35]. Die Gründe dafür liegen nicht nur darin, dass die Natur Zeit benötigt, um sich zu erholen, sondern wesentlich auch darin, dass die ergriffenen Maßnahmen sehr häufig nicht ausreichend sind. So ist auch in den Natura 2000-Schutzgebieten nach wie vor kaum oder doch zu wenig in die übliche land- und waldwirtschaftliche Nutzung eingegriffen worden [36]. Teilweise sind ausgewiesene Natura 2000-Flächen sogar schlicht verschwunden, wie in einem Vertragsverletzungsverfahren gegen die Bundesrepublik Deutschland vom EuGH festgestellt worden ist, weil Grünlandflächen der Lebensraumtypen „Magere Flachland-Mähwiesen" (Lebensraumtyp 6510) und „Berg-Mähwiesen" (Lebensraumtyp 6520) durch Überdüngung und eine zu frühe Mahd ihren spezifischen Lebensraumtyp-Charakter verloren haben [37].

Nach wie vor wird mit Blick auf den Naturschutz, den ökologischen Gewässerschutz und die Renaturierung im Bürger-Staat-Verhältnis in Deutschland das sog. „Freiwilligkeitsprinzip" zugrunde gelegt [38]. Effektive Maßnahmen werden davon abhängig gemacht, dass die Grundeigentümer mit ihnen einverstanden sind (z. B. im Wege des Vertragsnaturschutzes). Dies mag angesichts der Eigentumsgarantie des Grundgesetzes und der Anerkennung von Freiheitsrechten sowie der Sicherung der Akzeptanz prima facie einleuchten. Das BVerfG hat aber wiederholt darauf hingewiesen, dass das Grundeigentum im Hinblick auf seine funktionsgerechte Nutzung besonderen Bindungen unterworfen ist: „Die Unvermehrbarkeit von Grund und Boden verbietet es, seine Nutzung dem freien Spiel der Kräfte und dem Belieben des Einzelnen vollständig zu überlassen. Die Verfassung erlaubt dem Gesetzgeber, die Interessen der Allgemeinheit bei Fragen der Bodenordnung in stärkerem Maße zur Geltung zu bringen als bei anderen Vermögensgütern“ [39]. Darin liegt keine Kritik an Förderinstrumenten, die – wie erwähnt – insbesondere im Prozess der Nachhaltigkeitstransformation wichtig und nötig sind, aber doch eine Kritik an einer Politik, der der politische Wille zur Durchsetzung einer sozial- und umweltgerechten Bodennutzung fehlt. Dass dies so ist, zeigt sich auch darin, dass die nationale Waldgesetzgebung in Deutschland immer noch auf dem Status eines allgemeinen Rahmengesetzes für die Bundesländer stehengeblieben ist [40] und dass ein leistungsfähiges Agrarfachrecht weitgehend fehlt [41]. Wer im Wesentlichen auf Freiwilligkeit setzt, benötigt dafür viel Geld. Dass es an ausreichenden finanziellen Mitteln für das Erreichen günstiger Erhaltungszustände fehlt, hat der Fitness-Check der EU-Naturschutzrichtlinien deutlich gemacht, den die EU-Kommission im Jahre 2015 durchgeführt hat [42].

Schauen wir nicht nur auf die Qualitätszustände, sondern auf einzelne Implementationsschritte bei den natürlichen Lebensraumtypen, so fällt die Bilanz insgesamt etwas besser aus [43].

Mit Blick auf das Natura 2000-Netz in Deutschland ist zunächst als Erfolg festzuhalten, dass das unionsrechtlich geforderte Netz von Vorranggebieten für den Naturschutz – zwar verzögert – aber mittlerweile doch im Wesentlichen eingerichtet ist, wenngleich die Unterschutzstellung häufig noch auf schlichten Grundverordnungen beruht und nicht auf zielgerechten Schutzgebietsverordnungen. Auch sind spezifische Managementpläne nur für einen Teil der Natura 2000-Gebiete erarbeitet.

Die FFH-Verträglichkeitsprüfung, die immer dann durchzuführen ist, wenn eine Beeinträchtigung der Schutzziele der Natura 2000-Gebiete durch ein Projekt nicht ausgeschlossen werden kann, wird im Wesentlichen angewendet bei allen zulassungsbedürftigen Handlungen, findet aber bei zulassungsfreien Handlungen, wie der landwirtschaftlichen Bodenbearbeitung oder der forstlichen Nutzung nach wie vor kaum statt, obwohl der EuGH zwischenzeitlich entschieden hat, dass auch die Weidetierhaltung und das Ausbringen von Düngemitteln in Natura 2000-Gebieten „Projekte“ im Sinne von Art. 6 Abs. 3 FFH-Richtlinie sein und damit FFH-Verträglichkeitsprüfungspflichten auslösen können [44]. Dieser Befund ist nicht überraschend. Der Verwaltungsvollzug ist stark konzentriert auf die Genehmigungsverfahren, bindet hier die größten Verwaltungsressourcen und fehlt dann vielfach bei allgemeinen Überwachungs- und Kontrollaufgaben, sodass verfahrensfreie Handlungen sehr viel weniger behördlich überwacht werden [45].

### 4.2 Gelingensbedingungen der Implementation am Beispiel der Anforderungen an eine gute Gesetzgebung

Nach dem vertiefenden Blick in die Implementation des EU-Naturschutzrechts, werden abschließend die Gelingensbedingungen der Implementation betrachtet. Sie sind kürzlich in einem Sondergutachten umfassend vom Sachverständigenrat für Umweltfragen (SRU) in Deutschland untersucht worden [46] und sollen deshalb hier – aus Raumgründen –nur im Hinblick auf die Notwendigkeit einer „guten Gesetzgebung" angesprochen werden.

a) Für den Erfolg des Ansatzes eines qualitätszielorientierten Umweltrechts kommt es wesentlich auf ein leistungsfähiges „Politikplanungsrecht" mit klaren Zielvorgaben, zieluntersetzender Maßnahmenplanung, Maßnahmenmonitoring und einem Nachsteuerungsmechanismus bei Verlassen des erwarteten Zielpfades an. Die Maßnahmenprogrammierung ist wesentlich eine Aufgabe der Regierung und sollte so wahrgenommen werden, dass das gesetzliche Ziel fristgerecht erreicht werden kann. Die Praxis der zielorientierten Umweltpolitik ist aber mittlerweile – wie bereits erwähnt – in starkem Maße durch Repolitisierungen geprägt, die einer langfristigen und gleichmäßigen Abarbeitung von Transformationsproblemen entgegenstehen. Der Versuch, diesem Problem durch Rückgriff auf das Verfassungsrecht und die Gerichte zu begegnen, ist nachvollziehbar, in seiner Wirkung aber begrenzt (siehe unten Abschn. 6.).
b) Mit Blick auf die materiellrechtlichen Umwelt- und Naturschutzanforderungen, die in Verwaltungsverfahren, insbesondere in Zulassungsverfahren abzuarbeiten sind, geht es um Klarheit und Bestimmtheit der Normen, die nach Möglichkeit durch untergesetzliche Konkretisierung operationabel gemacht werden müssen, damit die Verwaltung weiß, was zu tun ist und dies nicht erst in einem lang andauernden Prozess gerichtlicher Kontrolle herausgearbeitet werden muss [47].
c) Sehr wichtig für die Implementierung umweltgesetzlicher Ziele sind auch geeignete Trägerverfahren für Verwaltungsentscheidungen. Hier zeigt sich insbesondere bei komplexen Renaturierungsprojekten, dass es an passfähigen Trägerverfahren zum Teil fehlt, etwa bei den Projekten zur Wiedervernässung von Mooren in Verfolgung der Renaturierungsziele der EU-Wiederherstellungsverordnung [48]. Ein sachgerechtes Verfahren dient nicht nur der effizienten Abarbeitung gesetzlicher Anforderungen, sondern ist auch eine wichtige Bedingung für das Finden integrativer Lösungen.
d) Ebenfalls von großer Bedeutung ist die Kohärenz der Gesetzgebung, die sich insbesondere am Zusammenwirken von Fachrecht und allgemeiner Steuer- bzw. Anreizpolitik erweisen muss. Eine zielorientierte Umweltpolitik wird scheitern, wenn Maßnahmenplanung, Fachgesetzgebung und die Steuer-, Subventions- und Förderpolitik gegenteilige Signale senden.

Vorschläge zur Verbesserung der Gesetzgebung sind kürzlich in Deutschland u. a. von der „Initiative für einen handlungsfähigen Staat" in ihrem Abschlussbericht unterbreitet worden [49]. Die Initiatoren (zwei ehemalige Bundesminister, eine Unternehmerin und ein ehemaliger Präsident des BVerfG) empfehlen u. a. die Etablierung von Experimentierklauseln und Abweichungskompetenzen für Verwaltungsbehörden, um Lernprozesse zu initiieren und flexible Lösungen zu ermöglichen

[50]. Dies mag beispielsweise für neue komplexe Projekte der Renaturierung ein hilfreicher Vorschlag sein, um unterschiedlichen fachrechtlichen Erfordernissen durch Spielraumnutzung einfacher gerecht werden zu können. Ob demgegenüber das Ausweiten von Ausnahmemöglichkeiten generell helfen kann, Vollzugsprobleme besser zu meistern, ist fraglich; denn je mehr Ausnahmemöglichkeiten durch das Gesetz eingeräumt werden, desto aufwendiger gestaltet sich der Verwaltungsvollzug.

## 5 Der Rechtsschutz in Umweltangelegenheiten [51]

Ein zukunftsfähiges Umwelt- und Naturschutzrecht darf sich nicht allein auf die Umweltverwaltung verlassen. Teilhabemöglichkeiten der Zivilgesellschaft an Verwaltungsentscheidungen [52] und ein effektiver Zugang zu den Gerichten sind wichtige flankierende Elemente.

### 5.1 Von der „Schutznormtheorie" zum „Aarhus-Recht"

Für diejenigen, die durch umweltbelastendes Handeln in die Integrität von Umwelt und Natur eingreifen und sich gegen Verwaltungsentscheidungen wehren wollen, hält das deutsche Rechtsschutzsystem seit vielen Jahrzehnten umfassende Klagemöglichkeiten bereit, weil belastende Verwaltungsentscheidungen, wie etwa Genehmigungsentscheidungen mit Auflagen und Nebenbestimmungen, für die Adressaten der Entscheidung immer auch Rechtsverletzungen beinhalten können und der Zugang zum Gericht schon aus diesem Grunde stets gegeben ist. Demgegenüber ist die Rechtsposition Dritter, etwa von Nachbarn, die durch die Genehmigung einer umweltbelastenden Handlung, etwa die Genehmigung zur Errichtung und zum Betrieb einer Fabrik oder durch andere Bauprojekte betroffen sind, traditionell schwächer. Sie haben nur dann eine Klagebefugnis, wenn sie sich auf die Verletzung einer Rechtsvorschrift berufen können, die nicht lediglich dem öffentlichen Interesse, sondern auch dem Schutz des Einzelnen dient (so genannte Schutznormtheorie) [53]. Dies wurde für umweltrechtliche Vorschriften, die der Gefahrenabwehr dienen, im Allgemeinen angenommen, nicht dagegen für Vorschriften, die der weitergehenden Vorsorge oder dem Natur oder Ressourcenschutz dienen. Die Klagebefugnis wurde darüber hinaus meist verneint, wenn der Einzelne nicht in individualisierbarer Weise, sondern wie jedes andere Mitglied der Allgemeinheit betroffen ist (bedeutsam insbesondere im Recht der gefährlichen Stoffe, aber auch im Recht der Umweltqualitätsziele und -normen oder im Klimaschutzrecht). Institutionen der Zivilgesellschaft, wie Umweltverbände, standen – mit Ausnahme eines sehr engen Katalogs von Klagemöglichkeiten im Bundes-Naturschutzgesetz – gar keine Klagerechte zu, soweit sie sich nicht auf die Verletzung eigener Rechte berufen konnten [54].

Die Rechtslage änderte sich erst, als im Jahre 2003 die EG-Richtlinie 2003/35 beschlossen wurde, die auf der Grundlage eines Rechtsakts des regionalen Völkerrechts, der Aarhus-Konvention (AK) aus dem Jahre 1998, neben der Partizipation der Öffentlichkeit an Verwaltungsentscheidungen mit Umweltbezug auch den Zugang zu

Gerichten regelte und für zentrale Zulassungsverfahren die „Aarhus"-Regelungen in verbindliches EU-Recht überführte. Durch die EG-Richtlinie 2003/35 sind nicht nur die Klagemöglichkeiten für Drittbetroffene, sondern auch die Klagemöglichkeiten von Umweltverbänden zur Durchsetzung von EU-Umweltrechtsnormen signifikant verbessert worden [55]. Die Umsetzung dieser Richtlinie in nationales Recht gestaltete sich jedoch zunächst sehr schwierig, weil Deutschland der Auffassung war, dass das tradierte deutsche Rechtsschutzsystem im Wesentlichen den europarechtlichen Anforderungen genügen würde. Zwar wurde im Jahre 2006 ein spezielles Umweltrechtsbehelfsgesetz verabschiedet. Nach wie vor wurde aber daran festgehalten, dass Klagen nur statthaft sind, wenn die Verletzung der Rechte Einzelner geltend gemacht wird [56]. Erst ein Urteil des Europäischen Gerichtshofs (EuGH) aus dem Jahre 2011[57] brachte den Durchbruch, führte in den darauffolgenden Jahren zu mehreren wichtigen Folgeentscheidungen des EuGH und auch nationaler Gerichte und löste eine Reihe weiterer Novellierungen des Umweltrechtsbehelfsgesetzes aus, die in der Summe dafür gesorgt haben, dass das deutsche Umweltrechtsbehelfsgesetz heute im großen und ganzen europarechtskonform ist [58]. Ob das Umweltrechtsbehelfsgesetz darüber hinaus auch allen Anforderungen der Aarhus-Konvention genügt, ist demgegenüber noch offen. Die Aarhus-Konvention gewährt den Zugang zu Gerichten auch dann, wenn eine Norm des innerstaatlichen Umweltrechts nicht eingehalten wird, unabhängig davon, ob zugleich eine Norm des EU-Umweltrechts betroffen ist. Das Aarhus-Convention Compliance Committee (ACCC), eine gerichtsähnliche Institution, die auf der Grundlage der Aarhus-Konvention geschaffen worden ist, hat in mehreren Stellungnahmen und Empfehlungen Verletzungen der Rechtsschutzgewährleistungen festgestellt. Da die Entscheidungen des ACCC aber rechtlich unverbindlich und daher auf eine Rezeption durch EU-Gerichte bzw. nationale Gerichte angewiesen sind [59], stehen durchgreifende Konsequenzen insoweit noch aus.

Der weite Zugang zu Gerichten hat die Möglichkeiten der Zivilgesellschaft, über sog. Verbandsklagen strategische Klagen zu führen, stark verbessert. Dies hat positive Effekte auf den Vollzug umweltrechtlicher Normen, wenn etwa Umweltverbände einklagen können, dass die Bundesregierung bislang keine Klimaschutzprogramme aufgelegt hat, die für die Zielerreichung geeignet sind [60]. Zugleich wird dadurch aber die Justiz in höherem Maße in die Implementation des Umweltrechts eingebunden, sodass die Politik auch deshalb dazu übergegangen ist, den gerichtlichen Rechtsschutz zu vereinfachen, indem für eine Reihe umweltrechtlicher Verfahren die Oberverwaltungsgerichte bzw. sogar das Bundesverwaltungsgericht die erste und auch einzige Rechtsschutz-Instanz bilden.

Zusammenfassend kann festgehalten werden, dass im EU-Raum mittlerweile ein leistungsfähiger Umweltrechtsschutz etabliert worden ist, der insbesondere auch für Umweltverbände weitreichende Klagemöglichkeiten bereithält.

## 5.2 Die Debatte um Rechte der Natur – ein Fortschritt für den Umwelt(rechts-)schutz?

Allerdings reichen die Klagemöglichkeiten grundsätzlich nur so weit, wie die Umweltrechtsnormen des demokratischen Gesetzgebers. Fällt die Gesetzgebung hinter den Erfordernissen zurück, hat dies – jenseits der Verletzung verfassungsmäßiger

Rechte – Auswirkungen auch auf den Rechtsschutz. Auch deshalb wird im EU-Raum mittlerweile (wieder) über die rechtliche Etablierung sog. „Eigenrechte der Natur" diskutiert [61].

Von Rechten der Natur bzw. Eigenrechten der Natur wird immer dann gesprochen, wenn die Natur oder Teilelemente der Natur, wie etwa ein Gewässer, nicht mehr lediglich ein Schutzgut im Rahmen eines gesetzlich gefassten staatlichen Schutzauftrages ist, wie in der Schutzkonzeption des herkömmlichen modernen Umweltrechts, sondern wenn die Natur als Rechtssubjekt anerkannt wird, die aus eigenem Recht ihre Autonomie gegenüber Beeinträchtigungen wahren kann. Diese Anerkennung kann auf verschiedenen Wegen erfolgen, z. B. indem Gerichte aus bestehenden Normen, etwa den Grundrechten, ein entsprechendes Recht für die Natur ableiten. Ein solcher Anerkennungsprozess benötigt aber u. U. viel Zeit, wenn die Anerkennung durch ein Zivil- oder ein Verwaltungsgericht erfolgt und somit noch auf höchstrichterliche Bestätigung warten muss [62]. Zumeist erfolgt die rechtliche Anerkennung deshalb durch den parlamentarischen Gesetzgeber, der schlicht gesetzlich bestimmt, dass bestimmte Umweltkompartimente künftig als Rechtsperson gelten und dass bestimmte natürliche oder juristische Personen befugt sind, diese Rechte geltend zu machen [63]. Man mag gegen solche Anerkennungen einwenden können, dass sie schon deshalb problematisch seien, weil Recht immer ein Verhältnis zwischen Völkern oder Menschen bzw. Mensch und Staat beschreibt und weil die Anerkennung von Rechten idR mit korrespondierenden Pflichten verbunden sei [64], aber diese rechtstheoretischen bzw. rechtssystematischen Bedenken schmälern nicht die Gesetzgebungsrechte des demokratischen Gesetzgebers. Die Rechtsgeschichte kennt viele Beispiele der Anerkennung von Rechten [65], bis hin zur Anerkennung einer juristischen Person, ohne die unser modernes Wirtschaftsleben heute gar nicht mehr vorstellbar wäre. Die Entstehungsgeschichte der Rechte der Natur zeigt darüber hinaus, dass ihre Wurzeln nicht nur in spirituellen Traditionen zu finden sind, sondern auch in rationalen Konstruktionen zur Überwindung bestehender Schutzlücken.

Interessanter als die Frage, ob es in theoretischer oder systematischer Hinsicht eigentlich Rechte der Natur geben kann oder darf, ist deshalb die Frage, ob es gute Gründe für die Anerkennung solcher Rechte gibt [66], oder ob der Zweck, der einer solchen Anerkennung zugrunde liegt, ebenso gut durch die Weiterentwicklung der Konzeption des klassischen modernen Umweltrechts erreicht werden könnte oder möglicherweise schon erreicht worden ist.

In der Sache geht es bei der Diskussion um die Anerkennung von Rechten der Natur in Europa heute – also nach der zwischenzeitlichen Anerkennung weiter Klagerechte – primär um die Stärkung ihrer Integrität gegenüber den vielfältigen Nutzungsbedürfnissen des Menschen und den weiterhin auf Wachstumskonzepten beruhenden Entwicklungsplänen von Staaten und Regionen. Rechte der Natur können in dieser Ausgangslage zwar keine absolute Autonomie garantieren, ihre Anerkennung führt aber dazu, dass Eingriffe in die Natur nun rechtfertigungsbedürftig sind [67], und dass in den Kernbereich des Rechts (genauso wie in herkömmliche Grundrechte) nicht eingegriffen werden darf. Allerdings erfordert die Identifizierung eines solchen Kernbereichs in aller Regel eine gesetzliche bzw. eine richterrechtliche Konkretisierung, die nur auf der Basis des Standes wissenschaftlicher Erkenntnisse über ökologische Bedrohungslagen und Belastungsgrenzen geleistet werden kann.

Ob es ein Bedürfnis nach eigenständigen Rechten der Natur gibt, wird für die EU wie auch für Deutschland mit ihren entwickelten Umweltrechtsordnungen letztlich auch davon abhängen, ob für die sozial-ökologische Transformation zur Nachhaltigkeit eine solche Anerkennung benötigt wird. Mit Blick auf die Integritätssicherung der Natur ist darüber hinaus auch auf die Leistungsbilanz des seit den 90er Jahren grundlegend veränderten und stark verbesserten EU-Naturschutzrechts zu schauen, die insbesondere an der FFH-Richtlinie anschaulich wird. (siehe oben Abschn. 3.). Es spricht gegenwärtig wenig dafür, dass die Anerkennung von Eigenrechten der Natur ein Schutzniveau sicherstellen kann, das signifikant über das hinausgeht, was gesetzlich schon jetzt auf den Weg gebracht ist; denn auch Eigenrechte der Natur müssen in eine praktische Konkordanz gebracht werden mit kollidierenden Rechten. Dies führt dann voraussichtlich zu ähnlichen Abwägungen, wie wir sie im geltenden EU-Naturschutzrecht mit ihren Regel- und Ausnahmebereichen bereits haben.

## 6 Das Umweltrecht in der Krise der ökologischen Transformation: Herausforderungen der institutionellen Sicherung einer ambitionierten Umweltpolitik

### 6.1 Von der ökologischen Krise zur Krise der ökologischen Transformation

Die Arbeit an einem zukunftsfähigen Umweltrecht und am Projekt der ökologischen Transformation mit dem „European Green Deal“ als bislang wichtigste politische Strategie, reagiert auf die ökologische Krise in ihren Dimensionen als Klimakrise, Biodiversitätskrise und der Krise der fortwährenden Umweltverschmutzung. Die ökologische Krise betrifft alle Wirtschafts- und Landnutzungssektoren und hat globale Ausmaße. Die politische Antwort des European Green Deal hat insbesondere wegen ihres gestiegenen Anspruchs (Ambitionsniveau) ihrerseits Konflikte erzeugt, die allerdings bewältigbar erscheinen, soweit der notwendige Umbau sozial- und wirtschaftsverträglich organisiert werden kann. Hierbei kommt es für die Phase des Umbaus insbesondere auch auf finanzielle Hilfen (dazu oben unter Abschn. 3. und 4.) sowie auf eine wettbewerbliche Absicherung der europäischen Ambition im internationalen Handel an. Letztere ist durch den EU-Grenzausgleich für Kohlenstoffe (CBAM) [68] zur Verhinderung des sog. „Carbon Leakage“ mit Blick auf den Klimaschutz begonnen worden.

Trotz des Wissens um die Bedeutung eines „gerechten Übergangs“ (just transition) bei gleichzeitiger Wahrung der globalen Wettbewerbsfähigkeit der EU, ist es bisher nicht gelungen, diese Rahmenbedingungen der Transformation zufriedenstellend zu gewährleisten. Dies liegt nicht nur an Mängeln der Strategie, sondern hat vielfältige Gründe, die insbesondere mit multiplen internationalen Krisen und neuen Anpassungen sowie mit gesellschaftlichen Veränderungen und einer zunehmenden Erosion des für Langfristaufgaben notwendigen Konsenses in der Demokratie zu tun haben.

## 6.2 Ursachen der Krise der ökologischen Transformation

Die insbesondere auch durch die jüngste EU-Parlamentswahl sichtbar gewordene Krise der ökologischen Transformation beruht zum Teil auf multiplen internationalen Krisen, die das Transformationsthema von einem Kernthema der Politik wieder stärker an den Rand gedrängt haben; sie beruht aber auch auf eine Krise der liberalen Demokratie mit Folgen für die Zukunft des Rechts. Zu nennen sind in diesem Zusammenhang insbesondere

a) die Pandemielasten und -folgen: In der EU und insbesondere auch in Deutschland ist die Coronakrise zwar insgesamt zufriedenstellend im Zusammenwirken von Wissenschaft und Politik bewältigt worden; dennoch hat die Pandemie infolge umfassender und vielfältiger Eingriffe in die Freizügigkeit das Vertrauen in den Staat erschüttert und regulative Politik unter einen erhöhten Legitimationszwang gestellt – mit Folgen auch für die ökologische Transformation, die in der Öffentlichkeit zunehmend als Freiheitsverlust und nicht als Chance zur langfristigen Erhaltung von Wohlstand und Freiheit wahrgenommen wird. Hinzu kommt, dass die finanziellen Hilfen, die die Staaten zum Ausgleich der Coronalasten aufwenden mussten, die Interventionstöpfe der öffentlichen Hände erheblich strapaziert haben, sodass die öffentliche Verschuldung in vielen Ländern ein besorgniserregendes Maß angenommen hat.
b) die neue Sorge um die wirtschaftliche Stabilität des EU-Raumes, ausgelöst nicht nur durch den Angriffskrieg Russlands gegen die Ukraine, sondern insbesondere durch die disruptive und willkürlich anmutende Zollpolitik des amtierenden US-Präsidenten, die insbesondere die stark exportabhängige Wirtschaft Deutschlands vor erhebliche Anpassungsprobleme stellt und den Nachhaltigkeitsdiskurs verdrängt hat.
c) Damit eng zusammenhängend die Rückkehr des Nationalismus, die internationale Zusammenarbeit erschwert, regelgebundene Ordnungen infrage stellt, auf das „Recht des Stärkeren“ setzt und Institutionen der Solidarität schwächt, mit Folgen nicht nur für Sozialstaatsstandards, sondern auch für das Verhältnis der Gesellschaft zur Natur und ihres Schutzes.
d) Darüber hinaus die Rückkehr des Krieges nach Europa als Spätfolge des Zusammenbruchs der Sowjetunion und als deutliches Zeichen für eine Rückkehr der Geschichte [69], die die EU-Staaten zu einem erheblichen Anstieg ihrer Verteidigungslasten zwingt und indirekt signifikante neue Risiken für die Gestaltung und Finanzierung der Nachhaltigkeitstransformation erzeugt.
e) Sowie last but not least und allumfassend wird der wachsende Populismus – nicht nur in Europa – befeuert durch die Algorithmen der sozialen Netzwerke und der dadurch erzeugten „Bubbles“, der politisch immer wirkmächtiger geworden ist, nach einfachen Lösungen für komplexe Probleme ruft, Ressentiments schürt, die politische Kultur verändert und die Rechtskultur bedroht.

Alle diese Krisen und Herausforderungen haben dazu beigetragen, dass die Grundimperative einer zukunftsfähigen Umwelt- und Naturschutzpolitik unter Druck geraten sind. Wir sehen das gegenwärtig auf der EU-Ebene insbesondere in Abschwächungen des European Green Deal und in neuen sog. „Omnibus“-Gesetzesvorschlägen [70], mit denen die Europäische Kommission versucht, ihre Strategie anzupassen, um ihre Ziele auf einfachere Weise zu erreichen. Ins Blickfeld ist hierbei zunächst die Bürokratielast der Transformation geraten, der durch ein effizienteres Verfahrensrecht, durch Entlastungen insbesondere kleiner und mittlerer Unternehmen, aber auch durch entscheidungsbeschleunigende Einschnitte in Prüfprogramme begegnet werden soll. Zwar ist das Nachdenken über (Rechts-)Vereinfachungen wichtig und nicht per se zu kritisieren, (Rechts-)Vereinfachungen müssen aber den jeweiligen Sachproblemen gerecht werden [71], und hier sind angesichts der Vielzahl der Vereinfachungsinitiativen Zweifel durchaus angebracht [72].

### 6.3 Strategien zur Stärkung der Resilienz des Rechts

Wie kann der Krise der ökologischen Transformation und damit der Krise des (Umwelt-)rechts begegnet werden? In rechtlicher Perspektive stehen dabei Strategien zur Stärkung der Resilienz des Rechts im Vordergrund. Von zentraler Bedeutung ist hier die Verfassungsebene. Schauen wir auf die EU-Verträge, so ist die EU-Gesetzgebung gegen populistische Zumutungen insofern vergleichsweise gut gesichert, als Gesetzesvorschläge auf der EU-Ebene nur von der Kommission eingebracht werden können und grundsätzlich nicht aus der Mitte des EU-Parlaments oder aus dem EU-Ministerrat (Art. 294 Abs. 2 AEUV) [73]. Diese Konstruktion soll die Gesetzgebung ein stückweit abschirmen gegenüber aktuellen politischen Stimmungen und mehr sachhaltige Lösungen hervorbringen. Man merkt dies auch den bereits erwähnten „Omnibus"-Gesetzespaketen der Kommission an, die insgesamt vorsichtiger und skrupulöser agiert, als die nationalen Gesetzgebungsinstitutionen, die sehr viel direkter dem Druck des Populismus ausgesetzt sind.

Die zunehmenden politischen Probleme, für eine strategische Politik der Nachhaltigkeitstransformation die nötigen demokratischen Mehrheiten zu organisieren, hat den Blick auch auf der staatlichen Ebene auf das Umweltverfassungsrecht gelenkt [74], das auf unterschiedlichen Verfassungsebenen insbesondere durch weitreichende Rechtsprechungsentwicklungen zum Klimaschutz in jüngerer Zeit in Bewegung geraten ist [75]. Dies gilt insbesondere auch für Deutschland: Der überkommene Befund, dass das Umweltverfassungsrecht nur ein äußerst schwacher verfassungsrechtlicher Hebel ist, wenn es darum geht, Umweltschutzanliegen gegen die Politik des demokratischen Gesetzgebers durchzusetzen [76], muss mittlerweile revidiert werden. Zwar wird es auch nach dem Klimaschutzbeschluss des BVerfG v. 24.3.2021 maßgeblich auf die Politik des demokratischen Gesetzgebers ankommen, aber die verfassungsrechtlichen Kontrollmöglichkeiten sind gestärkt worden [77], weil dem bisherigen Schutzpflichtenansatz mit der intertemporalen Freiheitssicherung ein grundrechtlicher Ansatz an die Seite gestellt worden ist, der auf das Zeitproblem der Schutzgewährleistung antwortet und unter bestimmten Voraussetzungen Vorwirkungen entfaltet, um sicherzustellen, dass die Erfüllung verfassungsrechtlicher Schutzaufträge lastengerecht erfolgt, damit in die Freiheitsrechte der Jüngeren nicht mehr als erforderlich eingegriffen werden muss [78]. Das ist ein Meilenstein für das Transformationsanliegen und für eine langfristige freiheitsschonende verbindliche Politikplanung.

In der verfassungsrechtlichen Literatur ist die Stärkung des Umweltverfassungsrechts begrüßt [79], aber auch scharf kritisiert worden, weil nach Auffassung der Kritiker zu sehr in die Gewaltenteilung und den demokratischen Prozess interveniert worden sei [80]. Dieser Kritik ist auf einer grundsätzlichen Ebene zu entgegnen, dass die demokratische Mehrheit im Verfassungsstaat nicht alles darf, und dass das Verfassungsrecht mehr ist, als ein Organisationsstatut. Materialisierungen der Verfassung, wie sie sich gerade in der Lehre von den grundrechtlichen Schutzpflichten und in der Etablierung des Verfassungsauftrages zum Umweltschutz zeigen, sind notwendige Begrenzungen des politischen Entscheidungsspielraums, nicht nur im Interesse von Minderheiten (Grundrechtsschutz), sondern auch im Interesse einer sachhaltigen Politik, die auf Wissen und nicht allein auf Wahrnehmung gestützt sein muss.

Je mehr aber für das Projekt der Nachhaltigkeitstransformation und des zukunftsfähigen Umweltrechts auf die Verfassungsgerichtsbarkeit und nicht mehr auf den demokratischen Gesetzgeber gesetzt wird, desto höher ist der politische Preis und desto mehr muss auch die Verfassungsgerichtsbarkeit darauf achten, dass sie sich nicht als Ersatzgesetzgeber aufspielt.

## 7 Schluss

Die Bemühungen, durch Rückgriff auf die Verfassung politische Krisen zu überwinden und die Resilienz des Rechts zu stärken, sind wichtig. Auch hier aber gilt das Diktum von Ernst-Wolfgang Böckenförde, dem Verfassungsrechtler, Verfassungstheoretiker und langjährigen Richter des Bundesverfassungsgerichts; er schrieb 1967 in seinem Aufsatz „Die Entstehung des Staates als Vorgang der Säkularisation“: „Der freiheitliche, säkularisierte Staat lebt von Voraussetzungen, die er selbst nicht garantieren kann. Das ist das große Wagnis, das er um der Freiheit willen eingegangen ist. Als freiheitlicher Staat kann er einerseits nur bestehen, wenn sich die Freiheit, die er seinen Bürgern gewährt, von innen her aus der moralischen Substanz des Einzelnen und der Homogenität der Gesellschaft reguliert. Andererseits kann er diese inneren Regulierungskräfte nicht von sich aus, das heißt mit den Mitteln des Rechts, Zwangs und autoritativen Gebots zu garantieren suchen, ohne seine Freiheitlichkeit aufzugeben. Der Staat kann versuchen, diesem Problem zu entgehen, indem er sich zum Erfüllungsgarantien der eudämonistischen Lebenserwartungen der Bürger macht und daraus die ihn tragende Kraft gewinnen zu gewinnen sucht. Das Feld, das er sich damit eröffnet, ist allerdings grenzenlos“ [81].

Wenn die moralische Urteilskraft und der Gemeinsinn der Bürger erodieren und sich dies in Wahlen niederschlägt, bleibt dies in einem freiheitlich demokratischen Staat nicht ohne Auswirkungen auf die Gesetzesproduktion des Staates. Die Verfassung mag diese Folgen begrenzen und einhegen können, ersetzen kann sie den demokratischen Prozess nicht.

**Offenlegung von Interessenkonflikten** Der Autor erklärt, dass er in dem Text allein seine wissenschaftliche und sachverständige Auffassung vertritt und keine Interessenkonflikte bestehen.

## Literatur


1. Köck, W.: Einführung – Auf dem Weg zu einem zukunftsfähigen Umweltrecht, in: Köck, W./Markus, T./Reese, M. (Hrsg.), Zukunftsfähiges Umweltrecht I, Baden-Baden: Nomos, 2023, S. 9 f.
2. Siehe nur den Bericht der European Environment Agency (EEA), Die Umwelt in Europa – Zustand und Ausblick, 2020.
3. Siehe Rockström, J. et al., Planetary Boundaries Exploring the Safe Operating Space for Humanity, Ecology and Society 14 (2009), 2; Sachverständigenrat für Umweltfragen (SRU), Demokratisch regieren in ökologischen Grenzen – zur Legitimität von Umweltpolitik, Sondergutachten 2019; Calliess, C.: Abstand halten – Rechtspflichten der Klimaschutzpolitik aus planetaren Grenzen, in: Zeitschrift für Umweltrecht (ZUR) 30 (2019), 385 f.
4. Vgl. Steffen, W. et.al.: The Trajectory of the Anthropocene: The Great Acceleration, Anthr. Rev. 2 (2015), 81.
5. Siehe dazu näher: Köck, W.: Entwicklung und Grundstrukturen des Umweltrechts, in: Wichmann et.al., Handbuch der Umweltmedizin, Loseblatt, 84. Ergänzungslieferung April 2026, X-1, S. 1, 9, 12, 14, 21 f.; Köck, W.: Transformationsrecht. Wie weiter mit dem ökologischen Umbau? in: Zeitschrift für Umweltrecht (ZUR) 35 (2024), 513 f.
6. Siehe die Zielvision aus dem 7. Umweltaktionsprogramm der EU (2014).
7. Siehe dazu näher Ott, K./Döring, R.: Theorie und Praxis starker Nachhaltigkeit, 3. Aufl. 2011, Marburg: Metropolis.
8. Siehe Winter, G.: A Fundament and Two Pillars The Concept of Sustainable Development 20 Years after the Brundtland Report, in: Bugge, H.-C./Voigt, C. (Eds.): Sustainable Development in International and National Law, Zutphen/NL: Europa Law Publishing, 2008, S. 25–45; siehe auch Köck, W.: Nachhaltigkeit im Verwaltungsrecht, in: Die Verwaltung 40 (2007), 419, 427 ff.
9. Köck, W.: ZUR 2024, 513 f.
10. Siehe dazu mit Blick auf Transformationsprozesse in post-sozialistischen Staaten auch Brunnbauer, U. et.al., In den Stürmen der Transformation, Frankfurt/M.: Suhrkamp, 2022, S. 20 ff.
11. Dazu näher die Beiträge in dem von Kai von Lewinski herausgegebenen Sammelband „Resilienz des Rechts", 2016; siehe auch Klafki, A.: Resilienz des Grundgesetzes im Zeitalter des Populismus, in: Kritische Vierteljahresschrift für Gesetzgebung und Rechtswissenschaft (KritV) 2020, 113 ff; Rixen, S.: Resilienz als Aufgabe des Verwaltungsrechts, in: Die Verwaltung 55 (2022), 345–364.
12. Böckenförde, E.-W.: Recht – Staat – Freiheit, 1991, S. 112 f.
13. Dazu näher Köck, W.: Naturschutzrecht in Deutschland, in: Geographische Rundschau 100 (2025), Heft 1/2, S. 10–14.
14. Siehe das Buch von Doran, C.F. et.al.: Umweltschutz – Politik des peripheren Eingriffs, Neuwied/Darmstadt: Luchterhand, 1974.
15. Siehe zur neuen Zielorientierung im Umweltrecht: Rehbinder, E.: Festlegung von Umweltzielen, in: Natur und Recht (NuR) 19 (1997), 313 ff.; Köck, W.: Umweltqualitätsziele und Umweltrecht. Die neue Umweltzieldebatte und ihre Bedeutung für das regulative Umweltrecht, ZUR 8 (1997), 79 ff.; Köck, W.: Entwicklung und Grundstrukturen (Fn. 5), S. 14.
16. Vgl. Köck, W./Dilling, O.: Was bleibt? Deutsches Umweltrecht in rechtsvergleichender Perspektive, in: Die Öffentliche Verwaltung (DÖV) 71 (2018), 594 ff. Der Begriff des bürokratischen Legalismus geht zurück auf Kagan, R.A.: Adversarial Legalism: The American Way of Law, Harvard University Press, 2003.

17. Rehbinder, E.: NuR 1997, 313 ff.; Köck, W.: ZUR 1997, 79 ff. Siehe zum Folgenden auch Sachverständigenrat für Umweltfragen (SRU), Umweltrecht zwischen Anspruch und Realität. Implementation als Kernaufgabe von Umweltpolitik, Sondergutachten, 2026, S. 13 ff.
18. RL 96/62/EG v. 27. September 1996 über die Beurteilung und Kontrolle der Luftqualität; Neufassung durch die RL 2008/50/EG v. 21. Mai 2008 über Luftqualität und saubere Luft für Europa.
19. RL 1999/30/EG v. 22. April 1999 über Grenzwerte für Schwefeldioxid, Stickstoffdioxid und Stickstoffoxide, Partikel und Blei in der Luft.
20. RL 2000/60/EG v- 23. Oktober 2000 zur Schaffung eines Ordnungsrahmens für Maßnahmen der Gemeinschaft im Bereich der Wasserpolitik.
21. Siehe für die Oberflächengewässer die RL 2013/39/EU v. 12. August 2013 in Bezug auf prioritäre Stoffe im Bereich der Wasserpolitik.
22. RL 92/43/EWG.
23. Siehe dazu auch EU-Kommission, Evaluation Study to support the Fitness Check of the Birds and Habitats Directive, 2016, Abschn. 10.2.1.
24. Siehe dazu auch Köck, W., in: Köck, W. et. al. (Hrsg.), Zukunftsfähiges Umweltrecht I, 2023, S. 14 ff.
25. VO (EU) 2024/1991 v. 24. Juni 2024 über die Wiederherstellung der Natur.
26. Vgl. Reese, M.: Das EU-Klimagesetz. Nachhaltigkeit durch Politikplanungsrecht? in: Zeitschrift für Umweltrecht 31 (2020), 641–642; Reese, M.: Das Politikplanungsrecht der EU zur Implementierung des Green Deal, in: Zeitschrift für Umweltrecht 36 (2025), 451–459.
27. Siehe dazu etwa Köck, W./Kohlrausch, L.: Klimaschutzgesetzgebung im Bundesstaat, in: Zeitschrift für Umweltrecht 32 (2021), 610–617.
28. Siehe dazu näher Fellenberg, F.: Anwendungsfragen rund um die Europäische Wiederherstellungsverordnung, in: Neue Zeitschrift für Verwaltungsrecht 44 (2025), 124 ff.; siehe auch Köck, W.: Biodiversitätserhaltung durch Renaturierung in Deutschland, in: Schnedl, G./Ruppel, O. C. (Hrsg.), Biodiversität und Renaturierung im Fokus des Naturschutzrechts, Verlag Österreich, 2026, S. 123, 127 f.
29. Siehe Köck, W., in: Schnedl/Ruppel (Hrsg.), Biodiversität und Renaturierung im Fokus des Naturschutzrechts (siehe vorhergehende Fn.), S. 129.
30. Siehe Art. 12 und 13 der VO (EU) 2021/2115 v. 2. Dez. 2021.
31. Eine auch für die Biodiversitätserhaltung wesentliche Lücke ist der Bodenschutz, der auf europäischer Ebene durch die Entschärfung des Bodenüberwachungsgesetzes (Richtlinie 2025/2360 v. 12.11.2025) nicht wesentlich vorangekommen ist. Auch auf nationaler Ebene ist trotz des im Jahre 1998 beschlossenen Bundesbodenschutzgesetzes der Bodenschutz ein Flickenteppich geblieben.
32. Dazu näher SRU, Umweltrecht zwischen Anspruch und Realität (Fn. 17), Abschn. 2.1.
33. Zu alldem ausführlich SRU, Umweltrecht zwischen Anspruch und Realität (Fn. 17).
34. Europäische Umweltagentur (EEA), Conservation Status of Habitats under the EU-Habitats-Directive, 2021.
35. Bundesamt für Naturschutz (BfN), Die Lage der Natur in Deutschland. Ergebnisse von EU-Vogelschutz und FFH-Bericht, 2020.
36. Siehe dazu für Deutschland das Urteil des EuGH v. 21.09.2023, RS. C-116/22, Rn. 109, 149 (Vertragsverletzungsverfahren EU-Kommission vs. Bundesrepublik Deutschland).
37. Siehe EuGH, Urt. v. 14.11.2024, Rs. C-47/23, Rn. 117 und 144 (sog. „Mähwiesen"-Verfahren).
38. Dazu näher mit Blick auf die Implementation der WRRL: Reese, M. et.al., Wasserrahmenrichtlinie – Wege aus der Umsetzungskrise, Baden-Baden: Nomos, 2018, S. 65 ff.; siehe mit Blick auf den Naturschutz: Zinke, E.: Umsetzungsprobleme der Flora-Fauna-Habitat-Richtlinie unter besonderer Berücksichtigung der Land-, Forst- und Fischereiwirtschaft, Berlin: Duncker & Humblot, 2024.

39. BVerfG, Beschluss v. 22.5.2001, in: Amtliche Sammlung der Entscheidungen des BVerfG, Band 104, 1 ff. – Baulandumlegung.
40. Eine im Koalitionsvertrag der Vorgängerregierung in Deutschland vereinbarte Reform des Waldgesetzes konnte nicht verwirklicht werden und ist von der aktuellen Bundesregierung nicht wieder aufgegriffen worden.
41. Dazu näher Czybulka, D. et.al., Ein Landwirtschaftsgesetz für Deutschland im Zeichen des Umweltschutzes und der Biodiversität, in: Natur und Recht (NuR), 43 (2021), 227–236 und 297–307.
42. Siehe die Zusammenfassung des Naturschutzbund Deutschland (NABU): Expertenstudie: Fitness-Check der EU-Naturschutzrichtlinien, 2016.
43. Siehe zum Folgenden SRU, Umweltrecht zwischen Anspruch und Realität (Fn. 17), Praxisbeispiel 7, S. 119 ff.
44. EuGH, Urt. v. 7. November 2018 – C-293/17 und C-294/17. Siehe dazu auch Möckel, S.: Natura 2000-Verträglicheitsprüfung. Neue Entscheidungen des EuGH verdeutlichen die Defizite der deutschen Rechtslage und Rechtspraxis, in: Natur und Recht (NuR) 41 (2019), 152–159.
45. SRU, Umweltrecht zwischen Anspruch und Realität (Fn. 17), Kurzfassung, S. 6.
46. SRU, Umweltrecht zwischen Anspruch und Realität (Fn. 17).
47. Dazu näher Köck, W.: Rechtsvereinfachung durch Normkonkretisierung, in: Zeitschrift für Umweltrecht (ZUR) 34 (2023), 470–476.
48. Schlacke, S./Sauthoff, M.: Rechtsfragen im Zusammenhang mit der Wiedervernässung von Mooren. Rechtsgutachten im Auftrag des Greifswald Moor Centrums (2024); siehe auch Köck, W.: Biodiversitätserhaltung durch Renaturierung (Fn. 28), S. 123, 137 ff.
49. Jäkel, J./de Maiziere, T./Steinbrück, P./Voßkuhle, A.: Initiative für einen handlungsfähigen Staat. Abschlussbericht, 2025, S. 28–38.
50. Jäkel et.al. (siehe vorherige Fn.), S. 32 f.
51. Siehe zum Folgenden Köck, W.: Entwicklung und Grundstrukturen des Umweltrechts (Fn. 5), S. 17–19.
52. Dazu näher Köck, W.: Die Mitwirkung der Zivilgesellschaft am Verwaltungshandeln – eine Zwischenbilanz, in: Zeitschrift für Umweltrecht (ZUR) 27 (2016), S. 643–649.
53. Siehe etwa Groß, T./Peters, B.: Rechtsschutz im Umweltrecht. In: Rehbinder, E./Schink, A. (Hrsg.): Grundzüge des Umweltrechts. 6. Aufl. Erich Schmidt Verlag, 2026, S. 333–369.
54. Schlacke, S.: Überindividueller Rechtsschutz, 2008; Schmidt/Stracke/Wegener/Zschiesche, Die Umweltverbandsklage in der rechtspolitischen Debatte. UBA-Texte 99/2017.
55. Schlacke, S./Römling, D.: Rechtsbehelfe im Umweltrecht. In: Schlacke, S./Schrader, C./ Bunge, T. (Hrsg.): Aarhus-Handbuch: Informationsrechte, Öffentlichkeitsbeteiligung und Rechtsschutz im Umweltrecht, 2.Aufl. 2019, S. 441–555.
56. Bunge, T.: Die Verbandsklage im Umweltrecht. Juristische Schulung JuS 60 (2020), 740–745; Schlacke, S.: Das Umweltrechtsbehelfsgesetz. Natur und Recht 29 (2007), 8–16.
57. EuGH, Urteil v. 12.05.2011– Az. C–115/09 (Trianel).
58. Schlacke/Römling, Rechtsbehelfe im Umweltrecht (Fn. 55).
59. Zeitner, F.: Das Aarhus Convention Compliance Committee (ACCC), Berlin: Duncker & Humblot, 2022.
60. Siehe nur OVG Berlin-Brandenburg, Urteil vom 16. Mai 2024 – OVG 11 A 22/21.
61. Köck, W./Markus, T: 30 Jahre „Robbenklage". Zur Aktualität der Eigenrechte der Natur, in: Zeitschrift für Umweltrecht (ZUR) 29 (2018), 193 f. Siehe darüber hinaus auch den weiteren Überblick bei Köck, W.: Natur als Rechtssubjekt? Perspektiven für eine Transformation des Naturschutzrechts, in: Zeitschrift für Umweltrecht (ZUR) 35 (2024), 658–664, sowie die Monographien von Kersten, J: Das ökologische Grundgesetz, München: C.H. Beck, 2022, S. 63 ff., 100 ff., und Zenetti, J.: Rechte der Natur, Tübingen, J. C. B. Mohr, 2026.

62. Siehe LG Erfurt, Beschl. vom 17.10.2024, Az. 8 O 836/22, in: Zeitschrift für Umweltrecht (ZUR) 2024, 684 ff. Die Entscheidung des LG Erfurt ist die erste gerichtliche Entscheidung in Deutschland, in der Eigenrechte der Natur durch Richterrecht anerkannt und zur Bemessung eines zivilrechtlichen Schadensersatzanspruchs genutzt worden sind. Die Entscheidung ist in der Literatur zu Recht überwiegend kritisch rezipiert worden, siehe etwa Haake, C.: „Rechte der Natur“ durch richterliche Rechtsfortbildung? In: Zeitschrift für Umweltrecht 36 (2025), 323–331.
63. Siehe dazu auch Fischer-Lescano, A.: Natur als Rechtsperson, in: Zeitschrift für Umweltrecht (ZUR) 29 (2018), 205 ff.
64. Dazu näher Wolf, R.: Der ökologische Rechtsstaat als prozedurales Programm, in: Roßnagel/Neuser (Hrsg.), Reformperspektiven im Umweltrecht, Baden-Baden: Nomos, 1996, 57, 63 ff.
65. Siehe Fischer-Lescano, ZUR 2018, 205 ff.
66. Siehe dazu etwa Ott, K.: Zukunftsaussichten unserer Verfassung, in: Zeitschrift für Umweltrecht (ZUR) 35 (2024), 649–658.
67. Siehe dazu schon die Überlegungen von Winter, G.: Ökologische Verhältnismäßigkeit, in: Zeitschrift für Umweltrecht (ZUR) 24 (2013), 387 ff.
68. CBAM – Carbon Border Adjustment Mechanism; siehe die VO (EU) 2023/956 v. 10.5.2023 zur Schaffung eines CO-2-Grenzausgleichssystems.
69. In Anlehnung an Francis Fukuyamas Diktum vom „Ende der Geschichte“ als Ende des Zeitalters der Ideologien und als Anfang eines Wettbewerbs um sachhaltige Problemlösungen im Rahmen liberaler Demokratien, dass er nach dem Ende der Sowjetunion und dem Fall des Kommunismus formuliert hatte; siehe Fukuyama, F.: The End of History and the Last Man, New York: Free Press, 1992.
70. Die geplante „Omnibus“-Gesetzgebung bündelt das Entbürokratisierungs- und Beschleunigungsanliegen, indem sektorbezogen horizontal das einschlägige Richtlinienrecht durch eine zentrale EU-Verordnung novelliert wird. Vorgeschlagen sind acht Omnibus-Gesetzespakete mit direkten und indirekten Auswirkungen auf das EU-Umweltrecht; siehe die Pressemitteilung der EU-Kommission v. 10.12.2025 zur Förderung eines nachhaltigen Wachstums durch einfachere und intelligentere Umweltvorschriften.
71. Siehe dazu Köck, ZUR 2023, 471 ff.
72. Siehe mit Blick auf die deutsche Diskussion das Politikimpuls-Papier des Sachverständigenrates für Umweltfragen (SRU) „Infrastrukturausbau nicht auf Kosten von Natur und Umwelt beschleunigen“, Februar 2026.
73. Dazu näher Köck, W.: Governance in der Umweltpolitik, in: Schuppert, F. (Hrsg.), Governance-Forschung, Baden-Baden: Nomos, 2005, 322, 333 ff.
74. Dazu Köck, W./Markus, T.: Neue Impulse für den Klimaschutz! ZUR 30 (2019), 257 f.
75. Hingewiesen sei an dieser Stelle neben dem Klimaschutzbeschluss des BVerfG v. 24.3.2021 (BVerfGE 157, 30) auf das Urteil des Gerechtshof Den Haag v. 9.10.2018 im „Urgenda“-Fall und auf das Urteil des EGMR v. 9.4. 2024 – Verein Klimaseniorinnen Schweiz.
76. Siehe zur Begründung zusammenfassend: Voßkuhle, A.: Umweltschutz und Grundgesetz, NVwZ 2013, 1, 8; Kahl, W./Gärditz, K.-F.: Umweltrecht, 13. Aufl., München: Beck, 2023, § 30, Rn. 37 („weitgehend ‚stumpfes Schwert‘“); siehe dazu auch die ausführliche Judikaturgeschichte des Art. 20a GG bei Berkemann, J.: Freiheitschancen über die Generationen (Art. 20a GG), in: Die Öffentliche Verwaltung (DÖV) 74 (2021), 701, 704 ff.
77. Vgl. Kahl, W./Gärditz, K.-F.: Umweltrecht, 13. Aufl. 2023, § 3, Rn. 39.
78. BVerfGE 157, 30, Rn. 117–131. Siehe dazu insbesondere Eifert, M.: Die zeitliche Dimension des Freiheitsschutzes in der gebotenen Transformation zur Klimaneutralität: Der Klimabeschluss, in: Zeitschrift für öffentliches Recht (ZöR) 77 (2022), 537 ff.; ders./v. Landenberg-Roberg, Climate Change Challenges Constitutional Law, in: European Year-

book of International Economic Law 10 (2022); siehe auch Köck, W.: Ökologische Verhältnismäßigkeit und Umweltverfassung, ZUR 34 (2023), 643, 644 f.

79. Siehe etwa Schlacke, S.: Klimaschutzrecht: Ein Grundrecht auf intertemporale Freiheitssicherung, NVwZ 2021, 912; Faßbender, K.: Der Klimaschutzbeschluss des BVerfG, NJW 2021, 2085, 2087; Calliess, C.: Das ‚Klimaurteil' des Bundesverfassungsgerichts: ‚Versubjektivierung' des Art. 20a GG?, in: ZUR 32 (2021), 355 ff.; Frenz, Klimagrundrecht, DÖV 2021, 715 ff.; Ekardt, F./Heß, F.: Intertemporaler Freiheitsschutz, Existenzminimum und Gewaltenteilung nach dem BVerfG-Klima-Beschluss, in: ZUR 32 (2021), 579 ff., die zwar teilweise Kritik an der dogmatischen Konstruktion äußern, die Effektuierung des Umweltverfassungsrechts durch das Richterrecht aber begrüßen.
80. Sehr grundlegend etwa bei Wegener, B.: Urgenda – Weltrettung per Gerichtsbeschluss? in: ZUR 30 (2019), 3 ff.; ders., Menschenrecht auf Klimaschutz?, in: Neue Juristische Wochenschrift (NJW) 2022, 425 ff.; sehr kritisch auch Wagner, G.: Klimaschutz durch Gerichte, NJW 2021, 2256 ff.
81. Abgedruckt in: Böckenförde, E.-W.: Recht, Staat, Freiheit, Frankfurt/M.: Suhrkamp, 1991, S. 92, 112 f.

**Wolfgang Köck** ist Umweltjurist, er leitete bis April 2024 das Department Umwelt- und Planungsrecht am Helmholtz-Zentrum für Umweltforschung (UFZ) in Leipzig und war in dieser Zeit auch Inhaber des Lehrstuhls für Umweltrecht an der Juristenfakultät der Universität Leipzig. Seit seiner Pensionierung ist er Gastwissenschaftler des UFZ. Seit 2020 gehört er dem Sachverständigenrat für Umweltfragen (SRU) der Bundesregierung an. Seine wissenschaftliche Arbeit konzentriert sich auf das nationale, europäische und internationale Umwelt-, Planungs- und Agrarumweltrecht.

# Die Rechte Indigener Völker und ihre Funktion für die Biodiversität

René Kuppe(✉)
Institut für Rechtsphilosophie, Universität Wien, Wien, Österreich
rene.kuppe@univie.ac.at

**Zusammenfassung.** Der Beitrag zeigt, dass die Debatte um „Indigene Völker" häufig exotisierend und rein anthropologisch geführt wird, wodurch zentrale politische Fragen nach Macht, Recht und Anerkennung ausgeblendet werden. Die Biodiversitätskonvention von 1992 verankert erstmals Prinzipien des Benefit Sharing und den Schutz traditioneller Nutzung biologischer Ressourcen, trennt jedoch in der Praxis oft Wissen von seinem territorialen Kontext. Diese Abstraktion gefährdet indigene Gemeinschaften, denn lebendiges, sich entwickelndes Wissen braucht rechtlich gesicherte Territorien. Empirische Befunde, insbesondere zur Amazonasregion, belegen, dass indigene Territorien überproportional hohe Kohlenstoff- und Biodiversitätswerte bewahren und deutlich widerstandsfähiger gegen Entwaldung sind; zugleich sind sie zunehmender Degradation und externen ökonomischen Eingriffen ausgesetzt. Indigene Landnutzungslogiken beruhen auf relationalen, kosmologischen Weltanschauungen, die mit standardisierten, westlichen Rechts- und Klimainstrumenten oft nicht kompatibel sind. Effektiver Klimaschutz erfordert daher nicht nur abstrakten Rechtsschutz des Wissens, sondern die rechtliche und praktische Stärkung indigener Territorialrechte und Governance, die ökologische Integrität, kulturelle Kontinuität und politische Anerkennung verbinden.

**Schlüsselwörter:** Amazonas · Biodiversitätskonvention · Entwaldung · Governance indigener Territorien · Klimaschutz · Landrecht · Relationale Ontologie · Territoriale Integrität · Walddegradation · Wissenstransfer / Benefit Sharing

Was ich im Folgenden darlege, schöpft aus vierzig Jahren Erfahrung – an der Universität Wien, außerhalb des akademischen Rahmens und als Rechtsberater – in denen ich mit indigenen Völkern gearbeitet habe und mich mit deren Kulturen und deren Wissensproduktion beschäftigt habe [1–5]. Aus dieser Perspektive möchte ich auf ein grundlegendes Problem in meinem Beitrag zur Tagung „Die Werte der Natur" hinweisen: Das Thema „Indigene Völker" wird oft exotisiert und mitunter rein anthropologisch betrachtet.

Dadurch wird verdeckt, worum es eigentlich geht: um genuin politische Fragen – Fragen nach Macht, Recht und Anerkennung.

Einen völkerrechtlichen Meilenstein setzte diesbezüglich die Konvention über biologische Vielfalt, die 1992 in Rio de Janeiro verabschiedet wurde: Erstmals werden


S. M. Gergely et al. (Hrsg.): SymWeN 2026, *Die Werte der Natur,* S. 208–215, 2027,
https://doi.org/10.1007/978-3-662-74109-2_15

die traditionelle Abhängigkeit vieler indigener und lokaler Gemeinschaften von biologischen Ressourcen ausdrücklich erwähnt, vor allem im Artikel 8(j) [6]. Dort heißt es sinngemäß: Die Biodiversitätskonvention verpflichtet Vertragsparteien, soweit möglich und vorbehaltlich nationalen Rechts, Wissen, Innovationen und Praktiken indigener und lokaler Gemeinschaften zu achten, zu bewahren und zu erhalten, ihre breitere Anwendung nur mit Billigung und Beteiligung der Wissensträger zu fördern und eine gerechte Vorteilsaufteilung zu unterstützen. Artikel 10(c) der Konvention verlangt außerdem, die gewohnheitsmäßige Nutzung biologischer Ressourcen nach traditionellen kulturellen Praktiken zu schützen und zu fördern, sofern diese mit Erhaltung oder nachhaltiger Nutzung vereinbar ist.

Kenntnisse, Innovationen und Praktiken gerecht zu teilen, also das benefit sharing, das auch indigenen Völkern zugutekommen soll, wird hier erstmals zwar nicht detailliert rechtsverbindlich, aber als politisch gewollt verankert. Auf den ersten Blick ist es eine historische Würdigung indigener Wissenssysteme und darauf beruhender Praktiken. Doch bei genauerer Betrachtung offenbart sich eine fundamentale Trennung, die indigene Völker auch heute weltweit kritisieren.

**Wissen ohne Territorium – eine folgenreiche Abstraktion**

Die Konvention behandelt Wissen über biologische Vielfalt wie ein isolierbares Gut, losgelöst von seinen materiellen Grundlagen – den indigenen Territorien und Lebensräumen, in denen dieses Wissen täglich angewandt wird. Nach dieser Logik erscheint indigenes Wissen als Ressource, die dokumentiert, archiviert und in einer globalen Biodiversitätsstrategie verwertet werden kann, während die rechtliche und politische Absicherung der Landbeziehungen, die dieses Wissen überhaupt erst ermöglichen, unbeachtet bleibt oder ganz ausgeklammert wird.

Durch diese Trennung von Wissen und Territorium wird die indigene Perspektive nicht nur verfälscht, sondern auch gefährdet. Ohne effektiv geschützte und tatsächlich durchsetzbare Territorialrechte gibt es keine funktionsfähigen indigenen Gemeinschaften, und ohne solche Gemeinschaften kann sich lebendiges Wissen nicht fortentwickeln.

Traditionelles Wissen ist dabei nicht bloß althergebrachtes Erbe; es ist Wissen, das in konkreten Zusammenhängen angewendet, gepflegt und weiterentwickelt wird. Deshalb reicht ein abstrakter Schutz des Wissens allein nicht aus. Indigene Völker fordern und brauchen die rechtliche Sicherung ihrer Territorien und Lebensräume sowie ihre Anerkennung als gleichberechtigte politische Akteurinnen und Akteure in internationalen Entscheidungsprozessen.

**Indigene Territorien: ökologische Schutzräume und Klimastabilisatoren**

Die herausragende ökologische Bedeutung indigener Gebiete am Beispiel des Amazonasgebietes wird von Walker und Kollegen einer neuen Studie aus dem Jahr 2020 belegt, die den Kohlenstoffhaushalt indigener Territorien und Naturschutzgebiete untersucht [7].

Die Studie zeigt deutlich: Indigene Völker sind entscheidende Bewahrer des Amazonas-Regenwalds und des Klimas – ihre Landrechte zu schützen ist eine der effektivsten Klimaschutzstrategien.

Erstaunlicherweise kommen die belegenden Zahlen in der Diskussion zu Regenwaldzerstörung selten zur Sprache. Denn die Debatte über die Entwaldung des

Amazonasbeckens bleibt oft theoretisch und abstrakt. Doch die Studie zeigt klar: Der Schutz indigener Gebiete ist nicht nur eine Kultur- oder Menschenrechtsfrage, sondern eine ökologische Notwendigkeit von globaler Tragweite.

Das Bild wird erst dann klarer und deutlich dringlicher, sobald wir die Zahlen im Detail betrachten. Der Amazonas bewahrt heute zwischen 150 und 200 Mrd. t Kohlenstoff in seiner Vegetation und in den Böden. Im Jahr 2016 speicherten die indigenen Territorien und Naturschutzgebiete allein 58 % des gesamten oberirdischen Kohlenstoffs der Region. Das betrifft nicht nur einen Teil, sondern den Großteil des oberirdisch gelagerten Kohlenstoffs im gesamten Amazonasbecken.

Ein überdurchschnittlich großer Teil des Kohlenstoffes ist demnach in indigenen Gebieten vorhanden und gespeichert. Betrachtet man allein die indigenen Territorien, so bewahren sie 34 % des gesamten Kohlenstoffs des Amazonas. Es ist schwer, sich ein anderes Governance-Modell vorzustellen, das eine vergleichbare ökologische Leistung erbringt. Langzeitstudien zeigen zudem, wie entscheidend diese Gebiete sind.

Aber jetzt kommt noch eine andere, überraschende Zahl: Zwischen 2003 und 2016 war das Amazonasbecken als Ganzes eine Netto-Kohlenstoffquelle. Das bedeutet entgegen der verbreiteten Annahme, dass der Amazonas überdurchschnittlich viel Kohlenstoff speichert, dass das gesamte Gebiet in dieser Periode mehr Kohlenstoff abgegeben als aufgenommen hat. Nur die indigenen Territorien und Naturschutzgebiete blieben dabei nahezu kohlenstoffneutral.

Eine Netto-Kohlenstoffquelle zu sein bedeutet also, dass das Ökosystem mehr Kohlenstoff freisetzt, als es aufnimmt. Und das gilt inzwischen auch für den Amazonasraum: In den letzten Jahrzehnten hat diese Region zwar Kohlenstoff emittiert. Aber dieser Verlust ist nicht gleichermaßen verteilt: Die ungeschützten Flächen, also die Gebiete ohne besonderen Rechtsstatus in der Amazonasregion, waren für fast 90 % dieses Nettoverlustes verantwortlich. Im Gegensatz dazu verursachte das kombinierte Netzwerk aus indigenen Territorien und Naturschutzgebieten, das mehr als die Hälfte des amazonischen Kohlenstoffes enthält, nur 10 % des Nettoverlustes. Der Großteil des Kohlenstoffverlusts stammt also aus Gebieten, die weder indigene Territorien noch Naturschutzgebiete sind.

Die Studie offenbart auch eine weitere, schleichende Bedrohung: Selbst innerhalb der indigenen Territorien und der Naturschutzgebiete gingen fast eine Milliarde Tonnen Kohlenstoff verloren. Aber die Verlustmechanismen sind sehr unterschiedlich. In den ungeschützten Flächen dominiert die direkte Entwaldung – also die vollständige Umwandlung von Wald in andere Ökosysteme wie Agrarflächen und Infrastruktur. Diese vollständige Umwandlung (Entwaldung im eigentlichen Sinne) erklärt 66 % der Kohlenstoffverluste.

Innerhalb der indigenen Territorien und Naturschutzgebiete sind die Verluste hingegen deutlich geringer. Dort kommt es weniger zur vollständigen Entwaldung, sondern in erster Linie zu Waldschädigung (Degradation), zum Beispiel durch selektiven Holzeinschlag oder Brände, die den Wald nicht komplett zerstören, aber seine Kohlenstoffspeicherfähigkeit beeinträchtigen.

Diese Störungen machen mehr als 75 % der dortigen Verluste aus. Wenn wir den Blick auf das gesamte Amazonasbecken werfen, dann sehen wir, dass die Degradation auch außerhalb der indigenen Territorien enorm ist und fast die Hälfte aller Kohlenstoffverluste erklärt – etwa 47 %. Sie ist tatsächlich der stille Motor des ökologischen Kollapses: Nicht nur die Entwaldung, sondern auch die Degradierung des bestehenden Waldes – der nur scheinbar weiter als Wald besteht, aber in Wirklichkeit bereits stark geschädigt ist.

Indigene Territorien bleiben trotz des wachsenden Drucks die Gebiete mit dem größten Widerstand gegen Entwaldung. Gleichzeitig sind sie den heimtückischen Formen der Degradation am stärksten ausgesetzt.

Man kann es auch so darstellen: Die mittlere Kohlenstoffdichte in den indigenen Territorien beträgt 116 Megagramm Kohlenstoff pro Hektar – das sind 26 % mehr als in den ungeschützten Gebieten mit 92 Megagramm pro Hektar.

Ein Megagramm Kohlenstoff pro Hektar bedeutet, dass die Wälder innerhalb der indigenen Territorien sehr gesund, alt und wenig degradiert sind – mit großen Bäumen, die viel Kohlenstoff speichern. Im Vergleich dazu handelt es sich in ungeschützten Gebieten oft um jüngere, aufgeforstete Wälder oder bereits geschädigte Bestände. Der höhere Wert zeigt also nicht nur mehr Waldfläche, sondern qualitativ hochwertigere, intakte Wälder.

Wenn wir den Blick über Südamerika hinaus schweifen lassen, dann sehen wir, dass intakte Waldlandschaften, also jene Gebiete, in denen ökologische Prozesse nahezu ungestört ablaufen, 24 % aller tropischen Wälder des Planeten bedecken und mehr als ein Drittel, etwa 36 %, befindet sich innerhalb indigener Territorien [8]. Mit anderen Worten: Die letzten wirklich intakten großen Tropenwälder hängen direkt von indigener Governance ab. Und das ist jetzt nicht nur eine Frage des formellen Rechtstitels, sondern auch der Art und Weise, wie mit den Ressourcen umgegangen wird.

Die Entwaldungsmuster bestätigen diese Schlussfolgerung. In Brasilien zum Beispiel ist die Entwaldungsrate innerhalb indigener Territorien zwei bis dreimal niedriger als in den umliegenden nicht-indigenen Territorien. Zwischen 2000 und 2015 wurde im Amazonasgebiet etwa fünfmal mehr Wald außerhalb indigener Territorien und Naturschutzgebiete gerodet als innerhalb ihrer Grenzen. Die Schutzwirkung dieser Gebiete zeigt sich zudem darin, dass dort Kohlenstoffverluste überwiegend auf Walddegradation und nicht auf großflächige Entwaldung zurückzuführen sind. In manchen Jahren, wenn die Entwaldung außerhalb der indigenen Territorien in die Höhe schießt, etwa unter Bolsonaro in Brasilien, bleibt sie innerhalb nahezu stabil.

**Bewohnte Wälder – wie indigenes Denken Ökologie neu definiert**

Diese Gegebenheiten haben ihre Wurzel in einer Weltanschauung, die den Wald nicht als Objekt, sondern als ein lebendiges Wesen begreift, das eng mit dem sozialen Leben der menschlichen Gemeinschaft verbunden ist. In dieser Perspektive ist das Territorium nicht einfach ein Polygon auf einer Landkarte, sondern ein Beziehungsgeflecht, das über Generationen weitergegeben wird, also ein soziales Beziehungsgeflecht (dazu siehe Näheres in: [10]).

Für indigene Völker ist der Wald ein von Ahnengeistern und nichtmenschlichen Wesen mit eigener Handlungsmacht bewohnter Raum. Ihre Landnutzungssysteme – Jagdbeschränkungen, beispielsweise auch kontrollierte kleinräumige Brände, agroforstliche Praktiken, saisonale Mobilität und die Verlegung von Siedlungen – entspringen diesen Beziehungen und Formen des Zusammenlebens.

Einige Forscher bezeichnen diese Regionen gleichzeitig als „anthropogene Landschaften“: durch sorgfältige und wechselseitige Interaktionen über Jahrhunderte hinweg menschlich geprägte Ökosysteme.

Hier besteht also keine Wildnis, sondern *menschlich geprägte Landschaft* im Sinne einer tiefen, über Jahrtausende gewachsenen Wechselwirkung mit den dort lebenden menschlichen Gesellschaften. Deren Weltanschauung hilft zu verstehen, warum Entwaldung und Degradation von diesen Menschen nicht nur als Umweltschaden, sondern als moralischer und spiritueller Bruch erlebt werden.

Wenn eine Bergbaukonzession eine Straße in indigenes Gebiet öffnet, fragmentiert sie nicht nur Lebensraum und Natur – sie unterbricht zeremonielle Wege. Sie verändert die Präsenz spiritueller Wesen, die in Flüssen und Bergen wohnen, und stärkt das Gewicht externer Akteure, die diese spirituellen Kräfte allzu oft verdrängen oder lähmen. Ihre Gewalt destabilisiert damit das Gemeinschaftsleben – das Leben in Beziehung zu den Kräften der Natur.

Der illegale Bergbau im Yanomami-Gebiet in Nordbrasilien zum Beispiel verseucht die Flüsse mit Quecksilber in Konzentrationen, die bis zu dreihundertfach über den empfohlenen Gesundheitsgrenzwerten liegen. Diese Formen der ökologischen Degradation verursachen kulturelle und kosmologische Störungen.

Manche Klimainitiativen verschärfen diese Spannungen, anstatt sie zu lösen. *Visión Amazonía*, ein kolumbianisches Programm, das nach dem Pariser Abkommen 2015 gestartet wurde, deckt mit seiner indigenen Komponente 26 Mio. Hektar amazonisches Territorium ab und mobilisiert allein in der ersten Phase 85 Mio. US-Dollar [9].

Dennoch beruht ein Großteil des Programms auf Kohlenstoffbuchhaltung und technischen Kennzahlen, die mit indigenen Vorstellungen vom Leben im und mit dem Territorium nicht kompatibel sind.

**Recht ohne Weltanschauung – westliche Normen und indigene Territorialrechte**
Indigene Lebenspläne dagegen beschreiben den Wald nicht als bloßen Kohlenstoffspeicher, sondern als Grundlage sozialen Zusammenhalts, des kosmologischen Gleichgewichts und der Verpflichtungen, auch gegenüber kommenden Generationen. Sie integrieren Jagdregeln, zeremonielle Zyklen und spirituelle Dimensionen, die für standardisierte Klimametriken weitgehend unsichtbar bleiben.

Diese Spannung zwischen Wissenssystemen zeigt sich auch in rechtlichen Auseinandersetzungen. Obwohl der Rechtsrahmen mehrerer Länder inzwischen indigene territoriale Rechte anerkennt, basieren diese Normen oft weiterhin auf westlichen Annahmen, die Religion, Territorium und Politik voneinander trennen. Landrechte haben dann nichts mehr mit Spiritualität, sondern primär mit physischem Besitz oder „Kontrolle“ zu tun.

Besonders deutlich wird dies in Konflikten, in denen indigene Völker auf die Heiligkeit von Flüssen, Waldlandschaften oder Gebirgszügen pochen, während staatliche Stellen mit Umweltverträglichkeitsprüfungen antworten, die Artenvielfalt, Bodenstabilität und Wasserführung messen – die Gegenwart von Ahnen oder geistigen Wesen jedoch grundsätzlich nicht erfassen können.

Das Ergebnis ist oft eine rein formale Compliance ohne inhaltlichen Schutz. Denn das Instrument der Umweltverträglichkeitsprüfung wurde im nordamerikanischen

Rechtsraum entwickelt – unter gänzlich anderen soziokulturellen Bedingungen – und danach weitgehend unverändert weltweit und auch in den Globalen Süden exportiert.

Trotz allem wurden in einzelnen Regionen von Südamerika gleichwohl wichtige normative Fortschritte erzielt. Die Verfassungen Boliviens (aus 2009) und Ecuadors (aus 2008) erkennen indigene Weltanschauung und kollektive Territorialrechte an. Dennoch – selbst diese Fortschritte stoßen auf normative Widersprüche. Denn die bestehenden Entscheidungsrahmen sind nicht darauf ausgelegt, indigene relationale Ontologien angemessen zu erfassen. Werden quantitative ökologische Daten hingegen mit kulturellen, spirituellen und rechtlichen Dimensionen verbunden, schärft sich das Bild erheblich.

**Indigene Governance als ökologische Notwendigkeit**

Die indigenen Territorien und die Schutzgebiete übertreffen durchweg alle anderen Landkategorien in Bezug auf Biodiversität, Kohlenstoffstabilität oder Widerstandsfähigkeit gegen Entwaldung. Und sie tun dies nicht, weil externe Programme es ihnen vorgeben oder weil es internationale Finanzierungsmodelle gibt, sondern weil indigenes Wissen und indigene Systeme spiritueller Verantwortung ökologisch widerstandsfähiger sind und kulturell bedeutsame Landschaften geschaffen haben und weiter bewahren.

Diese Territorien zu stärken ist daher nicht nur ein ethisches oder kulturelles Gebot. Es ist vor allem eine ökologische Notwendigkeit. Die nachhaltige Unterstützung der eigenverantwortlichen Bewirtschaftung der Amazonaswälder durch indigene Völker ist entscheidend dafür, dass die Anrainerstaaten des Amazonasbeckens ihre Verpflichtungen aus dem Pariser Abkommen überhaupt erfüllen können. Jeder Hektar indigenen Territoriums, der intakt bleibt, sichert nicht nur das Überleben der lokalen Gemeinschaften, sondern stärkt die ökologische Stabilität des gesamten Kontinents.

Wenn wir die Wälder erhalten wollen, die uns erhalten, müssen wir daher die Systeme der territorialen Governance unterstützen, die über Jahrhunderte ihre Wirksamkeit bewiesen haben. Dies erfordert nicht nur den Schutz von Landrechten im Abstrakten, sondern die Bewahrung der Lebensweise und der Handlungsfähigkeit der Gemeinschaften, die die Integrität dieses Waldes erhalten. Sie integrieren ökologische Beobachtung, spirituelle Verantwortung und gemeinschaftliche Entscheidungsfindung in Formen, die die moderne Umweltpolitik gerade erst zu verstehen beginnt. Sie erinnern uns daran, dass die Zukunft des Amazonas nicht primär von Technologie oder finanziellen Anreizen entschieden wird – sondern davon, ob wir anerkennen, dass jene, die seit Jahrtausenden in Beziehung zu diesen Landschaften leben, ein Wissen tragen, das für unsere gemeinsame Zukunft unverzichtbar ist.

**Offenlegung von Interessenkonflikten** Der Autor hat keine Interessenkonflikte anzugeben, die für den Inhalt dieses Artikels relevant sind.

# Literatur

1. Kuppe, R. und Potz, R. (Hrsg.) (1986) *Law & Anthropology: International Yearbook for Legal Anthropology*. Hohenschäftlarn: Klaus Renner; ab Vol 7: Dordrecht: Kluwer Law International.
2. Kuppe, R. (2021) „Die Herausforderung des Immaterialgüterrechts durch traditionelles Wissen" in: Odin Kroeger, Günther Friesinger, Paul Lohberger und Eberhard Ortland (Hrsg.) *Geistiges Eigentum und Originalität: Zur Politik der Wissens- und Kulturproduktion.* Turia + Kant, Wien, 111–137.
3. Kuppe, R. (2001) „Der Schutz des traditionellen umweltbezogenen Wissens indigener Völker" in: Gertrude Klaffenböck et al. (Hrsg.) Biologische Vielfalt. Wer kontrolliert die globalen genetischen Ressourcen? Brandes & Apsel/Südwind, Wien und Frankfurt/M. 141–155.
4. Kuppe, R. (2011). „Indigene Rechte" in: *Handbuch Globalisierung, Anthropologische und sozialwissenschaftliche Zugänge zur Praxis.* Transcript Verlag, 150–154.
5. Kuppe, R. (2014) „The Legacy of colonialism is still there" in: *Rural21*, Special issue on „Indigenous People" Vol. 58, Issue 1/2024, 14–16.
6. Vereinte Nationen (UN) (1992): *Übereinkommen über die biologische Vielfalt* (Convention on Biological Diversity – CBD). Rio de Janeiro, 05. Juni 1992.
7. Walker, S. W., et al. (2020) „The role of forest conversion, degradation, and disturbance in the carbon dynamics of Amazon indigenous territories and protected areas" *Proceedings of the National Academy of Sciences* 117 (6), 3015–3025.
8. Fa, J. et al. (2020) „Importance of Indigenous Peoples' lands for the conservation of Intact Forest Landscapes" *Frontiers in Ecology and the Environment* 18 (3), 135–140.
9. Andoke, A., et al. (2023) „Amazonian visions of Visión Amazonía: Indigenous Peoples perspectives on a forest conservation and climate programme in the Colombian Amazon", *Oryx*, 57 (3), 335–349.
10. Kuppe, R. „Recht der Natur im Spannungsfeld des Rechtspluralismus. Eine rechtsanthropologische Analyse dreier Modellfälle" *Zeitschrift für öffentliches Recht* (zum Zeitpunkt der Abgabe des Manuskripts im Druck).

**René Kuppe** ist Jurist sowie Kulturanthropologe und war langjährig am Institut für Rechtsphilosophie der Universität Wien tätig. Er beschäftigt sich seit mehreren Jahrzehnten intensiv mit den Rechten Indigener Völker und ethnischer Minderheiten und bringt seine Expertise als Konsulent in internationale Projekte ein. Darüber hinaus engagiert er sich als Board Member der Commission on Legal Pluralism und der International Work Group for Indigenous Affairs.

# Biodiversität, Klima und globale Gerechtigkeit

# Gerechtigkeit und Glück: Unterschätzte Gründe für die Bewahrung der biologischen Vielfalt

Uta Eser(✉)
Büro für Umweltethik, Tübingen, Deutschland
kontakt@umweltethikbuero.de

**Zusammenfassung.** Im Biodiversitätsdiskurs wird der Schutz der biologischen Vielfalt vorwiegend als eine Frage des menschlichen Überlebensinteresses dargestellt. Gemäß dieser Auffassung sind Maßnahmen zur Bewahrung der Biodiversität gerechtfertigt, insofern und weil sie instrumentell klug sind. Aus ethischer Sicht greift diese Argumentation zu kurz, denn sie blendet zwei wichtige Fragen aus. Erstens sind Verursachende und Leidtragende des Biodiversitätsrückgangs zu unterscheiden. Diejenigen, die zum Artenrückgang beitragen, haben Pflichten gegenüber den davon Betroffenen in anderen Weltgegenden, gegenüber zukünftigen Generationen und gegenüber anderen als menschlichen Lebewesen, sofern ihnen Rechte zuerkannt werden. Zweitens ist zu fragen, welche Rolle Natur für das Gelingen menschlichen Lebens über funktionelle Aspekte hinaus spielt. Die menschliche Fähigkeit zur Naturverbundenheit ist hier zentral. Sie zu entfalten, stellt zwar für die Einzelnen keine Pflicht dar, ist aber dennoch eine begründete Option des Guten Lebens. Die Unterscheidung zwischen kollektiver und individueller Perspektive ist auch für die Zuschreibung oder Übernahme von Verantwortung relevant. Das Prinzip der gemeinsamen, aber unterschiedlichen Verantwortung ermöglichte 1992 die Verabschiedung des Übereinkommens über die biologische Vielfalt. Es muss auch heute als Bedingung seiner erfolgreichen Umsetzung gelten.

**Schlüsselwörter:** Biodiversität · CBDR-Prinzip · Gerechtigkeit · Glück · Klugheit · Kommunikation · Naturverbundenheit · Verantwortung · Verursacherprinzip · Vorsorgeprinzip

## 1 Einleitung

In diesem Beitrag geht es um Gründe für die Bewahrung der biologischen Vielfalt. Dass Begründungen der Rede wert sind, versteht sich für Menschen, die ihre Forschung oder ihr Engagement der Biodiversität verschrieben haben, nicht unbedingt von selbst. In ihren Augen ist die wissenschaftliche Tatsache, dass Biodiversität schwindet, *eo ipso* mit dem Werturteil verbunden, dass dieser Schwund nicht gut ist, und zugleich mit dem normativen Appell, dagegen etwas tun zu müssen. Warum ist


S. M. Gergely et al. (Hrsg.): SymWeN 2026, *Die Werte der Natur,* S. 217–233, 2027,
https://doi.org/10.1007/978-3-662-74109-2_16

es gleichwohl wichtig, sich mit Gründen für die Bewahrung der Biodiversität auseinanderzusetzen? Das wird etwas deutlicher, wenn wir einige Gemeinplätze im öffentlichen Reden über Biodiversität hinterfragen, die auch im Rahmen der Tagung über die Werte der Natur gefallen sind, auf die der vorliegende Beitrag zurückgeht:

- „Wir müssen die Leute mitnehmen."
- „Wir dürfen nicht als Oberlehrer auftreten."
- „Wir alle müssen Verantwortung übernehmen."

Der Appell, „die Leute" mitzunehmen, bezieht sich auf die Einsicht, dass Menschen eher bereit sind, Maßnahmen zum Schutz der Biodiversität zu akzeptieren und zu unterstützen, wenn sie ihren Sinn und Zweck verstehen. Der Naturschutz, so die Intuition dieses Appells, soll nicht verordnen, was die Menschen zu tun und zu lassen haben, sondern aufzeigen, dass diese Handlungen auch in ihrem eigenen Interesse sind.

Trotz dieser ehrenwerten Absicht greift das Bild des Mitnehmens zu kurz. Die ‚Leute da draußen' sind ja keine Kleinkinder, die darauf warten, von ihrer Mama abgeholt zu werden. Sie sind vielmehr selbständige Menschen mit eigenen Wünschen, Zielen, Hoffnungen und Plänen. Sie stehen morgens auf, gehen zur Arbeit, kümmern sich um ihre Familien und tragen Verantwortung. Diese Menschen müssen nicht mitgenommen werden. Wenn wir mit ihnen zusammenarbeiten wollen, sollten wir sie vielmehr fragen, wo sie denn eigentlich hinwollen. Erst dann können wir mit ihnen darüber reden, was ihre eigenen Ziele und Vorstellungen mit unserem Anliegen zu tun haben – nämlich mit dem Schutz der biologischen Vielfalt.

Häufig höre ich, wenn es um Naturschutzkommunikation geht, den Satz, die Politik dürfe nicht als Oberlehrer auftreten. Diese Warnung vor dem belehrenden Zeigefinger hat ebenfalls einen guten Grund. Besserwisser und Moralapostel sind unangenehme Gesprächspartner. Wie beim Verhältnis zwischen Eltern und Kindern ist auch das zwischen Lehrenden und Lernenden keines von Ebenbürtigen.

Es ist daher richtig und wichtig, Wege der Naturschutzkommunikation „jenseits von Belehrung und Bekehrung" zu entwickeln [1]. Wichtig ist es dabei, ethische Fragen nicht aus der Kommunikation auszuklammern. Oft geschieht dies aus Sorge, dem Vorwurf der Moralisierung ausgesetzt zu werden. Die philosophische Tradition bietet jedoch mit den Begriffen der Gerechtigkeit und des Glücks hilfreiche Ansätze, um ethische Themen anzusprechen, ohne moralisierend zu wirken [2].

Zum Kernbestand des Biodiversitätsdiskurses gehört auch der Aufruf, wir alle müssten Verantwortung übernehmen. Was genau „Verantwortung" bedeutet und inwiefern „wir alle" sie übernehmen können und sollen, bedarf ebenfalls der Erläuterung.

Im vorliegenden Beitrag skizziere ich zunächst das Klugheitsargument, das im Biodiversitätsdiskurs auch deshalb dominant ist, weil es erlaubt, moralische Fragen weitgehend zu vermeiden. Unter der Überschrift ‚Gerechtigkeit' frage ich sodann nach Verursachenden und Leidtragenden des Biodiversitätsschwunds. Welche Rolle die Natur über ihre Nützlichkeit hinaus für das gute Leben spielt, sondiert der Abschnitt ‚Glück'. Im Hinblick auf den Begriff der Verantwortung fasse ich abschließend zusammen, wie Argumente der Klugheit, der Gerechtigkeit und des Glücks einander ergänzen.

# 2 Klugheit – der Appell an den Eigennutz

## 2.1 „Wir sägen an dem Ast, auf dem wir sitzen"

Im Biodiversitätsdiskurs dominieren aktuell Argumente des Typs Klugheit. Diese präsentieren den Schutz der Biodiversität als eine Frage des menschlichen Eigeninteresses: Biologische Vielfalt ist die natürliche Grundlage unseres Lebens. Wenn wir sie zerstören, gefährden wir uns selbst. Ihr Schutz ist also in unserem eigenen Interesse. Die Stärken und Schwächen dieses Argumentationstyps verdeutliche ich gerne mit einer Metapher, die schon der Philosoph Hans Jonas in seinem „Prinzip Verantwortung" zum Anlass für ethische Reflexion genommen hat [3, S. 27]: „Wir sägen an dem Ast, auf dem wir sitzen" (vgl. Abb. 1).

**Abb. 1.** Ein Leitmotiv der Kommunikation über Biodiversität: Wir sägen an dem Ast, auf dem wir sitzen. (Bild: Frits Ahlefeldt)

Bis heute ist dieses Bild fester Bestandteil der Kommunikation über Biodiversität, beispielsweise im Jahr 2019, als die Medien über das Globale Assessment des Weltbiodiversitätsrat IPBES[1] berichteten. Dessen vielzitierte Kernbotschaft „Eine Million Tier- und Pflanzenarten sind vom Aussterben bedroht" erhielt im deutschen Fernsehen fünf Minuten zur besten Sendezeit. In der Sendung wurde die damalige

[1] Intergovernmental Science-Policy Platform on Biodiversity and Ecosystem Services

Bundesumweltministerin Svenja Schulze gefragt, warum diese Nachricht die Menschen interessieren solle. Ihre Antwort lautete: „Wir sägen an dem Ast, auf dem wir sitzen.“ [4].

Dieses Bild bringt eine zentrale Annahme des Diskurses über Biodiversität treffend zum Ausdruck: Dass die Ursache der Zerstörung in erster Linie eine Frage fehlenden Wissens ist. „Der Mensch“ hat die Augen geschlossen und pfeift unbekümmert – nicht ahnend, was er tut. Unter dieser Annahme besteht die Aufgabe der Kommunikation in erster Linie darin, den Menschen die Augen zu öffnen, in der Hoffnung, dass sie daraufhin ein Einsehen haben und ihre naturzerstörenden Handlungen einstellen. Glaubt man diesem Bild, so braucht es als Begründung für den Schutz der Biodiversität weder Liebe zur Natur noch hehre moralische Ziele. Das wohlverstandene Eigeninteresse erscheint bereits als hinreichender Grund.

## 2.2 Gängige Beispiele

Die derzeit relevanteste Variante des Klugheitsarguments bildet seit dem Millennium Ecosystem Assessment [5] die ökonomische: das Konzept der *Ökosystemdienstleistungen.* Es betrachtet Biodiversität als die Voraussetzung dafür, dass Ökosysteme funktionieren und den Menschen allerhand nützliche Dienste leisten. Die Vielfalt und Unterschiedlichkeit der Arten ist Bedingung für Prozesse wie Photosynthese und Bodenbildung, die menschliches Leben basal ermöglichen. Menschen nehmen produktive Dienstleistungen der Ökosysteme für Nahrung, Bekleidung, Brenn- und Baumaterial und Arzneimittel in Anspruch. Vielfältige Ökosysteme regulieren das Klima, den Wasserhaushalt und die Schädlingspopulationen. Und sie ermöglichen Erholung und Naturerfahrung. Das Konzept der Ökosystemleistungen begründet den Wert der biologischen Vielfalt mit den Leistungen, die sie für Menschen erbringt. Diese Leistungen liefert Natur kostenlos. Es wäre daher höchst unvernünftig, diese Grundlagen zu zerstören und anschließend kostspielige technische Ersatzlösungen entwickeln zu müssen.

Die ökologische Variante des Klugheitsarguments präsentieren Anne und Paul Ehrlich in ihrer berühmt gewordenen Parabel „*The rivet popper*“ [6]. Darin vergleichen sie die Arten eines Ökosystems mit den Nieten in der Tragfläche eines Flugzeugs. Wenn jemand diese Nieten Stück für Stück entfernte, um sie zu verkaufen, so die Pointe, wäre kein Mensch so verrückt, in ein solcherart geschwächtes Flugzeug einzusteigen.

Biodiversität, so die Botschaft dieser Parabel, ist wichtig für die *Stabilität.* Der Verlust tragender Teile ist mit der Gefahr eines Einsturzes verbunden. Ein illustratives Beispiel für diese Vorstellung bietet auch eine Ausgabe des Magazins *movum* zum Thema Biodiversität. In der von mehreren Umweltverbänden herausgegebenen Veröffentlichung findet sich eine Infografik, die die Artenvielfalt mit dem Geschicklichkeitsspiel Jenga vergleicht. Bei diesem geht es darum, möglichst viele Bauklötzchen aus einem Turm zu entfernen, ohne dass er umfällt. Im Begleittext heißt es: „Manche Steine lassen sich aus dem Turm entfernen, ohne dass der Turm einfällt. Zieht man jedoch den falschen Stein heraus, bricht er zusammen. (…) Man kann nie wissen, welche Arten besonders wichtig sind“ [7].

Mit dem Stichwort „man kann nie wissen“ ist allerdings auch schon ein erster Hinweis auf die Grenzen einer rein faktenbasierten Klugheitsargumentation benannt: die Ungewissheit. In den oben beschriebenen Bildern steckt mehr an Ethik als der Appell an den reinen Eigennutz deutlich macht. Wir können nicht sicher vorhersagen, welche Art die letzte ist, auf die wir gefahrlos verzichten können. In solchen Situationen, in denen es (noch) keine vollständige wissenschaftliche Gewissheit gibt, greift das *Vorsorgeprinzip*. Implizit wird hier also an Prinzipien appelliert, die über das rein Wissenschaftliche hinausgehen und einen ethischen Charakter haben.

Der springende Punkt einer Klugheitsargumentation bleibt am Ende jedoch: Es geht um den Nutzen der Natur für uns Menschen. Eine auf den Nutzwert bezogene Argumentation betrachtet vielfältige Ökosysteme und ihre Arten als Mittel für menschliche Zwecke: „Ohne Frosch kein Bier“ – auf diesen eingängigen Slogan brachte eine studentische Projektgruppe der TU Dresden den Zusammenhang zwischen Biodiversität und menschlichem Wohlergehen in einer Plakatserie anlässlich der 9. Vertragsstaatenkonferenz des Übereinkommens über die biologische Vielfalt in Bonn im Jahr 2008. Die Botschaft hinter dem Plakatmotiv ist einfach: Selbst, wer die Natur nicht mag, sollte sich für den Schutz der Frösche einsetzen – zumindest dann, wenn er Bier mag. Denn der Frosch frisst die Hopfenlaus, ohne ihn gäbe es mehr Läuse, daher weniger Hopfen – und am Ende kein Bier.

### 2.3 Stärken und Schwächen der Klugheitsargumentation

Die weit verbreitete Klugheits-Argumentation begründet den Schutz der Biodiversität mit deren Nutzwert. Sie verlangt von den Menschen also nicht, Natur an sich zu schätzen oder um ihrer selbst willen Rücksicht auf sie zu nehmen. Ihr genügt es, dass Menschen ihr eigenes Leben so weiterführen wollen wie bisher – und weil sie dafür auf biologische Vielfalt angewiesen sind, ist es klug, sich um diese zu kümmern. Eine solche Argumentation ist gut begründet. Es stimmt ja, dass biologische Vielfalt eine Grundlage unserer Existenz ist. Ihr Vorteil ist, dass sie keine anspruchsvollen moralischen Voraussetzungen zu machen scheint. Es genügt, wenn sich Menschen gemäß dem Modell des Homo oeconomicus zugunsten ihres eigenen Vorteils entscheiden.

Und dennoch blendet das suggestive Bild des an seinem eigenen Ast sägenden Menschen zwei entscheidende Aspekte aus. Zum einen wäre zu fragen, wer da eigentlich sägt und wer fällt. Das Bild suggeriert ja, wir würden nur an unserem eigenen Ast sägen. Das stimmt aber so nicht in allen Fällen. Zum anderen stellt sich die Frage, was eigentlich auf dem Spiel steht. Was genau passiert denn, wenn der Ast abgesägt ist? Diese beiden blinden Flecken verweisen auf Fragen der Gerechtigkeit und des Glücks. Ihnen widme ich mich nun im Hauptteil meiner Ausführungen.

## 3 Gerechtigkeit: Vom „wir“ zum „wer“

Im Unterschied zum Klugheitsargument berücksichtigt das Gerechtigkeitsargument nicht nur die Folgen meines Handelns für mich selbst, sondern für andere. Wir betreten hier also einen argumentativen Raum, in dem es um moralische Rechte und

Pflichten geht. Und diese beanspruchen – anders als bloße Klugheitserwägungen – eine größere Verbindlichkeit. Der Unterschied zwischen Klugheit und Gerechtigkeit lässt sich sehr schön am oben genannten Bild verdeutlichen: Sobald wir das verallgemeinernde „wir“ verlassen und konkret fragen „Wer sägt und wer fällt?“ kommen Gerechtigkeitsfragen in den Blick. Denn dann zeigt sich: In manchen Fällen sind wir es selbst, die die unmittelbaren Folgen tragen. Aber in vielen Fällen eben nicht.

Betrachten wir beispielsweise die Rodung eines tropischen Regenwaldes für die Pflanzung einer Palmölplantage. Wer sägt da? In gewisser Weise: wir alle. Zumindest alle von uns, die ab und zu Produkte verwenden, in denen Palmöl steckt – vom Brotaufstrich bis zum Duschgel. Palmölprodukte sind nahezu allgegenwärtig – man kommt kaum an ihnen vorbei. Den Nutzen einer Palmölplantage tragen also wir hier und heute. Aber wer trägt den Schaden? Wir selbst? Allenfalls indirekt. Die Folgen des Regenwaldverlusts betreffen uns kaum persönlich. Aber sie betreffen andere.

Da sind zum einen die Menschen der Zukunft, die diesen Wald nicht erleben und nutzen können. Denn an die Stelle eines Primärwaldes tritt bestenfalls ein degradierter Sekundärwald. Was einmal zerstört ist, kommt in dieser Form nicht zurück.

Da sind zum anderen aber auch Menschen heute: diejenigen, die in dem gerodeten Gebiet leben. Im tropischen Regenwald leben nicht nur Tiere und Pflanzen, sondern auch indigene Gemeinschaften. Mit dem Regenwald verlieren sie nicht nur ihren angestammten Lebensraum, sondern auch ihre Identität, die untrennbar mit dem Land verbunden ist.

Und zum dritten sind all die anderen Lebewesen betroffen, die in dem ursprünglichen Wald ihren Lebensraum hatten – und auf einer Plantage keinen Platz mehr finden.

Wenn wir davon ausgehen, dass diese Betroffenen eigene Rechte haben, dann ist die Achtung dieser Rechte nicht nur eine Frage der Klugheit, sondern moralisch geboten – eine Frage der Gerechtigkeit also. Dabei können wir drei Dimensionen unterscheiden:

- Zukunftsgerechtigkeit (= intergenerationelle Gerechtigkeit),
- Globale und soziale Gerechtigkeit (intragenerationelle Gerechtigkeit),
- Ökologische Gerechtigkeit.

## 3.1 Intergenerationelle Gerechtigkeit

Das Problem fehlender Zukunftsgerechtigkeit lässt sich sehr anschaulich mit dem Konzept des *Ökologischen Fußabdrucks* illustrieren, das vom Global Footprint Network entwickelt wurde. Dieses Modell ist ein Maß für die Umweltwirkungen unseres Handelns. Es rechnet alle unsere Aktivitäten in eine Flächeninanspruchnahme um. Rein rechnerisch darf die Summe aller Fußabdrücke aller Menschen nicht größer sein als die Erdoberfläche, die uns bei einer nachhaltigen Nutzung zur Verfügung steht. Der Tag im Jahr, an dem die Summe aller Fußabdrücke so groß ist wie diese Fläche, ist der sogenannte *Earth Overshoot Day*. Er markiert also den Zeitpunkt im Jahr, an dem wir Heutigen rein rechnerisch (und stark vereinfacht) die natürlichen Ressourcen aufgebraucht haben, die uns für ein ganzes Jahr reichen müssten. Im Jahr 2025 fiel dieser Tag auf den 24. Juli. Ab dem 25. Juli verbrauchen wir also ein Budget, das eigentlich nicht mehr uns gehört, sondern denjenigen, die nach uns kommen. In den 1990er Jahren, als das Modell erfunden wurde, lag der Overshoot Day noch im Oktober. Seither ist er etwa alle zehn Jahre um rund einen Monat nach vorne gerückt. Das Modell zeigt also eine ungebrochene Tendenz: Wir verbrauchen mehr vom Planeten Erde, als uns zusteht – zumindest, wenn man davon ausgeht, dass die, die nach uns kommen, dieselben Rechte haben wie wir. Mit anderen Worten: Wir leben auf Kosten zukünftiger Generationen.

## 3.2 Intragenerationelle Gerechtigkeit

Mit demselben Instrument lässt sich auch die Frage globaler Gerechtigkeit veranschaulichen. Das Global Footprint Network berechnet nämlich auch die unterschiedlichen *Country Overshoot Days [8].* Das sind die Daten, an denen der Earth Overshoot Tag jeweils erreicht wäre, wenn alle Menschen so leben würden wie die Bevölkerung eines bestimmten Landes. Im Jahr 2026 war dieses Datum für Österreich der 2. April. Würden alle Menschen weltweit so leben wie die Menschen in Österreich, dann wäre das weltweite Jahresbudget bereits nach Ablauf des ersten Quartals überschritten.

Wir heutigen Menschen leben also nicht nur auf Kosten zukünftiger Generationen, sondern wir Menschen hier im wohlhabenden Mitteleuropa darüber hinaus auch auf Kosten von Menschen in anderen Regionen, insbesondere im globalen Süden. Dieser Aspekt bleibt in einer Kommunikation, die auf ein pauschales Kollektivsubjekt wie „der Mensch“ oder „wir“ beschränkt ist, ausgeblendet. Die globale Dimension des Biodiversitätsschutzes möchte ich anhand einer Studie des deutschen Umweltbundesamtes aus dem Jahr 2020 noch etwas genauer illustrieren. Sie trägt den Titel „Von der Welt auf den Teller“ und untersucht die weltweite Umweltinanspruchnahme durch den Lebensmittelkonsum der Deutschen (vgl. Abb. 2, [9]).

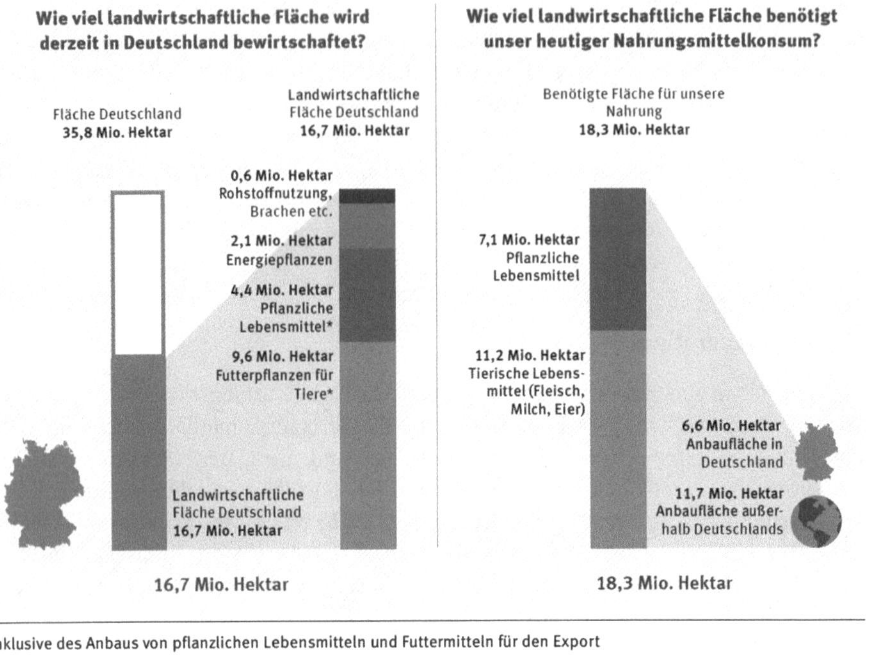


**Abb. 2.** Globale Flächeninanspruchnahme für die Ernährung in Deutschland. (Quelle: Umweltbundesamt, Projektdaten DESTATIS, Globale Umweltinanspruchnahme 2019)

Die Abbildung zeigt: Der Großteil der landwirtschaftlich genutzten Fläche Deutschlands wurde im Jahr 2016 für den Anbau von Futtermitteln genutzt, sowohl für den Eigenverbrauch an Fleisch, Milch und Eiern als auch für den Export. Ein wachsender Anteil der Agrarfläche dient dem Anbau von Energiepflanzen für Biosprit und Biogas. Für die Produktion der in Deutschland konsumierten Nahrungsmittel wurde im selben Jahr insgesamt rund 18,3 Mio. ha landwirtschaftliche Fläche benötigt. Davon lagen 6,6 Mio. ha in Deutschland, während 11,7 Mio. ha andernorts beansprucht wurden. Allein der Konsum von Kakao, Kaffee, Tee und Gewürzen benötigte fast ein Viertel der Flächen für den Anbau pflanzlicher Nahrungsmittel, überwiegend aus Brasilien wurden Kaffee, Zitrusfrüchte, Fruchtsäfte und Sojaprodukte importiert, aus Frankreich Salate und Kohl, Äpfel und Birnen, Getreide, Zucker, Gebäck, Weine und Branntweine. Das bedeutet, dass im Jahr 2016 ein erheblicher Teil des deutschen Nahrungsmittelkonsums auf Flächen in anderen Ländern beruhte.

Die globale Flächeninanspruchnahme könnte in Zukunft weiter zunehmen. Würde etwa im Zuge der Energiewende der Anteil von Energiepflanzen erhöht, so bestünde die Gefahr, dass Nahrungsmittelproduktion noch stärker ins Ausland verlagert wird. Ähnliches gilt für bestimmte Strategien der Klimaneutralität. Wenn Emissionen in Europa dadurch kompensiert werden, dass anderswo Bäume gepflanzt werden, geschieht das nicht selten auf Flächen, die zuvor für die Nahrungsmittelproduktion genutzt wurden. Die betroffenen Menschen weichen dann auf neue Flächen aus – häufig verbunden mit weiteren Rodungen [10]. So kann es passieren, dass Maßnahmen zum Klimaschutz andere zentrale Ziele unterlaufen – etwa die Bekämpfung von Hunger oder den Schutz von Ökosystemen, wie sie in der *Agenda 2030* der Vereinten Nationen mit ihren 17 *Sustainable Development Goals* formuliert sind [11].

Dass Gerechtigkeit kein Randthema ist, sondern ein zentraler Baustein einer natur- und menschenfreundlicheren Lebens- und Wirtschaftsweise, darf heute schon fast als Common Sense gelten. So wird beispielsweise auch der europäische Green Deal ausdrücklich als Just Green Deal verstanden – also als ein Projekt, das ökologische Transformation und Gerechtigkeitsfragen zusammen denken will. Erst kürzlich hat die *European Group on Ethics in Science and New Technologies* – ein Beratungsgremium der Europäischen Kommission – die Studie „Towards a Just Green Transition" vorgelegt [12]. Darin wird deutlich betont: Der grundlegende sozial-ökologische Wandel, den wir brauchen, um Klima und Biodiversität zu schützen, kann nur gelingen, wenn wir auch die bestehenden Ungleichheiten adressieren – insbesondere die Ungleichheit zwischen denjenigen, die die Schäden verursachen, und denjenigen, die ihre Folgen tragen.

## 3.3 Ökologische Gerechtigkeit

Die Bewahrung der biologischen Vielfalt ist also, so habe ich bislang argumentiert, nicht (nur) eine Frage unserer eigenen Überlebensinteressen, sondern auch – und aus ethischer Sicht vor allem – eine moralische Verpflichtung gegenüber anderen. Zum einen gegenüber zukünftigen Generationen, die im Hinblick auf die natürlichen Lebensgrundlagen Rechte haben, die wir respektieren müssen, zum anderen gegenüber denjenigen, die unter den Folgen eines Verlusts an biologischer Vielfalt leiden, den nicht sie selbst, sondern den wir verursacht haben. Bildlich gesprochen: Diejenigen, die Sägen besitzen und nutzen, haben Pflichten gegenüber denjenigen, die auf den abgesägten Ästen sitzen, selbst dann, wenn es nicht ihren eigenen Interessen nutzt, diese Rechte zu achten.

Damit kommen wir zu einer weiteren Dimension der Gerechtigkeit, die bislang noch fehlt: die ökologische. Wenn wir bei dem beschriebenen Bild bleiben, drängt sich die Frage förmlich auf: Was ist eigentlich mit dem Baum selbst? Haben wir nicht auch gegenüber dem „Baum des Lebens" moralische Pflichten, die völlig unabhängig davon sind, ob auf seinen Ästen heutige oder zukünftige Menschen sitzen? Mit anderen Worten: Hat dieser Baum einen Wert an sich und für sich selbst, unabhängig davon, ob er für uns oder für andere nützlich ist?

Dies ist die Grundsatzfrage, die die umweltethische Zunft seit ihren Anfängen umtreibt: Haben wir Menschen direkte Pflichten gegenüber der Natur? Das würde voraussetzen, dass wir einem Naturstück oder einem Lebewesen nicht nur einen funktionellen oder ästhetischen Wert zuschreiben, sondern einen moralischen Selbstwert. Die Frage, ob ein solcher Selbstwert möglich, nötig und sinnvoll ist, ist in der Moralphilosophie umstritten, die Debatte von terminologischen Unklarheiten geprägt. Es würde an dieser Stelle zu weit führen, das Für und Wider eines von Menschen unabhängigen Werts der Natur auszuführen. Ich möchte vielmehr einen pragmatischen Vorschlag machen und die Frage nach den Werten der biologischen Vielfalt so umformulieren, dass ein weitgehender Schutz der Natur begründet werden kann, ohne philosophisch problematische Annahmen über einen moralischen Selbstwert von Arten oder Lebewesen ausdiskutieren zu müssen.

# 4 Glück: Vom Überleben zum guten Leben

Die Frage danach, was genau eigentlich auf dem Spiel steht, hatte ich oben als zweite Schwäche der Klugheitsargumentation ausgewiesen. Was verlieren wir, wenn der Ast, an dem wir sägen, tatsächlich bricht? Geht es um unser nacktes Überleben, also darum, ob es uns Menschen in Zukunft noch geben wird? Oder geht es nicht vielmehr darum, wie Menschen in Zukunft leben können?

Die Antwort auf diese Frage ist so alt wie der Umweltdiskurs selbst: Es geht mitnichten um die bloße Fortexistenz der Menschheit, sondern um die Frage nach einem guten, einem menschenwürdigen Leben. Darauf hat schon der *Club of Rome* in seinem Geleitwort zur Studie „Die Grenzen des Wachstums" hingewiesen: „Schließlich steht der Mensch nicht vor der Frage, ob er als biologische Spezies überleben wird, sondern ob er wird überleben können, ohne den Rückfall in eine Existenzform, die nicht lebenswert erscheint" [13].

Über die Frage nach ihrer Nützlichkeit hinaus kommt Natur hier in ihrer Bedeutung für ein lebenswertes Leben in den Blick. Dabei geht es nicht um menschliche Zwecke, sondern um den Sinn, den Menschen in nicht-instrumentellen Beziehungen zur Natur erfahren können. Das gute Leben mit der Natur ist eine Erfahrung, auf die wir nicht existenziell angewiesen sind. Aber sie kann unser Leben reicher, erfüllter und lebenswerter machen.

## 4.1 Die menschliche Fähigkeit zur Naturverbundenheit

Ein Schlüsselbegriff für das Verständnis der Glücksargumentation ist das Konzept der *Naturverbundenheit*. Im Unterschied zur vielfach beschworenen physischen Abhängigkeit menschlichen Wohlergehens von natürlichen Voraussetzungen bezeichnet Naturverbundenheit die emotionalen und geistigen Bindungen zwischen Menschen und Natur. Sie ist eine Fähigkeit, die Menschen verwirklichen können, aber nicht müssen, um ein vollumfängliches Menschsein zu realisieren.

Die Abhängigkeit unseres Wohlergehens von der Natur ist eine Tatsache, die man nicht ignorieren kann. Wir sind als biologische Wesen wie alle anderen stofflich und existenziell mit der Natur verbunden. Diese Abhängigkeit im Handeln zu berücksichtigen, ist eine Frage der Notwendigkeit. Die Fähigkeit zur Naturverbundenheit gehört hingegen ins Reich der Freiheit. Man kann sie wählen – oder auch nicht. Ein Leben ohne Naturverbundenheit ist möglich – aber möglicherweise nicht sinnerfüllt. Mit „Naturverbundenheit" ist hier also kein biologisches Faktum, sondern eine erstrebenswerte Haltung gegenüber der Natur gemeint, die wir bewusst einnehmen, pflegen und kultivieren können.

Im Rahmen des *Capability Approach* hat die Philosophin Martha Nussbaum eine Liste von zehn grundlegenden menschlichen Fähigkeiten vorgelegt, deren Entfaltung zu einem gelingenden menschlichen Leben gehört. Als eine davon erachtet sie die Fähigkeit, „in Verbundenheit mit Tieren, Pflanzen und der ganzen Natur zu leben und pfleglich mit ihnen umzugehen" [13, S. 58]. Aus diesem Fähigkeitenansatz ergibt sich eine gut begründete Aufgabe für das Gemeinwesen: die Bedingungen dafür zu schaffen, dass Menschen ihre Fähigkeit zur Naturverbundenheit verwirklichen können.

Mit dieser Begründungsfigur verlassen wir einerseits den Bereich verbindlicher Pflichten, den Gerechtigkeitsargumente ausweisen. Niemand ist verpflichtet, glücklich zu sein. Insofern ist auch niemand zur Naturverbundenheit verpflichtet. Aber jeder Mensch hat das Recht, nach einem guten Leben zu streben und alles zu verwirklichen, was dazu gehören kann. Insofern eine pflegliche Beziehung zur Natur Teil eines guten Lebens sein kann, lässt sich eine Pflicht für Dritte begründen, solche Beziehungen zu ermöglichen – und Natur zu diesem Zwecke zu schützen.

Interessanterweise findet sich ein ähnlicher Gedanke auch in einem zentralen Dokument der Nachhaltigkeitsdebatte, der *Rio Deklaration für Umwelt und Entwicklung* [14]. Dort heißt es gleich zu Anfang: „Die Menschen stehen im Mittelpunkt der Bemühungen um eine nachhaltige Entwicklung. Sie haben das Recht auf ein gesundes und produktives Leben im Einklang mit der Natur" (Grundsatz 1).

Während der erste Satz – „Die Menschen stehen im Mittelpunkt" – seinerzeit von vielen Umweltbewegten als zu anthropozentrisch kritisiert wurde, bietet der Folgesatz eine Perspektive, die die Verwirklichung menschlicher Rechte an die Rücksichtnahme auf andere Lebewesen bindet: „im Einklang mit der Natur". Die Vorstellung eines guten Lebens in Verbundenheit mit der Natur ist Teil einer weiten anthropozentrischen Begründung, die den Schutz der Natur mit ihrer Bedeutung für Menschen rechtfertigt. Allerdings beschränkt sich eine solche inklusive Perspektive nicht auf Nützlichkeitserwägungen. Sie nimmt vielmehr Natur und ihre lebendigen Bestandteile als Gegenüber wahr, mit dem Menschen sinnstiftende Beziehungen eingehen oder zumindest eingehen können.

## 4.2 Nutzwert, Eigenwert, Selbstwert

Betrachten wir die unterschiedlichen Werte der Natur abschließend noch einmal systematisch. Grundlegend lassen sich drei Perspektiven unterscheiden:

Auf der einen Seite hat Natur einen *Nutzwert.* Wir schützen sie, weil sie uns nützt. Das ist die Logik der Klugheitsargumentation. Natur wird hier wertgeschätzt als Mittel zum Zweck.

Auf der anderen Seite postulieren viele einen *Selbstwert* der Natur. Gemäß dieser Auffassung hat sie einen eigenen moralischen Wert, unabhängig von ihrem Nutzen für Menschen. Aus diesem ergeben sich moralische Pflichten gegenüber der Natur.

Zwischen diesen beiden Perspektiven ist der *Glückswert* der Natur anzusiedeln: Natur trägt zum guten Leben von Menschen bei. Sie wird einerseits nicht auf ihre Nützlichkeit reduziert, aber sie verpflichtet uns auch nicht notwendig unmittelbar. Vielmehr ist sie Teil dessen, was unser Leben gelingen lässt: Dinge um ihrer selbst willen zu tun und wertzuschätzen.

In der Fachsprache heißt das: Der Nutzwert ist instrumentell bestimmt, der Selbstwert moralisch und der Glückswert eudämonistisch. Dieses Wort bezieht sich auf das der griechischen Tugendethik entstammende Konzept der Eudämonie. „Eu" bedeutet „gut" und „daimon" ist der Geist. Eudämonie ist mithin das Leben aus einem guten Geist – das gelingende, erfüllte Leben also. Wenn Menschen sich mit Natur auf eine fürsorgliche Weise verbinden, steht die Begründung für den Schutz der Natur gewissermaßen zwischen den beiden Polen Nutzwert und Selbstwert.

Mit dem Nutzwert hat der Glückswert gemeinsam, dass er *anthroporelational* ist. Ich sage bewusst relational und nicht zentrisch: Es geht um die Beziehung. Und sobald man in einer Beziehung fragt: „Um wen geht es hier eigentlich – um dich oder um mich?", ist es offensichtlich keine gute Beziehung mehr.

Mit dem Selbstwert verbindet den Glückswert, dass er Natur *an sich* wertschätzt. Es geht nicht darum, Natur für einen Zweck außerhalb ihrer selbst zu benutzen, sondern es geht um eine Beziehung zur Natur um ihrer selbst willen. In beiden Fällen handelt es sich um eine nicht-instrumentelle Bestimmung des Wertes der Natur.

### 4.3 Bedeutung für die Kommunikation

Eine große Stärke der Glücksargumentation besteht darin, dass sie an weit verbreitete Intuitionen der Menschen anschließt. Der Aussage, dass Natur zu einem guten Leben dazugehört, stimmen in den *Naturbewusstseinsstudien*, die das deutsche Bundesamt für Naturschutz alle zwei Jahre durchführt, 94 % der Befragten zu [16]. Liebe zur Natur, Heimatverbundenheit oder ästhetische Erfahrung sind wichtige Motive für ein naturschonendes Handeln – und motivational sehr viel bedeutsamer als reine Sachinformationen.

Allerdings darf man die Liebe zur Natur in ihren praktischen Konsequenzen auch nicht überschätzen. Das wird deutlich, wenn wir eine andere Studie anschauen, die die Frage nach dem guten Leben etwas offener stellt. Die Umweltbewusstseinsstudie, im 2-Jahres-Turnus durchgeführt vom deutschen Umweltbundesamt, fragte im Jahr 2014 danach, welche Aspekte zu einem guten Leben unbedingt dazugehören [17]. Im Ergebnis rangierte der Genuss intakter Natur und Umwelt mit 30 % Zustimmung erst an fünfter Stelle. Davor kamen Gesundheit und die Erfüllung existenzieller Grundbedürfnisse (jeweils mit 58 % Zustimmung), Geborgenheit in Familie und Gemeinschaft (54 %) und ein guter Lebensstandard (34 %) – in der damals veröffentlichten Infografik des BMUB symbolisiert durch Einfamilienhaus und Auto.

Wer also Menschen davon überzeugen will, dass es wichtig und richtig ist, die biologische Vielfalt zu schützen und zu bewahren, kann an beide Befunde anknüpfen. Für die große Mehrheit der Menschen gehört Natur zu ihrer Vorstellung von einem guten Leben dazu. Da braucht es keine Bekehrung, an diesen hohen Wert kann die Kommunikation anknüpfen. Wir brauchen also die Menschen nicht davon zu überzeugen, dass Natur wichtig ist. Das wissen die meisten schon. Gleichzeitig gibt es aber andere Güter, die Menschen noch wichtiger sind: Gesundheit, existenzielle Grundbedürfnisse, soziale Anerkennung und Sicherheit und ein guter Lebensstandard. Hier gilt es, in der Kommunikation deutlich zu machen, dass die Art und Weise, wie diese Bedürfnisse erfüllt werden, einen erheblichen Einfluss darauf hat, ob und inwieweit die Sehnsucht nach Naturverbundenheit noch realisiert werden kann. Diese Abhängigkeit gilt umgekehrt ebenso: Eine gesunde Natur ist die Bedingung für die

Verfügbarkeit der anderen Güter. Ohne funktionierende Ökosysteme kommt nichts mehr auf den Teller, und auch um Gesundheit und Wohlstand ist es schlecht bestellt. Hier knüpft dann die Glücksargumentation an die Klugheitsargumente an.

Eine umfassende Kommunikation über biologische Vielfalt verbindet daher alle drei Argumentationslinien. Das Argument der Klugheit bezieht sich auf die materiellen Grundlagen des menschlichen Lebens und stellt dar, dass und inwiefern Natur für deren Bereitstellung einen instrumentellen Wert hat. Dabei wird deutlich, dass die Nutzung der einen Folgen für die anderen hat – für andere Menschen, für zukünftige Generationen und für andere als menschliche Lebewesen. Diese Folgen zu berücksichtigen, ist nicht lediglich eine Frage des Eigennutzes, sondern eine Verpflichtung gegenüber anderen. Und schließlich ist es wichtig, auch die immateriellen Werte der Menschen ernst zu nehmen. Natur hat für viele Bedeutung weit über ihren Nutzen hinaus. Die Einsicht, dass die Nutzung der Natur und die Bewahrung ihrer Intaktheit in einem Spannungsverhältnis stehen und daher stets neu austariert werden müssen, bildet die Grundlage des eudämonistischen Ideals eines Einklangs mit der Natur.

## 5 Verantwortung

Abschließend möchte ich noch einige Bemerkungen zum Reden über Verantwortung machen. Dass „wir Menschen" für den Verlust der Biodiversität verantwortlich seien und folglich „wir alle" Verantwortung für ihren Schutz übernehmen müssten, ist ein Topos, der in der Kommunikation über biologische Vielfalt immer wieder auftaucht. So heißt es etwa in der aktuellen *Nationalen Strategie zur biologischen Vielfalt* Deutschlands: „Die Verantwortung für den dramatischen Verlust der biologischen Vielfalt weltweit tragen wir Menschen" (S. 10) [18]. Diese Aussage ist jedoch sachlich und moralisch nicht vollständig zutreffend. Denn wir müssen zwischen einem kollektiven Verständnis von „wir"– der Gemeinschaft aller Menschen – und einem distributiven Verständnis unterscheiden, das jede und jeden Einzelnen meint. Zu Recht hat die politische Philosophin Hannah Arendt eine kollektivierende Redeweise kritisiert: „Nun, wo alle schuldig sind, ist es keiner; gegen die Entdeckung der wirklich Schuldigen oder Verantwortlichen, die Mißstände abstellen könnten, gibt es keinen besseren Schutz als kollektive Schuldbekenntnisse" (S. 78) [19].

Die Rede vom „wir" verschleiert Verantwortung. Subjekt der Verantwortung kann nur sein, wer tatsächlich Einfluss auf den Gegenstand der Verantwortung nehmen kann. Das sind längst nicht wir alle – oder doch zumindest in höchst unterschiedlicher Weise. Zwar sitzen wir als Bewohner des Planeten Erde alle „im selben Boot", wie eine ebenfalls geläufige Formulierung postuliert. Doch nicht alle können in gleicher Weise über den Kurs dieses Bootes bestimmen. Und nicht alle sind in gleicher Weise betroffen, wenn es sinkt. Man kann das verdeutlichen an einem Boot, dessen Untergang traurige Berühmtheit erlangte: der Titanic. Dort waren nicht nur Wissen und Entscheidungsbefugnisse ungleich verteilt, sondern auch der Zugang zu Rettungsbooten. Ein Kapitän, der „volle Fahrt voraus" befiehlt, obwohl der Ausguck vor Eisbergen warnt, trägt andere Verantwortung als die Passagiere in der dritten Klasse, die kaum mitbekommen, was passiert. Und diejenigen, die ein Schiff so planen und bauen, dass nicht genügend Rettungsboote für alle vorhanden sind, tragen wiederum eine andere Verantwortung.

## 5.1 Gemeinsame, aber unterschiedliche Verantwortung

Sowohl für den Verlust der biologischen Vielfalt als auch für ihre Bewahrung gilt: „Wir" tragen eine gemeinsame, aber unterschiedliche Verantwortung. Dieses sogenannte CBDR-Prinzip[2] war 1992 ganz entscheidend daran beteiligt, dass die Weltgemeinschaft sich überhaupt auf ein internationales Naturschutzabkommen einigen konnte. Denn es erkennt an, dass die Länder des globalen Nordens „in Anbetracht des Drucks, den ihre Gesellschaften auf die globale Umwelt ausüben, sowie in Anbetracht der ihnen zur Verfügung stehenden Technologien und Finanzmittel" beim weltweiten Streben nach nachhaltiger Entwicklung eine besondere Verantwortung tragen (Grundsatz 7, [15]).

Im Hinblick auf die unterschiedlichen Gestaltungsspielräume unterschiedlicher Akteure hat der Deutsche Ethikrat im letzten Jahr in seinem Gutachten zu Klimagerechtigkeit das Konzept der *Multiakteurs-Verantwortung* genutzt [20]: Alle tragen Verantwortung, aber auf je unterschiedliche Weisen.

Auf der *Mikroebene*, also individuell, hat jede und jeder Einzelne eine Verantwortung, die eigenen Handlungsspielräume zu nutzen – selbst, wenn sie klein sind.

Auf der *Mesoebene* – bei Verbänden, Unternehmen oder Institutionen – geht diese Verantwortung über das hinaus, was Einzelpersonen leisten können. Entscheidungen über Investitionen in Millionenhöhe etwa haben eine andere Reichweite als die Entscheidungen eines Privathaushalts. Sie verlangen und ermöglichen daher auch eine größere Übernahme von Verantwortung.

Auf der *Makroebene*, der politischen Gestaltungsebene, kommt eine weitere Form von Verantwortung hinzu. Hier besteht die Aufgabe darin, das Handeln der Einzelnen im Sinne des Gemeinwohls zu koordinieren.

Alle drei Ebenen sind miteinander verflochten: Politische Entscheidungsträgerinnen und -träger auf der Makroebene können Maßnahmen zugunsten der biologischen Vielfalt nicht wirksam umsetzen, wenn sie nicht durch Akteurinnen und Akteure der Mikro- und Mesoebene unterstützt werden. Umgekehrt bleiben biodiversitätsfreundliche Maßnahmen auf der Mikro- und Mesoebene weitgehend wirkungslos, wenn auf der Makroebene kein klarer politischer Rahmen vorgegeben wird.

## 5.2 Kollektive Verantwortung

Dass es für einen erfolgreichen Schutz der biologischen Vielfalt der Handlungskoordination durch die politische Ebene bedarf, hat damit zu tun, dass es sich bei der Biodiversität um ein öffentliches Gut handelt. Biodiversität ist kein Privatbesitz. Sie gehört niemandem. Die sog. „Tragödie" solcher Gemeingüter [21] ist, dass alle – als Kollektiv – dafür verantwortlich sind und sich daher niemand – individuell – dafür

---

[2] Common But Differentiated Responsibility

verantwortlich fühlt. Wie bei einem Abwasch, der sich in einer gemeinsam genutzten Teeküche stapelt, ist der Beitrag der Einzelnen nur marginal. Jede Person stellt ja nur eine Tasse ab – da fühlt sich für den ganzen Geschirrberg schnell niemand zuständig. Aufgrund des sogenannten Trittbrettfahrerphänomens ist es außerdem nicht sonderlich motivierend, den Abwasch für alle zu erledigen. Wer spült, ist der Dumme. Eine Person hat die ganze Arbeit, während alle anderen fein raus sind.

Dennoch ist die Tragödie solcher Situationen nicht zwangsläufig. Die für ihre Forschung mit einem Nobelpreis ausgezeichnete Ökonomin Elinor Ostrom hat gezeigt, dass es eine Lösung für die nachhaltige Nutzung von Commons gibt, die wir alle kennen: Es braucht Regeln [22]. Die Menschen, die Commons gemeinsam nutzen, müssen sich auf Regeln der Nutzung einigen. Diese Regeln müssen von allen, die am jeweiligen Commons beteiligt sind, als fair anerkannt werden. Sie müssen regelmäßig überprüft werden, um sicherzustellen, dass sie auch wirken. Und sie müssen die Möglichkeit von Sanktionen enthalten: Wer sich nicht an die Spielregeln hält, muss von der Nutzung ausgeschlossen werden können.

Das ist bei globalen Gemeingütern wie der biologischen Vielfalt offenkundig schwierig. Weder können und wollen alle an der Aufstellung der Regeln mitwirken, noch gibt es die Möglichkeit eines Ausschlusses von der Nutzung. Gleichwohl sind Regeln wichtige motivationale Voraussetzung für biodiversitätsschonendes Handeln auf der Mikro- und Mesoebene. Entgegen ihrer verbreiteten Wahrnehmung als Schikane und Gängelung sind Regeln nicht nur Einschränkungen individueller Freiheit, sondern ermöglichen erst ein langfristig gutes Zusammenleben. Wenn in der Kommunikation über biologische Vielfalt die Verantwortung des Einzelnen betont wird, darf dieser übergeordnete Zusammenhang nicht außer Acht gelassen werden.

## 6 Fazit

Welche Gründe können wir also anführen, wenn wir Menschen überzeugen wollen, dass es gut und richtig ist, Verantwortung für den Schutz der biologischen Vielfalt zu übernehmen? Zunächst einmal sollten wir zuhören und verstehen, welche Ziele Menschen in ihrem Leben verfolgen, was ihnen wichtig ist, wer sie sein und wie sie leben wollen. An diese Werte und Ziele kann die Kommunikation anknüpfen und aufzeigen, in welchem Zusammenhang sie mit der biologischen Vielfalt stehen. Die Art und Weise, in der wir Grundbedürfnisse wie Nahrung, Behausung oder Gesundheit verwirklichen, hat erheblichen – und derzeit überwiegend negativen – Einfluss auf die biologische Vielfalt. Umgekehrt kann der Verlust biologischer Vielfalt das Erreichen aller anderen Ziele beeinträchtigen. Ohne die biologische Vielfalt werden auch Gesundheit, Ernährung und Wohlstand nicht dauerhaft zu gewährleisten sein. Diese Zusammenhänge aufzuzeigen, ist die Aufgabe wissenschaftsbasierter Klugheitsargumente, die den instrumentellen Wert der Biodiversität betonen.

Über eine auf den Eigennutz bauende Argumentation hinaus, müssen jedoch auch Fragen der Gerechtigkeit angesprochen werden. Was können wir einander aus guten Gründen abverlangen? Welche Zumutungen sind gerechtfertigt? Wer muss Verantwortung für die Folgen eines Handelns hier und heute übernehmen, die heute oder in Zukunft andere zu tragen haben?

Die Glücksargumentation hingegen setzt nicht auf moralische Verpflichtungen, sondern darauf, dass Menschen naturverträglich handeln, weil es ihrem Selbstverständnis entspricht und sie darin einen Sinn sehen. Über zweckrationale Nützlichkeitserwägungen hinaus betont sie die vielfältigen Werte der Natur für ein gelingendes Leben. Statt „Schuld" zuzuweisen, lädt sie zur Übernahme von Verantwortung ein – sowohl im Rahmen dessen, was jede und jeder Einzelne tun kann, als auch auf den übergeordneten Ebenen. Die Übernahme von Verantwortung ist keine Frage naturwissenschaftlicher Notwendigkeit, sondern Ausdruck menschlicher Freiheit. Dabei geht es nicht in erster Linie um uns selbst, sondern um andere: „Verantwortung ist die als Pflicht anerkannte Sorge um ein anderes Sein", schreibt Hans Jonas [3]. Deshalb sind „Gerechtigkeit" und „Glück" unverzichtbare Argumente für den Schutz der biologischen Vielfalt.

**Offenlegung von Interessenkonflikten** Die Autorin ist als freie Umweltethikerin beratend zu den ethischen Dimensionen des Biodiversitätsschutzes tätig. Es liegen keine finanziellen oder institutionellen Interessen vor, die für den Inhalt dieses Artikels relevant sind.

## Literatur


1. Eser, U. (Hg.): Jenseits von Belehrung und Bekehrung. Wie kann Kommunikation über Ethik im Naturschutz gelingen? Bundesamt für Naturschutz, Bonn-Bad Godesberg (2016)
2. Eser, U., Neureuther, A.-K., Müller, A.: Klugheit, Glück, Gerechtigkeit: Ethische Argumentationslinien in der Nationalen Strategie zur biologischen Vielfalt. Bundesamt für Naturschutz, Bonn-Bad Godesberg (2011)
3. Jonas, H.: Das Prinzip Verantwortung. Versuch einer Ethik für die technologische Zivilisation. Insel-Verlag, Frankfurt/M. (1979)
4. Tagesschau: UN-Bericht zur Artenvielfalt. Eine Million Pflanzen und Tierarten bedroht. 20-Uhr-Sendung vom 6.5.2019
5. Millennium Ecosystem Assessment (MEA): Ecosystems and Human Well-being. Biodiversity Synthesis. World Resources Institute, Washington/D.C. (2005)
6. Ehrlich, A., Ehrlich P.: Extinction: the causes and consequences of the disappearance of species. Random House, New York (1981)
7. Deutscher Naturschutzring: Artenvielfalt – alles im Gleichgewicht? Infografik. Movum Heft 14, 4/2017, https://www.dnr.de/publikationen/movum-heft-14-biodiversitaet (letzter Zugriff 5.5.2026)
8. Global Footprint Network: Country Overshoot Days 2026. https://overshoot.footprintnetwork.org/newsroom/country-overshoot-days/ (letzter Zugriff 27.5.2026)
9. Umweltbundesamt (UBA): Von der Welt auf den Teller. 2020. https://www.umweltbundesamt.de/sites/default/files/medien/5750/publikationen/uba_210121_kurzstudie_nahrung_barr.pdf (letzter Zugriff 30.04.2026)
10. Fatheuer, T.: Zauberwort negative Emissionen. Land und Wald: Biomasse für eine klimaneutrale Welt. Forschungs- und Dokumentationszentrum Chile-Lateinamerika (FDCL), Berlin (2018)
11. Vereinte Nationen: Ziele für Nachhaltige Entwicklung, https://unric.org/de/17ziele (letzter Zugriff 05.05.2026)
12. European Commission: Directorate-General for Research and Innovation, Opinion on towards a just green transition – Addressing structural inequities, Publications Office of

the European Union, 2026, https://data.europa.eu/doi/10.2777/5343947 (letzter Zugriff 28.05.2026)
13. Meadows, D. et al.: Die Grenzen des Wachstums. Bericht des Club of Rome zur Lage der Menschheit. Rowohlt, Reinbek bei Hamburg (1973)
14. Nussbaum, M. C.: Gerechtigkeit oder das gute Leben. Suhrkamp, Frankfurt/ M. (1999)
15. United Nations Conference on Environment and Development (UNCED): Rio-Erklärung über Umwelt und Entwicklung. (1992)
16. BMUB/BfN: Naturbewusstsein 2015. Bevölkerungsumfrage zu Natur und biologischer Vielfalt. BMUB, Berlin (2016)
17. BMUB/UBA: Umweltbewusstsein in Deutschland 2014. Ergebnisse einer repräsentativen Bevölkerungsumfrage. BMUB, Berlin (2015)
18. Bundesministerium für Umwelt, Klimaschutz, Naturschutz und nukleare Sicherheit (BMUKN): Nationale Strategie zur Biologischen Vielfalt 2030. Beschluss des Bundeskabinetts vom 18. Dezember 2024. BMUKN, Berlin (2025)
19. Arendt, H.: Macht und Gewalt. Piper, München (2024)
20. Deutscher Ethikrat: Stellungnahme Klimagerechtigkeit. Berlin (2024). https://www.ethikrat.org/publikationen/stellungnahmen/klimagerechtigkeit/ (letzter Zugriff 30.04.2026)
21. Hardin, G.: The tragedy of the commons. Science, New Series, **162** (3859), S. 1243–1248, (1968)
22. Ostrom, E.: Was mehr wird, wenn wir teilen. Vom gesellschaftlichen Wert der Gemeingüter/ hg. v. S. Helfrich. Oekom, München (2011)

**Uta Eser** ist Biologin und Umweltethikerin. Ihre Arbeitsschwerpunkte in Forschung, Bildung und Beratung sind Umweltethik und -kommunikation in den Bereichen Biologische Vielfalt, Globale Gerechtigkeit und Sozialökologische Transformation. Sie ist Inhaberin des Büros für Umweltethik in Tübingen, assoziiertes Mitglied am Zentrum für Ethik in den Wissenschaften der Universität Tübingen und Mitglied im Deutschen Ethikrat.

# Klimawandel und Biodiversitätskrise – zwei Seiten einer Medaille

Franz Essl(✉)

Abteilung für BioInvasionen, Makroökologie und Globaler Wandel, Universität Wien, Wien, Österreich
franz.essl@univie.ac.at

**Zusammenfassung.** Die globale Biosphäre ist durch die rasant gestiegenen Ansprüche der Menschheit über ihre Belastungsgrenzen beansprucht. Daraus resultiert eine globale und umfassende Umweltkrise, die sich weiterhin zu verschärfen droht. Die zwei wichtigsten Folgen dieser Übernutzung des Planeten, Klimawandel und Biodiversitätsverlust, sind eng miteinander verknüpft und verstärken sich gegenseitig. Die negativen Folgen der Überschreitung planetarer Grenzen werden anhand von Beispielen sowohl aus globaler Perspektive als auch für Österreich dargestellt. Die Bewahrung einer intakten Biosphäre ist jedoch für gesellschaftliches Wohlergehen unerlässlich. Aus dieser Erkenntnis werden politische und gesellschaftliche Prioritäten abgeleitet, die eine Grundlage für entschlossenes politisches und gesellschaftliches Handeln darstellen.

**Schlüsselwörter:** Anthropozän · Artenverlust · Biodiversität · Gesellschaft · Globaler Wandel · Klimawandel · Natur · Treibhausgase · Umweltpolitik

## 1 Einleitung

In diesem Beitrag nehme ich Sie auf eine Reise mit. Wir beginnen mit einer Rückschau auf die biophysikalische Welt, wie sie einmal war. Eine Welt, geprägt durch wenig veränderte Natur und extensiv genutzte Landschaften, in der der Mensch nur einer von vielen Einflussfaktoren war.

Dieses Bild prägt immer noch unsere Wahrnehmung, aber es gehört schon heute der Vergangenheit an. Denn der ökologische Zustand unseres Planeten hat besonders in den letzten Jahrzehnten eine zunehmend rasante und tiefgreifende Veränderung erfahren – bedingt durch den immer weiter ausgreifenden Einfluss des Menschen auf die Biosphäre. Diese Veränderungen und die mittlerweile zentrale Rolle der Menschen für den ökologischen Zustand unseres Planeten stehen im Zentrum des nächsten Abschnitts dieses Beitrags. Anschließend beschreibe ich den Zustand der Biodiversität und die Auswirkungen des Klimawandels in Österreich.


S. M. Gergely et al. (Hrsg.): SymWeN 2026, *Die Werte der Natur,* S. 234–251, 2027,
https://doi.org/10.1007/978-3-662-74109-2_17

Danach gehe ich auf die Zusammenhänge zwischen Biodiversitätsverlust und Klimawandel ein – und darauf, dass beide Phänomene ursächlich verbundene Facetten einer globalen Umweltkrise sind, die nur gemeinsam gelöst werden können. Am Ende meiner Ausführungen stelle ich einige Lösungsansätze vor, die dazu beitragen können, die Auswirkungen der Umweltkrise maßgeblich zu reduzieren.

## 2 Eine kurze Geschichte rasanter Umweltveränderungen

### 2.1 Die Welt von vorgestern

Der Einfluss des Menschen auf die Natur reicht weit in die Vergangenheit zurück. Es ist mittlerweile unbestritten, dass zahlreiche Großsäuger infolge der erstmaligen Besiedelung von Kontinenten (Amerika, Australien) und durch die steigende Jagdfähigkeit unserer Vorfahren schon im Paläolithikum durch Überjagung ausgerottet wurden („Overkill-Hypothese") [1, 2]. Auf ozeanischen Inseln mit ihrer isolierten und daher eigenständigen Fauna und Flora kam es infolge der Besiedelung durch den Menschen ebenfalls zu einem massiven Artenverlust, v. a. durch Überjagung und das Einschleppen konkurrenzkräftiger invasiver Arten. Das ganze Ausmaß dieses frühen Artenverlusts auf Inseln wird erst in jüngerer Vergangenheit besser abschätzbar – so zeigen neue Studien, dass mit der Besiedelung der pazifischen Inselwelt rund tausend Vogelarten ausgerottet worden sind [3, 4].

Trotz dieser teils weit zurückreichenden Eingriffe dominierten bis ins frühe 20. Jahrhundert in vielen Gebieten der Erde weitgehend unberührte oder extensiv genutzte Landschaften und Lebensräume (Abb. 1) [5]. Auch Mitteleuropa wird zwar seit mehreren Jahrtausenden landwirtschaftlich genutzt, aber diese Nutzung blieb extensiv und ermöglichte die Ausbildung artenreicher Mosaiklandschaften – unserer Kulturlandschaften.

**Abb. 1.** Ein Blick in die Vergangenheit. Gezeigt werden Beispiele von extensiv genutzten oder unberührten Landschaften und artenreichen Lebensräumen Mitteleuropas, wie sie bis in die Mitte des 20. Jahrhunderts prägend waren. Heute sind solche Landschaften und Lebensräume selten geworden – nicht nur in Mitteleuropa, sondern auch weltweit. (© Franz Essl)

## 2.2 Willkommen im Anthropozän

Die rasant steigenden Einflüsse und Eingriffe des Menschen auf die Biosphäre haben spätestens im 20. Jahrhundert eine neue Epoche für das Leben auf der Erde eingeleitet. Der Großteil der terrestrischen Biosphäre abseits von Kälte- und Trockenwüsten wird heute durch menschliche Tätigkeiten geformt [5]. So ist beispielsweise die weltweite Fläche von natürlichen Feuchtgebieten seit 1900 um 54–57 % zurückgegangen [6]. Im vergangenen Jahrhundert hat artenreiches Grünland in vielen Regionen von Europa bis zu 90 % seiner ursprünglichen Fläche verloren [7, 8]. Die europäischen Primärwälder sind auf ca. 1,4 Mio. ha – etwa 0,7 % der heutigen Waldfläche des Kontinents – geschrumpft [9]. Diese Liste ließe sich noch beliebig fortsetzen …

Zwischenfazit: Erstmals in der Erdgeschichte ist eine Spezies zur global prägenden Kraft geworden – daher wird diese Epoche zunehmend häufig als Anthropozän bezeichnet [10]. Noch dazu sind diese drastischen Veränderungen sehr rasch erfolgt, innerhalb der letzten Jahrzehnte haben sich nahezu alle Indikatoren, die den menschlichen Einfluss auf den Planeten Erde beschreiben, massiv erhöht – sowohl die Weltbevölkerung als auch die Wirtschaftsleistung (BIP) und der globale Wasserverbrauch (Abb. 2). Die heutige biophysikalische Welt ist von immens beschleunigtem Wandel geprägt.

Diese umfassenden Veränderungen unserer Umwelt erfolgen oft in zahlreichen kleinen Schritten wie der Rodung einer Hecke hier, oder der Begradigung eines Baches dort. Menschen nehmen solche – für sich genommen kleinen – Veränderungen jedoch nicht ausreichend wahr – ein Phänomen, das als „shifting baseline“ bezeichnet wird. Je länger wir eine Landschaft kennen, desto weniger erinnern wir uns, wie sie einmal war – und desto leichter entgeht uns das wahre Ausmaß des Wandels.

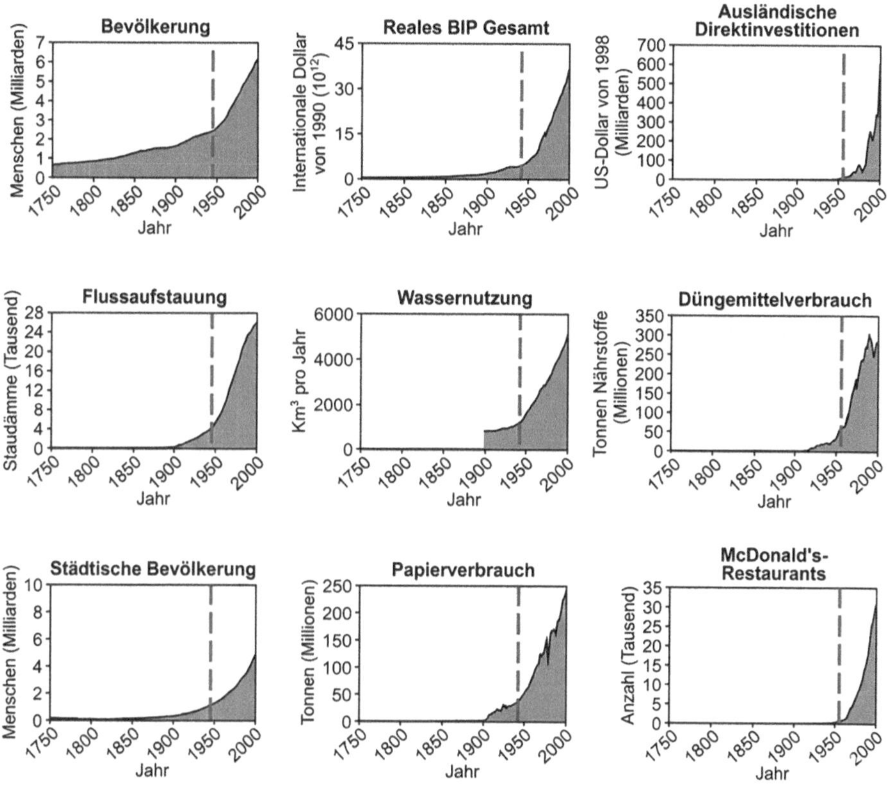


**Abb. 2.** Entwicklung von Indikatoren für den Einfluss des Menschen auf die Biosphäre. Die jüngere Vergangenheit ist durch eine rasante Ausweitung menschlicher Aktivitäten gekennzeichnet. Diese hat nach dem 2. Weltkrieg an Geschwindigkeit nochmals zugenommen (angedeutet durch die vertikale strichlierte rote Linie). Verändert nach [10].

Sehr eindrucksvoll lässt sich das Anthropozän veranschaulichen, indem man die globale Biomasse aller heute lebenden großen Landsäugetiere ab etwa 50 kg Körpergewicht in drei Gruppen darstellt (Abb. 3). Das Gewicht aller Menschen und unserer großen Nutztiere – etwa eine Milliarde Kühe, Hunderte Millionen Schafe, Ziegen und Schweine etc. – macht dabei die ersten beiden Kategorien aus. Und dann gibt es eine dritte Kategorie, die in der Übersicht fast untergeht: diese umfasst alle wild lebenden großen Säugetiere – Antilopen, Wildkatzen, Nashörner, Elefanten und so weiter. Das eigentlich Erstaunliche daran ist: Die Biomasse aller wild lebenden großen Säugetiere macht nur etwa 5 % des Gesamtgewichts aus. Das heißt mit anderen Worten: Ein Film über die Tierherden der Serengeti oder über Steinböcke in den Alpen zeigt gewissermaßen ein Naturmuseum – in globalem Kontext betrachtet. Es ist dennoch unverzichtbar, dass solche „Museen" erhalten bleiben. Doch was Sie dort sehen können, ist für den heutigen Zustand der globalen Biosphäre nicht mehr repräsentativ.

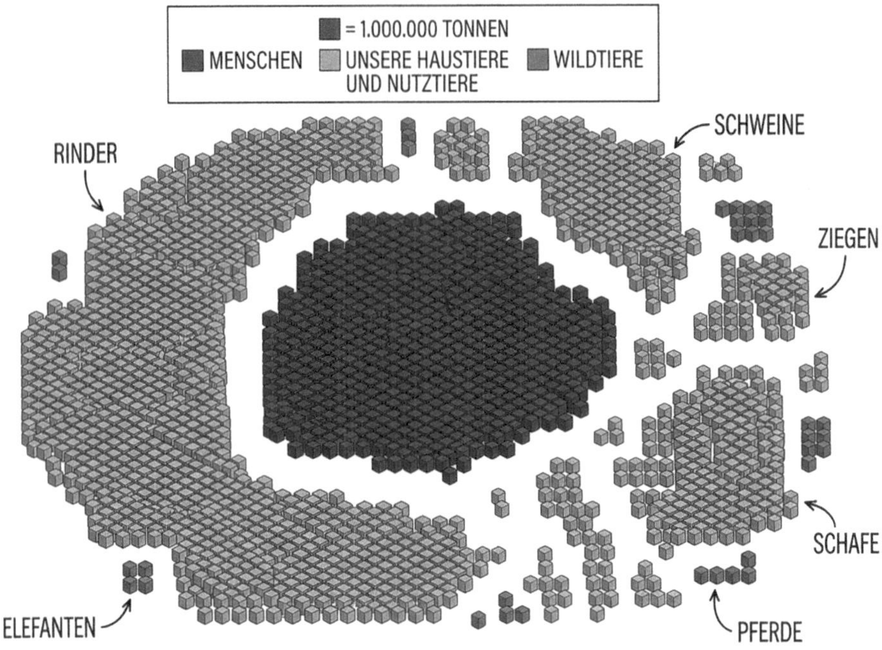


**Abb. 3.** Die Biomasse der heute lebenden großen terrestrischen Säugetiere mit einem Lebendgewicht von mehr als 50 kg. Menschen und unsere Nutztiere machen 95 % aus und alle wildlebenden Säugetierarten die restlichen 5 %. (Quelle: [11, 12])

## 2.3 Ein Planet jenseits seiner ökologischen Belastbarkeit

Wir leben in einem endlichen System – dem Planeten Erde. Dieser ist nach menschlichem Maßstab gemessen zwar groß, aber nicht unbegrenzt groß. Daraus ergeben sich zwangsläufig Grenzen: Grenzen der Belastbarkeit, also dessen, was Ökosysteme und was die globale Biosphäre langfristig verkraften können. Diese Grenzen wurden erstmals durch die Berichte des Club of Rome in den frühen 1970er Jahren aufgezeigt und inzwischen zu einem Konzept der planetaren Grenzen weiterentwickelt, in dem verschiedene Umweltaspekte systematisch aufgeschlüsselt werden. Dieses Konzept wurde erstmals im Jahr 2009 vorgestellt (Abb. 4) [13]. Damals identifizierte man sieben Kategorien und bewertete sie mithilfe eines einfachen Ampelsystems. Bereits zu diesem Zeitpunkt waren drei der sieben betrachteten Grenzen überschritten. In der aktuellen Bewertung sind jedoch schon sieben der mittlerweile neun unterschiedenen planetaren Grenzen überschritten [14].

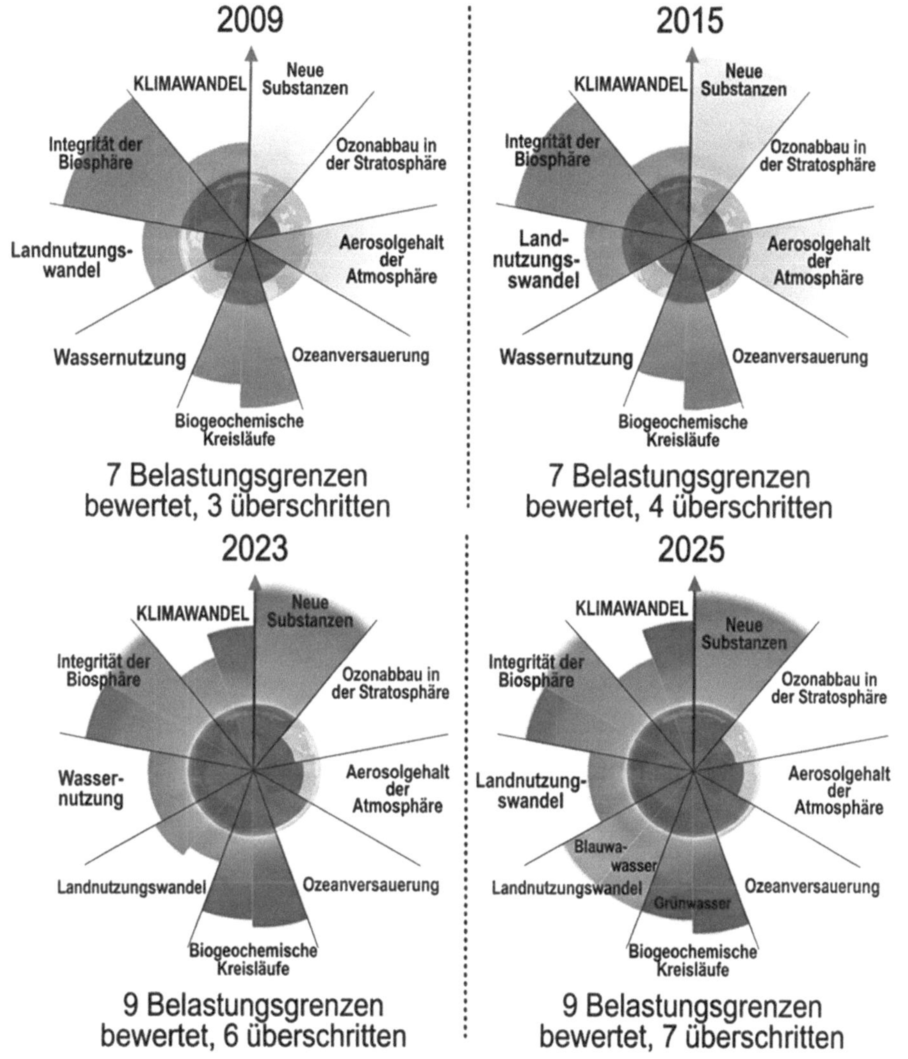


**Abb. 4.** Die planetaren Grenzen und die Veränderung ihres Überschreitens über die Zeit. Wurden 2009 von den damals erstmals bewerteten Grenzen drei überschritten [13], so waren es 2025 bereits sieben Grenzen, die überschritten wurden [14]. (Quelle: https://www.stockholmresilience.org/research/planetary-boundaries.html)

Ein zutreffendes Verständnis der planetaren Umweltkrise dürfte auf der Ebene globaler Entscheidungsträger:innen mittlerweile vorhanden sein. Dies zeigt der „Global Risks Report“ (Abb. 5), der jedes Jahr vom World Economic Forum in Davos veröffentlicht wird. Er basiert auf einer Umfrage unter globalen Entscheidungsträger:innen v. a. aus Politik und Wirtschaft, welche Risiken längerfristig als die wichtigsten für die menschliche Gesellschaft gesehen werden. Seit Jahren stehen in diesem Ranking nahezu ausschließlich Klima- und Biodiversitätsrisiken an der Spitze.

**Abb. 5.** Die 10 gravierendsten langfristigen globalen Risiken für die menschliche Gesellschaft über die nächsten 10 Jahre aus dem Global Risks Report des World Economic Forum. Die ersten drei Positionen werden von Umweltrisiken eingenommen. Dieser Analyse liegt eine Umfrage unter 1300 Experten aus Wissenschaft, Wirtschaft, Regierungen, internationalen Organisationen und Zivilgesellschaft zugrunde. (Quelle: https://reports.weforum.org/docs/WEF_Global_Risks_Report_2026.pdf)

## 2.4 Warum Klimawandel und Artenverlust ursächlich und eng miteinander verknüpft sind

Der Rückgang der Biodiversität und der Klimawandel werden häufig als getrennte, voneinander unabhängige Phänomene betrachtet, da sie sich in unterschiedlichen biophysikalischen Prozessen unseres Planeten manifestieren. Dabei ist zwar den meisten Menschen bewusst, dass die Folgen eines dieser beiden Prozesse schwerwiegende Effekte auf den jeweils anderen Prozess haben. So hat der Klimawandel massive Auswirkungen auf die Verbreitung von Arten und Lebensräumen und verändert damit die Biodiversität [15–18].

Andererseits stammt ein erheblicher Anteil der anthropogenen Treibhausgasemissionen – etwa ein Viertel – aus der Landnutzung und Zerstörung von Ökosystemen. Wenn Wälder gerodet oder Moore entwässert werden, wird gespeicherter Kohlenstoff freigesetzt. Bei Mooren etwa führt die Absenkung des Wasserspiegels dazu, dass Torf mit Sauerstoff in Kontakt kommt und sich zersetzt – wodurch $CO_2$-Emissionen entstehen.

Dass beide Phänomene ursächlich auf das Engste miteinander verbunden sind, ist im öffentlichen Diskurs, aber auch innerhalb der Forschung oftmals nicht ausreichend präsent. Das liegt zum Teil daran, dass Klima- und Biodiversitätsforschung jeweils andere Forschungsexpertise benötigt und daher von unterschiedlichen Personen und oftmals auch Institutionen betrieben wird. Die wichtigsten Ursachen der Übernutzung der Biosphäre sind die Folge eines übergroßen ökologischen Fußabdrucks, der sich durch intensive Landnutzung und ihre Folgen (z. B. Überdüngung, Biozide, Zerstörung naturnaher Lebensräume, Urbanisierung), Übernutzung von Wildtierpopulationen zu Land und im Wasser, und die Verschleppung invasiver Arten beschreiben lässt [19]. Der gesellschaftliche Stoffwechsel, der sich aus der Nutzung, Verarbeitung und dem Transport der aus der Natur entnommenen Materialien speist, benötigt darüber hinaus sehr viel Energie. Am Ende entsteht dabei auch noch ein riesiges Abfallproblem.

Und vor allem: Wohin mit unseren Treibhausgasen, die aus dem Einsatz fossiler Energie, aber auch aus der Übernutzung der Natur freigesetzt werden? Die Lösung, die wir bislang gefunden haben, besteht darin, die Atmosphäre als eine Art Mülldeponie zu nutzen. Dort sammeln sich daher die Treibhausgase an und verursachen den Klimawandel.

## 3 Österreich – keine Insel der Seligen

### 3.1 Vom Sterben der Fichte zum Rückgang der Vögel

Österreich ist vom Klimawandel stark betroffen, die Mitteltemperaturen sind seit der Mitte des 19. Jahrhunderts um 3,1 °C angestiegen [20]. Der Temperaturanstieg hat besonders seit den frühen 1990er Jahren massiv zugenommen (Abb. 6). Dieser Trend ist weltweit ähnlich – alle Länder zeigen im selben Zeitraum ein vergleichbares Bild. Im selben Ausmaß, in dem sich der Klimawandel beschleunigt, werden auch seine Folgen zunehmend deutlich bemerkbar.

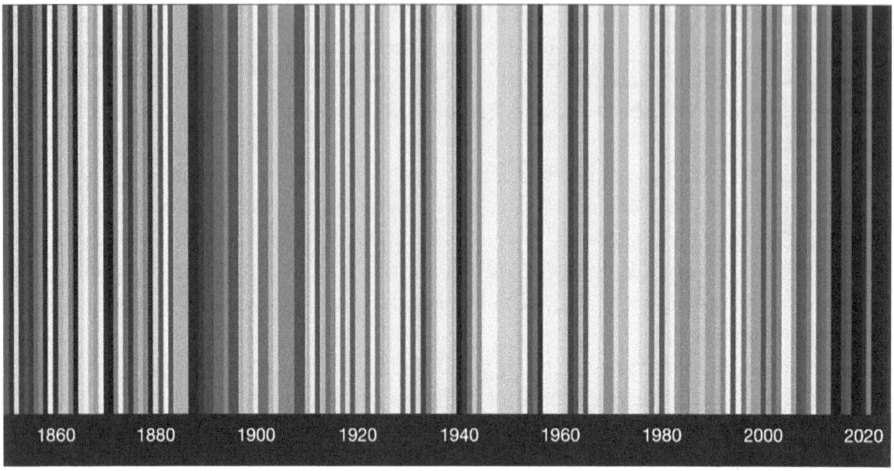


**Abb. 6.** Die jährliche Temperaturabweichung in Österreich vom langjährigen Mittelwert zwischen 1850 und 2025. Rote Farben bedeuten heiße Jahre, blaue Farben kalte Jahre. Die Zunahme der Temperaturen besonders seit den frühen 1990er Jahren ist augenscheinlich. (Quelle: https://showyourstripes.info)

Wir stoßen die Erde also mit raschen Schritten in eine globale Heißzeit. Und das bedeutet auch, dass wir den Grenzwert, der im Pariser Klimaübereinkommen festgeschrieben wurde – nämlich den globalen Temperaturanstieg möglichst auf 1,5 Grad zu begrenzen, heute schon erreicht haben. Warum gibt es dieses 1,5 Grad-Ziel überhaupt? Dieser Grenzwert basiert auf dem wissenschaftlichen Konsens, dass mit einem zunehmenden Temperaturanstieg jenseits von 1,5 °C die Klimarisiken für die Menschen größer und irgendwann gesellschaftlich wahrscheinlich unbeherrschbar werden [14, 21].

Verschiedene Rückkopplungsmechanismen können die klimatischen Veränderungen noch einmal verschärfen. Dazu zählen etwa die Auswirkungen steigender Temperaturen auf das Abschmelzen von Eis, einen stark steigenden Meeresspiegel oder das Absterben von Waldgebieten aufgrund klimatischer Extreme [21]. Diese Prozesse wirken wiederum zurück auf die Treibhausgasbilanz und verstärken damit die Erwärmung zusätzlich. Diese Auswirkungen zeigen sich nicht nur im fernen Amazonasgebiet, sondern auch in Österreich.

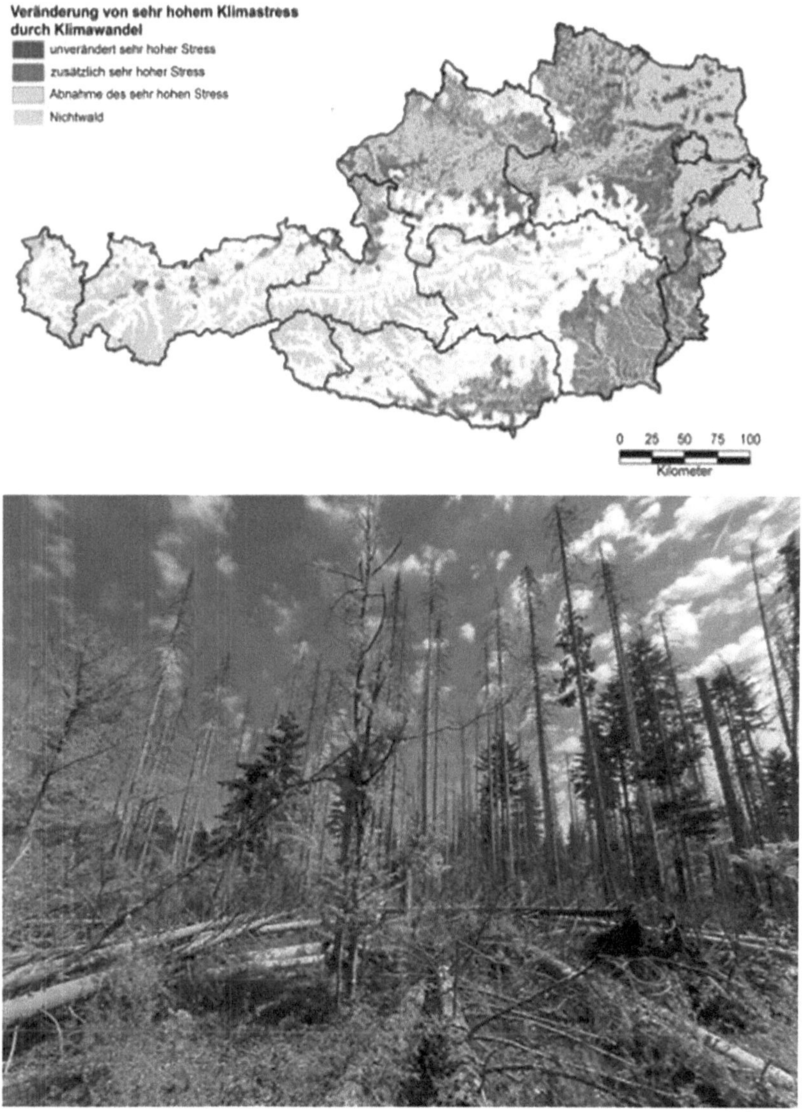


**Abb. 7.** Prädiziertes klimatisches Risiko der Fichte in Österreich unter einem mittleren Klimawandelszenario für den Zeitraum (2071–2100) [22]. Absterbender Fichtenwald nach Borkenkäferbefall im Bayrischen Wald nahe der Grenze zu Österreich. (© Franz Essl)

Die Fichte – und in Österreichs Wäldern ist etwa jeder zweite Baum eine Fichte – leidet besonders im Klimawandel (Abb. 7). Sie ist der „Brotbaum“ der österreichischen Forstwirtschaft. Gleichzeitig ist sie auch die Baumart, die in vielen Tälern Siedlungen vor Lawinen und Steinschlag schützt. Allerdings verträgt sie Hitze und Trockenheit schlecht, u. a. weil sie ein Flachwurzler ist – wie jeder weiß, der schon einmal nach einem Sturm durch einen Wald gegangen ist. Wo Fichten wachsen, sieht man dann häufig umgestürzte Bäume mit Wurzeltellern. Das liegt daran, dass sich die Wurzeln von Fichten überwiegend in den obersten 30 cm des Bodens befinden. Dadurch kippen die Bäume bei starkem Wind leicht mitsamt ihren Wurzeln um. Auch Trockenheit ist ein großes Problem, denn dann bekommt die Fichte als Flachwurzler nicht mehr genug Wasser.

Dabei sterben die Fichten nicht direkt an Hitze- oder Trockenheitsstress. Vielmehr sind es indirekte Folgen, etwa die Massenvermehrung von Borkenkäfern, besonders des Buchdruckers *(Ips typographus)*, die Fichten zum Absterben bringen. Der Buchdrucker kommt überall vor, wo es Fichten gibt. Problematisch wird es jedoch, wenn sich die Fichten aufgrund von Hitze und Trockenheit nicht mehr ausreichend gegen den Schädling wehren können. Normalerweise schützen sie sich durch die Produktion von klebrigem Harz. Dieses Harz sorgt dafür, dass die eierlegenden Weibchen des Buchdruckers darin kleben bleiben und keine Eier ablegen können. Bei Hitze und Trockenheit erzeugen Fichten jedoch deutlich weniger Harz. Dadurch gelingt es den Weibchen, ihre Eier abzulegen, und es kommt zu einer massenhaften Vermehrung des Borkenkäfers, die zum Absterben der Bäume, mittlerweile ganzer Wälder, führt.

Diese Folgeschäden des Klimawandels sind keineswegs überraschend. Bereits vor knapp 20 Jahren wurden entsprechende Prognosen erstellt [22]. Eine Risikokarte für die Fichte in Österreich zeigte schon damals große Risikogebiete im Alpenvorland, Wald- und Mühlviertel (Abb. 7). Für diese Regionen wurde prognostiziert, dass es dort in der zweiten Hälfte des 21. Jahrhunderts zu heiß und zu trocken für die Fichte werden würde. Heute sehen wir jedoch, dass diese Entwicklung vielerorts schon jetzt eingetreten ist. In vielen dieser Regionen herrschen inzwischen Bedingungen, die für Fichten zu heiß und zu trocken geworden sind.

Das massenweise Sterben von Bäumen hat auch massive Auswirkungen auf ihre Klimabilanz. Österreichs Wälder wurden in den letzten zwei Jahren erstmals von einer Kohlenstoffsenke zu einer Kohlenstoffquelle [23]. Sie nehmen nicht mehr Kohlenstoff auf, als sie abgeben, sondern setzen netto sogar $CO_2$ frei und verstärken damit den Treibhauseffekt, der die Ursache für den Klimawandel darstellt. Der Grund dafür ist, dass so viele Bäume absterben, dass der Zuwachs junger Bäume diesen Verlust nicht mehr ausgleichen kann. Modelle für die nächsten Jahrzehnte zeigen, dass es künftig in Österreich den meisten heute hier vorkommenden Waldbaumarten zu heiß werden wird [24] – mit dem Risiko, den Klimawandel zusätzlich erheblich zu beschleunigen.

## 3.2 … zum Rückgang der Vögel

„Tu Felix Austria" – Österreich als Insel der Seligen? Bei uns ist die Natur noch grün und die Artenvielfalt ist intakt. So eine immer noch weit verbreitete Sichtweise. Mittlerweile ist jedoch gut belegt, dass die Artenvielfalt in Österreich ebenfalls massiv zurückgeht.

Für Vögel gibt es sehr gute Daten zur Bestandsentwicklung über den sogenannten Farmland Bird Index. Das ist eine jährliche Erhebung der Brutvögel auf Probeflächen in der Kulturlandschaft Österreichs seit dem Jahr 1998. Seither sind die Brutbestände um etwa 45 % geschrumpft (Abb. 8). Dieser starke Rückgang erfolgte in nur etwas mehr als 25 Jahren. Und dabei wurde die Agrarlandschaft im Jahr 1998 bereits intensiv genutzt.

Auch für viele andere Artengruppen sind massive Rückgänge belegt, etwa ein Drittel der in den Roten Listen Österreichs beurteilten Arten ist bedroht, und zahlreiche artenreiche oder naturnahe Lebensräume sind selten geworden. Der Rückgang der Arten- und Lebensraumvielfalt betrifft Österreich ebenso wie andere Regionen der Erde.

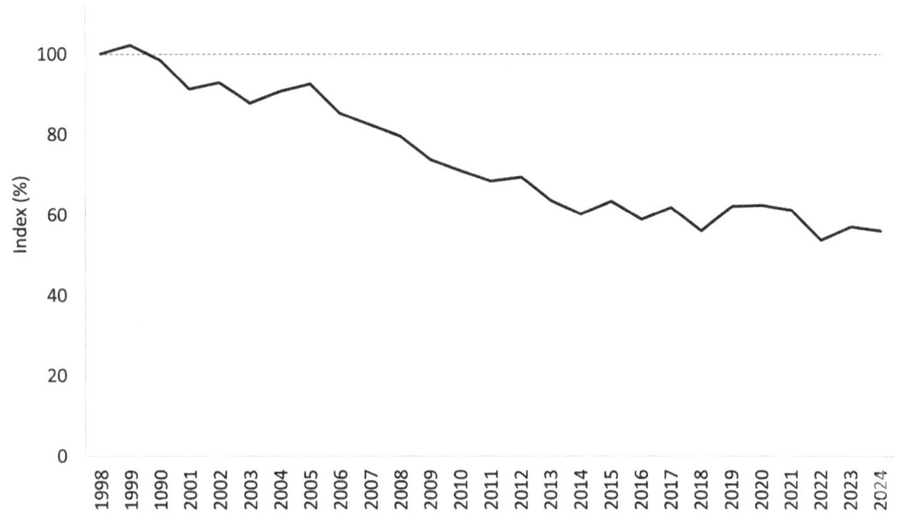


**Abb. 8.** Entwicklung der Brutvogelbestände der Kulturlandschaft in Österreich von 1998 bis 2024. Die Bestände sind um ca. 45 % zurückgegangen. (Quelle: https://www.birdlife.at/vogelschutz/forschung-und-monitoring/monitoring-der-brutvoegel-oesterreichs/)

# 4 Naturschutz = Klimaschutz

## 4.1 Eine intakte Biosphäre als Basis für menschliches Wohlergehen

Narrative und Weltbilder sind in Gesellschaften – und auch individuell – tief verankert und werden kaum hinterfragt. Sie prägen unser Denken und Handeln, meist ohne dass wir uns dessen bewusst sind.

Dieser Grundsatz gilt auch für unsere Sicht auf die Bedeutung der Biosphäre für unsere Gesellschaft. Dabei sind die wissenschaftlichen Erkenntnisse dazu eindeutig: wir brauchen gesellschaftliche und politische Leitlinien, die anerkennen und danach handeln, dass die Bewahrung – bzw. Wiederherstellung einer intakten Biosphäre – eine essenzielle Voraussetzung für unsere Gesellschaft ist.

Das Fundament für dieses Weltbild ist die Wahrnehmung der Biosphäre als endliches System (Abb. 9) – also unser Planet Erde als endliches System mit seinen Prozessen und Grenzen, Stichwort planetare Grenzen. Darin eingebettet befindet sich unsere Gesellschaft als soziale Gemeinschaft. Und innerhalb dieser Gesellschaft wiederum ist die Wirtschaft verortet – als ein Teilbereich, der von gesellschaftlichen Rahmenbedingungen geprägt wird und diese zugleich mitgestaltet.

Auf Dauer ist eine Übernutzung der Biosphäre durch menschliche Aktivitäten nicht möglich. Die Folgewirkungen werden umso massiver, je länger und gravierender das Überschreiten planetarer Grenzen andauert, zumal sie zeitlich verzögert oder räumlich woanders auftreten können. Insbesondere bei planetaren Prozessen können sie de facto irreversibel sein.

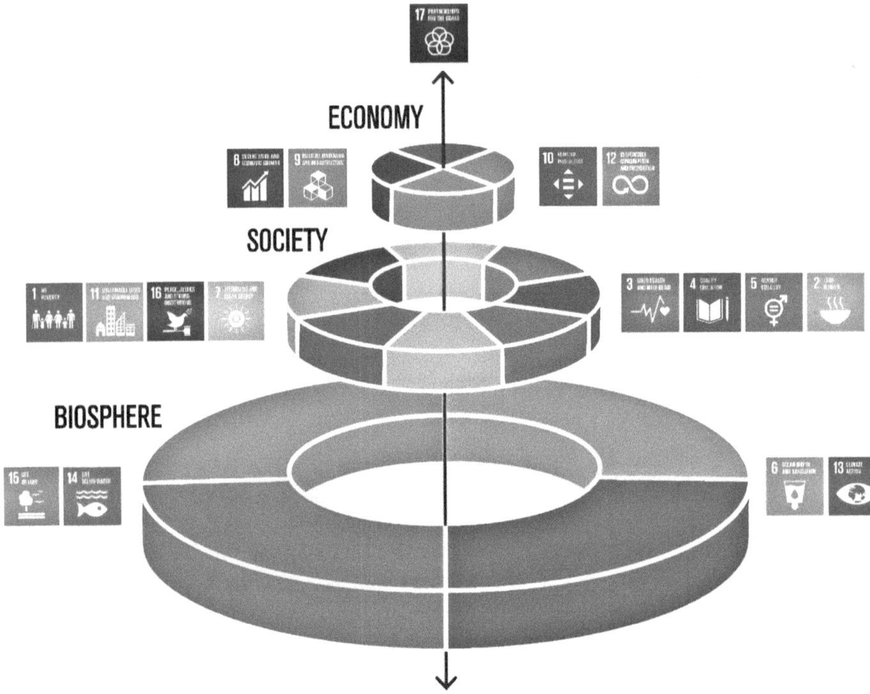


**Abb. 9.** Konzeptionelles Modell der Biosphäre als Basis für die menschliche Gesellschaft und das darin eingebettete ökonomische System. Ebenfalls dargestellt sind die Sustainable Development Goals (SDGs) der UNO. (Quelle: Stockholm Resilience Centre (https://www.stockholmresilience.org/research/research-news/2016-06-14-the-sdgs-wedding-cake.html), Stockholm University CC BY-ND 3.0)

Dieses hier skizzierte Weltbild ist in unserer Gesellschaft jedoch nicht tonangebend. Ein Beleg dafür ist die häufig getätigte Aussage, die in Zeiten von wirtschaftlichen Krisen und höheren Inflationsraten besonders oft zu vernehmen ist: Naturschutz, Klimaschutz – oder auch angemessene Energiepreise – könnten wir uns derzeit nicht leisten. Unsere Wirtschaft, so heißt es, würde das nicht aushalten. Diese Sichtweise behandelt Natur- und Klimaschutz als eine Art Luxusgut – als etwas, das man sich nur in wirtschaftlich guten Zeiten gönnen kann. Tatsächlich aber handelt es sich um eine elementare Notwendigkeit.

Eine intakte Biosphäre mit all ihren Leistungen ist grundlegend für das Funktionieren unserer Gesellschaft, unserer Wirtschaft und unserer politischen Systeme. Ein angemessenes Verständnis davon, wie unsere Welt funktioniert, muss daher diese Zusammenhänge berücksichtigen: dass wirtschaftliche und politische Entscheidungsstrukturen immer in die Biosphäre eingebettet sind – und auf Gedeih und Verderb von ihr abhängen.

## 4.2 Nichtstun ist keine Lösung

Die wissenschaftliche Evidenz ist klar und unumstritten: Politische Entscheidungen müssen die biophysikalischen Grenzen des Planeten ernsthaft berücksichtigen. Andere Aspekte bleiben ebenfalls relevant, doch dieses Grundverständnis muss Politik und Gesellschaft durchdringen.

Weiters folgt aus den in diesem Beitrag aufgezeigten Sachverhalten, dass Nichtstun – oder ein Aufschieben von Maßnahmen – keine Lösung ist. Ganz im Gegenteil: Durch das Verzögern von Lösungen verschärft sich die Umweltkrise nur noch weiter. Dies lässt sich etwa an den Folgen einer verzögerten Klimapolitik gut illustrieren: ein globaler Temperaturanstieg von 1,5 °C führt in der zweiten Hälfte des 21. Jahrhunderts zu einem Einkommensverlust von rund 3 % [25]. Das ist beachtlich, aber gesamtgesellschaftlich vermutlich noch handhabbar.

Ein Klimawandel mit etwa 3 °C globalem Temperaturanstieg hätte hingegen noch deutlich gravierendere Folgen: Er würde global zu Einkommensverlusten von etwa 10 % führen. Um das leicht verständlich einzuordnen: Das Pandemiejahr 2020, also das Jahr der harten Lockdowns, hat in Österreich zu einem einmaligen Wohlstands- und Einkommensverlust von rund 5 % geführt. Beim Klimawandel sprechen wir jedoch nicht von einem einmaligen (und vorübergehenden) Effekt sondern von einem dauerhaften Einkommensverlust in dieser Größenordnung – jedes Jahr, zwar ungleich über den Globus verteilt, aber letztlich weltweit wirksam.

Ein solches Szenario würde unsere Gesellschaft mit hoher Wahrscheinlichkeit überfordern. Damit wären weitreichende gesellschaftliche Rückwirkungen verbunden – auch darauf, wie Menschen in solchen Krisensituationen handeln und wie politische und soziale Systeme darauf reagieren.

## 4.3 Die Ziele sind vereinbart, es braucht aber mehr Mut zur Umsetzung

Das gesellschaftliche und politische Bewusstsein für den Handlungsbedarf und die Dringlichkeit, angesichts der globalen Umweltkrise gegenzusteuern, ist weitgehend vorhanden. Das zeigen die weiter oben in diesem Beitrag skizzierten Studien. Auch die entsprechenden Beschlüsse liegen vor: das Pariser Klimaübereinkommen sowie die globalen Biodiversitätsziele, die im Rahmen des Globalen Biodiversitätsrahmens [26] im Jahr 2024 vereinbart wurden. Die Ziele in diesem wichtigsten Biodiversitätsübereinkommen sind ambitioniert: etwa die Ausweisung von 30 % Schutzgebieten zu Land und zu Wasser bis zum Jahr 2030, und die Wiederherstellung geschädigter Ökosysteme. In diesem Zusammenhang stehen auch die EU-Verordnung zur

Wiederherstellung der Natur (https://environment.ec.europa.eu/topics/nature-and-biodiversity/nature-restoration-regulation_en) sowie Maßnahmen zur Pestizidreduktion und weitere EU-Politikvorgaben.

Damit ist ein aus fachlicher Sicht überzeugender politischer Rahmen gesetzt. Die eigentliche Herausforderung – die Umsetzung – beginnt jedoch erst nach solchen Beschlüssen. Und hier zeigt sich, dass die konkrete Umsetzung bisher weit hinter den gesetzten Zielen stecken geblieben ist. Eine der wichtigsten Hürden ist die enorme Beharrungskraft von bestehenden gesellschaftlichen und institutionellen Strukturen. Dringend notwendige strukturelle Veränderungen werden dadurch verzögert.

Ein weiterer Aspekt ist die hohe Komplexität systemischer globaler Krisen, die zur Lösung daher auch ein Bündel an Maßnahmen benötigen. Diese sind für viele Menschen im Einzelnen nicht immer nachvollziehbar, insbesondere dann, wenn ein transparenter und gut nachvollziehbarer politischer Diskurs fehlt.

Der politische Spielraum für eine Neuausrichtung der Umweltpolitik ist auch in Zeiten klammer Budgets vorhanden. So hat das WIFO berechnet, dass allein in Österreich mindestens 4,1 Mrd. € jährlich für klimaschädliche Subventionen ausgegeben werden [27]. Auch in Verkehrs- und Siedlungsplanung sowie in der Agrarpolitik gibt es große Potenziale, die Rahmenbedingungen kostensparend an zeitgemäßen gesellschaftlichen Prioritäten auszurichten.

Vor dem Hintergrund der globalen Ressourcenübernutzung erscheint der gesellschaftlich weit verbreitete Mangel an umweltpolitischem Mut absurd. Man könnte an diesem Punkt Halt machen. Dazu gibt es Anlass genug. Gleichwohl glaube ich weiterhin, dass glaubwürdige Narrative entwickelt und kommuniziert werden können, um neue Wege gehen zu können, die von der Bevölkerung auch verstanden und mitgetragen werden.

Diese Aufgabe betrifft Menschen, die in unterschiedlichen gesellschaftlichen, wirtschaftlichen und politischen Verantwortungsbereichen tätig sind, als Einzelne jedoch häufig nicht in der Lage sind, die zuvor beschriebenen Beharrungskräfte tradierter Strukturen zu überwinden. Dazu braucht es vor allem tatkräftige Persönlichkeiten in Schlüsselpositionen, die erstens den Mut zu Entscheidungen aufbringen und zweitens über die Kraft und Ausdauer verfügen, deren Umsetzung voranzutreiben. Legislaturperioden von vier oder fünf Jahren erweisen sich dabei häufig als zu kurz bemessen.

Auf der Ebene der Implementierung erkennen zwar viele den Ernst der Lage und den bestehenden Handlungsbedarf. Doch selbst wenn sie versuchen, ihre Einsichten konsequent in Handeln zu überführen, scheitern sie nicht selten an überkommenen Verwaltungsstrukturen, unklaren Zuständigkeiten oder wirtschaftlichen Interessensgruppen, die sich mit Nachdruck gegen notwendige Veränderungen zur Wehr setzen. Diese Gemengelage führt nicht selten zu einer faktischen Blockade im Umsetzungsprozess. Um sie aufzulösen, braucht es sowohl die Bereitschaft der Akteure als auch die Phantasie, dem traditionellen Aushandeln gesellschaftlicher Interessengegensätze neue Dynamik zu verleihen.

Eine wichtige Rolle kommt jedoch auch der Zivilgesellschaft zu. Sie hat in umweltpolitischen Fragen bereits mehrfach gezeigt, dass sie die Zeichen der Zeit früh erkennt und bereit ist, daraus Konsequenzen zu ziehen. Man denke etwa an die Proteste gegen Zwentendorf, die Besetzung der Hainburger Au oder an Fridays for

Future mit ihrer katalytischen Wirkung auf die Klimapolitik und Initiativen wie den EU Green Deal. Es handelte sich dabei um Graswurzelbewegungen, die klare Vorstellungen über notwendige Veränderungen entwickelt und ein gesellschaftliches Momentum erzeugt haben, das schließlich auch politische Entscheidungen beeinflusst und reale Veränderungen ermöglicht hat.

Zugleich kommt der Zivilgesellschaft die Aufgabe zu, Veränderungsprozesse nicht nur anzustoßen, sondern auch langfristig zu begleiten, kritisch zu hinterfragen und gegen Rückschritte zu verteidigen. Sie kann Räume für öffentliche Diskurse öffnen, unterschiedliche Perspektiven sichtbar machen und so den Druck auf Entscheidungsträger aufrechterhalten oder gar verstärken.

Im Umgang mit den Gegnern notwendiger Veränderungen braucht es eine doppelte Strategie: Einerseits gilt es, legitime Interessen ernst zu nehmen und in transparente Aushandlungsprozesse einzubinden, um unnötigen Aufschub zu verhindern. Andererseits muss klar benannt werden, wo Partikularinteressen oder kurzfristige Vorteile dem Gemeinwohl entgegenstehen. Wo Akteure gezielt auf Verzögerung, Verunsicherung oder Desinformation setzen, sind Standhaftigkeit, faktenbasierte Argumentation und zuletzt auch klare regulatorische Grenzen erforderlich.

Entscheidend ist am Ende das Zusammenspiel: Wenn entschlossene Führung, handlungsfähige Institutionen und eine wache, engagierte Zivilgesellschaft gemeinsam agieren, können auch tief verankerte Strukturen und Gewohnheiten überwunden und notwendige Veränderungen wirksam umgesetzt werden. Erforderlich ist eine gemeinsame Anstrengung auf allen Ebenen der Gesellschaft. Unsere Aufgabe als Wissenschaftlerinnen und Wissenschaftler besteht darin, Ziele zu benennen und Wege aufzuzeigen, wie diese erreicht werden können.

Ich schließe mit einem Zitat von Hermann Hesse aus einem Brief an Wilhelm Gundert im Jahr 1960: Damit das Mögliche entsteht, muss immer wieder das Unmögliche versucht werden.

**Danksagung.** Ich danke Stefan M. Gergely für seine Anregungen und Kommentare zu diesem Beitrag und für die Initiierung dieses Buchs.

**Offenlegung von Interessenkonflikten** Der Autor hat keine Interessenkonflikte anzugeben, die für den Inhalt dieses Artikels relevant sind.

## Literatur

1. Alroy, J.A. (2001): Multispecies overkill simulation of the end-Pleistocene megafaunal mass extinction. Science 292, 1893–1896. https://doi.org/10.1126/science.1059342.
2. Svenning, J.C; Lemoine, R.T.; Bergmann, J.; Buitenwerf, R.; Le Roux, E.; Lundgren, E. et al. (2024): The late-Quaternary megafauna extinctions: Patterns, causes, ecological consequences and implications for ecosystem management in the Anthropocene. Cambridge Prisms Extinction 2: e5. https://doi.org/10.1017/ext.2024.4.
3. Duncan, R.P.; Boyer, A.G.; Blackburn, T.M. (2013): Magnitude and variation of prehistoric bird extinctions in the Pacific. Proceedings of the National Academy of Sciences 110: 6436–6441. https://doi.org/10.1073/pnas.1216511110.

4. Cooke, R.; Sayol, F.; Andermann, T.; Blackburn, T.M.; Steinbauer, M. et al. (2023): Undiscovered bird extinctions obscure the true magnitude of human-driven extinction waves. Nature Communications 14: 8116. https://doi.org/10.1038/s41467-023-43445-2.
5. Ellis, E.C. (2021): Land use and ecological change: A 12,000-Year History. Annual Review of Environment and Resources 46: 1–33. https://doi.org/10.1146/annurev-environ-012220-010822.
6. Davidson, N.C. (2014): How much wetland has the world lost? Long-term and recent trends in global wetland area. Marine and Freshwater Research 65: 934–941. https://doi.org/10.1071/MF14173.
7. WallisDeVries, M.F.; Poschlod, P.; Willems, J.H. (2002): Challenges for the conservation of calcareous grasslands in northwestern Europe: integrating the requirements of flora and fauna. Biological Conservation 104: 265–273. https://doi.org/10.1016/S0006-3207(01)00191-4.
8. Hudson, C.; Lovell, H.; Pearson, A.; Soar, P. (2024): Exploring long-term landscape changes in a rural catchment in southern England, from the mid-nineteenth century to the present, and their implications for future land management. Landscapes 25: 134–154. https://doi.org/10.1080/14662035.2025.2561456.
9. Sabatini, F.M.; Burrascano, S.; Keeton, W.S.; Levers, C.; Lindner, M. et al. (2018): Where are Europe's last primary forests? Diversity and Distributions 24: 1426–1439. https://doi.org/10.1111/ddi.12778.
10. Steffen, W.; Crutzen, P.J.; McNeill, J.R. (2007): The Anthropocene: Are Humans now overwhelming the great forces of nature. AMBIO 36: 614–621. https://doi.org/10.1579/0044-7447.
11. Greenspoon, L.; Krieger, E.; Sender, R.; Rosenberg, Y.; Bar-On, Y. et al. (2023): The global biomass of wild mammals. Proceedings of the National Academy of Sciences 120: e2204892120. https://doi.org/10.1073/pnas.2204892120.
12. Ritchie, H.; Spooner, F. (2025): Just ten species make up almost half the weight of all wild mammals on Earth. Our World in Data https://ourworldindata.org/wild-mammal-biomass-dominance.
13. Rockström, J.; Steffen, W.; Noone, K.; Persson, A.; Chapin III, S. et al. (2009): A safe operating space for humanity. Nature 461: 472–475. https://doi.org/10.1038/461472a.
14. Sakschewski, B.; Caesar, L.; Andersen, L.S.; Bechthold, M.; Bergfeld, L. et al. (2025): Planetary Health Check 2025: A scientific assessment of the state of the planet. Planetary Boundaries Science (PBScience). https://publications.pik-potsdam.de/pubman/item/item_32589. https://doi.org/10.48485/PIK.2025.017.
15. Thuiller, W.; Lavorel, S.; Araújo, M.B.; Sykes, M.T.; Prentice, I.C. (2005): Climate change threats to plant diversity in Europe. Proceedings of the National Academy of Sciences 102: 8245–8250. https://doi.org/10.1073/pnas.0409902102.
16. Dirnböck, T.; Essl, F.; Rabitsch, W. (2011): Disproportional risk for habitat loss of high-altitude endemic species under climate change. Global Change Biology 17, 990–996. https://doi.org/10.1111/j.1365-2486.2010.02266.x.
17. Dullinger, S.; Gattringer, A.; Thuiller, W.; Moser, D.; Zimmermann, N.E. et al. (2012): Extinction debt of high-mountain plants under twenty-first-century climate change. Nature Climate Change 2: 619–622. https://doi.org/10.1038/nclimate1514.
18. Essl, F.; Dullinger, S.; Moser, D.; Rabitsch, W.; Kleinbauer, I. (2012): Vulnerability of mires under climate change: Implications for nature conservation and climate change adaptation. Biodiversity and Conservation 21: 655–669. https://doi.org/10.1007/s10531-011-0206-x.
19. Díaz, S.; Settele, J.; Brondizio, E.S.; Ngo, H.T.; Arneth, A. et al. (2019): Pervasive human-driven decline of life on Earth points to the need for transformative change. Science 366. https://doi.org/10.1126/science.aax3100.

20. Huppmann, D.; Keiler, M.; Riahi, R.; Rieder, H. (eds) (2025): Second Austrian Assessment Report on Climate Change (AAR2). https://www.austriaca.at/?arp=0x00406e29 doi:10.1553/aar2.
21. Armstrong McKay, D.I.; Staal, A.; Abrams, J.F.; Winkelmann, R.; Sakschewski, B.; Loriani, S. et al. (2022): Exceeding 1,5 °C global warming could trigger multiple climate tipping points. Science 377: eabn7950. https://doi.org/10.1126/science.abn795.
22. Seidl, R.; Schelhaas, M.J.; Lindner, M.; Lexer, M.J. (2009): Modelling bark beetle disturbances in a large scale forest scenario model to assess climate change impacts and evaluate adaptive management strategies. Regional Environmental Change 9: 101–119. https://doi.org/10.1007/s10113-008-0068-2.
23. Zechmeister, A. (2024) Klimaschutzbericht 2024. Umweltbundesamt. https://www.umweltbundesamt.at/fileadmin/site/publikationen/rep0913.pdf.
24. Wessely, J.; Essl, F.; Fiedler, K.; Gattringer, A.; Hülber, K. et al. (2024): A climate-induced tree species bottleneck for forest management in Europe. Nature Ecology and Evolution 8: 1109–1117. https://doi.org/10.1038/s41559-024-02406-8.
25. Waidelich, P.; Batibeniz, F.; Rising, J.; Kikstra, J.S.; Seneviratne, S.I. (2024): Climate damage projections beyond annual temperature. Nature Climate Change 14: 592–599. https://doi.org/10.1038/s41558-024-01990-8.
26. CBD (2024): Kunming-Montreal Global Biodiversity Framework. https://www.cbd.int/gbf.
27. Kletzan-Slamanig, D.; Köppl, A.; Sinabell, F. (2022): Analyse klimakontraproduktiver Subventionen in Österreich. https://www.wifo.ac.at/news/klimakontraproduktive-subventionen-in-oesterreich.

**Franz Essl** ist österreichischer Ökologe und Biodiversitätsforscher an der Universität Wien, der im Jahr 2022 zum österreichischen Wissenschafter des Jahres gewählt wurde. Er studierte Biologie in Wien, promovierte 2002 über Neobiota in Österreich und sammelte Praxiserfahrung im Umweltdachverband sowie im Umweltbundesamt. Seine wissenschaftlichen Schwerpunkte konzentrieren sich auf biologische Invasionen, den globalen Artenverlust und den angewandten Naturschutz.

# Die Rolle der Biodiversität im Übergang zu einer klimagerechten Gesellschaft

Xiran Dong[1], Thomas Schinko[1], und Verena Winiwarter[2(✉)]
[1] International Institute for Applied Systems Analysis, Laxenburg, Österreich
[2] Österreichische Akademie der Wissenschaften, Wien, Österreich
verena.winiwarter@oeaw.ac.at

**Zusammenfassung.** Biodiversität bildet die Basis funktionierender Ökosysteme und damit unserer Lebensgrundlage und ist durch den fortschreitenden anthropogenen Klimawandel stark gefährdet. Die Klima- und Biodiversitätskrise sind somit eng miteinander verknüpfte Herausforderungen, die sich gegenseitig verstärken und als "super wicked problem" bezeichnet werden können. Solche Probleme zeichnen sich dadurch aus, dass sie rasch behandelt werden müssen, gleichzeitig aber einer langfristigen Planungsstrategie bedürfen. Dies steht häufig im Widerspruch zu den meist kurzfristigen Interessen politischer Akteur:innen. Außerdem überschneiden sich oftmals die Rollen von Verursacher:innen und Problemlöser:innen und es gibt keine zentrale Instanz, die Maßnahmen verbindlich durchsetzen kann. Unter solchen Bedingungen kann es keine eindeutigen oder rein technologischen Lösungen geben. Jede Veränderung greift in bestehende Verteilungen von Macht, Wohlstand und Sicherheit ein und wird daher zwangsläufig zum Gegenstand von Konflikten. Der Erhalt der Biodiversität ist nicht nur als Umweltproblem zu verstehen, sondern als Grundvoraussetzung für einen gerechten Übergang zu einer kohlenstoffarmen und klimaresilienten Gesellschaft. In diesem Beitrag argumentieren wir, dass eine klima- und sozial gerechte Zukunft nur durch die Verknüpfung eines gerechten Übergangs (Just Transition) mit Prinzipien der Umwelt- und Klimagerechtigkeit erreichbar ist. Übergangsgerechtigkeit verstehen wir als Rahmenkonzept, das nicht allein auf gerechte Ergebnisse abzielt, sondern auch die zugrunde liegenden Aushandlungsprozesse, Machtverhältnisse und verschiedenen ethischen Dimensionen berücksichtigt. Der Fokus liegt auf dem Prozess, um Spannungen zwischen verschiedenen Gerechtigkeitsformen bzw. Konflikte zwischen konkurrierenden Gerechtigkeitsansprüchen strukturiert auszuhandeln. Ein besonderer Aspekt, den wir hervorheben wollen, ist die emotionale Belastung von Menschen im Zusammenhang mit den beiden interagierenden Krisen und deren ungleichen Verteilung innerhalb der Gesellschaft.

**Schlüsselwörter:** Biodiversität · Interdisziplinäre Forschung · Just Transition · Klimagerechtigkeit · Übergangsgerechtigkeit

---

Vortragende war Verena Winiwarter


S. M. Gergely et al. (Hrsg.): SymWeN 2026, *Die Werte der Natur,* S. 252–263, 2027,
https://doi.org/10.1007/978-3-662-74109-2_18

## 1 Klima- und Biodiversitätskrisen – ein „Super wicked Problem"

Der anthropogene Klimawandel und der fortschreitende Verlust an Biodiversität führen zu tiefgreifenden ökologischen, ökonomischen und soziokulturellen Veränderungen, deren Auswirkungen global ungleich verteilt sind. Seit der Verabschiedung des Pariser Abkommens im Jahr 2015 hat das Konzept des „gerechten Übergangs" (Just Transition) zunehmend an Bedeutung gewonnen. Es zielt darauf ab, die notwendigen sozialen und wirtschaftlichen Transformationsprozesse hin zu einer nachhaltigen Entwicklung zu gestalten und gleichzeitig betroffene Individuen bzw. Gemeinschaften zu schützen. Darüber hinaus sollen eine gerechtere Verteilung der mit dem Klimawandel verbundenen Risiken und Chancen sowie Klimaschutz- und Anpassungsmaßnahmen, die für alle zugänglich sind, gefördert werden [1]. Im Kern basiert der Ansatz des gerechten Übergangs auf der Annahme, dass Fragen der Gerechtigkeit ein unentbehrlicher Bestandteil des Übergangs zu de-fossilisierten klimaresilienten Systemen sein müssen. Nur so kann eine tiefgreifende Transformation wirtschaftlicher und politischer Strukturen erreicht werden, ohne bestehende Ungleichheiten und Machtasymmetrien zu reproduzieren oder zu verstärken.

Dieser Ansatz gewinnt in klimapolitischen Diskursen zunehmend an Bedeutung. Auf europäischer Ebene hat sich Übergangsgerechtigkeit zu einem Schlüsselkonzept entwickelt, das eng mit dem Europäischen Green Deal verknüpft ist. Der Mechanismus für einen gerechten Übergang (Just-Transition-Mechanismus) hat zum Ziel, die vom Energiewandel am stärksten betroffenen Regionen und Sektoren – insbesondere jene, die von fossilen Brennstoffen oder $CO_2$-intensiven Industrien abhängig sind – durch gezielte Investitionen, technische Unterstützung und soziale Maßnahmen zu fördern. Erhebliche Ressourcen werden mobilisiert, um die wirtschaftliche Diversifizierung voranzutreiben, Arbeitnehmer:innen umzuschulen und nachhaltige Arbeitsplätze zu schaffen [2].

Die Klimakrise stellt nach Richard J. Lazarus [3] ein „super wicked problem" dar, ein besonders vertracktes Problem, das dadurch gekennzeichnet ist, dass (1) die Zeit drängt und sich das Problem durch Nicht-Handeln weiter verschärft, (2) diejenigen, die es verursachen, zugleich an der Entwicklung von Lösungen beteiligt sind, (3) politische Entscheidungsprozesse häufig kurzfristigen Interessen folgen und (4) eine wirksame und zentrale Autorität zur Steuerung und Durchsetzung von Maßnahmen fehlt. Zudem ist die Problemwahrnehmung eng mit den jeweils angenommenen Lösungsansätzen verknüpft: Welche Informationen als erforderlich gelten, hängt davon ab, welche Handlungsoptionen in Betracht gezogen werden. Aufgrund dieser unterschiedlichen Problemverständnisse existiert keine von allen geteilte Vorstellung einer Lösung – vielmehr geht es um Aushandlungsprozesse über die Verteilung bzw. Umverteilung von Chancen und Risiken sowie von Nutzen und Lasten. Wir argumentieren auf Grundlage dieser Einschätzung, dass Klima- und Biodiversitätsschutzziele mit den Prinzipien eines gerechten Übergangs verknüpft werden müssen, um wirksamere Maßnahmen zu entwickeln.

Übergangsgerechtigkeit verstehen wir als eine Form von Gerechtigkeit, die nötig ist, um moralische und praktische Zielkonflikte auf dem Weg zu einer klimagerechten

Gesellschaft zu bewältigen. Dabei rücken nicht nur die Bewertungen von Ergebnissen in den Mittelpunkt, sondern auch die Prozesse und Dynamiken, die zu diesen führen. Dieser Ansatz beleuchtet einen bisher weniger erforschten ethischen Raum, in dem im Kern gefragt wird, wie Spannungen zwischen konkurrierenden Gerechtigkeitsvorstellungen verhandelt werden können [4].

## 2 Wege zur Klima- und Umweltgerechtigkeit

Klimagerechtigkeit ist ein interdisziplinäres Konzept, das die ethischen und politischen Dimensionen des Klimawandels untersucht und die ungleiche Verteilung seiner Ursachen und Folgen in den Mittelpunkt stellt. Sie steht in engem Zusammenhang mit der Umweltgerechtigkeit, die sich mit der fairen Verteilung von Umweltbelastungen und -nutzen befasst, und kann als deren Erweiterung auf den globalen und intergenerationellen Kontext des Klimawandels verstanden werden [5]. Biodiversitätsschutz ist dafür grundlegend. Forschungen zur Umweltgerechtigkeit zeigen auch für den deutschsprachigen Raum, dass sozial benachteiligte Bevölkerungsgruppen überproportional Umweltbelastungen ausgesetzt sind und zugleich über geringere Chancen für die Teilhabe an umweltpolitischen Entscheidungsprozessen verfügen [6]. Die Klimagerechtigkeit baut auf diesen Erkenntnissen auf, indem sie hervorhebt, dass historische Emissionen aus industrialisierten Ländern zu ungleichen Klimafolgen weltweit beitragen, die insbesondere einkommensschwache Länder, vulnerable Bevölkerungsgruppen, sowie künftige Generationen betreffen. Klimagerechtigkeit kann als Kombination distributiver, prozeduraler und anerkennungsbezogener Dimensionen konzipiert werden und verknüpft Fragen von Ungleichheit, kolonialen Hinterlassenschaften und Governance-Herausforderungen in der Klimapolitik [7]. Kritische Klimagerechtigkeit geht einen Schritt weiter und hat zum Ziel, nicht nur die Klimafolgen gerechter zu bewältigen, sondern eine grundlegende, strukturelle Transformation anzustoßen, um bei den Grundursachen anzusetzen, die Umweltzerstörung und soziale Ungerechtigkeit hervorbringen [8].

Neben ihrer globalen Dimension hat Klimagerechtigkeit – ähnlich wie Umweltgerechtigkeit – auch auf nationaler und lokaler Ebene große Bedeutung, vor allem dort, wo strukturelle Ungleichheiten die Verwundbarkeit gegenüber Klimarisiken prägen. Empirische Studien aus Österreich, Deutschland und Europa zeigen, dass der Klimawandel bestehende sozioökonomische Ungleichheiten verstärkt und marginalisierte städtische sowie ländliche Gemeinschaften überproportional von Extremwetterereignissen, gesundheitlichen Belastungen und begrenzten Anpassungskapazitäten betroffen sind [9–11]. Darüber hinaus steigt die Bedeutung integrierter sozial-ökologischer Ansätze sowie partizipativer Governance-Strukturen für eine gerechte Klimapolitik [12]. Klimagerechtigkeit erweitert die Idee der Umweltgerechtigkeit, indem sie globale Ungleichheiten, langfristige Zeithorizonte und systemische Ursachen von Verwundbarkeit einbezieht. Entsprechend fordert ein klimagerechter Ansatz inklusive Entscheidungsprozesse, eine gerechte Ressourcenverteilung und eine menschenrechtsbasierte Klimapolitik, um sicherzustellen, dass Maßnahmen zur Emissionsminderung und Anpassung sowohl ökologisch nachhaltig als auch sozial gerecht gestaltet sind [13, 14].

Dieser Beitrag stellt das AJUST-Framework (Applied Justice Taxonomy and Assessment) vor, das auf Umweltgerechtigkeit und Klimagerechtigkeit aufbaut und Fragen der Gerechtigkeit systematisch in Nachhaltigkeitstransformationen integriert, insbesondere in die Just Green Transition (JGT) [15] und in die Entwicklung gerechter Strategien zum Erhalt der Biodiversität [4, 16]. Besonderes Augenmerk wird auf die Übergangsgerechtigkeit gelegt. Das Konzept wird so angewendet, dass sowohl die Dynamiken ausgehandelter Gerechtigkeitsergebnisse als auch die ethischen Dimensionen im Umgang mit moralischen und praktischen Zielkonflikten sichtbar und damit für Aushandlungsprozesse verfügbar werden.

## 2.1 Formen der Gerechtigkeit

Aufbauend auf den Erkenntnissen der Klimaethik und der Umweltethik, die sich hauptsächlich mit kontextbezogenen ethischen Dilemmata befasst, wurden erst kürzlich strukturierte konzeptionelle Ansätze entwickelt, um Gerechtigkeitsaspekte in der Klimawandelforschung umfassender zu berücksichtigen und zu bewerten. Solche deskriptiven Rahmenwerke ermöglichen es Ethiker:innen wie auch Nicht-Ethiker:innen im Klimabereich [17], Gerechtigkeitsaspekte in spezifischen wissenschaftlichen und politischen Kontexten im breiteren Diskurs über den gerechten Übergang explizit zu reflektieren. Schinko et al. [18] führten erstmals eine Untersuchung und Systematisierung potenzieller Gerechtigkeitsherausforderungen im Kontext des Waldbrandrisikomanagements unter dem Einfluss des Klimawandels durch. Zimm et al. [16] veröffentlichten eine ähnliche Studie für die Klimaszenarienforschung, während de Goer de Herve et al. [19] das Konzept der Risikogerechtigkeit im weiteren Feld des Klimarisikomanagements einführten.

Vor kurzem hat die Europäische Ethikgruppe in einer unabhängigen Expertenmeinung „Auf dem Weg zu einer gerechten grünen Transformation: Strukturelle Ungleichheiten angehen“ [20] das AJUST Framework [4] prominent aufgegriffen und plädiert für ein multidimensionales Rahmenwerk zur Bewertung von Gerechtigkeit in der Politik der JGT, der Verteilungs-, Verfahrens-, Anerkennungs-, Ausgleichs- und Übergangsdimensionen umfasst [15, 20] (Abb. 1).

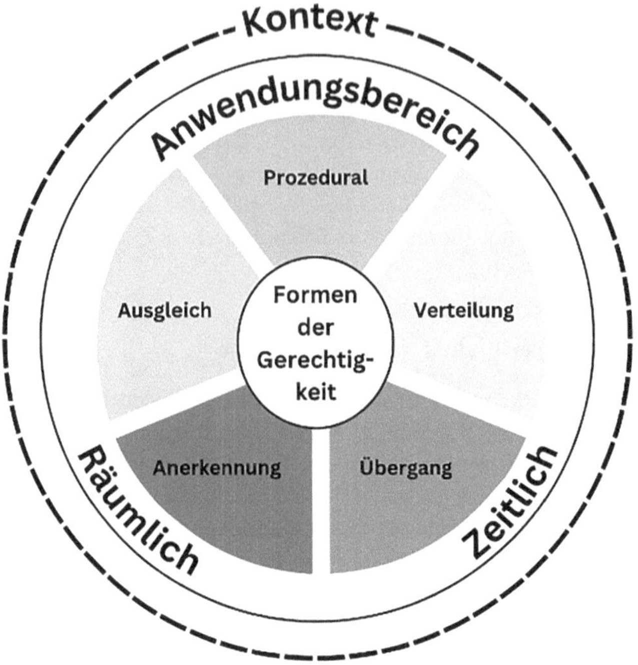


**Abb. 1.** Formen der Gerechtigkeit im AJUST-Framework – Anerkennungs-, Verfahrens-, Verteilungs-, Übergangsgerechtigkeit und ausgleichende Gerechtigkeit – eingebettet in einen spezifischen Kontext unter Berücksichtigung anwendungsbezogener, räumlicher und zeitlicher Dimensionen eingebettet sind [4]

Diese Dimensionen werden folgend kurz vorgestellt.

**Anerkennungsgerechtigkeit (Recognitional Justice)**
Anerkennungsgerechtigkeit berücksichtigt, dass nicht alle Stimmen der Betroffenen gleichermaßen gehört werden, da die Ausgangslagen unterschiedlich sind. Wenn Angehörige bestimmter Gruppen, wie etwa Staatenlose oder Personen aus Staaten, die das internationale Rechtssystems ganz oder teilweise nicht anerkennen, keinen Zugang zum internationalen oder staatlichen Rechtssystem haben, wird ihr legitimer Anspruch, wie er in der Europäischen Menschenrechtskonvention definiert ist, grundsätzlich nicht anerkannt.

**Verfahrensgerechtigkeit (Procedural Justice)**
Verfahrensgerechtigkeit bezieht sich auf faire Prozesse und die Legitimität von Ergebnissen. Das AJUST-Framework nennt folgende Prinzipien für die Gestaltung und Bewertung gerechter Verfahren und deren Anforderungen: gleichberechtigte Repräsentation, Einbeziehung aller Betroffenen, Vermeidung von Voreingenommenheit, Genauigkeit, Transparenz, gleichberechtigte Mitsprache, Möglichkeit zur Mitgestaltung von Entscheidungen und zur Korrektur von Fehlern auf institutionellem Wege [4].

**Verteilungsgerechtigkeit (Distributional Justice)**
Verteilungsgerechtigkeit zielt auf die Verteilung von Lasten und Nutzen ab, und nimmt in den Blick, nach welchen Kriterien Verteilungsentscheidungen erfolgen sollen.

Die Frage nach einer gerechten Gestaltung von Klima- und Biodiversitätstransformationen ist dadurch erschwert, dass unterschiedliche Gerechtigkeitskonzeptionen zu unterschiedlichen Verteilungsprinzipien führen. Der Utilitarismus konzentriert sich auf die Maximierung des allgemeinen Wohlstands durch die Wahl der kosteneffektivsten Optionen. Das Konzept der utilitaristischen Gerechtigkeit, das in Politik und Forschung dominiert, weist jedoch erhebliche Schwächen auf, die einer Klimagerechtigkeit möglicherweise entgegenstehen, selbst wenn langfristige externe Umweltfolgekosten miteingepreist werden. Daher wird zunehmend argumentiert, dass eine Kombination verschiedener Gerechtigkeitsansätze erforderlich ist. Dazu zählen insbesondere egalitäre Konzepte, die auf die Reduktion von Ungleichheiten abzielen, prioritäre Ansätze, die den am stärksten benachteiligten Gruppen besondere Berücksichtigung einräumen, sowie Suffizienzkonzepte, die sicherstellen, dass grundlegende oder angemessene menschliche Bedürfnisse für alle gedeckt sind. Diese unterschiedlichen Prinzipien können jedoch nicht isoliert angewendet werden, sondern müssen durch faire Verfahren und Mechanismen der ausgleichenden Gerechtigkeit miteinander verbunden werden.

**Ausgleichende Gerechtigkeit (Corrective Justice)**
Die Gegenwart lässt sich nur vor dem Hintergrund der Geschichte von Kolonialismus, Industrialisierung und der Nutzung fossiler Brennstoffe verstehen [21]. Erst unter Einbeziehung einer historischen Perspektive kann geklärt werden, welche Ansprüche die Geschädigten haben und wie ein Zustand erreicht werden kann, in dem dieses Unrecht anerkannt und wiedergutgemacht wird. Ausgleichende Gerechtigkeit bedeutet, Verantwortung für vergangenes Handeln zu übernehmen, dessen Folgen bis in die Gegenwart fortwirken. Sie bezieht sich darauf, was Personen oder Gruppen zusteht, denen in der Vergangenheit Unrecht widerfahren ist, sowie auf die Prozesse, durch die dieses Unrecht anerkannt und ausgeglichen werden kann. Ausgleichende Gerechtigkeit kann durch eine öffentliche Entschuldigung erfolgen, die die Verantwortung der Verursacher:innen für den erlittenen Schaden anerkennt, oder durch die aktive Bearbeitung der entstandenen Schäden unter expliziter Berücksichtigung der Bedürfnisse der Betroffenen. Die beiden Ansätze schließen sich nicht zwangsläufig aus.

Angesichts der vielen Anforderungen wird deutlich, dass Transformationen zwangsläufig mit Spannungen zwischen unterschiedlichen Gerechtigkeitsdimensionen verbunden sind. Der Weg zu einer klimagerechten Gesellschaft führt durch Übergänge, in denen Belastungen entstehen, Interessen beeinträchtigt werden und bestehende Sicherheiten verloren gehen können. Maßnahmen, die ökologisch notwendig sind, können dabei als sozial ungerecht erlebt werden, insbesondere wenn sie bestimmte Gruppen stärker treffen als andere oder wenn Entscheidungsprozesse als intransparent wahrgenommen werden.

Daher kommt der Übergangsgerechtigkeit zentrale Bedeutung zu. Sie richtet den Blick nicht nur auf Gerechtigkeitsprinzipien und -ergebnisse, sondern auch auf die

Prozesse ihrer Aushandlung und die notwendigen Kompromisse zwischen konkurrierenden Ansprüchen. Übergangsgerechtigkeit fragt, wie Transformationsprozesse so gestaltet werden können, dass sie politisch tragfähig bleiben, vulnerable Gruppen nicht übermäßig belastet und zugleich rechtzeitig erfolgt, um irreversible ökologische Schäden zu vermeiden.

## 2.2 Übergangsgerechtigkeit (**Transitional Justice**)

Übergangsgerechtigkeit ist ursprünglich in Nachkonfliktgesellschaften und im Bereich der Menschenrechte verankert und beschreibt den Umgang mit massiven Menschenrechtsverletzungen durch Wiedergutmachung, Entschädigung, institutionelle Reformen und strafrechtliche Verantwortlichkeit [22, 23]. Neuere Ansätze übertragen dieses etablierte Konzept auf umfassendere Transformationsprozesse. Gready und Robins [24] kritisieren die ergebnisorientierte Bewertung von Maßnahmen und argumentieren für eine prozessorientierte Zugangsweise – „evaluation as understanding" (Evaluation als Verstehen) – die gesellschaftlichen Wandel als komplex, kontextabhängig und nicht-linear auffasst. Die Fokusverschiebung darauf, wie Veränderung und Transformation tatsächlich entstehen, bildet eine Grundlage für die Anwendung von Übergangsgerechtigkeit im Kontext von Klima- und Biodiversitätspolitik.

In diese Perspektive fügt sich das AJUST-Framework ein, das Übergangsgerechtigkeit als eine Form der Gerechtigkeit definiert, die moralische und praktische Zielkonflikte in Transformationsprozessen sichtbar und bearbeitbar macht. Gerechtigkeit wird nicht nur als die Fairness der Ergebnisse verstanden, sondern auch als Eigenschaft der Prozesse und Dynamiken, die zu diesen Ergebnissen führen. Darüber hinaus werden die Zwischenschritte des Transformationsprozesses hervorgehoben. So stellt sich etwa die Frage, ob temporäre Rückschritte (z. B. in der prozeduralen Gerechtigkeit, um Transformationsprozesse zu beschleunigen) im Hinblick auf langfristige Ergebnisse (z. B. um Fortschritte in der Wiedergutmachung von Umweltschäden zu ermöglichen) gerechtfertigt sein können. Damit ermöglicht AJUST, Spannungen zwischen unterschiedlichen Gerechtigkeitsdimensionen zu identifizieren und entlang dieser systematisch zu analysieren. Damit kann AJUST dazu beitragen, dass Gerechtigkeitsfragen bei der Gestaltung effektiver Klima- und Biodiversitätspolitiken transparent ausgehandelt werden können [4].

Übergangsgerechtigkeit ist nicht nur eine moralische Forderung, sondern eine Voraussetzung für Transformation. Werden Gerechtigkeitsdimensionen nicht berücksichtigt, besteht die Gefahr, dass notwendige Veränderungen blockiert, verzögert oder rückgängig gemacht werden, weil sie als ungerecht wahrgenommen werden.

## 2.3 Übergangsgerechtigkeit und Biodiversität

Zunehmend wird auch die Biodiversitätskrise als Gerechtigkeitsproblem verstanden. Ihr Verlust ist eng mit sozioökonomischen Entwicklungen, Landnutzung und globalen Ungleichheitsstrukturen verbunden und betrifft damit nicht nur ökologische, sondern auch gesellschaftliche Belange. David Tilman et al. [25] zeigen in ihrem Bericht einen direkten Zusammenhang zwischen dem Verlust der Biodiversität – insbesondere bei großen Säugetieren und Vögeln – und dem Wohlstand eines Landes. Mit wachsender Bevölkerung, zunehmender Urbanisierung und steigender Nachfrage nach landwirtschaftlichen Flächen und Produkten sowie durch betriebliche und private Tierhaltung nimmt der Druck auf Biodiversität durch Lebensraumverlust, Lebensraumzerschneidung und Jagd deutlich zu. Das machen auch quantitative Betrachtungen deutlich: Zwischen 1960 und 2010 wuchs die Weltbevölkerung um 130 % und das globale Bruttoinlandsprodukt (BIP) inflationsbereinigt um 490 % [25], während die Wildtierpopulationen seit 1970 durchschnittlich um 73 % zurückgingen [26].

Zahlreiche Studien belegen, dass Kriege und militärische Aktivitäten erheblich zum Verlust der Biodiversität beitragen. Die ökologischen Auswirkungen des Ersten und Zweiten Weltkriegs sind bis heute Gegenstand der Forschung. Auch Bürgerkriege und die Aktivitäten von Rebellengruppen und Milizen in artenreichen Regionen gehen mit schwerwiegenden ökologischen Schäden einher [27]. Diese Zusammenhänge verdeutlichen, dass Biodiversitätsverlust eng mit globalen Wachstums- und Ungleichheitsdynamiken verknüpft ist, mit langfristigen Folgen für Ökosysteme und menschliche Lebensgrundlagen.

Sonja Klinsky und Jasmina Brankovic [28] zeigen strukturelle Parallelen zwischen Anwendungsfällen der Übergangsgerechtigkeit und der globalen Klimapolitik. Sie argumentieren, dass beide Felder durch tiefgreifende Konflikte (z. B. um historische Verantwortung) und durch ungleiche Machtverhältnisse geprägt sind. Während in ihrem Werk jedoch nicht-menschliche Lebewesen und zukünftige Generationen noch kaum berücksichtigt werden [29], wird dieser Aspekt in der Übergangsgerechtigkeitsforschung zunehmend stärker integriert. Clark [30] plädiert für ein neues Framing der Übergangsgerechtigkeit, in dem ökologische Schäden systematisch anerkannt werden und diese stärker in Transformationsprozesse eingebettet sind. Dabei rückt der regenerative Aspekt und die Handlungsfähigkeit mehr-als-menschlicher Lebenswelten in den Fokus. Übergangsgerechtigkeit wird somit nicht nur für, sondern auch mit nicht-menschlichen Entitäten gedacht, indem Rechte der Natur und anderer nicht-menschlicher Akteure in rechtliche und politische Entscheidungsprozesse einbezogen werden [30].

Darüber hinaus ist Übergangsgerechtigkeit von unterschiedlichen Naturverständnissen und Wertzuschreibungen geprägt. Das von der Intergovernmental Science-Policy Plattform on Biodiversity and Ecosystem Services (IPBES) [31] entwickelte Nature Futures Framework (NFF) skizziert drei Zukunftspfade basierend auf instrumentellen, intrinsischen und relationalen Werten der Natur. Diese Perspektiven können in Transformationsprozessen zu Spannungen führen, da ein und derselbe Umweltschaden je nach zugrunde liegender Werthierarchie unterschiedlich bewertet wird und daraus verschiedene Gerechtigkeitsansprüche entstehen können. Instrumentell orientierte Ansätze betonen vor allem den menschlichen Nutzen, etwa durch ökonomische Bewertung von Ökosystemleistungen. Hingegen haben lokale Gemeinschaften mit direktem Bezug zu einem Ökosystem häufig ein relationales Naturverständnis, in dem Biodiversität als Teil sozio-ökologischer Beziehungen und kultureller Identität gilt und sich damit oft monetären Bewertungslogiken entzieht [32].

## 3 Gerechtigkeit(en) in der Transformation

Eine wirksame und umsetzbare Klima- und Transformationspolitik muss gerecht sein. In Studien zum Übergang hin zu nachhaltigen Strukturen wurde Gerechtigkeit primär im Sinne von Anerkennungs-, Verfahrens- und Verteilungsgerechtigkeit konzeptualisiert [33]. Diese Ansätze erfassen jedoch die Wechselwirkungen zwischen ökologischer Integrität, insbesondere Biodiversität, und Gerechtigkeitsergebnissen und -prozessen nicht vollständig.

Die Debatte zur Klimagerechtigkeit wird von sozialen Bewegungen geprägt, die Gerechtigkeit in der Klimapolitik einfordern und Lösungen, welche über rein technokratische Ansätze hinausgehen. Die Integration von Gerechtigkeitsfragen und Biodiversität in Konzepte des gerechten Übergangs in der Klimapolitik trägt dazu bei, die gesellschaftliche Akzeptanz klimapolitischer Maßnahmen zu erhöhen. Wenn Maßnahmen als ungerecht erlebt werden, können sie auf politischen Widerstand treffen [34]. Übergangsgerechtigkeit ist erforderlich, damit Betroffene und Gruppen von Betroffenen nicht unverhältnismäßig stark beeinträchtigt werden, beispielsweise durch Steuern zur Finanzierung der Energiewende. Die Gelbwestenbewegung (Les Gilets Jaunes) gegen die $CO_2$-Steuer und steigende Preise in Frankreich ist ein Beispiel dafür, wie mangelnde Berücksichtigung von Gerechtigkeitsdimensionen die Umsetzbarkeit politischer Maßnahmen beeinträchtigen kann [33].

Kritische Klimagerechtigkeit plädiert unter anderem auch für eine systematische Berücksichtigung der Erfahrungen von marginalisierten Gruppen und der Machtverhältnisse auf unterschiedlichen Ebenen [8]. Damit werden auch psychologische Dimensionen angesprochen. Während der Begriff Klimaangst oder -trauer vor allem eine allgemeine, zukunftsbasierte Sorge über die globale Klimakrise beschreibt, die Kinder und Jugendliche überproportional betrifft [35, 36], bleibt Klimaangst häufig abstrakt und nicht an konkreten Orten oder unmittelbar spürbare Umweltveränderungen gebunden. Hingegen beschreibt das von Glenn Albrecht [37] geprägte Konzept der Solastalgie (eine Kombination aus dem lateinischen Begriff solacium (Trost) und der griechischen Wurzel -algia (Schmerz, Leiden, Krankheit) ein ortsgebundenes Leiden, das aus der erlebten Zerstörung oder dem Wandel der unmittelbaren Lebensumwelt entsteht. Es manifestiert sich in der Aushöhlung des Zugehörigkeitsgefühls (Identität) zu einem bestimmten Ort und in Verzweiflung über dessen Veränderung [37]. Solastalgie gilt daher als besonders geeignet, Umweltungerechtigkeit „greifbar" zu machen [30]. Darüber hinaus wird Solastalgie mit Gefühlen von Ohnmacht und Enteignung in Verbindung gebracht [37, 38], welche die soziale und politische Dimension der Klimagerechtigkeit noch deutlicher machen.

## 4 Conclusio

Dieselben Strukturen, die gegenwärtige Lebens- und Produktionsweisen hervorbringen und zugleich die Klima- und Ökosystemstabilität gefährden, erschweren deren grundlegende Transformation [9]. Dadurch entwickeln sich die eng miteinander verflochtenen Klima- und Biodiversitätskrisen zu komplexen Problemlagen. Rein technologische oder technokratische Lösungsansätze sind unzureichend, da jede Transformation zwangsläufig in bestehende Verteilungen von Macht, Wohlstand und Sicherheit eingreift und damit Konflikte auslöst.

Wie wir argumentiert haben, können Biodiversitäts- und Klimaschutz einerseits und Gerechtigkeit andererseits als Fundamente gesellschaftlicher Stabilität und menschlicher Lebensgrundlagen nur gemeinsam betrachtet werden. Eine Gesellschaft, die die ökologischen Grundlagen zerstört, kann nicht gerecht sein; eine Gesellschaft, die Transformation ohne Gerechtigkeit erzwingen will, wird sie nicht durchsetzen können. Übergangsgerechtigkeit ist eine Voraussetzung für eine gelingende Transformation, weil sie die ökologischen, ökonomischen und sozialen Gerechtigkeitsansprüche verbindet. Wir schlagen daher vor, Übergangsgerechtigkeit als übergeordneten Rahmen zu etablieren, der konkurrierende Gerechtigkeitsdimensionen und Zielkonflikte in Transformationsprozessen in Bezug auf Klima und Biodiversität sichtbar und bearbeitbar macht.

**Offenlegung von Interessenkonflikten** Die Autor:innen haben keine Interessenkonflikte anzugeben, die für den Inhalt dieses Artikels relevant sind.

## Literatur


1. Zahnow, R., Yousefnia, A.R., Hassankhani, M., Cheshmehzangi, A. Climate change inequalities: a systematic review of disparities in access to mitigation and adaptation measures. *Environ. Sci. Policy* **165** (2025)
2. Europäische Kommission. Finanzierungsquellen für einen gerechten Übergang, https://commission.europa.eu/strategy-and-policy/priorities-2019-2024/european-green-deal/finance-and-green-deal/just-transition-mechanism/just-transition-funding-sources_de, zuletzt zugegriffen 2026/04/17
3. Lazarus, R. J. Super wicked problems and climate change: Restraining the present to liberate the future. *Cornell Law Review* **94**, 1153–1234 (2009)
4. Hanger-Kopp, S., Herring, Z., Kikstra, J., Mintz-Woo, K., Scheifinger, K., Schinko, T., Wallimann-Helmer, I., Wong, C., Woodhouse, E., and Zimm, C. AJUST Applied Justice Taxonomy and Assessment Framework: A descriptive guideline for science and policy. IIASA Working Paper, WP-24-012. Laxenburg, Austria. Zenodo (2024)
5. Winiwarter, V. Der Weg zur klimagerechten Gesellschaft. Sieben Schritte in eine nachhaltige Zukunft, PICUS, Wien (2022)
6. Bolte, G., Bunge, C., Hornberg, C., Köckler, H., und Mielck, A. Umweltgerechtigkeit: Chancengleichheit bei Umwelt und Gesundheit. Bundeszentrale für gesundheitliche Aufklärung (2018)
7. Shue, H. Climate Justice: Vulnerability and Protection. Oxford University Press (2014)
8. Sultana, F. Critical climate justice. *Geogr. J.* **0**(0), 1–7 (2021)
9. Görg, C., V. Madner, A. Muhar, A. Novy, A. Posch, K. W. Steininger und E. Aigner (Hrsg.) APCC Special Report: Strukturen für ein klimafreundliches Leben (APCC SR Klima freundliches Leben). Springer Spektrum: Berlin/Heidelberg (2023)
10. Raddatz, K., und Matzarakis, A. Klimawandel und Gesundheit in Deutschland. *Umweltmedizin* (2019)
11. Ohl, C., und Eichhorn, M. Soziale Verwundbarkeit gegenüber Klimawandel in Europa. *GAIA – Ecological Perspectives for Science and Society* (2018)

12. Böcher, M. und Nordbeck, R. Klima-Governance: Die Integration und Koordination von Akteuren, Ebenen und Sektoren als klimapolitische Herausforderung. Einführung in den Schwerpunkt. *der moderne staat – dms: Zeitschrift für Public Policy, Recht und Management* **7**(2), 253-268 (2014)
13. Tebboth, M. G. L., Carmenta, R., Minas, A., Adelekan, A., Cao, X., Fullonton, A., … Shelton, C. The 'How' of Transformation: Principles for a Justice-Centered Response to the Climate and Biodiversity Crises. *Environment: Science and Policy for Sustainable Development* **67**(3), 7–23 (2025)
14. Robin, M. Climate Justice: Hope, Resilience, and the Fight for a Sustainable Future. Bloomsbury Publishing (2018)
15. Prainsack, B., Neves, M. P., Sahlin, N.-E., Biller-Andorno, N., Van Den Hoven, J., Laukyte, M., Łuków, P., Molnar-Gabor, F., Murphy, T., Sharon, T., Vidalis, T. und Kritikos, M. The Green Transition will be just – Or it won't succeed. Environmental Science & Policy 179, 104372 (2026)
16. Zimm, C., Mintz-Woo, K., Brutschin, E., et al. Justice considerations in climate research. *Nat. Clim. Change* **14**, 22–30 (2024)
17. Mintz-Woo, K., Zimm, C., Brutschin, E., Hanger-Kopp, S., Kikstra, J., Pachauri, S., Riahi, K. und Schinko, T. Climate justice discussions need new participants and new audiences. *Nature Climate Change* (2024)
18. Schinko, T., Berchtold, C., Handmer, J., Deubelli, T., Preinfalk, E., Linnerooth-Bayer, J., Scolobig, A., Serra, M., und Plana, E. A framework for considering justice aspects in integrated wildfire risk management. *Nature Climate Change* **13**, 788–795 (2023)
19. de Goer de Herve, M., Schinko, T. und Handmer, J. Risk justice: Boosting the contribution of risk management to sustainable development. *Risk Analysis* **45**, 3452–3466 (2023)
20. European Group on Ethics in Science and New Technologies (EGE). Towards a Just Green Transition: Addressing Structural Inequalities. Publications Office of the European Union, Brussels (2026)
21. Ross, C. Ecology and Power in the Age of Empire: Europe and the Transformation of the Tropical World. Oxford University Press. Oxford (2017)
22. United Nations. The rule of law and transitional justice in conflict and post-conflict societies: report of the Secretary-General. https://www.refworld.org/reference/themreport/unsc/2004/42867 zuletzt zugegriffen 2026/04/24
23. Jeffery, R. und Dannhauer, P. Ensuring accountability, combatting impunity? The role of national human rights institutions in transitional justice. *Australian Journal of Human Rights*, **30**(1), 60–81 (2024)
24. Gready, P. und Robins, S. Transitional Justice and Theories of Change: Towards evaluation as understanding, *International Journal of Transitional Justice*, **14**(2), 280–299 (2020)
25. Tilman D, Clark M, Williams DR, Kimmel K, Polasky S, Packer C. Future threats to biodiversity and pathways to their prevention. *Nature.* **546**, 7656, 73–81 (2017)
26. WWF. Living Planet Report 2024 – A System in Peril. WWF, Gland, Switzerland (2024)
27. Rist, L., Norström, A. und Queiroz, C. Biodiversity, peace and conflict: understanding the connections, *Current Opinion in Environmental Sustainability* **68**, 101431 (2024)
28. Klinsky, S., und Brankovic, J. The Global Climate Regime and Transitional Justice (1st ed.). Routledge. London (2018)
29. Parger, R. Transitional Justice and the Climate Crisis. An Analysis. Momentum Kongress (2020)
30. Clark, J. N. Thinking and writing with more-than-human worlds: some animal perspectives on the Russia-Ukraine war. *Environmental Sociology* **0**(0), 1–10 (2025)
31. Intergovernmental Science-Policy Platform on Biodiversity and Ecosystem Services (IPBES) The Nature Futures Framework, a flexible tool to support the development of sce-

narios and models of desirable futures for people, nature and Mother Earth, and its methodological guidance. Zenodo (2023)
32. Handmer, J., Monson, R. and Schinko, T. Addressing the diversity of Loss and damage in Pacific Island countries to foster a just transition towards a climate-resilient future. *Clim. Dev.* **17**, 657–699 (2025)
33. Sevekari, M., Brown, C., Díaz-General, E. *et al.* Justice can and should become a part of feasibility assessments for climate mitigation policies. *npj Clim. Action* **4**(48) (2025)
34. Soder, M. Zentrale Herausforderung am Weg zur Klimaneutralität. Wie kommt das „gerecht" in den Übergang? *Infobrief eu & international* **3** (2023)
35. Pihkala, P. 'Eco-anxiety'. In Situating Sustainability: A Handbook of Contexts and Concepts, edited by C. P. Krieg and R. Toivanen, 119–133. Helsinki University Press, Helsinki (2021)
36. Hickman C, Marks E, Pihkala P et al. Climate anxiety in children and young people and their beliefs about government responses to climate change: a global survey. *The Lancet Planetary Health* **5**, e863–e873 (2021)
37. Albrecht, G. A. Solastalgia: a new concept in human health and identity. *PAN (Philosophy, Activism, Nature)* **3,** 41–55 (2005)
38. Askland, H. H. und Bunn, M. Lived experiences of environmental change: Solastalgia, power and place. *Emotion, Space and Society*, **27**, 16–22 (2018)

**Verena Winiwarter** ist eine österreichische Umwelthistorikerin, wirkliches Mitglied der ÖAW und engagiert sich dort in mehreren Kommissionen. Ursprünglich in technischer Chemie ausgebildet, promovierte sie in Umweltgeschichte und habilitierte sich in Humanökologie, bevor sie Professuren in Klagenfurt und danach an der BOKU Wien übernahm. Ihr Schwerpunkt liegt auf der interdisziplinären Verknüpfung von Geschichte und Umweltforschung. Sie forscht derzeit vor allem zur Umweltzerstörung durch Kriege.

MIX
Papier | Fördert gute Waldnutzung
FSC® C083411

Kolibri 360 GmbH
Ferdinand-Jühlke-Straße 7
99095 Erfurt, Deutschland
produktsicherheit@kolibri360.de